科学出版社“十四五”普通高等教 规划教材
普通高等学校计算机类一流本科专业建设系列教材

人工智能原理与方法

莫宏伟　徐立芳　编著

科 学 出 版 社
北 京

内 容 简 介

本书按照人工智能五维知识体系进行介绍。学科基础方面，主要介绍人工智能数学基础、脑科学启发的人工智能方法；技术基础方面，深入介绍人工神经网络、机器学习原理与方法；重点方向与领域方面，介绍机器感知智能、机器认知智能、机器语言智能、机器类脑智能、机器行为智能、人机混合智能原理与方法；行业应用方面，从智能城市、智能制造、智能医疗等方面进行阐述；伦理与法律方面，介绍人工智能伦理体系以及人工智能技术应用如自动驾驶汽车、人工智能著作权等涉及的法律问题。本书提供了算法代码，通过练习和实践操作，帮助读者深入掌握人工智能技术。

本书可作为普通高等学校计算机、电子信息类等新工科及传统理工科相关专业的人工智能课程配套教材，也可为从事自然科学以及人工智能交叉学科研究的科研人员和爱好者提供参考。

图书在版编目(CIP)数据

人工智能原理与方法 / 莫宏伟，徐立芳编著. --北京 ：科学出版社，2025.3. --（科学出版社“十四五”普通高等教育本科规划教材）（普通高等学校计算机类一流本科专业建设系列教材）. --ISBN 978-7-03-079363-8

Ⅰ. TP18

中国国家版本馆 CIP 数据核字第 20242SH201 号

责任编辑：于海云　滕　云 / 责任校对：王　瑞
责任印制：赵　博 / 封面设计：马晓敏

科学出版社 出版
北京东黄城根北街 16 号
邮政编码：100717
http://www.sciencep.com
北京富资园科技发展有限公司印刷
科学出版社发行　各地新华书店经销
*
2025 年 3 月第　一　版　开本：787×1092　1/16
2025 年11月第二次印刷　印张：16 3/4
字数：415 000

定价：79.00 元

（如有印装质量问题，我社负责调换）

前　　言

党的二十大报告中强调："推动战略性新兴产业融合集群发展，构建新一代信息技术、人工智能、生物技术、新能源、新材料、高端装备、绿色环保等一批新的增长引擎。"在这一战略背景下，人工智能的发展既面临重大机遇，也承担着重要责任。作为新一代科技革命和产业变革的核心驱动力，人工智能需要在技术层面不断取得突破，我们也要对人工智能各种方法不断加以学习、理解。

近年来，人工智能技术突飞猛进，在图像识别、语音交互、自然语言处理、自动驾驶等领域取得了突破性进展，甚至在绘画、音乐创作、科学发现等领域展现出超越人类的创造能力。ChatGPT 等大型语言模型的出现，更是标志着机器智能发展到一个崭新阶段，ChatGPT 等大型语言模型不仅能够灵活运用人类语言和知识，还能以独特的方式进行抽象推理和创造性表达，这在人类文明发展史上都是前所未有的。这些令人瞩目的人工智能技术，正在深刻影响和改变人类的生活方式、工作模式以及思维方式。

与此同时，人工智能技术的飞速发展也带来了诸多复杂的理论和实践问题，需要我们进一步深入认知和把握。比如，人工智能是否真的能够像人类一样"思考"和"创造"？人工智能的原理究竟是什么？

本书的名称虽然为《人工智能原理与方法》，但事实上，对于所谓人工智能原理，我们并没有一个明确、清晰的认识或解释，原因在于，一方面，我们并没有一个类似物理学宏观牛顿力学或者微观量子力学那样的统一的数学模型，在最基础的层面解释什么是人工智能；另一方面，在系统层面，我们也没有一个宏观的框架能够完整地阐述什么是人工智能。

本书立足于五维知识体系，系统理解人工智能各类技术的原理与方法。首先，我们从人工智能的基本认知和系统论的角度，构建了人工智能五维知识体系，包括学科基础、技术基础、重点方向与领域、行业应用，以及伦理法律等方面。在学科基础理论介绍的基础上，我们对人工智能的关键技术进行了深入探讨，涉及神经网络、机器学习、感知智能、认知智能、语言智能、类脑智能和行为智能等核心内容。随着人工智能技术的不断突破，其在社会各领域的应用也愈加广泛和深入，我们也对人工智能在智能城市、智能制造、智能医疗等领域的典型应用进行了分析。同时，我们还关注了人工智能涉及的伦理和法律问题，试图为读者提供全面、系统的人工智能知识体系。

本书作为人工智能技术研究与应用的教程，力求既有深度又有广度。我们希望读者在学习过程中，不仅能够掌握人工智能的基础知识和技术方法，还能够从整体视角，深入思考人工智能的本质和发展趋势，为推动人工智能技术的创新与应用贡献一份力量。

当然，由于篇幅有限，以及作者自身的局限性，本书难免存在疏漏之处，还望广大读者批评指正。

作　者
2024 年 3 月

目 录

第 1 章　绪　　论

1.1　人工智能的基本认识

1950 年，人工智能之父艾伦·麦席森·图灵（Alan M. Turing）提出划时代的大问题“机器是否可能具有思维”，启发了大批科学家、思想家、哲学家纷纷开始研究或思考机器的思维或智能问题。1956 年，人工智能作为一个科学概念正式被提出，至今已有近 70 年的历史。多年以来，它一直作为计算机科学的一个分支不断发展，其间经历了 2 次低潮、3 次高潮（包括 2016 年以来至今这一轮发展高潮）的曲折发展过程。2016 年，由于人工智能在围棋博弈方面取得的重大突破，吸引了全世界范围内的广泛关注。2022 年 11 月，ChatGPT（一种自然语言聊天机器人）横空出世，再次掀起世界范围内的人工智能高潮。

虽然人工智能作为新兴的科技领域，已经被社会各界所广泛接受，但是，在不同发展时期、不同学科、不同领域和行业的专家、学者，以及社会各界人士对人工智能都有不同层面和角度的理解和认识。

人们对人工智能比较一致的共识是，它是利用计算机模拟人类智能解决实际问题的科学领域。

人工智能按照其核心思想分为 5 个学术流派：符号主义、联结主义、行为主义、贝叶斯学派和类推学派。这些学派其实都是从各自的角度出发对人工智能和机器学习进行阐释，并且产生了许多大大小小的方法，总体上一直处于学术探索、试错、积累的发展状态，尤其是在最热门的机器学习方向，没有形成完备的体系，没有归纳出严格的形式规范、理论基础和评估方法，没有涌现核心理论或思考逻辑。总之，人工智能没有像物理学、信息科学、计算机科学或控制科学等传统学科一样形成明确的理论基础或学科范式。

究其背后的深层次原因，在于人们对于智能的生成或产生机制等的认识模糊不清。智能在哲学本体论意义上，并不具有本体地位或意义，也就是说，它与意识一样，必须依附于物理载体，而不会以某种实体的形式单独存在。实际上，人们观察、发现或总结的所谓各种智能特征都是某种、某些或某类现象。就人类对自身智能（暂且抛开其他生命的智能现象）的认识而言，远远落后于对生命的认识。历史上的人类无论是个体还是整体并没有意识到自身是作为一种高级智能生物而存在的。无论是古希腊哲学家还是中国古代思想家都没有提出、阐述过与现代人所理解的智能一致或近似或相关的概念。

人类对于自身智能的认识和理解，是随着哲学、生命科学、脑科学、心理学、计算机科学及认知科学的发展，通过对自身和其他生命表现出的智能现象的观察、研究而逐渐形成的。

人类的智能现象尽管复杂奥妙，但并非神秘莫测，是可以科学地，通过实验来加以考察的。借助越来越先进的科学仪器，人类对大脑内部运行状态及智能的产生机制有了越来越多的认识。但是，总体上还谈不上彻底理解，也就是说，从人类智能的最初起源到生成机制依然还是一团迷雾。从根本上说，智能的根本问题在很大程度上还是一个哲学问题，它与意识、物质、生命等基本问题一样，还有无数的谜团待解。而且，以人类目前的科学水平，还难以在短期内彻底揭示其“庐山真面目”。

但这些困难和问题的存在并不妨碍人类去创造有智能的机器，正如人类在没有创立空气动力学或理解鸟儿飞行原理之前就创造了飞机一样，也许人类不需要对智能机制全部揭示清楚，就可以创造出具有高级智能的机器。关于智能、人工智能、机器智能的概念解析、关系阐述等更多深入内容，参见作者的《人工智能导论》一书。

按照人们对人工智能传统意义上的理解，通常将人工智能划分为弱人工智能与强人工智能。美国哲学家塞尔认为，人工智能不仅由于没有意向性而不是智能，甚至连符号处理都算不上，他提出著名的“中文屋理论”来反驳计算机模拟能够产生强人工智能的观点。

事实上，从人工智能诞生至今的绝大多数时期，人工智能的终极目标一直是致力于创造出像人一样有智能的机器，这不仅是早期的人工智能创立者麦卡锡、西蒙等人的梦想，也是很多从事人工智能研究的科学家的梦想。创造出像人一样有智能的机器，也是为了帮助人类、服务人类，为人类解决更大、更多、更复杂的问题，将人类从很多困难的工作或劳动中解放出来。

虽然这个梦想迄今为止都没有实现，但是，在追逐梦想的过程中，各个时期的科学家们提出了很多实际的技术和方法。时至今日，智能机器虽然没有达到人类的智能水平或程度，但确实在不同问题中表现出不同程度的优势。除了在围棋博弈领域中的表现以外，以深度学习为主的技术在图像、视频、语音、文字等多种模态信息处理方面大大超越了以往任何阶段的人工智能技术，并成为目前产业界争相开发的面向各类行业应用的基础性技术。深度学习技术甚至在科学发现、文学艺术、音乐美术等领域表现出一定程度的类似人类的直觉及创造力。

但是，深度学习技术存在大数据依赖、难以解释、模型训练成本高昂、缺乏逻辑推理及因果判断能力以及能耗巨大等诸多问题，在产业界和学术界也存在诸多争议。支持者认为深度学习有能力或潜力解决所有问题。反对者则认为深度学习并不代表真正的人工智能。争议产生的根源还是在于人们对于智能的认识模糊不清。

事实上，人工智能自诞生以来的发展，从智能模拟的角度看，这个过程类似“盲人摸象”。美国波特兰州立大学的计算机科学教授梅兰妮·米切尔在一篇题为《为什么AI比我们想象的更难》的论文中，称人工智能陷入低潮或达到高潮——潮涨潮落的主要原因在于我们还没有真正了解人类智能的本质和复杂性。

需要指出的是，人工智能发展的终极目标并不是创造大规模经济或商业机制。人工智能的“初心”就是创造人类智能机器。不忘这个初心，才有可能不断推陈出新，发展出更先进的人工智能技术。

1.2　人工智能系统论

1.2.1　人工智能系统论含义

尽管现阶段深度学习在很多方面取得了成功，但是，我们并不能认为深度学习已经穷尽模拟了人类智能，它终归还是一个阶段性技术。未来，深度学习技术还需要不断克服自身的缺陷，包括由这些缺陷所造成的伦理问题。在人类进一步理解智能机制和深度学习的基础上，发展更先进的理论、技术、方法，深度学习技术也需要与其他理论、技术、方法相结合，综合、系统地解决实际问题。

先进的人工智能技术或方法不会脱离人们对智能机制的追问和研究，只是单纯地在现代计算机上实现。单一的人工智能技术或方法也不会直接成为有实际应用价值或产业效益的手段。今天的人工智能，从系统角度看，其本身已经是一个复杂系统。因此，有学者认为，人工智能的发展目标已经发生了改变，即不再以追求实现类人的机器智能为目标，而是以实现大规模部署的应用系统为目标。这当然不是人工智能发展的终极目标，而事实上，二者并不矛盾。以类人的机器智能为终极目标会不断驱动人工智能技术的进步，从而产生更有效的、可以实际规模部署应用的社会物理系统。

出于人工智能研究的需要，人们需要对智能有更全面、多方位的认识和理解，包括从生命、物理、社会、文化、心理、脑与神经系统、复杂系统等不同的方面和维度，这有助于人们思考如何开发、设计像人一样有智能的机器。

类似地，出于人类社会发展的需要，人们也需要对人工智能有更全面、系统的认识和理解，从理论、知识、技术、产业及伦理等不同方面和维度认识和理解人工智能，这有助于人们思考如何开发、设计能更有效地解决实际问题的智能机器及系统。

人工智能系统论正是从后者出发，阐述如何全面、整体地建立关于人工智能的理论知识、技术、产业及伦理体系，试图对人工智能领域涉及的各个方面进行高度概括。人工智能系统论具体包括理论系统、知识系统、技术系统、产业系统和伦理系统 5 个方面的内容。

1.2.2　人工智能系统论架构

人工智能系统论的框架如图 1.1 所示。

1. 理论系统

人工智能理论系统，是指建立人工智能的基础理论体系所涉及的基础学科。同许多基本概念一样，人工智能从一开始就是一个涉及多领域、多学科的复杂概念，而不是一个独立的、自成体系的概念。从科学方面而言，人工智能与生命、物理、信息等基础领域有着深刻的、自然的联系。人工智能作为一个学科如果想长远发展下去，就需要不断借鉴、融合、利用相关基础学科的理论、方法来发展和构建自身的理论体系。

人工智能理论系统可以从哲学、物理学、生命科学、系统科学和信息科学等基础学科，这些基础学科可以为构建人工智能的基本理论提供借鉴和参考。这几个学科服务于人工智能的基本目的是一致的：从不同的学科角度出发，揭示生命和智能的奥秘，解释生命和智能的机制、机理。因为人工智能最根本的问题是智能机制问题。对于这个问题的探索和追求是发展人工智能的根本驱动力。通过技术模拟智能只是一种形式和手段，人工智能的经济和产业应用也仅仅是技术发展的结果，而不会反过来成为驱动力。

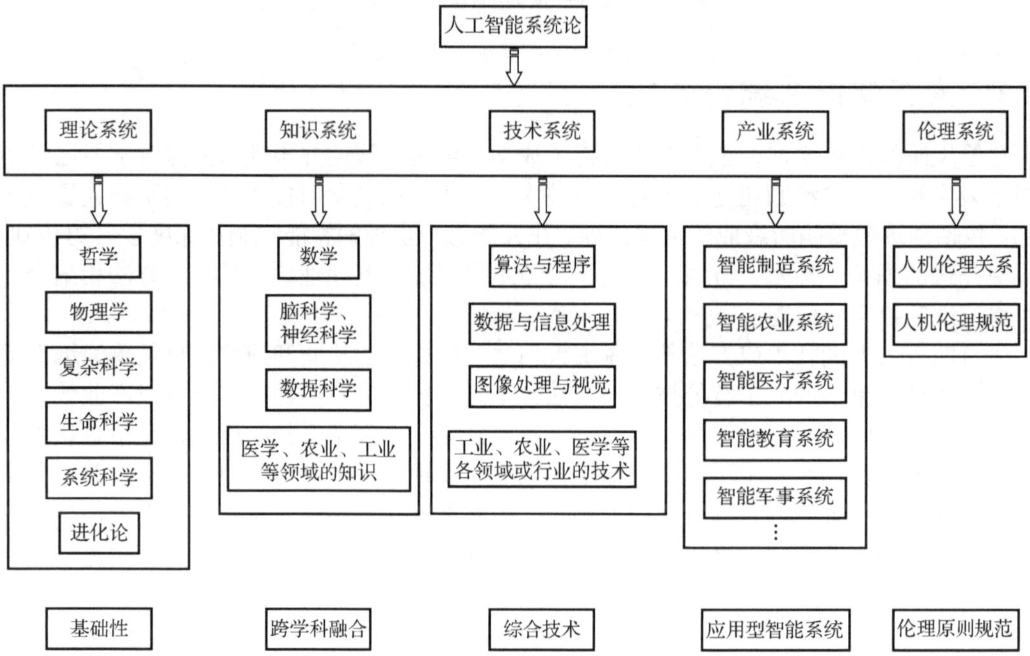

图 1.1　人工智能系统论的框架

2. 知识系统

知识方面，人工智能的发展还要依靠数学、脑科学、神经科学、数据科学等多学科的知识支撑。智能的机制或模型的建立需要数学解释或描述。人工智能算法的设计或部署也需要数学理论描述或解释。数学在人工智能技术及系统的开发和设计过程中发挥基础性作用。脑科学、神经科学则为我们提供直接的关于智能的生成机制方面的解释或说明。数据科学领域的知识为我们提供关于数据本质、数据与信息、大数据等方面的知识。当人工智能技术在具体领域应用时，还需要结合不同领域或行业的知识。比如，人工智能技术用于医学领域，往往需要设计者掌握初步的医学知识，或者与医生保持沟通，了解这方面的知识；人工智能技术用于农业领域，往往需要设计者掌握初步的农业知识，或者与农业专家保持沟通，了解这方面的知识。总之，人工智能方法或技术的实施需要综合性知识系统。

3. 技术系统

人工智能技术需要依靠多个不同科学领域发展而来的技术，包括数据科学技术、计算机科学技术、电子科学技术、控制科学技术、机械科学技术、材料科学技术等工程技术类学科，这些技术与人工智能算法一起构成人工智能的技术系统。

人工智能技术系统既包括算法与程序、数据与信息处理、图像处理与视觉等技术，也包括编程技术、嵌入式技术、芯片技术、控制技术等，以及涉及行业或领域应用时所需的相关技术，比如工业制造技术、农业技术、医疗技术等，发展人工智能系统需要各类基础技术和方法的支撑。

4. 产业系统

产业系统主要是指人工智能技术面向工业、农业、医疗、教育、军事等领域如何产业化。任何人工智能技术与实际行业应用结合并产生作用，都一定是一个技术与行业结合的系统。与工业领域结合主要形成智能制造系统，与农业领域结合主要形成智能农业系统，与医疗领域结合主要形成智能医疗系统，与教育系统结合主要形成智能教育系统，与军事领域结合主要形成智能军事系统，等等。

5. 伦理系统

人工智能的诞生和发展，使得工具（系统、机器）的属性发生了变化，它们开始成为具有智能性的工具。当这种智能性与人类智能某方面相似甚至超越人类时，人类与智能工具之间的关系就开始变得复杂起来，这种复杂关系反映在伦理观念上，就会对人类社会的传统伦理关系造成影响和冲击。

人工智能伦理中的道德关系从传统意义上的人与人、人与自然之间的道德关系，拓展到人与智能系统、智能机器等非自然对象——人工物的关系。

关于人工智能伦理概念、体系与内容的详细阐述，参考作者的《人工智能伦理导论》一书。

1.3 人工智能五维知识体系

如图 1.2 所示，人工智能五维知识体系与人工智能系统论相对应，主要从人工智能系统学习的角度，将人工智能划分为学科基础、技术基础、重点方向与领域、行业应用、伦理与法律五维知识体系。

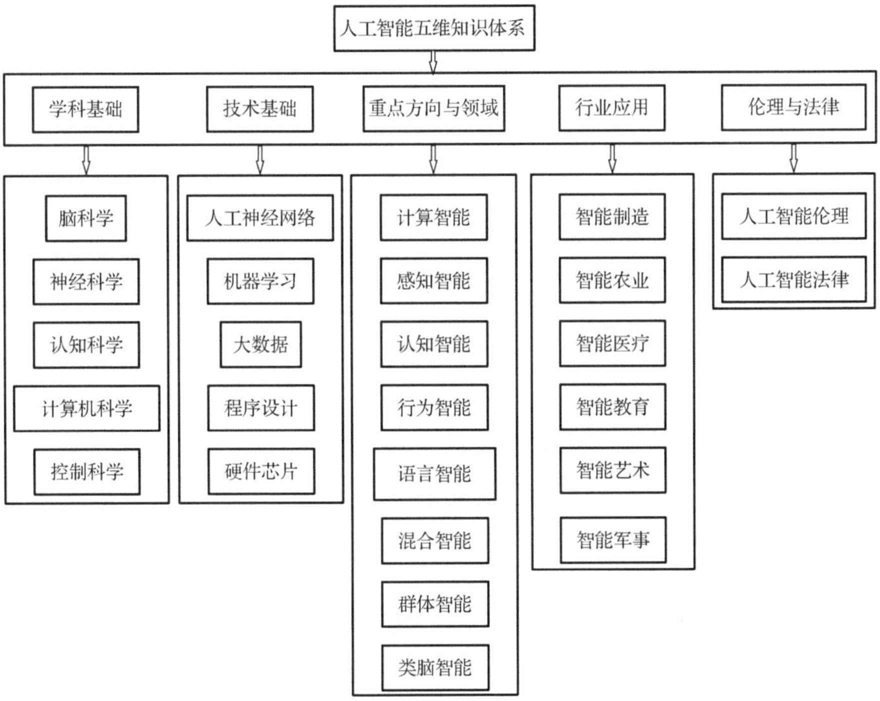

图 1.2 人工智能五维知识体系

1.3.1 学科基础

事实上，人工智能从一开始就是多学科交叉研究的结果。美国心理学家麦卡洛克（McCulloch）和数学家皮茨（Pitts）在提出MP模型时结合了通用图灵机的观点及20世纪早期哲学家罗素的命题逻辑和英国神经生理学家谢林顿的神经突触理论。实际上他们的成果也是脑科学家阿尔比布所说的“可计算生理学”思想的体现，其最初含义就是指对人脑的神经网络进行数学建模。因此，最早的人工神经元模型就是神经生理学、逻辑学、计算和脑科学相结合的产物。类似的多学科交叉产生的技术成果在人工智能的发展历史上还有很多。

中国工程院李德毅院士早在2005年就指出了脑科学、认知科学和人工智能交叉的趋势。中国科学院史忠植研究员提出了智能科学，将人类智能作为对研究对象。广义智能学研究对象是智能本身，包括自然智能和人工智能。从广义智能学的角度来看，人工智能科学和智能科学都是广义智能学的子集。但人工智能科学作为一门独立的科学，其对象是研究机器本身的智能。因此，人工智能科学本身是一门典型的多学科交叉科学，它与计算机、控制、数学、统计学、物理学、生物学、心理学等学科专业高度交叉融合。

如图1.3所示，第一、二、三、四层次各学科交叉促进人工智能理论、方法、技术和模型的进步和发展。人工智能与第五层次的医学、教育学、管理学等的交叉融合，按照“智能+X学科”的模式会不断产生第六层次的学科分支，比如智能医学、智能教育学、智能管理学等。人工智能可以与任何学科融合，衍生出新的学科和方向，甚至颠覆一些传统学科的理念和体系。

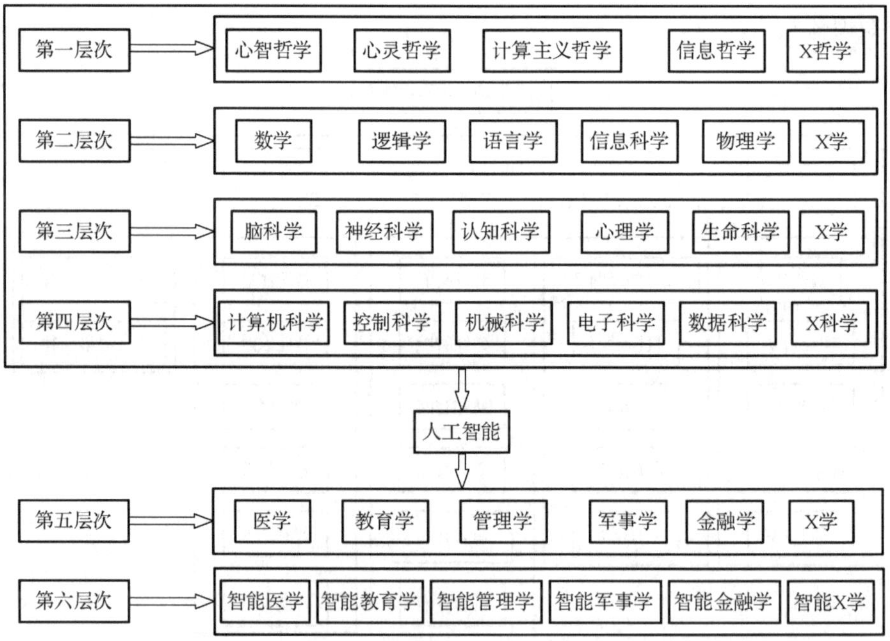

图1.3　多学科交叉人工智能

人工智能与各学科和领域的交叉能够激发各种新的技术和应用，从制造业、农业、教育等领域到艺术、人文、法律、媒体等领域。可以预见，人工智能交叉学科研究在未来给人类带来的影响，将远远超过计算机和互联网在过去几十年对世界的影响，同时它还将孕育新的世界观和创造力，重构甚至颠覆人类的生活、学习、思维，乃至社会、文化发展模式和科学研究方式。

1.3.2 技术基础

作为五维知识体系的人工智能技术基础主要从机器模拟智能的角度划分，包括计算智能、感知智能、认知智能、语言智能、类脑智能、混合智能等重点研究领域的技术，具体包括数据、图像、语言、语音、视觉、知识图谱等相对传统的处理技术，以及脑机接口、类脑计算等新型技术。

人工智能的实现依赖各种不同的技术，包括并行计算、传感器、大数据、图像处理等。这些技术与人工智能算法结合才能设计模拟人类智能的技术或者实现各种实际应用。

1. 并行计算

并行计算是相对于串行计算的一种计算机处理数据更高效的方式。对于深度神经网络的训练来说，通常网络越深，需要的训练时间就越长。对于一些网络结构来说，若使用串行处理器来训练，可能需要几个月，甚至几年，因此必须要使用并行甚至是异构并行的方法来优化代码的性能，才有可能让训练时间变得可以接受。在深度学习应用领域，现在主流的深度学习平台依赖于并行计算 GPU 的训练。

2. 传感器技术

传感器是能把特定的被测量信息按一定规律转换成某种可用信号输出的器件或装置，以满足信息的传输、处理、记录、显示和控制等要求。

目前，传感器的含义在不断扩充与发展，它已经与测量科学、现代电子技术、微电子技术、生物技术、材料科学、化学、光电技术、精密机械技术、微细加工技术、信息处理技术及计算机技术相互交叉渗透，而成为一个高度综合型、知识密集型的学科技术领域。智能机器人、智能武器装备、工业生产中使用智能机器及设备都要利用高精度传感器获取数据，传感器是实现智能装备或人工智能系统的前驱技术与标志。

3. 大数据

大数据本身就是一个很抽象的概念，目前尚无统一的定义。通常被认为是数据量很大、数据形式多样化的非结构化数据。大数据最早在 20 世纪 90 年代被提出。进入 21 世纪，随着物联网、移动互联网的快速发展，以及平板电脑、智能手机等移动设备的快速普及，数据一直呈爆炸式增长态势。

大数据不仅复杂多样，而且具有潜在价值。对数据进行收集最根本的目的是从中提取出有价值的信息，并可以根据不同的需求将其运用到生物、医疗、经济、科学、环保、智能制造、娱乐媒体、物联网、车联网等领域，其应用具有重大潜力。大数据作为一种战略性资源，不仅对科技进步和社会发展具有重要意义，对人工智能的发展也起到基础性支撑作用。因此，算法、大数据、计算能力被认为是推动人工智能发展的三大引擎。在各种人工智能方法与大数据结合的同时，也形成了一种使机器产生智能的新模式，即直接通过大数据计算获取和发现其中隐含的传统分析手段难以获取的知识、规律，目前在化学、材料等基础科学领域已经显现其威力。

4. 小数据

小数据方法是一种只需少量数据集就能进行训练的人工智能方法。它适用于数据量少或没有标记数据可用的情况，可减少对人们收集大量现实数据集的依赖。这里所说的“小数据”并不是明确类别，目前没有正式和一致认可的定义。学术文章讨论小数据与应用领域相关性时，常与样本大小相挂钩，例如千字节、兆字节与太字节数据。不同领域的人工智能系统需要不同类型的数据和方法，这具体取决于待解决的问题。一些人认为，政府只有数字化、清理和标记大量数据，才能从人工智能的革命中受益。但是，将人工智能进展都归功于这些条件是偏颇的。著名人工智能专家吴恩达在 2022 年 2 月接受 *IEEE Spectrum* 的专访时，论述了人工智能领域下一个十年的风向，表达了“是时候从大数据转向小数据、优质数据”的观点。

5. 人工神经网络

以模仿人脑神经网络结构形成的人工神经网络，是传统或经典人工智能联结主义的核心方法。它主要通过构建各种结构不同的人工神经网络模拟大脑神经信息处理，实现非程序的、适应性人工智能技术。其基本特点集中表现在：分布式存储信息；以并行方式处理信息；具有自组织、自学习能力。正是这些特点使人工神经网络在利用机器加工处理信息方面提供了一种全新的方法和途径。传统的浅层神经网络有数百种模型，多数只限于特定问题和小规模问题。联结主义已经发展到可以多达数千层的深度人工神经网络，在形式上逼近复杂的人脑神经网络。从人工神经网络发展而来的深度神经网络在感知智能、语言智能等方面取得重大进展。

6. 机器学习

学习是人类智能的主要标志和获得知识的基本手段。学习能力无疑是使人工智能获得认知智能的重要能力。从实现机器智能的角度看，机器学习不同于符号主义、联结主义和行为主义，它是试图通过对人类学习能力的模拟，使机器直接对数据及信息进行分析和处理而产生智能的一种人工智能方法。机器学习是借鉴人类学习机制使机器能够产生智能的方法。机器学习本身也是一门涉及概率论、统计学、算法复杂理论等多领域交叉人工智能研究分支。机器学习的主要作用是对数据进行分析。机器学习有很多方法，这些方法不都是模仿人类的学习能力发展而来的，并且机器的学习方法与人类的学习方法有很大区别，最主要的区别在于机器不会主动学习和思考。

7. 多智能体

人们在研究人类智能行为中发现：大部分人类活动都涉及多人构成的社会团体，大型复杂问题的求解需要多个专业人员或组织协作完成。“协作”是人类智能行为的主要表现形式之一，在人类社会中普遍存在。多智能体系统（multi-agent）是分布式人工智能研究的一个分支。这些个体的有机组合则构成计算模型，以感知为中心的 AI 范式主要研究一组分布的、松散耦合的 agent 如何协同运用它们的知识、技能、信息，以尽可能好地实现各自的或全局的目标或规划。

8. 图像处理

图像处理也称为数字图像处理，又称为计算机图像处理，它是指将图像信号进行分析、加工和处理，再转换成数字信号并利用计算机对其进行处理的过程，使其满足视觉、心理及其他要求的技术。图像处理是信号处理在图像域上的应用。目前大多数图像是以数字形式存储的，因而图像处理在很多情况下指数字图像处理。数字图像处理是信号处理的子类，与计算机科学、人工智能等领域也有密切的关系。

1.3.3 重点方向与领域

人工智能重点方向与领域以机器智能为核心，以对智能的模拟为基础，划分为计算、感知、认知、语言、类脑、行为、混合、情感、群体智能 9 个重点方向或领域，强调从智能模拟的角度，开发、设计机器智能或人工智能系统的理论、技术和方法。

1. 计算智能

计算智能技术包括了各种高性能计算技术，依靠强大的计算能力产生机器独有的、人类既不擅长也无法超越的计算智能。计算智能有两层含义，第 1 层是指传统的软计算、自然计算，即基于物理、化学、生物及社会等各种自然启发的机制发展而来的各种优化算法，以及模糊计算、神经网络计算等，其基本思想是通过计算的方式使机器产生智能。这方面研究的理论和方法统称为自然计算。

自然计算是受自然界生物、物理或者其他机制启发而提出的解决各种工程和问题的计算方法。自然计算的灵感来源是多种多样的，覆盖了从生物学到化学，从宏观世界到微观世界几乎所有的自然系统。所有这些方法都是针对不同问题而设计的启发式算法及数值直接搜索优化方法。

第 2 层含义是指计算机的计算能力所实现的机器智能，即通过图像处理器 GPU、超级计算机等搭建计算平台，凭借强大的计算能力，在复杂问题求解、搜索、规划及基于大规模数据的分析、挖掘、预测等问题方面所形成的机器智能。以现代计算机为代表的机器在大规模、多模态数据、信息的处理、计算能力，整体在规模、速度、质量、精度、效率等各方面已经远超人类的计算能力。这类计算智能也可以看作人类大脑计算能力通过现代计算机及各种新型计算机的拓展。本书对这类智能不做具体介绍。

2. 感知智能

感知智能技术包括利用传感器、图像处理、机器视觉等各类获取外部信息的技术，利用这些技术形成机器特有的感知智能。感知智能以计算机视觉和模式识别为主要内容。计算机视觉是用计算机实现人的视觉功能，从图像中识别出物体、场景和活动的能力，以及对客观世界的三维场景的感知、识别和理解能力。2010 年后，深度学习技术使得通过计算机视觉实现的机器感知智能出现飞跃，已经在大规模图像识别等多个任务方面超越人类的自然视觉感知智能。感知智能研究主要包括计算机视觉、语音识别、模式识别等内容。本书第 6 章介绍机器感知智能。

3. 认知智能

认知智能是指类似人的高级智能，机器具有对语言语义的理解、自然场景的理解等能力。传统的符号主义是认知智能的初级发展阶段，又细分为以下 3 个学派。

1）符号主义学派

人类智能区别于动物智能的重要标志不仅是人有语言，而且人还会使用各种复杂符号表达思想。传统人工智能符号主义是希望通过计算机处理符号，通过符号表征实现智能。它以物理符号系统假设为基础。

2）逻辑学派

逻辑学派是主张用逻辑来研究人工智能，即用形式化的方法描述客观世界。基于逻辑的人工智能常用于任务知识表示和推理。逻辑学派在人工智能研究中强调的是概念化知识表示、模型论语义、演绎推理等。经典逻辑人工智能（特别是与统计学结合时）可以模拟学习、规划和推理。

3）认知学派

传统的认知学派从人的思维活动出发，利用计算机进行宏观功能模拟。认知学派认为，一个物理系统表现出智能行为的充分和必要条件是它是一个物理符号系统。这样，可以把任何信息加工系统看成一个具体的物理系统，如人的神经系统、计算机的构造系统等。基于认知学派发展出机器认知智能。认知智能主要研究的内容包括早期的符号主义问题求解、逻辑推理与定理证明，以及较新的知识图谱技术等。

（1）符号主义问题求解。

问题求解技术最早源于计算机下棋程序。它主要包括 3 种搜索方法：宽度优先搜索、深度优先搜索及启发式搜索。宽度优先搜索像是一层层探索所有的可能性；深度优先搜索则是选择一条路径深入探索；而启发式搜索是通过经验法则来选择最有希望的方向。此外，还发展出了处理数学公式的专门程序。

（2）逻辑推理和定理证明。

逻辑推理是人工智能最早研究的领域之一。它包含 2 大类：确定性推理依据明确的规则得出结论，不确定性推理则处理概率性的问题。定理证明主要使用消解原理和规则演绎。此外还有模糊逻辑，专门处理不精确的信息，但它本身不具备学习能力。

（3）知识图谱技术。

知识图谱是实现机器认知智能的基础，体现在 3 方面：一是让机器能够识别和判断事物，二是进行推理和决策，三是自主学习新知识。简单说，知识图谱就是一个帮助机器理解人类语言的智能知识库。

4. 语言智能

语言智能是机器模拟人类语言交流能力的技术，该技术主要包括以下 3 种。

1）自然语言处理

这项技术起源于机器翻译，现在已发展成为认知智能的重要领域。它让机器能够理解人类语言并回答问题。

2）语音识别

这项技术能将人的语音转换为文字或指令。它涉及多个学科领域的知识，主要包括特征提取、模式匹配和模型训练 3 个技术要点。目前已广泛应用于工业、家电、通信等众多领域。

3）机器翻译

机器翻译是利用计算机将一种自然语言（源语言）转换为另一种自然语言（目标语言）的过程。它是计算语言学的一个分支。机器翻译技术的发展一直与计算机技术、信息论、语言学等学科的发展紧密相连。从早期的词典匹配，到今天基于语料库的深度学习，机器翻译技术已经非常成熟。本书第 8 章介绍机器语言智能。

5. 类脑智能

类脑智能技术包括类脑芯片、类脑计算机等技术，对人脑的模拟形成了机器类脑智能。类脑智能方法是随着脑科学和神经科学的发展，以及物理观测手段的进步，从微观、介观、宏观即分子、细胞和网络3个层次对大脑开展深入剖析，通过从不同层面对脑的研究，发现大脑形成感知、认知的神经生理机制、脑神经回路和区域，以及神经细胞信息编码方式等，再从神经生理层面研究脑机制启发的神经计算方法。模拟脑神经网络结构设计类脑芯片和类脑计算机的方法是一种硬件联结主义。本书第9章将介绍类脑智能技术。

6. 行为智能

行为智能技术包括机器人技术及各种具备执行能力的硬件系统技术，由此形成机器行为智能。行为主义主张以复杂的现实世界为背景，智能的形成不依赖于符号计算，也不依赖联结主义，而是让智能在与环境的交互作用中表现出来，即不用考虑大脑内部的机制，而是直接通过行为模拟实现智能，可以称为“无脑”智能。其核心思想是，物理实现初级智能，行为即可产生智能。行为主义学派的主要成就是各种机器人，将在本书第10章介绍。现代机器人技术在类人智能没有实现之前，都是行为模拟，在学习、推理、决策、识别、思维等方面与人类毫无可比性。因而以机器人为研究对象的机器人学的进一步发展需要人工智能技术的支持，同时机器人学的发展也为机器智能提供了一种非常合适的试验与应用场景。

7. 混合智能

机器在力量、算力、耐性、大规模数据分析等方面的能力远远超越人类，而人类在主动认知、思考、学习等方面的能力又是机器所不具备的，将二者结合可以产生人机结合型的新智能。这种混合智能避开从源头上理解智能机制，直接利用动物或人类的大脑智能实现与机器的结合、融合或协同，这是一种人机结合的新智能形态，本质上也是人类智能的延伸。混合智能是通过一定的技术手段将机器智能与人类或动物智能相结合，从而发挥各自的优势，形成更强大的混合智能。混合智能技术主要包括可穿戴、脑机接口等可以与人体直接相结合的技术。本书第11章将介绍人机混合智能技术。

8. 情感智能

人工情感（artificial emotion）也称为机器情感或情感计算，情感计算（affective computing）就是要赋予计算机类似于人的观察、理解和生成各种情感特征的能力，最终使计算机像人一样能自然、亲切和生动地交互。它是对人类情感过程模拟、识别和理解，使机器能够产生智能情感，并与人类进行自然和谐的人机交互的研究领域。主要有两个相关领域：情感计算和感性工学。情感计算研究就是试图创建一种能感知、识别和理解人的情感，并能针对人的情感做出智能、灵敏、友好的反应的计算机系统。

9. 群体智能

群体智能技术包括群体决策、群体仿生智能等技术，形成了机器群体智能。群体智能主要的研究内容是群体智能算法。群体智能算法包括粒子群算法、蚁群算法，以及其他受到生物群体启发而提出的自然计算方法，主要用于求解各类优化问题，如函数优化、组合优化、单目标优化、多目标优化等。

新一代人工智能对群体智能的定义从强调对智能的个体模拟走向群体的智能协作，从而赋予了群体智能不同的含义。未来的群体智能将走向人与人、人与机器、机器与机器之间相互交织的网络化智能，通过网络将个体智能汇聚在一起，形成远超个体智能的新型智能形态或者超级智能形态。

1.3.4 行业应用

人工智能的行业应用主要涉及智能制造、智能医疗、智能军事、智能农业、智能教育、智能城市等，强调人工智能在各行业应用的工程技术。

从应用方向上来看，制造业、农业、城市治理、金融、医疗、汽车、零售等数据基础较好的行业方向应用场景目前相对成熟。无人驾驶和智能机器人已经成为产业研发热点。人工智能在金融领域的智能风控、智能投顾、市场预测、信用评级等方面都有了成功的应用。在医疗领域，人工智能算法被应用到新药研制、辅助诊疗检测等方面，并已有突破性进展。

随着人工智能在各个行业的应用场景逐渐明朗，应用的行业与业务范围逐渐增加。人工智能的应用将率先在数据积累丰富的行业内发展，同时，在应用场景较为明确、应用价值较为直接的价值链环节（例如营销、服务等）将率先得到应用。本书第 12 章将以智能医疗为例，介绍人工智能的行业应用。

1.3.5 人工智能伦理与法律

人工智能伦理与法律主要包括发展人工智能需要的伦理和法律。人工智能伦理既是新兴的研究方向，同时从人工智能与社会发展角度看，又是防范未来可能产生的各种风险的“防火墙”。人工智能技术与核技术一样，是一把“双刃剑”，通过法律和伦理学研究，规范人类对机器人等人工智能技术的制造和使用，以及未来机器智能可能产生的伦理问题，从法律规范、伦理道德等方面合理规范机器人的研制及其应用，使得人工智能与人类和谐相处，从而构建和谐人机关系。人工智能伦理是人工智能知识体系的基础性知识。如果说，学习前面四部分人工智能知识的目的是设计帮助人们解决实际问题、提升生产效率和生活质量的人工智能系统（功能性应用系统），那么，学习人工智能伦理与法律的目的则是设计确保可靠、可信并符合人类伦理道德规范的人工智能系统（道德性应用系统）。本书第 13 章主要介绍人工智能应用伦理。

1.4 人工智能五维知识体系与本书内容

本书遵循五维知识体系，分为学科基础、技术基础、重点方向与领域、行业应用、伦理与法律 5 部分，如图 1.4 所示。

本书包括绪论在内共 13 章，包括五部分。

第 1 部分是学科基础，包括 3 章内容。第 1 章绪论，介绍人工智能数学基础、脑及神经科学与人工智能等内容。第 2 章数学背景知识，介绍与机器学习算法、人工神经网络训练有关的数学基础，包括矩阵论、概率论、马尔可夫链、函数优化、距离度量、激活函数等内容。第 3 章脑及神经科学与人工智能，介绍受脑及神经科学启发的有关人工智能方法，包括受人类神经网络启发的第一个人工神经元数学模型，生物神经元对类脑神经形态计算的启发，受生物视觉机制启发的深度卷积神经网络，受人类学习机制启发的机器学习，人类注意力、记忆等机制对深度学习的影响，人类情感机制与机器情感等内容。

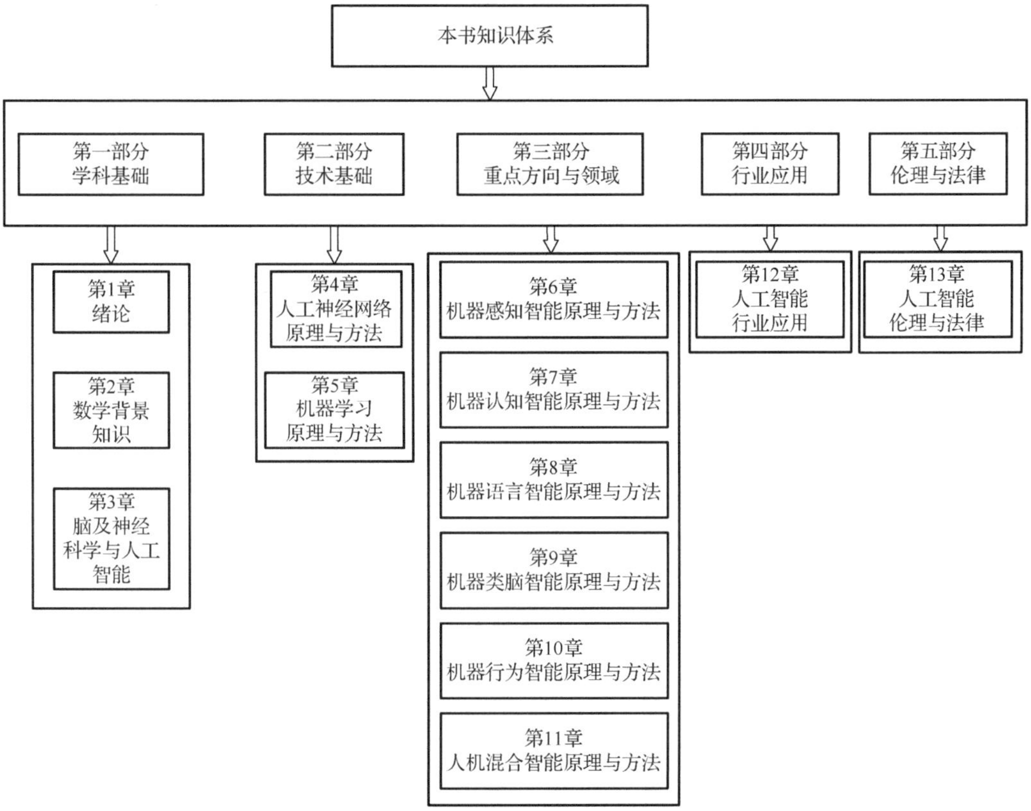

图 1.4　本书知识体系内容框架

第 2 部分为技术基础，包括第 4 章人工神经网络原理与方法、第 5 章机器学习原理与方法两章的内容。主要介绍从神经元开始到深度神经网络的基本原理、以深度神经网络为核心的深度学习方法，包括自编码器、生成对抗网络、transformer 模型、ViT 模型，以及基于物理学方法的扩散模型等。还介绍联邦学习、强化学习，它们代表机器学习领域面向不同应用的主要方法。

第 3 部分重点方向与领域是本书的核心部分。这部分主要从智能模拟的角度来介绍各种人工智能技术和方法。目前，人工智能的主要技术和方法基本以感知智能、认知智能、机器人（行为智能）、语言智能等机器智能形式来呈现。第 6 章机器感知智能原理与方法主要介绍图像处理和机器视觉基本概念，通过 YOLOv7 在图像处理方面的应用，介绍当前以深度学习为基础的机器感知智能原理。第 7 章机器认知智能原理与方法主要介绍推理方法、搜索技术及知识图谱方法，以场景理解和视觉问答为例介绍机器认知智能原理。语言作为重要的认知智能，由于其在人工智能技术中具有特殊的地位，单独作为一章在第 8 章来介绍，涉及自然语言理解基本句子理解方法、语音识别原理与方法、机器翻译原理与技术，并以聊天机器人为例介绍机器语言智能原理。第 9 章机器类脑智能原理与方法主要介绍类脑计算与类脑智能概念与方法，神经形态计算原理、神经形态类脑芯片、神经形态计算机，以及基于忆阻器的类脑计算、人工大脑。第 10 章机器行为智能原理与方法主要介绍机器人与机器行为智能的关系，以及机器人共性技术混合智能。还介绍移动机器人 SLAM 技术，以及无人车、无人艇、无人飞行器 3 种主要的无人系统，以反映不同类型的行为智能。第 11 章人机混合智能原理与方法主要介绍脑机接口、外骨骼技术原理等。这些技术反映了未来人工智能的新方向和新趋势。第 3 部分总体上涵盖了人工智能主流技术，以及部分前沿技术，有助于读者了解人工智能现阶段发展的主要技术及方法。

第 4 部分为第 12 章人工智能行业应用。主要从人工智能与数字经济，以及面向城市、医疗等方面的应用介绍人工智能的主要行业应用。并以超声影像识别为例，介绍智能医疗技术原理与方法。

第 5 部分为第 13 章人工智能伦理与法律。主要介绍人工智能伦理的基本概念和行业方面的应用伦理与法律问题，建立对人工智能伦理和法律的基本认识。

1.5 小　　结

本章首先阐述对人工智能的基本认识，然后介绍了人工智能系统论的含义。之后详细介绍了人工智能五维知识体系的具体内容，以及本书内容和结构与人工智能五维知识体系的联系。本章内容为对人工智能知识体系的认识及对人工智能原理与方法涵盖的主要内容的学习奠定基础。

第 2 章　数学背景知识

向量、矩阵和线性代数对人工智能的数据表示、模型计算、优化求解等问题方面起着基础性和关键性的作用，构成了人工智能算法的数学基础，为数据表示、模型计算和优化等环节提供了强有力的支持。

2.1　向量、矩阵和线性代数

2.1.1　向量

向量定义为一个由数值组成的有序序列。例如，一个四维向量可以写为

$$\begin{bmatrix} a \\ b \\ c \\ d \end{bmatrix} \tag{2-1}$$

其中，a、b、c、d 称为向量的元素。本书主要关注元素为实数的向量（例如，$a=17.6$，$b=-120.5$，$c=150$，$d=-0.917$）。

向量是非常实用的，可以用它们来同时表示任意一组测量值或属性。在后面的讨论中，都将以上述四维向量为例。但是，请记住所讨论的这些概念适用于任意维的向量。

向量名通常用黑斜体字符来表示。例如，可以用 $\boldsymbol{x}$ 来表示上面的四维向量：

$$\boldsymbol{x}=\begin{bmatrix} a \\ b \\ c \\ d \end{bmatrix} \tag{2-2}$$

一维向量只有一个值，称作标量，例如，$a=17.6$。

两个同维向量相加可以通过将它们的对应元素相加来实现。例如，给定

$$\boldsymbol{x}=\begin{bmatrix} x_1 \\ x_2 \\ x_3 \\ x_4 \end{bmatrix} \text{和 } \boldsymbol{y}=\begin{bmatrix} y_1 \\ y_2 \\ y_3 \\ y_4 \end{bmatrix} \tag{2-3}$$

则 $\boldsymbol{x}$ 与 $\boldsymbol{y}$ 的和为

$$x + y = \begin{bmatrix} x_1 + y_1 \\ x_2 + y_2 \\ x_3 + y_3 \\ x_4 + y_4 \end{bmatrix} \tag{2-4}$$

可以用于向量的另一种简单运算是标量乘法，即用一个标量乘以一个向量——用标量乘以向量的每一个元素。例如，如果 c 是一个标量，$\boldsymbol{x}$ 是前面提到的向量，则有

$$c\boldsymbol{x} = \begin{bmatrix} cx_1 \\ cx_2 \\ cx_3 \\ cx_4 \end{bmatrix} \tag{2-5}$$

两个向量的常用乘法运算是点积。点积要求两个向量是同维度的，以上面提到的向量 $\boldsymbol{x}$ 和向量 $\boldsymbol{y}$ 为例，将两个向量按元素顺序分别相乘，并把各个乘积相加得到一个标量值：

$$\boldsymbol{x} \cdot \boldsymbol{y} = \sum_i x_i y_i = x_1 y_1 + x_2 y_2 + x_3 y_3 + x_4 y_4 \tag{2-6}$$

以一个实例来说明，如果有

$$\boldsymbol{a} = \begin{bmatrix} 3 \\ -1 \\ 0.5 \\ 2 \end{bmatrix}, \boldsymbol{b} = \begin{bmatrix} -2 \\ -4 \\ 2 \\ 0.5 \end{bmatrix} \tag{2-7}$$

则它们的点积表示为

$$\boldsymbol{a} \cdot \boldsymbol{b} = 3 \times (-2) + (-1) \times (-4) + 0.5 \times 2 + 2 \times 0.5 = -6 + 4 + 1 + 1 = 0 \tag{2-8}$$

向量的长度（或大小）也称作 $L2$ 范数，用 $\|\boldsymbol{x}\|$ 表示，定义为向量各元素平方和的平方根。以一个四维向量 $\boldsymbol{x}$ 为例：

$$\|\boldsymbol{x}\| = \sqrt{x_1^2 + x_2^2 + x_3^2 + x_4^2} \tag{2-9}$$

即，向量的长度等于向量与其自身点积的平方根：$\|\boldsymbol{x}\| = \sqrt{\boldsymbol{x} \cdot \boldsymbol{x}}$ 。

从几何上看，将 n 维向量形象化为 n 维欧几里得空间（简称欧氏空间）中的带箭头的线段是非常有用的。例如，向量

$$\begin{bmatrix} 4 \\ 3 \end{bmatrix}$$

可以看作二维空间中始于原点 $(0,0)$ 、止于坐标 $(4,3)$ 的一条线段。这里，$(0,0)$ 称为向量的尾部，$(4,3)$ 称为向量的首部。像所有向量一样，该向量也有长度和方向，其长度为 $\sqrt{4^2 + 3^2} = \sqrt{25} = 5$ 。向量 $\boldsymbol{x}$ 和向量 $\boldsymbol{y}$ 的加法运算可以看作将向量 $\boldsymbol{y}$ 的尾部置于向量 $\boldsymbol{x}$ 的首部，画一条从向量 $\boldsymbol{x}$ 的尾部到向量 $\boldsymbol{y}$ 的首部的带箭头的线段。（使用余弦定理）点积 $\boldsymbol{x} \cdot \boldsymbol{y}$ 可以等价为

$$\boldsymbol{x} \cdot \boldsymbol{y} = \|\boldsymbol{x}\| \|\boldsymbol{y}\| \cos\theta \tag{2-10}$$

其中，θ 为向量 $\boldsymbol{x}$ 和向量 $\boldsymbol{y}$ 之间的夹角。

当两个向量相互垂直时，称两个向量正交。此时向量之间的夹角 p 为 $90°$，即

$$\boldsymbol{x} \cdot \boldsymbol{y} = \|\boldsymbol{x}\| \|\boldsymbol{y}\| \cos 90° \tag{2-11}$$

即，两向量的点积为 0。

如果向量 $\boldsymbol{x}$ 的长度 $\|\boldsymbol{x}\|=1$，那么向量 $\boldsymbol{x}$ 称为归一化向量，或单位向量。任意一个向量 $\boldsymbol{y}$ 可以通过除以它的长度来得到归一化向量，即 $\dfrac{\boldsymbol{y}}{\|\boldsymbol{y}\|}$ 为向量 $\boldsymbol{y}$ 的归一化（或单位）向量。

如果一组向量中的所有向量都为单位向量，且两两正交，则称这一组向量正交，即这组向量中的任意两个向量 $\boldsymbol{x}_i$、$\boldsymbol{x}_j$ 满足：

$$\boldsymbol{x}_i \cdot \boldsymbol{x}_j = \begin{cases} 0, & i \neq j \\ 1, & i = j \end{cases} \tag{2-12}$$

2.1.2 矩阵

向量的概念可以推广至被称为矩阵的矩形阵列。矩阵可以看作许多同维的列向量一列接着一列排列在一起，也可认为由同维的行向量一行接着一行排列在一起。矩阵通常用一个大写字母来表示。例如，矩阵 $\boldsymbol{M}$

$$\boldsymbol{M} = \begin{bmatrix} M_{11} & M_{12} & M_{13} \\ M_{21} & M_{22} & M_{23} \\ M_{31} & M_{32} & M_{33} \\ M_{41} & M_{42} & M_{43} \end{bmatrix} \tag{2-13}$$

是一个 4×3 的矩阵，行数为 4，列数为 3。M_{ij} 是矩阵的元素，其中下标 i 为行标号，j 为列标号。如果一个矩阵的行数与列数相等，则称这个矩阵为方阵。

在诸如滤波、分类、概率论（如多元高斯分布）等计算中，常用到矩阵。

注意，列向量仅是列数为 1 的矩阵的特例，即一个列向量是一个 $n\times1$ 的矩阵，向量中元素的个数为 n。行向量类同。

将矩阵 $\boldsymbol{M}$ 的行转换成相应的列，便得到转置矩阵 $\boldsymbol{M}^{\mathrm{T}}$。例如，矩阵 $\boldsymbol{A}$ 为 $\begin{bmatrix} a & b & c \\ d & e & f \end{bmatrix}$，则其转置矩阵为

$$\boldsymbol{A}^{\mathrm{T}} = \begin{bmatrix} a & d \\ b & e \\ c & f \end{bmatrix} \tag{2-14}$$

与向量的加法运算相同，两个大小相同的矩阵的加法运算也是通过将两个矩阵的对应元素相加来实现的，即 $(\boldsymbol{A}+\boldsymbol{B})_{ij} = \boldsymbol{A}_{ij} + \boldsymbol{B}_{ij}$。例如：

$$\begin{bmatrix} 2 & -5 \\ -1 & 3 \\ 4 & 2 \end{bmatrix} + \begin{bmatrix} 3 & 5 \\ -2 & -1 \\ 1 & 2 \end{bmatrix} = \begin{bmatrix} 5 & 0 \\ -3 & 2 \\ 5 & 4 \end{bmatrix} \tag{2-15}$$

类似地，矩阵 $\boldsymbol{A}$ 与一个标量 c 的乘法是将 c 与 $\boldsymbol{A}$ 中的每一个元素相乘：$(c\boldsymbol{A})_{ij} = c\boldsymbol{A}_{ij}$。

一个矩阵与另一个矩阵相乘的运算称为矩阵乘法，前提是第 1 个矩阵的列数等于第 2 个矩阵的行数。具体来说，如果矩阵 $\boldsymbol{A}$ 的大小为 $a\times b$，矩阵 $\boldsymbol{B}$ 的大小为 $b\times c$，那么两矩阵相乘得到一个新矩阵 $\boldsymbol{C}=\boldsymbol{A}\boldsymbol{B}$，矩阵 $\boldsymbol{C}$ 的大小为 $a\times c$，矩阵中的元素定义为

$$C_{ij} = (AB)_{ij} = \sum_{k=1}^{b} A_{ik} B_{kj} \tag{2-16}$$

也就是说，新矩阵$\boldsymbol{C}$中的每一个元素是第 1 个矩阵的行向量与第 2 个矩阵的列向量作点积运算得到的结果（这也就解释了为什么第 1 个矩阵的列数必须与第 2 个矩阵的行数相同）。为了更具体地进行说明，使用了下面这个例子：

$$\boldsymbol{A} = \begin{bmatrix} 2 & -5 \\ -1 & 3 \\ 4 & 2 \end{bmatrix}, \boldsymbol{B} = \begin{bmatrix} 3 & -2 & 1 \\ 5 & -1 & 2 \end{bmatrix}$$

矩阵$\boldsymbol{A}$是3×2矩阵，矩阵$\boldsymbol{B}$是2×3矩阵，矩阵$\boldsymbol{A}$的列数等于矩阵$\boldsymbol{B}$的行数，所以可以做矩阵乘法运算，相乘结果为一个3×3的矩阵。

$$\boldsymbol{C} = \boldsymbol{AB} = \begin{bmatrix} 2\times 3+(-5)\times 5 & 2\times(-2)+(-5)\times(-1) & 2\times 1+(-5)\times 2 \\ (-1)\times 3+3\times 5 & (-1)\times(-2)+3\times(-1) & (-1)\times 1+3\times 2 \\ 4\times 3+2\times 5 & 4\times(-2)+2\times(-1) & 4\times 1+2\times 2 \end{bmatrix}$$

注意，与实数的乘法不同，矩阵乘法是不满足交换律的。也就是说，即使矩阵$\boldsymbol{A}$和矩阵$\boldsymbol{B}$都是方阵，$\boldsymbol{AB}$和$\boldsymbol{BA}$都存在，$\boldsymbol{AB}$通常也不等于$\boldsymbol{BA}$。

矩阵相乘也适用于矩阵与向量相乘。矩阵与向量相乘是矩阵乘法的一个特例，运算中只需要确保矩阵的列数与向量的元素个数相等，则乘法运算的结果是一个向量。具体来说，一个大小为$a\times b$的矩阵$\boldsymbol{A}$和一个大小为$b\times 1$的向量$\boldsymbol{x}$相乘，将得到一个$a\times 1$的向量$\boldsymbol{y}$，向量$\boldsymbol{y}$的元素是矩阵$\boldsymbol{A}$的行向量与向量$\boldsymbol{x}$的点积。下面以前面给出的2×3的矩阵$\boldsymbol{B}$和如下所示的3×1的向量$\boldsymbol{c}$为例来进行说明。

$$\boldsymbol{c} = \begin{bmatrix} 3 \\ -1 \\ 0.5 \end{bmatrix}$$

矩阵$\boldsymbol{B}$与向量$\boldsymbol{c}$相乘得到一个2×1的向量$\boldsymbol{d}$。

$$\boldsymbol{d} = \boldsymbol{Bc} = \begin{bmatrix} 3 & -2 & 1 \\ 5 & -1 & 2 \end{bmatrix} \begin{bmatrix} 3 \\ -1 \\ 0.5 \end{bmatrix} = \begin{bmatrix} 3\times 3+(-2)\times(-1)+1\times 0.5 \\ 5\times 3+(-1)\times(-1)+2\times 0.5 \end{bmatrix} = \begin{bmatrix} 11.5 \\ 17 \end{bmatrix}$$

注意，当方阵$\boldsymbol{B}$（大小为$b\times b$）与向量$\boldsymbol{x}$（大小为$b\times 1$）相乘时，结果是另外一个$b\times 1$的向量$\boldsymbol{y} = \boldsymbol{Bx}$。因而在这种情况下，乘法运算的效果是把原向量$\boldsymbol{x}$旋转至向量$\boldsymbol{y}$的方向上（也可能改变向量的大小）。

一个有趣的现象是，利用转置运算可以根据矩阵乘法定义两个大小相同的向量之间的点积。

$$\boldsymbol{x}\cdot\boldsymbol{y} = \sum_i x_i y_i = \boldsymbol{x}^{\mathrm{T}}\boldsymbol{y} \tag{2-17}$$

这种点积形式对引出矩阵与向量的乘法运算是非常有用的。如果$\boldsymbol{A} = \boldsymbol{A}^{\mathrm{T}}$，则称方阵$\boldsymbol{A}$对称。对于对称的$n\times n$矩阵$\boldsymbol{A}$，如果满足$\boldsymbol{x}^{\mathrm{T}}\boldsymbol{Ax} > 0$，其中$\boldsymbol{x}$为任意的非零$n\times 1$向量，则称矩阵$\boldsymbol{A}$为正定矩阵。如果对称矩阵$\boldsymbol{A}$满足$\boldsymbol{x}^{\mathrm{T}}\boldsymbol{Ax} \geqslant 0$，其中$\boldsymbol{x}$为任意的$n\times 1$向量，则称矩阵$\boldsymbol{A}$为半正定矩阵。

如果矩阵 $\boldsymbol{D}$ 除了对角元素以外，其余元素都为零，则称矩阵 $\boldsymbol{D}$ 为对角矩阵，即当 $i \neq j$，$\boldsymbol{D}_{ij} = 0$。

对角矩阵的一个例子是单位矩阵，这个方阵的各元素为

$$\begin{aligned} \boldsymbol{I}_{ij} &= 1, \quad i = j \\ \boldsymbol{I}_{ij} &= 0, \quad i \neq j \end{aligned} \tag{2-18}$$

对于列数和 $\boldsymbol{I}$ 的行数相同的任意矩阵 $\boldsymbol{A}$，都有 $\boldsymbol{AI} = \boldsymbol{A}$ 成立，这就是 $\boldsymbol{I}$ 被称为单位矩阵的原因。

方阵 $\boldsymbol{A}$ 的逆是另一个方阵 $\boldsymbol{A}^{-1}$，这样 $\boldsymbol{AA}^{-1} = \boldsymbol{I}$ 成立。并不是所有的方阵都存在逆阵，只有“非奇异”方阵才有逆阵。

2.1.3　特征向量和特征值

前面提到，方阵乘以向量的效果基本上是将向量旋转，同时改变向量的大小。然而存在一些“特殊”的非零向量，矩阵与它们相乘的效果仅仅是使向量按比例缩放（等价于向量乘以一个标量）。这种向量称为矩阵的特征向量，标量值（缩放比例）称为特征值。这个关系用下式来描述：

$$\boldsymbol{M}e = \lambda e \tag{2-19}$$

式中，e 称为方阵 $\boldsymbol{M}$ 的特征向量；λ 是对应的特征值。式（2-19）称为矩阵 $\boldsymbol{M}$ 的特征向量和特征值方程。

特征向量和特征值可以通过求解下面关于 $\boldsymbol{M}$ 的多项式方程（也称为特征方程）得到：

$$\det(\boldsymbol{M} - \lambda \boldsymbol{I}) = 0 \tag{2-20}$$

$\det(\boldsymbol{A})$ 表示矩阵 $\boldsymbol{A}$ 的行列式。如果矩阵 $\boldsymbol{M}$ 是 $n \times n$ 矩阵，那么 $\boldsymbol{M}$ 最多有 n 个不同的特征值和特征向量。特征值可以是实数，也可以是复数，这取决于特征方程。对特征向量来说也是一样的。如果矩阵 $\boldsymbol{M}$ 是对称矩阵，那么它的特征值一定是实数，特征向量也由实数组成并且两两正交。如果将这些特征向量进一步归一化为长度为 1 的向量，就构成了一组正交的向量，这在诸如数据降维的应用中是非常有用的。

2.1.4　线、面和超平面

本节通过强调向量与直线方程、平面方程、超平面方程之间的联系，得出在线性代数方面的结论，事实证明这对于理解感知器、LDA、SVM 等二分类方法是不可或缺的。这些二分类方法试图找到一条直线、一个平面或者超平面，将属于一种类别的点与属于其他类别的点区分开来。

设 P_0 是 p 维超平面上的一个点，$\boldsymbol{x}_0$ 表示坐标原点到 P_0 点的向量，$\boldsymbol{w}$ 表示与超平面垂直的向量，即超平面的法向量，$\boldsymbol{x}$ 表示从坐标原点到超平面任意一点 $(x_1, \cdots, x_p)$ 的向量。于是，由前面的讨论可知，因为法向量 $\boldsymbol{w}$ 和位于超平面的向量($\boldsymbol{x} - \boldsymbol{x}_0$)是正交的，所以两者的点积为零：

$$\boldsymbol{w} \cdot (\boldsymbol{x} - \boldsymbol{x}_0) = \boldsymbol{w}^{\mathrm{T}} \cdot (\boldsymbol{x} - \boldsymbol{x}_0) = 0 \tag{2-21}$$

将上式进一步简化为超平面的一般方程：

$$\boldsymbol{w}^{\mathrm{T}} \boldsymbol{x} + \boldsymbol{w}_0 = 0 \tag{2-22}$$

式中，$\boldsymbol{w}_0$ 是一个常标量值 ($\boldsymbol{w}_0 = -\boldsymbol{w}^{\mathrm{T}}\boldsymbol{x}_0$)。在二维的情况下讨论式 (2-21)，向量 $\boldsymbol{x}$ 由坐标 (x, y) 决定：

$$\boldsymbol{w}^{\mathrm{T}}\boldsymbol{x} + \boldsymbol{w}_0 = [\boldsymbol{w}_1 \quad \boldsymbol{w}_2]\begin{bmatrix} x \\ y \end{bmatrix} + \boldsymbol{w}_0 = \boldsymbol{w}_1 x + \boldsymbol{w}_2 y + \boldsymbol{w}_0 = 0 \tag{2-23}$$

这一等式可以写成一个熟悉的形式：

$y = mx + b$，其中有

$$m = -\frac{\boldsymbol{w}_1}{\boldsymbol{w}_2},\ b = -\frac{\boldsymbol{w}_0}{\boldsymbol{w}_2} \tag{2-24}$$

这是二维空间中表示直线的经典斜率——截距方程，式中 m 是斜率；b 是直线在 y 轴上的截距。

2.2 概　率　论

在当今数据十分丰富的世界中，概率的概念是机器学习、人工智能和许多信息处理的核心。任何一个系统要在现实世界中充当人类的伙伴，就需要用概率方法来量化不确定性和推理。因此，概率论在人工智能等领域中扮演着非常重要的角色。

2.2.1 随机变量和概率公理

概率论基于两个理念：一个由相互排斥的可能事件组成的样本空间 S 和这些事件发生概率的“度量”。

首先考虑有限样本空间 S，以抛硬币为例，有两个可能的事件：正面向上 (h) 和反面向上 (t)。另一个例子是预测明天的天气，可能的结果是晴天、雨天或者多云等，且这些结果的每一个子集都可以作为一个事件（例如雨天和多云）。

利用随机变量来表示一个事件，例如可以用随机变量 X 来代表抛硬币的结果，X 有 2 个可能的取值：$X = h$ 或者 $X = t$。通常，诸如 X 和 Y 的大写字母用来表示随机变量，而诸如 h 和 t 的小写字母用来表示变量的取值。

概率可定义为在样本空间 S 中分配给每个事件的度量（数值），且满足以下 3 个公理：

（1）度量值在 0 与 1 之间，也就是说，对所有的事件 x 均有 $0 \leqslant P(X = x) \leqslant 1$。在抛硬币的例子里，可能得到 $P(X = h) = 0.5$ 和 $P(X = t) = 0.5$，两者的度量值均为 0～1。

（2）所有事件的度量值之和是 1，即 $\sum_x P(X = x) = 1$。在之前举的抛硬币例子中，有 $P(X = h) + P(X = t) = 0.5 + 0.5 = 1$。

（3）互斥事件组合的概率是每个事件的概率之和，即

$$P(X = x_1 \cup X = x_2 \cup \cdots \cup X = x_n) = \sum_{i=1}^{n} P(X = x_i) \tag{2-25}$$

式中，x_i 表示互斥事件。在抛硬币的例子中，结果是正面向上或反面向上的概率为 1（因为只有这两种情况），即 $P(X = h \cup X = t) = 1$，这个概率等于

$$P(X = h) + P(X = t) = 1 \tag{2-26}$$

2.2.2　联合概率和条件概率

两个事件 x 和 y 的联合概率写作 $P(x,y)$，它是 x 和 y 都发生的概率。举例来说，如果用 X 来代表一天的天气，用 Y 来代表前一天的天气，则 $P(X=\text{雨天},Y=\text{多云})$是在某一天下雨且其前一天多云的联合概率。

假设已知前一天多云，想要计算当天下雨的概率，解答这类问题就需要条件概率的知识。条件概率 $P(x|y)$（在已知 y 条件下发生 x 的概率）是在已知另一个事件 y（前一天多云）已经发生的情况下，事件 x（当天将会下雨）发生的概率。条件概率定义为

$$P(x|y)=P(x,y)/P(y) \tag{2-27}$$

如果所有事件的联合概率等于每个事件发生的概率之积，则这些（两个或者更多）随机变量是相互独立的。例如，当对所有的 x 和 y 有以下条件成立时，X 和 Y 是独立的：

$$P(X=x,Y=y)=P(X=x)P(Y=y) \tag{2-28}$$

或者可以等价为，当对 X 和 Y 的所有取值均有以下条件成立时，X 和 Y 是独立的：

$$P(X|Y)=P(X,Y)/P(Y)=P(X)P(Y)/P(Y)=P(X) \tag{2-29}$$

2.2.3　期望、方差和协方差

在很多情况下，用像 X 这样的随机变量来表示数字，例如抛硬币 5 次之后得到的正面向上的次数（在这个例子中，X 可以在 0,1,2,3,4,5 中取值）。在这类情况中，感兴趣的可能是计算随机变量的均值或方差。

离散随机变量 X 的均值（或者期望）定义如下：

$$E(X)=\sum_x P(X=x)x \tag{2-30}$$

有时用 μ_x 来表示均值 $E(X)$。

X 的方差定义为

$$\text{var}(X)=E((X-\mu_x)^2)=E(X^2)-\mu_x^{\ 2}=\sum_x P(X=x)x^2-\mu_x^{\ 2} \tag{2-31}$$

X 的标准差定义为

$$\sigma_x=\sqrt{\text{var}(X)} \tag{2-32}$$

已知这个关系后，通常用 $\sigma_x^{\ 2}$ 来表示方差。

以上对均值和方差的定义也可用于向量形式的随机变量。假设有一个 n 维的随机变量：

$$\boldsymbol{x}=\begin{bmatrix}x_1\\x_2\\\vdots\\x_n\end{bmatrix} \tag{2-33}$$

$\boldsymbol{x}$ 的平均向量如下：

$$\mu_x=E(\boldsymbol{x})=\begin{bmatrix}E(x_1)\\E(x_2)\\\vdots\\E(x_n)\end{bmatrix}=\begin{bmatrix}\mu_1\\\mu_2\\\vdots\\\mu_n\end{bmatrix} \tag{2-34}$$

向量随机变量的方差组成的矩阵是协方差矩阵：

$$\mathrm{cov}(\boldsymbol{x}) = E((\boldsymbol{x}-\mu_x)(\boldsymbol{x}-\mu_x)^{\mathrm{T}})$$
$$=\begin{bmatrix} E((x_1-\mu_1)(x_1-\mu_1)) & E((x_1-\mu_1)(x_2-\mu_2)) & \cdots & E((x_1-\mu_1)(x_n-\mu_n)) \\ E((x_2-\mu_2)(x_1-\mu_1)) & E((x_2-\mu_2)(x_2-\mu_2)) & \cdots & E((x_2-\mu_2)(x_n-\mu_n)) \\ \vdots & \vdots & \vdots & \vdots \\ E((x_n-\mu_n)(x_1-\mu_1)) & E((x_n-\mu_n)(x_2-\mu_2)) & \cdots & E((x_n-\mu_n)(x_n-\mu_n)) \end{bmatrix} \tag{2-35}$$

注意，协方差矩阵的对角线元素是向量 $\boldsymbol{x}$ 各元素的方差：$\mathrm{var}(x_i) = E((x_i-\mu_i)^2)$。

2.2.4 概率密度函数

到目前为止，本章讨论的都是离散随机变量，也就是说，它们可以取有限数量的值中的一个。在合适的条件下，随机变量 X 也可以取连续值，例如实数。在这种情况下，可以定义如下所示的概率密度函数：

$$P(X=x)=\lim_{\Delta x\to 0}\frac{P(x\leqslant X<x+\Delta x)}{\Delta x} \tag{2-36}$$

于是，可以按照前面的相同方式定义均值、方差和协方差，除了用对概率密度函数求积分来代替对概率求和以外。

1. 均匀分布

最简单的离散分布是均匀分布，它假定所有的事件都具有相同的可能性。因此，如果有 N 个可能的事件，则由均匀分布得到的每个事件 $\boldsymbol{x}$ 的概率为

$$P(X=x)=\frac{1}{N} \tag{2-37}$$

在抛硬币的例子中，由均匀分布得到的两种可能结果的概率为 $P(X=h)=1/2$ 和 $P(X=t)=1/2$。掷一个六面骰子，均匀分布下每种结果的概率是 $1/6$。

2. 伯努利分布

伯努利分布用来模拟二元随机变量的情况，也就是说只有两种可能的结果：$X=0$ 或者 $X=1$。比如在抛硬币的试验中，当两种结果并不一定有相同的可能性时（可能硬币损坏了），可以用 1 表示正面向上，0 表示反面向上。用参数 μ 来表示 $X=1$ 的概率：

$$P(X=1\mid\mu)=\mu \tag{2-38}$$

式中，$0\leqslant\mu\leqslant 1$。于是，$p(X=0\mid\mu)=1-\mu$。因此，可以将二元随机变量 X 的概率分布表示为

$$P(X\mid\mu)=\mathrm{Bern}(X\mid\mu)=\mu^X(1-\mu)^{1-X} \tag{2-39}$$

这个分布称为伯努利分布。根据式（2-30）和式（2-31）所示的均值和方差的定义，可以得到伯努利分布的均值和方差：

$$\begin{aligned} E(X) &= P(X=1\mid\mu)\cdot 1 + P(X=0\mid\mu)\cdot 0 \\ &= \mu \end{aligned} \tag{2-40}$$

$$\begin{aligned} \mathrm{var}(X) &= P(X=1\mid\mu)\cdot(1-\mu)^2 + P(X=0\mid\mu)\cdot(0-\mu)^2 = \mu(1-\mu)^2+(1-\mu)\mu^2 \\ &= \mu(1-\mu)((1-\mu)+\mu) \\ &= \mu(1-\mu) \end{aligned} \tag{2-41}$$

3. 二项分布

一种与伯努利分布密切相关的分布是二项分布，它表示的是在总共 N 次观察中，观察到事件 $X=1$ 发生 m 次的概率（例如 N 次抛硬币），其中 $m=0,1,2,\cdots,N$ 。

$$P(m \mid N,\mu)=\text{Bionm}(m \mid N,\mu)=\begin{pmatrix} N \\ m \end{pmatrix}\mu^m(1-\mu)^{N-m} \tag{2-42}$$

式中，$\begin{pmatrix} N \\ m \end{pmatrix}$ 是从 N 个相同项中取出 m 个项的可能方式的数量。

4. 泊松分布

泊松分布是二项分布的特例，是在观察或者试验次数 N 及 μ 未知的情况下，“成功”的概率（即观察事件 $X=1$ ）。但所期望的成功次数是已知的：

$$\lambda = N\mu \tag{2-43}$$

上述等式是根据这样的事实得到的：一共进行了 N 次试验，每次试验成功的概率为 μ ，于是能够观察到成功的平均次数为 $N\mu$ 。

将式（2-43）改写为 $\mu=\dfrac{\lambda}{N}$ ，并将 μ 的这个值代入二项分布的式（2-42）中，在 N 趋于无穷大的极限情况下，可得

$$\lim_{N\to\infty}\text{Bionm}(m \mid N,\mu)=\lim_{N\to\infty}\begin{pmatrix} N \\ m \end{pmatrix}\left(\frac{\lambda}{N}\right)^m\left(1-\frac{\lambda}{N}\right)^{N-m} \tag{2-44}$$

在经过一些数学简化之后，得到泊松分布的表达式：

$$P(m \mid \lambda)=\text{Poisson}(m \mid \lambda)=\frac{\lambda^m}{m!}\exp(-\lambda) \tag{2-45}$$

式中，$m=0,1,2,\cdots,N$ ，由此表明泊松分布的均值和方差均等于 λ 。

5. 高斯分布

迄今为止讨论过的分布都适用于离散随机变量。也许，与连续随机变量相关的最重要的分布是高斯分布（也称为正态分布）。

首先考虑标量随机变量 X 可取任意实数值的情况。这种情况下的高斯分布由两个参数决定，均值 μ 和方差 σ^2，可以用如下形式表示：

$$P(X=x \mid \mu,\sigma^2)=\frac{1}{\sqrt{2\pi}\sigma}\exp\left(-\frac{1}{2}\left(\frac{x-\mu}{\sigma}\right)^2\right) \tag{2-46}$$

注意，高斯分布假定在均值 μ 处取得最大值，标准差 σ 决定在均值周围取值的散布情况（值越大表明越分散）。

6. 多元高斯分布

高斯分布也可以用连续随机变量的向量形式定义。假设有一个 n 维向量随机变量 X，取值为实数向量 $\boldsymbol{x}$，可以定义由两个参数决定的 X 的多元高斯分布：一个 n 维均值向量 $\boldsymbol{\mu}$ 和一个 $n\times n$ 的协方差矩阵 Σ ［见式（2-34）和式（2-35）中关于均值向量和协方差矩阵的定义］。X 的多元高斯分布定义为

$$P(X=\boldsymbol{x}\mid\boldsymbol{\mu},\Sigma)=\frac{1}{(2\pi)^{\frac{n}{2}}\sqrt{\det(\Sigma)}}\exp\left(-\frac{1}{2}(\boldsymbol{x}-\boldsymbol{\mu})^{\mathrm{T}}\Sigma^{-1}(\boldsymbol{x}-\boldsymbol{\mu})\right) \tag{2-47}$$

式中，$\det(\Sigma)$ 表示协方差矩阵 Σ 的行列式。注意，指数 $(\boldsymbol{x}-\boldsymbol{\mu})^{\mathrm{T}}\Sigma^{-1}(\boldsymbol{x}-\boldsymbol{\mu})$ 是输入向量 $\boldsymbol{x}$ 和均值向量 $\boldsymbol{\mu}$ 之间距离的平方，这个距离称为马氏距离。

2.2.5 贝叶斯法

贝叶斯分类器是一种概率模型，它用贝叶斯公式解决分类问题。如果样本的特征向量服从某种概率分布，则可以计算特征向量属于每个类的条件概率，条件概率最大的类为分类结果。如果假设特征向量各个分量之间相互独立，则为朴素贝叶斯分类器；如果假设特征向量服从多维正态分布，则为正态贝叶斯分类器。

贝叶斯公式描述了两个相关的随机事件或随机变量之间的概率关系。贝叶斯分类器使用贝叶斯公式计算样本属于某一类的条件概率值，并将样本判定为概率值最大的那个类。

条件概率描述两个有因果关系的随机事件之间的概率关系，$p(b\mid a)$ 定义为在事件 a 发生的前提下事件 b 发生的概率。贝叶斯公式阐明了两个随机事件之间的概率关系：

$$p(b\mid a)=\frac{p(a\mid b)p(b)}{p(a)} \tag{2-48}$$

这一结论可以推广到随机变量。分类问题中样本的特征向量取值 x 与样本所属类型具有因果关系。因为样本已经被规定所属类型了，所以具有特征值 X。例如我们要区分男性和女性，选用的特征为脚的尺寸和身高。一般情况下男性的脚比女性的大，身高更高，因为一个人是男性，才具有这样的特征。分类器要做的则相反，是在已知样本的特征向量为 x 的条件下反推样本所属的类型。根据贝叶斯公式有

$$p(y\mid x)=\frac{p(x\mid y)p(y)}{p(x)} \tag{2-49}$$

只要知道特征向量的概率分布 $p(x)$，每一类出现的概率 $p(y)$ 即类先验概率，以及每一类样本的条件概率 $p(x\mid y)$，就可以计算出样本属于每一类的概率（后验概率）$p(y\mid x)$。分类问题只需要预测类别，比较样本属于每一类的概率的大小，找出该值最大的那一类即可，因此可以忽略 $p(x)$，因为它对所有类都是相同的。简化后分类器的判别函数为

$$\operatorname{argmax} p(x\mid y)p(y) \tag{2-50}$$

实现贝叶斯分类器需要知道每类样本的特征向量所服从的概率分布。现实中的很多随机变量都近似服从正态分布，因此，常用正态分布来表示特征向量的概率分布。

贝叶斯分类器是一种生成模型。因为使用了类条件概率 $p(x\mid y)$ 和类概率 $p(y)$，两者的乘积就是联合概率 $p(x,y)$，它对联合概率进行建模。

2.3 马尔可夫模型

马尔可夫链（Markov chain, MC）及机器学习中更加常用的隐式马尔可夫模型（hidden Markov model, HMM）都具有共同的特性便是马尔可夫性：当一个随机过程在给定现在状态及所有过去状态情况下，其未来状态的条件概率分布仅依赖于当前状态。即在给定现在状态

时，它与过去状态（即该过程的历史路径）是条件独立的，那么此随机过程即具有马尔可夫性质。具有马尔可夫性质的过程通常称为马尔可夫过程。马尔可夫各个模型的关系如表 2.1 所示。

表 2.1　马尔可夫各个模型的关系

项目	不考虑动作	考虑动作
状态完全可见	马尔可夫链（MC）	马尔可夫决策过程（MDP）
状态不完全可见	隐马尔可夫模型（HMM）	不完全可见马尔可夫决策过程（POMDP）

2.3.1　马尔可夫链

马尔可夫链是加权自动机的一种特殊情况，其中输入序列唯一地决定了自动机要通过的状态。

如图 2.1（a）所示是一个马尔可夫链，它给天气事件的序列指派概率。其中，天气事件词汇由 HOT、COLD 和 WARM 组成，如图 2.1（a）；如图 2.1（b）所示是马尔可夫链的另一个例子，以 snow is white 为例，马尔可夫链给这个单词序列指派概率。这样的马尔可夫链代表了一个二元语法模型，图中 a_{ij}（$i=1,\cdots,n$，$j=1,\cdots,n$）表示状态转移概率，Start_0 为初始状态，End_4 为终结状态。给出了图 2.1 中的两个模型，我们就可以计算对于任何由词汇中的单词组成的序列指派的概率。下面我们简短地说明怎么来做这件事。

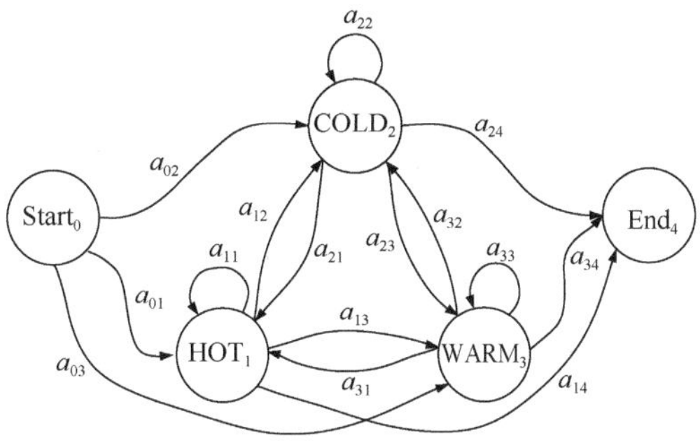

（a）天气事件

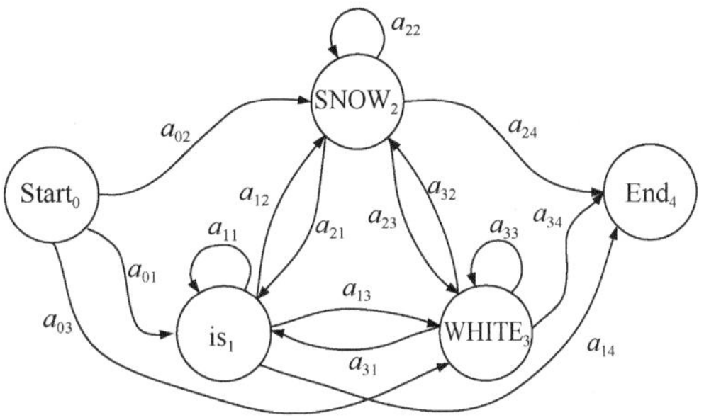

（b）单词序列

图 2.1　表示天气事件和单词序列的马尔可夫链

首先，让我们更加形式化地描述这个问题，把马尔可夫链看成一种概率图模型。一个马尔可夫链可以使用如下的部分来描述：

$Q=q_1q_2\cdots q_N$　　　状态 N 的集合

$A=a_{01}a_{02}\cdots a_{n1}\cdots a_{nn}$　　　转移概率矩阵 $\boldsymbol{A}$，每一个 a_{ij} 表示从状态 i 转移到状态 j 的概率，$\sum_{j=1}^{n}a_{ij}=1,\forall i$。

q_0、q_F 为特殊的初始状态和终结（最后）状态，它们与观察值没有联系。

从图 2.1 中可以看出，我们把状态（包括初始状态和终结状态）表示为图中的结点，把转移表示为图中结点之间的弧。

马尔可夫链包含了关于这些概率的一个重要假设。在一个一阶马尔可夫链中，一个特定状态的概率只与它的前面一个状态有关。

马尔可夫假设：

$$P\left(q_i \mid q_1 q_2 \cdots q_{i-1}\right) = P\left(q_i \mid q_{i-1}\right) \tag{2-51}$$

注意：由于每一个 a_{ij} 表示概率 $P\left(q_j \mid q_i\right)$，按照概率定律要求，从一个给定状态出发的弧的概率的值，其总和应当为 1，即

$$\sum_{j=1}^{n} a_{ij} = 1, \forall i \tag{2-52}$$

2.3.2 马尔可夫决策过程

马尔可夫决策过程（Markov decision process，MDP）也具有马尔可夫性。与马尔可夫链不同的是 MDP 考虑了动作，即系统下一个状态不仅与当前的状态有关，也与当前执行的动作有关。

马尔可夫决策过程是序贯决策过程的主要研究领域之一。一个序贯决策过程包括以下几点：

（1）所有的决策时刻点集；

（2）系统的所有可能的状态集合；

（3）可以执行的全体动作集合；

（4）与状态和动作相关联的既得回报或费用集合；

（5）与状态和动作相关联的转移概率的集合。

一般来讲，人们总认为决策者在开始做决策的时候这些量是已知的。在此基础上，马尔可夫决策过程是一类特殊的序贯决策问题，其特点是可执行的动作集、既得回报和转移概率只是依赖于当前的状态和选取的行动，而与过去的历史无关。

1. 基本定义

一个马尔可夫决策过程由五元组组成 $(S, A, \{P_{sa}\}, \gamma, R)$。

S：表示状态集（states）。

A：表示一系列动作（actions）。

P_{sa}：表示状态转移概率。P_{sa} 表示的是在当前 $s \in S$ 状态下，经过 $a \in A$ 作用后，会转移到的其他状态的概率分布情况。比如，在状态 s 下执行动作 a，转移到 s' 的概率可以表示为 $p(s' \mid s, a)$。

γ：表示贴现系数（dicount factor）$[0,1]$。

$R: S \times A \to R$：表示回报函数（reward function）。

MDP 的动态过程如下：某个智能体（agent）的初始状态为 s_0，然后从 A 中挑选一个动作 a_0 执行，执行后，agent 按 P_{sa} 概率随机转移到了下一个 s_1 状态，$s_1 \in P_{sa}$。

然后再执行一个动作 a_1，就转移到了 s_2，接下来再执行 $a_2 \cdots$。状态转移的过程如图 2.2 所示。

如果回报 r 是根据状态 s 和动作 a 得到的，则 MDP 还可以表示成如图 2.3 所示。

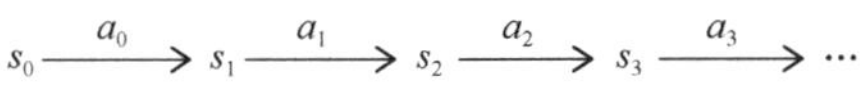

图 2.2　状态转移的过程

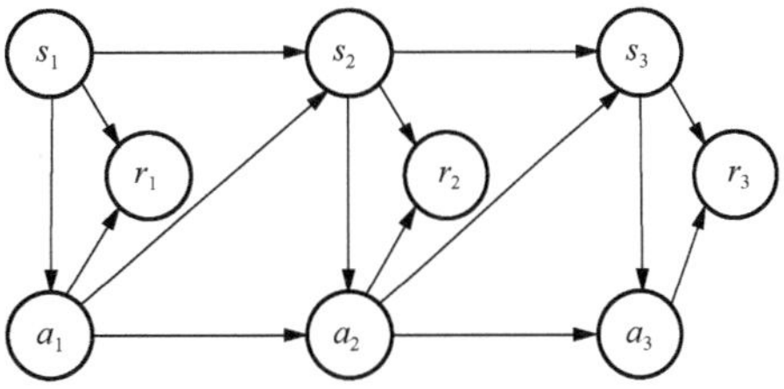

图 2.3　MDP 示意图

作为决策者，所面对的问题根据系统的转移概率抓住特定的机会，适时地做出一系列的行动或选择，以期达到决策者心中的某种最优化目标。由于受控制的系统在持续发展，过去的决策可以通过状态的转移影响当前的决策，一般来讲，若前一步的最优选择不是全局最优的决策，必须要考虑系统在将来状态上的预期机会和费用。

2. 决策时刻与决策周期

选取行动的时间点被称为决策时刻，并用 T 记录所有决策时刻的点集。T 是非负实直线上的子集，它可以是有限点集、可列无限点集或者连续集合。在 T 为离散的情况下，决策都是在决策时刻做出的；而在 T 为连续集的情况下，系统既可以连续地做决策，也可以在某些随机点或某些事件发生时做决策，甚至由决策者选择时机做出决策等。对于离散时间问题，两个相邻的决策时刻被称为决策周期或者阶段，我们把有限阶段的决策时刻集记为 $T_l=\{0,1,2,\cdots,N\}$，而把无限阶段的决策时刻记为 $T_u=\{0,1,2,\cdots,N\}$，N 为某决策时刻。

3. 状态与行动集

在每一个决策时刻上对系统的唯一描述符就是“状态”。将博弈系统的所有可能状态集合记为 S，S 也被称为“状态空间”。如果在任一个决策时刻，决策者所观察到的状态为 $i\in S$，则他可以在状态 i 的可用行动集 $A(i)$ 中选取行动 $a\in A(i)$，其中 $A(i)$ 也称为当前状态的“行动空间”。令：

$$A=U_{i\in S}A(i) \tag{2-53}$$

并且假设 S 和 $A(i)$ 都不依赖于时刻 t，状态集合 S 和行动集合 $A(i)$ 可以是任意的有限集合、可数的无限集合、有限维欧氏空间的紧致子集，或者是完备可分度量空间上的博雷尔（Borel）子集。除非特别声明，我们总考虑 S 和 $A(i)$ 均为离散集的情况。

行动的选取可以是确定性地选取一个，也可以在多个允许的行动中随机性地选取。我们记 $p(A(i))$ 为 $A(i)$ 的博雷尔子集上的所有概率分布，记 $p(A)$ 为 A 的博雷尔子集上的所有概率分布，随机选取行动就是选取一个概率分布 $p(\cdot)\in p(A(i))$，其中，选取行动 $a\in A(i)$ 的概率是 $p(a)$，如果这个分布是退化的，则为确定性地选择行动。

4. 转移概率和报酬

对于任意一个决策时刻，在状态 i 采取行动 $a\in A(i)$ 之后将产生两个结果：一是决策者获得报酬 $r(i,a)$；二是下一个决策时刻系统所处的状态将由概率分布 $P(\cdot|i,a)$ 决定。

报酬 $r(i,a)$ 是定义在 $i\in S$ 和 $a\in A(i)$ 上的实值函数。当 $r(i,a)$ 为正值时，表示决策者所获得的收入；当其为负值时，表示决策者所付出的费用。从模型的角度来看，报酬 $r(i,a)$ 是即时的，但是在这个决策周期内它是何时或如何获得的并不重要，在选取行动后，模型只需知道它的值或期望值。实际上，报酬可以包括到下一个决策时刻的一次性收入、持续到下一阶段的累积收入，或转移到下一个状态的随机收入等。一般来讲，报酬还依赖下一个决策时刻的状态 j，即 $r(i,a,j)$。此时，采取行动 a 的期望报酬值为

$$r(i,a)=\sum_{j\in S}r(i,a,j)p(j\mid i,a) \tag{2-54}$$

上式中非负函数 $p(j\mid i,a)$ 是下一个决策时刻系统转移到状态 j 的概率，函数 $P(\cdot\mid i,a)$ 被称为转移概率函数。需要注意的是，在一般的实际问题中，状态转移是可以发生在两个决策时刻的中间的，但是在不影响决策的情况下，我们的模型依然适用。通常我们假设

$$\sum_{j\in S}p(j\mid i,a)=1 \tag{2-55}$$

我们把五重组 $\{T,S,A(i),P(\cdot\mid i,a),r(i,a)\}$ 称为一个“马尔可夫决策过程”，其转移概率和报酬仅仅依赖于当前的状态和决策者选取的行动，而不依赖于过去的历史。这里我们把包括了最优准则的马尔可夫决策过程称为“马尔可夫决策问题”。

2.3.3 隐马尔可夫模型

当需要计算我们能够在世界上观察到的事件序列的概率的时候，马尔可夫链是很有用的。但是，在很多情况下，我们感兴趣的事件并不能直接在世界上观察到。例如，在语音识别中，根据观察的声学事件推断隐藏的单词。隐马尔可夫模型使得我们有可能既涉及被观察到的事件（如语音识别时观察到的声学事件），又涉及隐藏的事件（例如单词），这些隐藏事件在概率模型中是引导性的因素。

一个隐马尔可夫模型 HMM 可以使用如下的部分来描述：

$Q=\{q_1,q_2,\cdots,q_N\}$	状态 N 的集合
$\boldsymbol{A}=\left[a_{ij}\right]_{N\times N}$	转移概率矩阵 $\boldsymbol{A}$，每一个 a_{ij} 表示从状态 i 转移到状态 j 的概率，$\sum_{j=1}^{N}a_{ij}=1,\forall i$
$O=\{o_1,o_2,\cdots,o_T\}$	观察 T 的序列，每一个观察从词汇 $V=v_1,v_2,\cdots,v_N$ 中取值
$B=b_i(o_t)$	观察似然度序列，也称为发射概率，每一个观察似然度表示从状态 i 生成观察 o_t 的概率
q_0,q_F	特殊的初始状态和终结（最后）状态，它们与观察值没有联系

一阶隐马尔可夫模型有两个假设。第 1 个假设与一阶马尔可夫链中的一样：一个特定状态的概率只与它前面的一个状态有关。

马尔可夫假设：

$$P(q_i\mid q_1q_2\cdots q_{i-1})=P(q_i\mid q_{i-1}) \tag{2-56}$$

第 2 个假设：一个输出观察 o_i 的概率只与产生该观察的状态 q_i 有关，而与其他的任何状态和其他的任何观察无关。

输出独立性假设：

$$P(o_i\mid q_1,\cdots,q_i,\cdots,q_T,o_1,\cdots,o_i,\cdots,o_T)=P(o_i\mid q_i) \tag{2-57}$$

用 HMM 来计算事物的算法。使用 3 个基本问题来描述隐马尔可夫模型的思想。这 3 个基本问题如下。

问题 1（似然度问题）：给定一个 HMM $\lambda=(A,B)$ 和一个观察序列 O，确定似然度

$P(O|\lambda)$。

问题 2（解码问题）：给定一个观察序列 O 和一个 HMM $\lambda=(A,B)$，找出最好的隐藏状态序列 Q。

问题 3（学习问题）：给定一个观察序列 O 和 HMM 中的状态集合，学习 HMM 的参数 A 和 B。

2.4　函数优化基础

2.4.1　低维函数优化

在机器学习技术中，通常以最小化损失函数为目标，不过最小化就等同于最大化函数的负值。我们从简单的函数开始。假设要最大化单变量函数。定义

$$f(x)=25\sin x-x^2 \tag{2-58}$$

对函数作图，如图 2.4 所示，将这条线想象成一座由几个山峰组成的高山。假设最终位置处于实心点处。

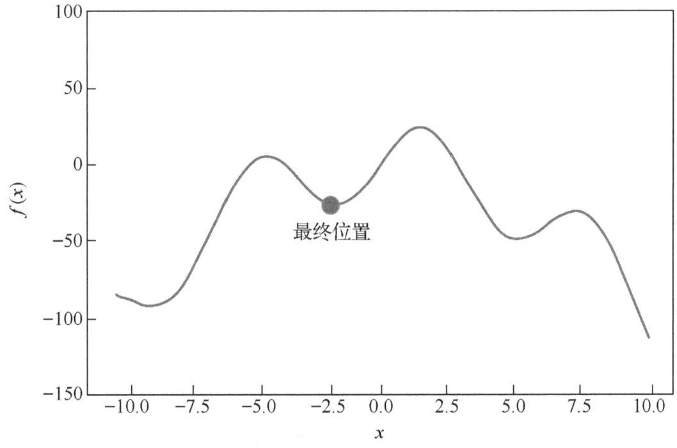

图 2.4　假设函数曲线

如果要到达山峰，该往哪个方向走？当然，应该向斜率增加的方向前进。斜率这个概念对应的是函数的导数。在数学上，导数定义为

$$\frac{\mathrm{d}f(x)}{\mathrm{d}x}=f'(x)=\lim_{y\to x}\frac{f(x)-f(y)}{x-y} \tag{2-59}$$

正导数意味着斜率在增大，所以可以前进；而负导数意味着斜率在减小，所以要后退。可视化这个过程如图 2.5 所示。

这个简单的算法虽然成功地找到了峰值，但如图 2.5 所示，这并非函数的全局最大值。这个简单的例子只最大化了单变量函数。在现实生活中，可能存在数百万变量，深度神经网络中就是如此。这样简单的算法可以泛化到多维函数的优化。

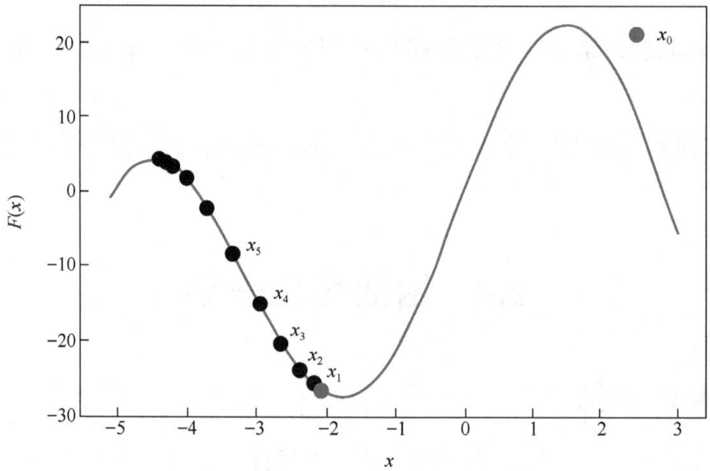

图 2.5　导数斜率连续变化

2.4.2　多维函数优化

在单变量函数中，可以将导数视为切线的斜率。但遇到多个变量，则不能如此。例如，定义函数如下：

$$f(x,y)=\cos(3x+2y)+\cos(2x+4y)-2\sin(x+y) \tag{2-60}$$

因为与曲面上一个点相切的线有很多，可以做一个完整的平面，即切平面，如图 2.6 所示。

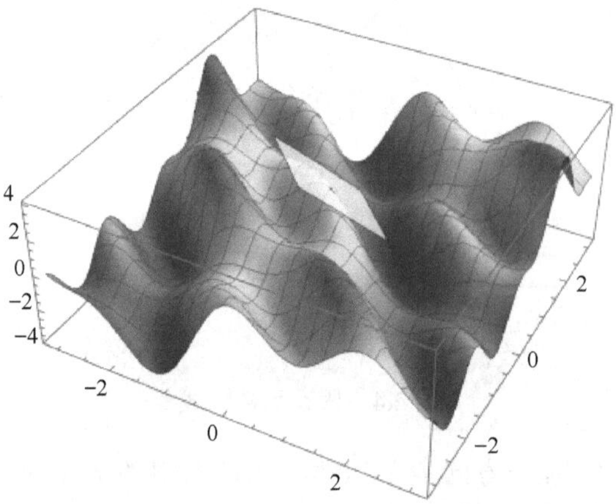

图 2.6　$f(x,y)$在点(0,0)处的切平面

以点$(0,0)$处的切平面为例。对每一个多维函数来说，先固定所有变量只取一个能动的变量，这样这个函数基本上就变成单变量函数了。示例函数变为

$$f(x,0)=\cos(3x)+\cos(2x)-2\sin(x) \tag{2-61}$$

和

$$f(0,y)=\cos(2y)+\cos(4y)-2\sin(y) \tag{2-62}$$

要泛化之前发现峰值的算法，偏导数起着至关重要的作用。定义：

$$\frac{\partial f(x,y)}{\partial x} = f_x(x,y) = \lim_{x_0 \to x} \frac{f(x,y) - f(x_0,y)}{x - x_0}$$
$$\frac{\partial f(x,y)}{\partial y} = f_y(x,y) = \lim_{y_0 \to y} \frac{f(x,y) - f(x,y_0)}{y - y_0} \tag{2-63}$$

每个偏导数表示切平面上的一个方向，如图 2.7 所示。

偏导数的值是特殊切线的斜率。最陡的方向根据梯度确定，定义为

$$\nabla f(x,y) = \left(\frac{\partial f(x,y)}{\partial x}, \frac{\partial f(x,y)}{\partial y} \right) \tag{2-64}$$

梯度是参数空间中的方向，在二维平面中绘制出梯度，如图 2.8 所示。

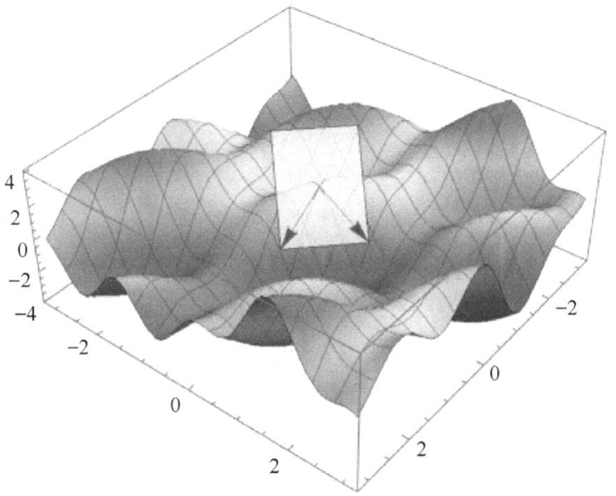

图 2.7　切平面上偏导数的方向

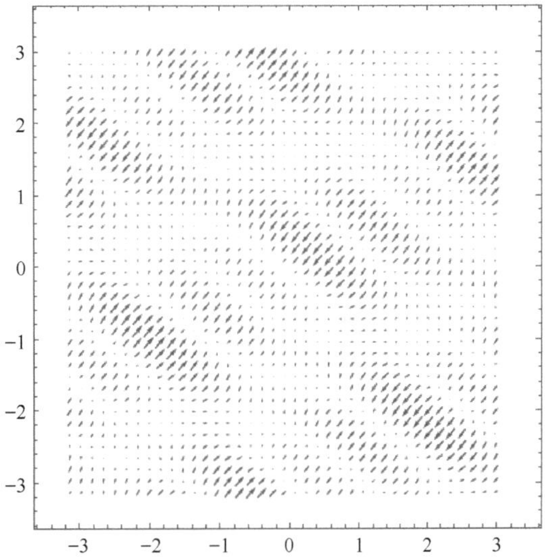

图 2.8　$f(x,y)$ 的梯度

综上所述，发现峰值的算法现在成为

$$\boldsymbol{x}_{n+1} = \boldsymbol{x}_n + \lambda \nabla f(\boldsymbol{x}_n) \tag{2-65}$$

这就是所谓的梯度上升（gradient ascent）。如果要求函数最小值，就要沿负梯度的方向迈出一步，也就是下降最陡的方向。

$$\boldsymbol{x}_{n+1} = \boldsymbol{x}_n - \lambda \nabla f(\boldsymbol{x}_n) \tag{2-66}$$

这就是所谓的梯度下降（gradient descent）。在机器学习中，该方法主要用于计算机器学习算法的最小化损失。

2.4.3　梯度方向

在这种情况下，要知道为什么梯度给出的是最陡峭的上升方向。用 (a,b) 任意方向的垂直平面切割曲面。对于偏导数，有

$$\begin{aligned}\frac{\partial f(x,y)}{\partial x}&=\frac{\mathrm{d}}{\mathrm{d}t}f(x+t,y)\\\frac{\partial f(x,y)}{\partial y}&=\frac{\mathrm{d}}{\mathrm{d}t}f(x,y+t)\end{aligned}\tag{2-67}$$

可以将它们视为 $f(x,y)$ 沿 (1,0) 和 (0,1) 方向的导数。尽管这些方向特别重要，但也可以任意规定这些方向。也就是说，假设方向向量为

$$\boldsymbol{e}=(e_1,e_2)\tag{2-68}$$

这个方向的导数定义为

$$\begin{aligned}\frac{\partial f(x,y)}{\partial \boldsymbol{e}}&=\frac{\mathrm{d}}{\mathrm{d}t}f(x+e_1,y+e_2t)\\&=e_1\frac{\partial f(x,y)}{\partial x}+e_2\frac{\partial f(x,y)}{\partial y}\end{aligned}\tag{2-69}$$

最后一个式子就是方向向量和梯度的点积。问题是，哪个方向的方向导数最大？答案是上升最陡峭的方向。所以如果要优化，得先知道这个特定的方向。这个方向就是之前提过的梯度，点积可以写作：

$$\boldsymbol{e}\cdot\nabla f(x,y)=|\boldsymbol{e}||\nabla f(x,y)|\cos\alpha\tag{2-70}$$

$$\frac{\partial f(x,y)}{\partial \boldsymbol{e}}=\boldsymbol{e}\cdot\nabla f(x,y)\tag{2-71}$$

式中，$|\ |$表示向量长度；α 是两向量间的夹角（这在任意维数上都是成立的，不只是二维）。显而易见，当 $\cos\alpha=1$，即 $\alpha=0$ 时，表达式取最大值。这就意味着这两个向量是平行的，所以 $\boldsymbol{e}$ 的方向和梯度方向是相同的。

2.5 度量准则

度量不仅是机器学习和统计学等学科中使用的基础手段，也是迁移学习中的重要工具。它的核心就是衡量两个数据域的差异。计算两个向量（点、矩阵）的距离和相似度是许多机器学习算法的基础。这里给出常用的度量手段，它们都是机器学习研究中非常常见的度量准则。很好地理解这些准则，可以有助于设计出更加好用的算法。

1. 常见的几种距离

1）欧氏距离

定义在两个向量（两个点）上，点 x 和点 y 的欧氏距离为

$$d_{\text{Euclidean}}=\sqrt{(\boldsymbol{x}-\boldsymbol{y})^{\mathrm{T}}(\boldsymbol{x}-\boldsymbol{y})}\tag{2-72}$$

2）闵可夫斯基距离

即 Minkowski distance，两个向量（点）的 p 阶距离为

$$d_{\text{Minkowski}}=\left(|\boldsymbol{x}-\boldsymbol{y}|^{p}\right)^{1/p}\tag{2-73}$$

当 $p=1$ 时就是曼哈顿距离，当 $p=2$ 时就是欧氏距离。

3）马氏距离

定义在两个向量（两个点）上，这两个点在同一个分布里。点 $\boldsymbol{x}$ 和 $\boldsymbol{y}$ 的马氏距离为

$$d_{\text{Mahalanobis}} = \sqrt{(\boldsymbol{x}-\boldsymbol{y})^{\mathrm{T}} \Sigma^{-1} (\boldsymbol{x}-\boldsymbol{y})} \tag{2-74}$$

式中，Σ 是这个分布的协方差。当 $\Sigma = \boldsymbol{I}$ 时，马氏距离退化为欧氏距离。

2. 相似度

1）余弦相似度

衡量两个向量的相关性（夹角的余弦）。向量 $\boldsymbol{x}$ 和 $\boldsymbol{y}$ 的余弦相似度为

$$\cos(\boldsymbol{x},\boldsymbol{y}) = \frac{\boldsymbol{x}\cdot\boldsymbol{y}}{|\boldsymbol{x}|\cdot|\boldsymbol{y}|} \tag{2-75}$$

2）互信息

定义在两个概率分布 X 、Y 上，$\boldsymbol{x}\in X, \boldsymbol{y}\in Y$ 。它们的互信息为

$$I(X;Y) = \sum_{x\in X}\sum_{y\in Y} p(\boldsymbol{x},\boldsymbol{y}) \log \frac{p(\boldsymbol{x},\boldsymbol{y})}{p(\boldsymbol{x})p(\boldsymbol{y})} \tag{2-76}$$

3）皮尔逊（Pearson）相关系数

衡量两个随机变量的相关性。随机变量 X 、Y 的 Pearson 相关系数为

$$\rho_{X,Y} = \frac{\mathrm{Cov}(X,Y)}{\sigma_X \sigma_Y} \tag{2-77}$$

4）杰卡德（Jaccard）相关系数

对两个集合 X 、Y ，判断它们的相关性，杰卡德相关系数如下：

$$J = \frac{X \cap Y}{X \cup Y} \tag{2-78}$$

2.6　常用的激活函数

常用的激活函数主要有以下几种。

1. sigmoid 函数

sigmoid 函数又可称为 logistic 激活函数，其形状如图 2.9 所示。它输入区间为整个实数集，输出区间为 (0, 1)，将较大的数值区间压缩在较小的数据区间中，常用于预测概率的输出层。其数学表达式如式（2-79）所示。

$$\sigma(x) = \frac{1}{1+\mathrm{e}^{-x}} \tag{2-79}$$

目前 sigmoid 激活函数主要应用于二分类网络最后的输出层上。sigmoid 函数具有以下几个优点：函数具有较好对称性；函数对输入超过一定范围就不敏感。同时它也具有 3 个缺陷：训练时容易引起梯度消失、梯度爆炸；该函数的输出均大于零，降低了权重更新效率；计算成本高昂，其表达式中含有幂运算，计算机求解远比其他非线性激活函数耗时。

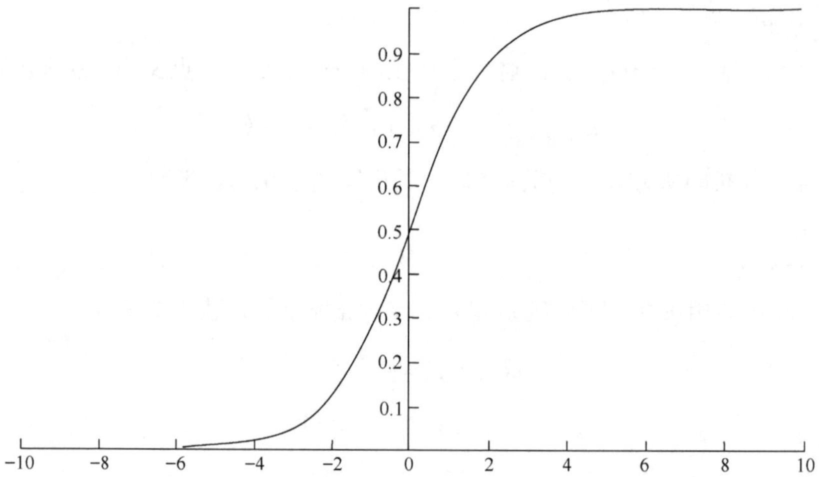

图 2.9　sigmoid 函数

2. tanh 函数

tanh 函数的表达式如式（2-80）所示。其形状及其导数如图 2.10 所示。相比于 sigmoid 函数，其收敛速度更快，但仍存在梯度消失问题。

$$f(x)=\tanh(x)=\frac{2}{1+\mathrm{e}^{-2x}}-1=2\mathrm{sigmoid}(2x)-1 \tag{2-80}$$

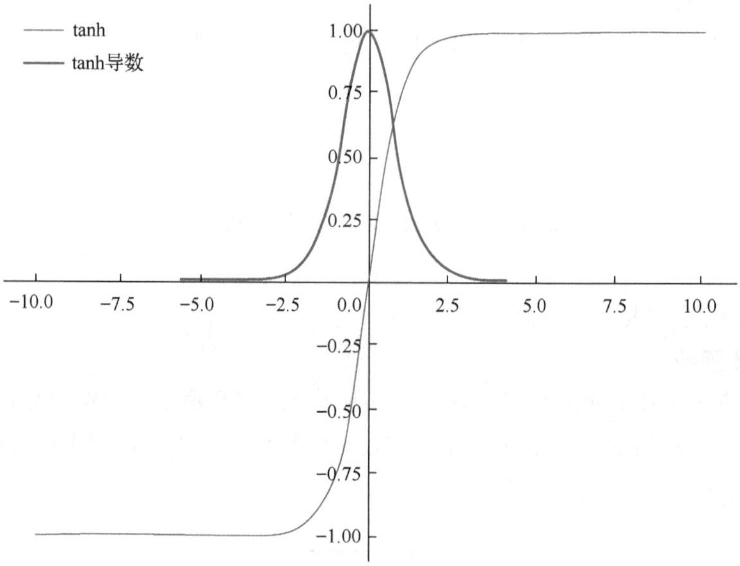

图 2.10　tanh 函数

3. ReLU 函数

线性整流函数（rectified linear unit, ReLU）是目前最常用的激活函数之一，其表达式见式（2-81）。当输入为负数，输出为 0；当输入为正数，输出将保持与输入一致，其形状如图 2.11 所示。

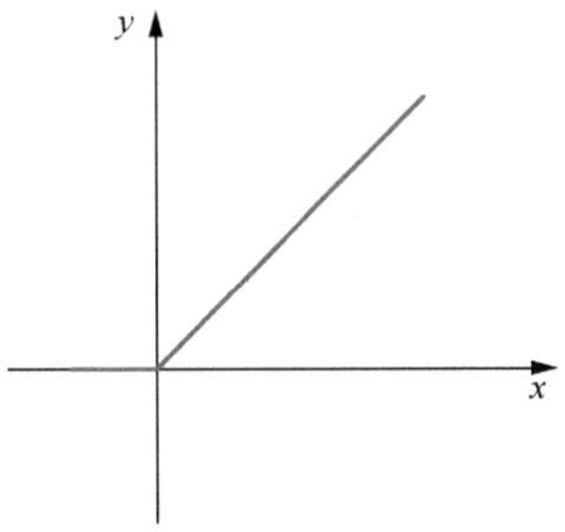

图 2.11　ReLU 函数

$$\mathrm{ReLU}(x)=\begin{cases}x, & x\geqslant 0\\ 0, & x<0\end{cases}=\max(0,x) \tag{2-81}$$

相比上述的 sigmoid 、 tanh 函数，其优点如下：

（1）有效缓解梯度消失问题；

（2）计算速度快，ReLU 函数只存在线性关系，运算速度远快于含有幂函数的激活函数；

（3）收敛速度较快，不受输入数据数值的影响。

但其同样也会存在一些缺点：死区问题，当输入为负时，该神经元节点的梯度为 0，参数停止更新。这部分神经元称作“死区”，过多死区神经元的出现会导致模型性能下降甚至崩塌。

2.7　小　　结

本章主要介绍针对机器学习、人工神经网络等人工智能方法和技术实现所需要的数学基础知识，包括矩阵论、概率论、马尔可夫模型、函数优化基础，以及常用的度量准则、激活函数等方面的基础知识。通过本章学习，可以理解人工智能涉及的数学方面的基本原理，但本章内容并非人工智能整体的数学理论基础。

第 3 章　脑及神经科学与人工智能

3.1　人脑神经元与人工神经网络

3.1.1　MP 神经元模型

在生物神经网络中，每个神经元与其他神经元相连，当它“兴奋”时，就会向相连的神经元发送化学物质，从而改变这些神经元内的电位；如果某神经元的电位超过了一个“阈值”，那么它就会被激活，即“兴奋”起来，会向其他神经元发送化学物质。

1943 年，美国心理学家麦卡洛克和数学家皮茨注意到，单个神经元可以起到逻辑门的作用，类似于数字电路中的逻辑门。例如，如果神经元仅在收到足够数量的输入后才触发，实际上就是一个“与”门。他们将上述情形抽象为简单的数学模型——MP 模型。该模型启发了早期的人工神经网络的研究，并逐渐发展成为人工智能最重要的联结主义流派。因此，人工神经网络被引入计算机和人工智能领域，其最初起源的灵感就是人类大脑中的神经元。

生物的大脑是由许多神经细胞组成的，同样，模拟大脑的人工神经网络 ANN 是由许多叫作人工神经元的细小结构模块组成的。人工神经元就像真实神经细胞的一个简化版，但采用了电子方式来模拟实现。一个人工神经网络中需要使用多少个人工神经元，差别可以非常大。有的神经网络只需要使用 10 个以内的人工神经元，而有的神经网络可能需要使用几千个人工神经元。这完全取决于使用这些人工神经网络来做什么。

利用荧光成像技术显示的生物神经元形态如图 3.1 所示。可以把这个神经元简化成如图 3.2 所示形态。它仍然像一个生物神经元，但结构上已经大大简化，仅包括多个树突、一个相当于单输出的轴突及细胞体。

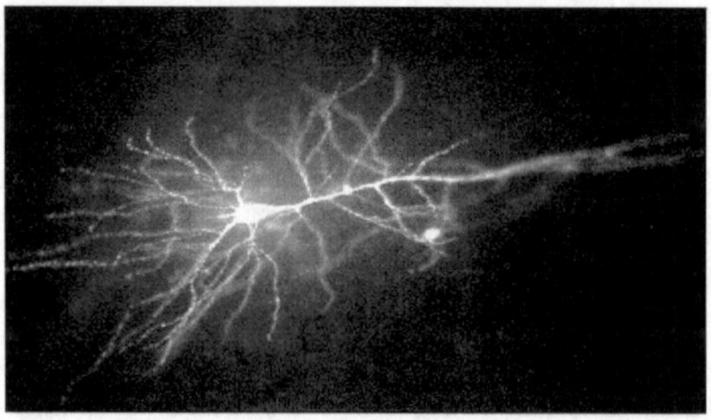

图 3.1　生物神经元荧光图像

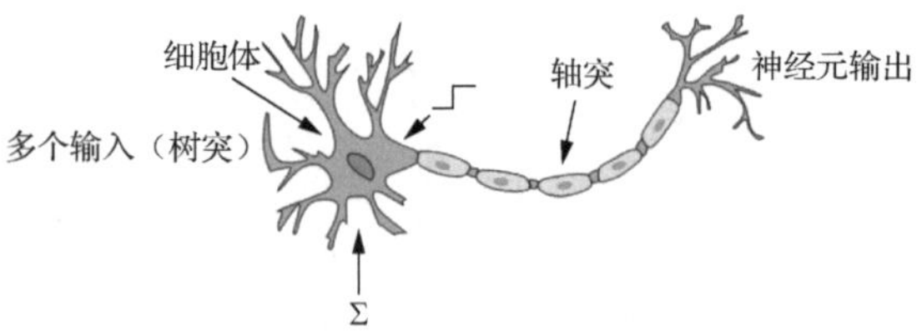

图 3.2　简化的神经元

在图 3.2 基础上，把这个简化的神经元处理成如图 3.3 所示的一般化模型。

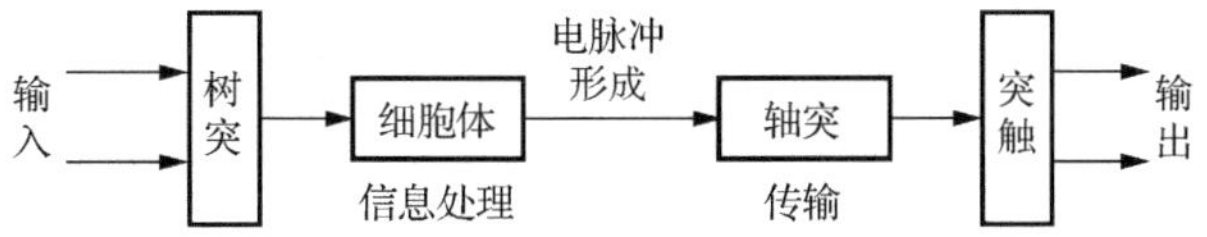

图 3.3　神经元的一般化模型

上述模型可以抽象为简单人工神经元 MP 模型，如图 3.4 所示。MP 模型的基本思想很简单，就是仿照神经元接收多个输入信号。由于突触的性质和突触强度不同，所以根据对神经元的影响程度的不同加上了权重的概念，而其正负则模拟了神经元中的兴奋和抑制作用，最后所有信号累加整合。

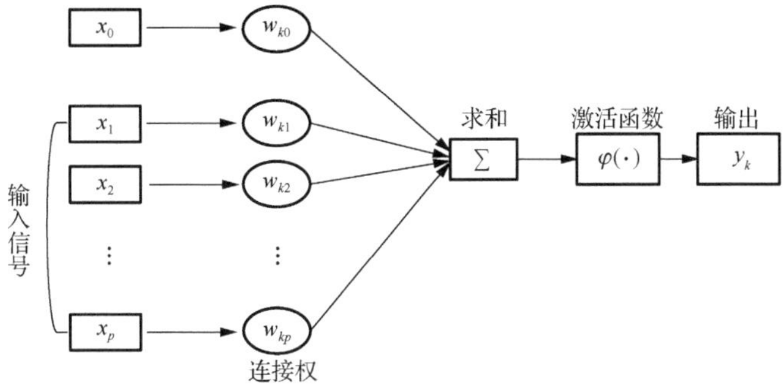

图 3.4　人工神经元模型

如图 3.4 所示，字母 w 为浮点数，称为权重（weight，或权值）。人工神经元的每一个输入都与一个权重 w 相联系，正是由这些权重来决定神经网络的整体活跃性。暂时可以设想所有这些权重都被设置到了 −1 和 1 之间的一个随机小数。因为权重可正可负，故能对与它关联的输入施加不同的影响，如果权重为正，就会有激发作用，即神经元输入输出之间可以传输信号；权重为负，则会有抑制作用，神经元输入输出之间不能传输信号。

当输入信号 $x_j(j=1,2,\cdots,p)$ 进入神经细胞时，它们的值将与它们对应的权重 $w_{kj}(j=1,2,\cdots,p)$ 相乘，作为输入。“核”是一个函数 $f(\cdot)$，叫激励函数，它把所有这些新的、经过权重调整后的输入全部加起来，形成单个的激励值。激励值也是一个浮点数，且同样可正可负。

输入信号有了，神经元是否被激活，要看输入信号是否超过了某一阈值电位，如果被激活则神经元输出脉冲，否则神经元不会输出信号。这个过程可以用激励值来产生函数的输出即神经细胞的输出：如果激励值超过某个阈值 θ_k，就会产生一个值为 1 的信号输出；如果激励值小于阈值 1. 0，则输出一个 0。这是人工神经细胞激励函数的一种最简单的类型，输出值是一个阶跃函数。

上述神经元的活动可以用式（3-1）、式（3-2）和式（3-3）进行表达。

$$u_k=\sum_{j=1}^{p} w_{kj}x_j \tag{3-1}$$

$$a_k=u_k-\theta_k \tag{3-2}$$

$$y_k=f(a_k) \tag{3-3}$$

式中，$x_j(j=1,2,\cdots,p)$ 代表输入信号；$w_{kj}(j=1,2,\cdots,p)$ 代表神经元 k 的权值；a_k 代表输入信号经加和单元后组合输出的结果；θ_k 代表阈值；$f(\cdot)$ 代表激活函数；y_k 代表神经元的输出。

将式（3-1）带入式（3-2）则有

$$a_k = \sum_{j=1}^{p} w_{kj} x_j - \theta_k = \sum_{j=0}^{p} w_{kj} x_j \tag{3-4}$$

式中，$x_0 = -1$时，权值$w_{k0} = \theta_k$；或$x_0 = 1$时，权值$w_{k0} = b_k$，b_k称为偏置值。

第 4 章人工神经网络将介绍在第一个神经元基础上发展而来的人工神经网络主要方法和应用。

3.1.2　神经元计算能力新发现

传统人工神经元模型忽略了一个事实：流入给定神经元的数千个输入是沿着不同的树突进入神经元细胞体的，而这些树突本身所起到的功能可能差异巨大，或者更为具体来说，这些树突内部本身可能存在一些计算功能。在计算能力上，神经元要比我们想象的强大很多。美国神经学家谢泼德（Shepherd）也曾表示："皮层中进行处理的大部分功率实际上是低于阈值的。单个神经元系统可能并不仅仅只是一个加权求和的系统。"从理论上来讲，几乎任何可以想象的计算都可以由一个具有足够树突的神经元来执行，每个树突都能够执行自己的非线性计算。而发表在 *Science* 上的论文中，研究人员将这一想法又向前推进了一步，他们认为，不仅仅是树突本身，树突中的微小区室也能够独立执行复杂计算。

如图 3.5 所示，该模型发现，输入 *X* 和输入 *Y*，如果只有输入 *X* 或只有输入 *Y*，树突会出现尖峰；而如果两个输入同时出现，就不会有尖峰。这相当于异或（或 XOR）的非线性计算。

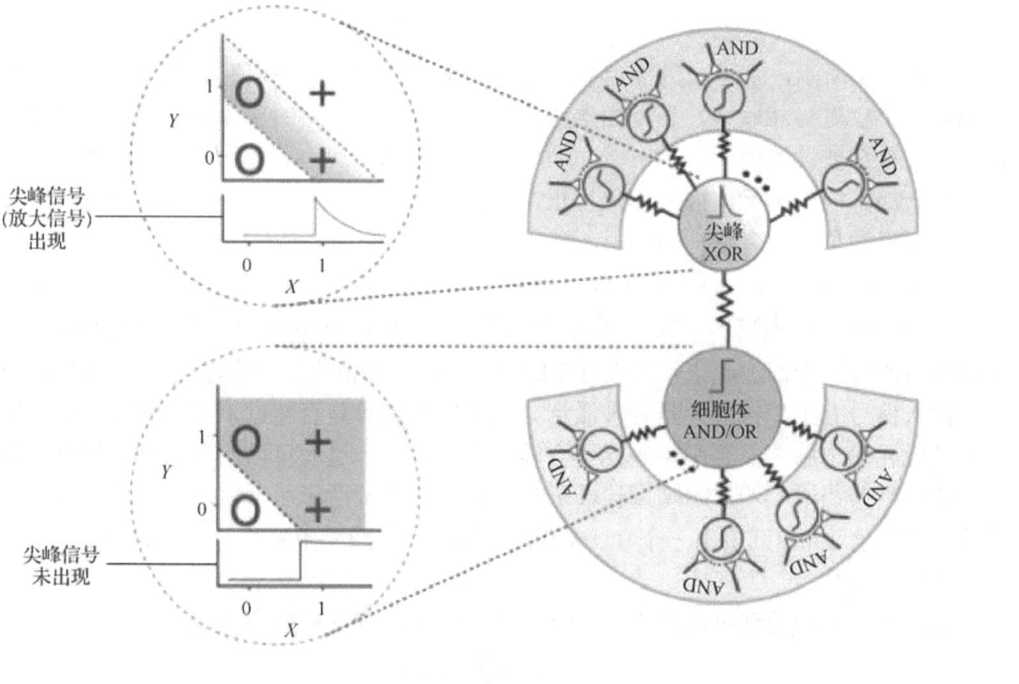

图 3.5　树突的 XOR 计算

这项新研究成果对以人工神经网络为基础的机器学习带来影响。美国纽约大学认知科学家、深度学习的怀疑者马库斯曾说过："只有少数人在认真对待这个观点，即单个神经元可能是一个复杂计算的设备。"

3.2 生物神经元模型与类脑计算

3.2.1 生物脉冲神经元模型

人工神经网络模型不论是在功能上还是结构上，与生物的大脑还是有很大差距的。

神经科学家认为，神经信号的信息包含在脉冲的发放频率和发放时间上，而不在脉冲的具体波形上。神经元的信息处理和传递过程表现为脉冲序列在特定神经通路上按特定时间顺序传递。

脉冲神经元的经典模型包括 Hodgkin-Huxley（HH）模型、leaky integrate and fire（LIF）模型、AdEx IF 模型和 izhikevich 模型。HH 模型是生物精确性最高的模型，LIF 是神经元简化的模型。LIF 神经元的建模有多个变种，其中最简单的是基于电流的 LIF 模型。LIF 也是类脑计算中最常用的模型。如图 3.6 所示为一个 LIF 神经元的膜电压 V 随着输入脉冲变化的趋势。每个输入脉冲通过输入电流项 I 触发膜电压 V 的垂直上升。当膜电压 V 上升至发放阈值 V_{th} 而触发一个输出脉冲后，V 立刻被重置为 V_{reset}，并且之后有一个无反应期。

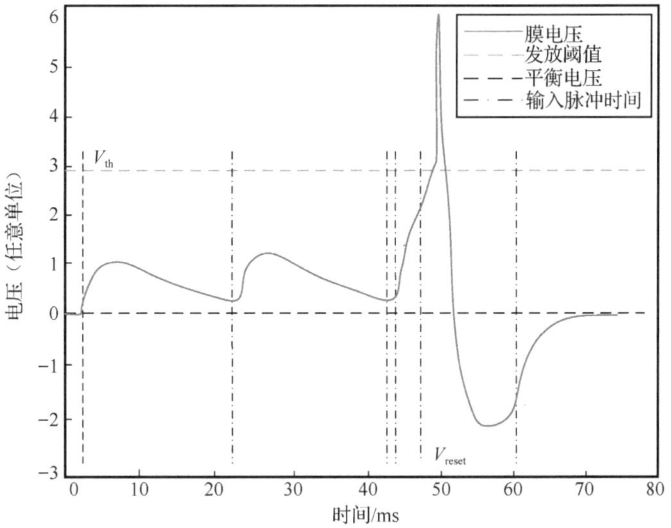

图 3.6　LIF 神经元的膜电压 V 随着输入脉冲变化的趋势

LIF 模型是使用最广泛的阈值触发神经元模型。神经元膜电位 V_m 随着时间动态变化。

$$\tau_m \frac{\mathrm{d}V_m}{\mathrm{d}t} = -V_m + I(t) \tag{3-5}$$

式中，τ 是电位下降的膜时间常数，较大的时间常数导致较缓慢的电位变化；$I(t)$ 是输入电流，即来自所有输入脉冲神经元的加权和。

图 3.6 中给出了 LIF 模型某一段时间内产生的电压变化过程。当膜电位超过一个确定阈值时，神经元释放一个脉冲。随后膜电位开始下降到一个重置值，保持一个无反应期，在无反

应期内，神经元不允许触发。从计算观点看，LIF 是相对简单的脉冲神经元模型。其优点是更容易整合进硬件中，进行快速操作。

3.2.2　神经形态计算

所谓神经形态是指利用一定方法模仿神经元（树突、轴突和突触）的结构，以实现同等功能脉冲神经网络中的神经元以电脉冲的形式对信息进行编码。神经形态信息编码更接近真实神经元对信息的编码方式，并且能够很好地编码时间信息。

在传统的计算机中央处理单元中，晶体管被组装成不同类型的逻辑门——AND、OR、XOR 等，每个逻辑门评估两个二进制输入。然后，根据这些值和门的类型，每个门将 1 或 0 输出到下一个逻辑门。所有这些都与芯片主时钟的频率精确同步。脉冲神经元是一种不同的模型。想象一下，一个节点位于电路上并测量电脉冲形式的任何尖峰——沿着电路传输。如果在特定时间段内发生一定数量的尖峰，则节点被编程为沿其自身的一个或多个新尖峰发送，具体数量取决于特定芯片的设计，如图 3.7 所示。与传统 CPU 的二进制 0 或 1 选项不同，对尖峰的响应可以加权到一系列值，从而使神经形态看起来都类似。这些芯片在很大程度上节省了能量，因为它们的神经元并不像传统的硅技术那样经常发放脉冲，而是仅在它们接收到尖峰信号时才被激活。神经形态系统通常根据程序员提前制定的任务、特定的布局，将这些脉冲神经元连接到复杂网络中。

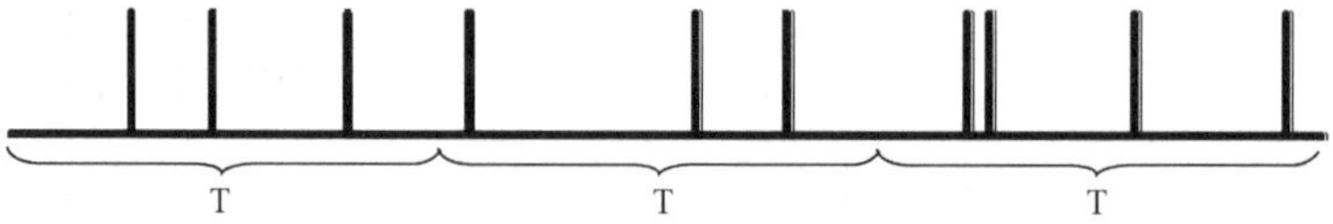

图 3.7　在特定时间段内发生一定数量的尖峰

脉冲神经元的编码方式是，通常设置一个编码时间窗口，并计算在窗口时间内的脉冲数。脉冲次数的瞬态平均值由如下公式定义为平均触发率：

$$r = \frac{n_{sp}}{T} = \frac{1}{T}\int_0^T s(t)\mathrm{d}t \tag{3-6}$$

脉冲神经元模型的优点是相对容易测量实验的触发率，缺点是它忽略了脉冲神经元在此段时间内可能包含的所有信息。脉冲神经元有很多具体的编码方式，包括时间编码、相位编码、延迟编码、群体编码等，其中比较常用的是时间编码（temporal coding），如图 3.8 所示。

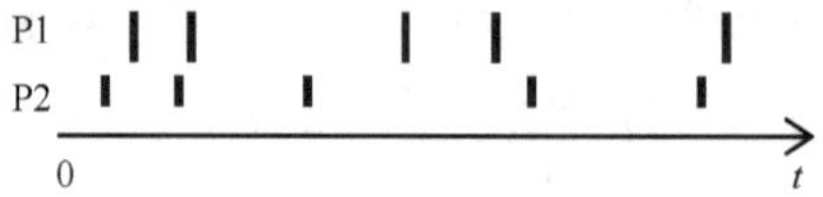

图 3.8　时间编码脉冲神经元

为了规定每个脉冲的触发时刻，利用 dirac 函数描述脉冲神经元，则一个脉冲序列或脉冲聚类的公式是如下形式：

$$s(t)=\sum_{i}\delta(t-t_{i}) \tag{3-7}$$

与经典的人工神经网络不同，生物神经网络属于脉冲神经网络（spiking neural network, SNN）：一个神经元接受输入脉冲，导致细胞体的膜电压升高，当达到特定阈值时，发出一个输出脉冲到轴突，并通过突触发送神经递质与后续神经元树突(dendrite)上的接受体相结合来改变其膜电压。因此生物神经元之间的通信机制是膜电压升降的脉冲，而非人工神经网络中的数值运算。

基于神经形态原理可以开发神经形态硬件电路。开发神经形态硬件电路的目的：一方面是通过实现实时的大规模神经网络模拟，进而模拟人脑的机制；另一方面是实现基于生物神经形态的类脑芯片和类脑计算机，进而产生类脑智能。本书第 9 章将介绍类脑计算与类脑智能。

3.3　生物视觉与机器视觉及感知智能

3.3.1　人的视觉机制

通过人眼传来的视觉信号主要在大脑皮质视觉区进行处理。20 世纪 60 年代，美国神经生理学家胡贝尔（Hubel）等在生物学研究中发现，视觉信息从视网膜传递到大脑中是通过多个层次的感受野激发完成的，如图 3.9 所示。1984 年，日本的福岛邦彦（Kunihiko Fukushima）等构造出第一个基于局部感受野概念的神经网络，该模型受人眼视觉抽象的过程启发而成，被广泛应用在图像和视频的识别中。

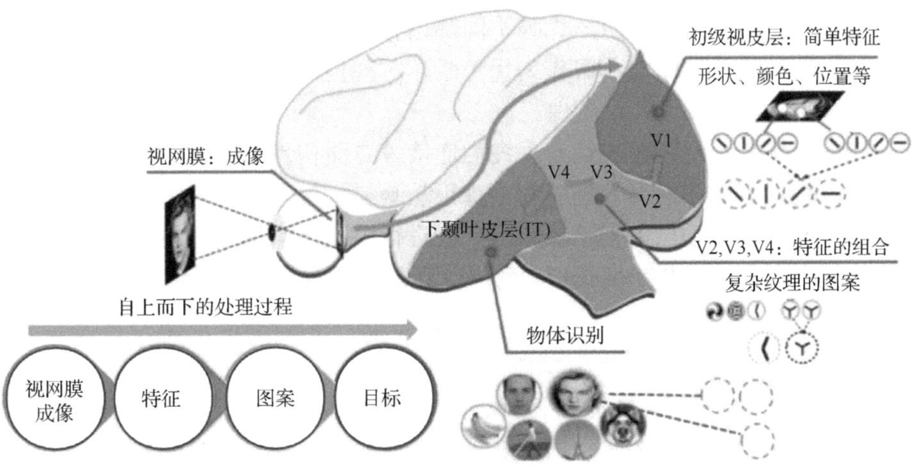

图 3.9　视觉信息在大脑中的传递过程

1981 年的诺贝尔生理学或医学奖获得者休伯尔和维厄瑟尔发现了视觉系统的信息处理机制。他们发现了一种被称为“方向选择性细胞”的神经元细胞，当瞳孔发现了眼前的物体的边缘，而且这个边缘指向某个方向时，这种神经元细胞就会活跃。人脑视觉机理就是人的视觉系统的信息处理是分级的，如图 3.10 所示。因此，将高层的特征看作低层特征的组合，从低层到高层的特征就会表示得越来越抽象，并且越来越能表现语义或者意图。抽象层面越高，存在的可能猜测就越少，就越利于分类。流行的深度学习方法与此生物视觉机制具有类似的图像处理机制。

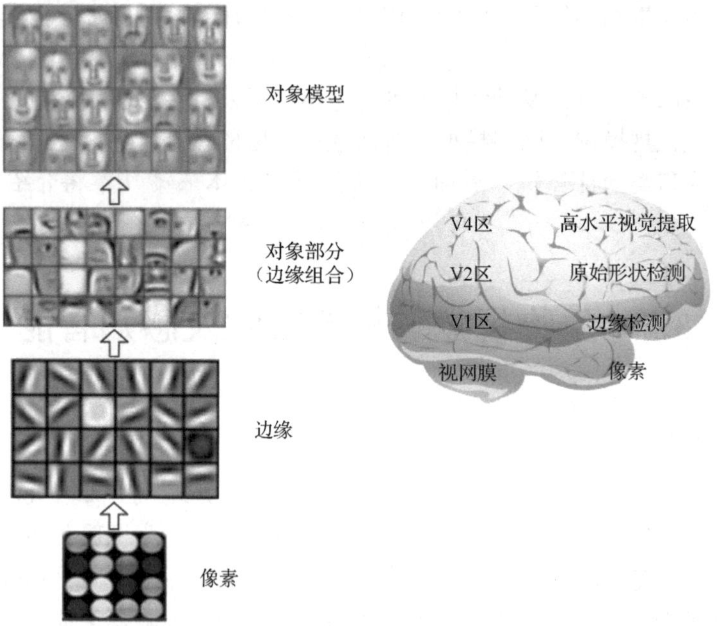

图 3.10　低层特征组合成高层特征

休伯尔和维厄瑟尔的研究表明，大脑不同部位有职能分工，视觉皮层以细胞柱为功能单位，分别有方位优势柱和左眼或右眼作为优势眼，对视觉信息进行加工，出生早期视觉皮层的发育受环境影响，具有很大的可塑性。

虽然传统的人工神经网络在神经元、突触连接等方面初步借鉴了脑神经系统在微观尺度方面的概念和结构，但是在信息处理机制上真正从脑科学借鉴的机制并不深刻。近年来发展起来的深度神经网络模型抓住了人脑在脑区尺度进行层次化信息处理的机制，在计算和智能模拟能力上取得重要突破，并在模式识别和人工智能应用领域取得了巨大成功。

3.3.2　深度卷积神经网络的生物视觉机制

卷积神经网络（convolutional naural network, CNN）作为深度神经网络的一种，受生物视觉系统的启示，将生物神经元之间的局部连接关系（局部感受野）及信息处理的层级结构应用到计算模型中，当具有相同参数的神经元应用到前一层的不同位置时，可以获取具有某种不变性的特征。CNN 在从低层到高层的过程中感受野越来越大，逐渐模拟了低级的 V1 区提取边缘特征，再到 V2 区的形状或者目标的部分等，再到更高层的 V4 区（见图 3.9）等。高层的特征是低层特征的组合，从低层到高层的特征表示越来越抽象，越来越能表现语义或者意图。

深度神经网络更多的是模拟了大脑视皮层中的前馈、层级结构信息处理的方式。但是大脑的视觉系统比这复杂得多，所以在很多行为上人脑和深度神经网络有非常大的不同。深度神经网络的领域特异性强，扩展和泛化能力相对较差，不同领域之间很难实现知识共享；而人类不同的感知模态之间存在着很强的相互作用，不同模态的知识能够很好地共享。

研究人员将深度神经网络模型与实际得到的生理学、功能性磁共振成像和行为数据进行比较，结果表明大脑与这类新模型之间存在一些有趣的相似性，但同时也存在一些不相似的地方。对比灵长类动物的视觉系统，生理学响应与模型响应在神经元响应过程的早期阶段比后期阶段更为近似，这说明深度网络模型也许能更好地体现早期的处理过程，而不是后期涉及认知的过程。

深度学习网络是通过聚合局部信息逐步构建复杂信息来识别物体的。与此相反，在认知神经科学领域有一个理论叫“逆向层次论”，这个理论指出，人类对物体的识别是从简单到复杂、从整体到局部。“逆向层次论”与我们的生活经验相一致，如果一个人在我们视野中一晃而过，我们马上会反应出这是个人，然后再识别对方的身份。这就是一种从整体到细节的识别过程。

总的说来，生物视觉的识别机制和深度神经网络的图像识别机制有非常大的区别，生物的视觉识别涉及自上而下通路和自下而上通路的交互，而深度神经网络只模拟了第 2 种通路。自上而下的视觉通路涉及生物视觉感知的全局性、拓扑性和多解性等特点，而这或许就是深度神经网络下一步的改进方向。认知神经科学和人工智能互相借鉴，将能够产生更多有价值的成果或技术。

3.3.3　视觉模拟

通过电子的方式模拟生物视觉也是人工智能发展出的一项重要技术。机器视觉智能是以图像处理、视觉传感器、计算机等为基础，以模拟人或动物的视觉形成的机器的视觉智能。如表 3.1 所示为人类视觉与机器视觉的比较。

表 3.1　人类视觉与机器视觉的比较

	人类视觉	机器视觉
适应性	适应性强，可在复杂及变化的环境中识别目标	适应性差，容易受复杂背景及环境变化的影响
智能	具有高级智能，可运用逻辑分析及推理能力识别变化的目标，并能总结规律	虽然可利用人工智能及神经网络技术，但智能很差，不能很好地识别变化的目标
彩色识别能力	对色彩的分辨能力强，但容易受人的心理影响，不能量化	受硬件条件的制约，目前一般的图像采集系统对色彩的分辨能力较差，但具有可量化的优点
灰度分辨力	差，一般只能分辨 64 个灰度级	强，目前一般使用 256 灰度级，采集系统可具有 10bit、12bit、16bit 等灰度级
空间分辨力	分辨率较差，不能观看微小的目标	目前有 4K×4K 的面阵摄像机和 8K 的线阵摄像机，通过备置各种光学镜头，可以观测小到微米、大到天体的目标
速度	0.1s 的视觉暂留使人眼无法看清较快速运动的目标	快门时间可达到 10μs 左右，高速相机帧率可达到 1000 帧/秒以上，处理器的速度越来越快

续表

	人类视觉	机器视觉
感光范围	400～750nm 范围的可见光	从紫外到红外的较宽光谱范围，另外有 X 射线等特殊摄像机
环境要求	对环境温度、湿度的适应性差，另外有许多场合对人有损害	对环境适应性强，另外可加防护装置
观测精度	精度低，无法量化	精度高，可到微米级，易量化
其他	主观性，受心理影响，易疲劳	客观性，可连续工作

目前，即使是当今最好的计算机视觉系统，在只看到物体的某些部分之后，也无法创建出物体的全貌，而且在不熟悉的环境中观看物体，也会使系统产生错觉。机器视觉智能最终目标是制造具备通过局部特征就能构建物体全貌能力的计算机系统，就像人类能够理解自己在看狗一样，即使狗藏在椅子后面，只有爪子和尾巴看得见，人类也可以很容易地通过直觉知道狗的头部和身体的其他部位的位置，但这种能力是人工智能系统所不具备的。2018 年，美国加州大学和斯坦福大学联合开发了一种计算机视觉系统，该系统可以基于人类使用的视觉学习方法，发现并识别它“看到”的现实世界物体。这是迈向通用机器视觉智能的重要一步——计算机可以通过视觉系统自学、凭直觉、基于推理做出决策，并以更接近人类的方式与人类互动。而目前的计算机视觉系统并不具备自学的能力，必须接受准确的学习内容训练，计算机也无法解释它们确定照片中的对象代表什么的基本原理，因为基于人工智能的系统不会像人类那样构建内部图像或学习对象的常识性模型。

3.4 人类学习与机器学习

人类通过感觉、知觉、记忆、思维、想象等来获取对外界事物及其规律性的认识，这也是一种对知识或智慧的习得。因此，学习也是一种认知过程，是对真知与真理的追求。人类的大脑是如何完成学习任务的？这方面的研究可以追溯到俄国生理学家巴甫洛夫的经典反射实验。这一理论比较详细地描述了学习过程中，神经突触在分子层面的变化，并且得到了很多证据的支持。但是，人们并不会记得所有奖赏或惩罚，实际上大多数经历都被人们遗忘了。有时候，即使神经突触能被一起激活，其实取决于很多因素，比如人们对某次经历的情感反应；这是不是一次全新的体验；这次经历是在什么时间和地点发生的；在这次经历中，人们是否有强烈的意愿去做相应的事情，以及投入度是否足够。随后，在睡觉时，人们的大脑会对这些想法和感受进行加工处理。

事实证明，仅仅增强神经突触是没法产生记忆的。为了形成连贯的记忆，整个大脑需要产生大量的变化。无论是回忆昨天晚餐时与客人的对话，还是学会骑自行车等后天技能，大脑多个不同区域的数以百万计的神经元都需要产生神经活动，形成包括情感、画面、声音、气味、事情经过和其他体验在内的连贯记忆。

如果神经突触的增强不足以说明大脑在学习时发生的变化，那么在学习新东西时大脑中会发生什么？现在，研究人员能利用磁共振成像观察大脑结构。在仔细检查磁共振成像的结果时，研究人员开始注意到，具有某些特定高超技能的人与普通人的大脑结构存在差异。对此，研究人员最初的推测是，大脑结构上的细微差异使单簧管演奏家和钢琴家更善于学习音乐技能。但是后续研究证实，是学习过程改变了大脑的结构。

深度学习是机器学习的分支，通常与深度神经网络相关联，深度神经网络一般由结构不同的多层神经元组成。比如，深度卷积神经网络通过不同的神经元层，信息从低层参数传递到高层参数。这些不同的级别对应于不同级别的数据抽象，从而导致学习和识别。深度卷积神经网络等学习架构已被应用于诸如计算机视觉、自动语音识别及音频信号识别等领域。

深度学习作为机器学习算法中的一个新兴技术，其本质是对观察数据进行分层特征表示，以将低级特征通过神经网络来进一步抽象成高级特征表示，是机器学习中一种基于对数据进行表征学习的方法。

显然，人类的学习方式与机器的学习方式有着天壤之别。受到人类视觉机制启发的深度学习方法缺乏人类学习的自主性、持续性。但是深度学习善于处理各种模态的大数据，并发现其中隐含的知识，这是人类学习能力所无法企及的。因此，在未来，人类的学习能力与机器的学习能力的结合将是提升人类学习能力的一种重要方式。

如果说，深度学习是神经科学帮助建立当代人工智能尤其是机器学习领域的第 1 个支柱发展中的重要作用的话，神经科学则帮助建立了当代人工智能的第 2 个支柱——强化学习（reinforcement learning, RL）。RL 方法解决如何通过将环境中的状态映射为行动来最大化未来回报的问题，它是人工智能研究中最广泛使用的工具之一，尤其是在机器人应用中。强化学习机制通过大脑中分泌的奖励信号来修改行为。这种形式的学习中涉及的大脑机制已经得到了广泛的研究。

脑中的强化学习机制发展成为机器学习中重要方法之一——强化学习方法。强化学习可用于在某种环境中运作的智能体（人、动物或机器人）中，通过接收的奖励信号作为回报。强化学习的目标是学习一个最优“策略”，这是从状态到动作的一个映射，以便最大化随时间获得的一个整体度量的奖励。

尽管人工智能研究人员并不普遍认同，但 RL 方法最初确实是受动物学习研究启发的。特别是，时序差分（temporal-difference, TD）方法——作为许多 RL 模型的关键组成部分——的发展，与条件作用实验中动物行为的研究密不可分。TD 方法是实时模型，它从时间连续的预测之间的差异中学习，而不是等到实际的回报实现。特别相关的是一种被称为二阶条件作用的效应，即通过与另一个条件作用的联系而不是通过与无条件刺激的直接联系来赋予条件刺激的有效意义。TD 学习为二阶条件作用提供了一种自然的解释，并且确实已经解释了神经科学的更广泛的发现。

在这里，就像在深度学习中一样，最初由神经科学的观察所启发的研究导致了进一步的强化学习方法的发展，这些方法有力地决定了人工智能研究的方向。从它们的神经科学知识渊源，TD 方法和相关技术现已持续地为人工智能的最新进展提供核心技术支持，包括从机器人控制到围棋游戏。

在近期的一些人工智能算法中，强化学习方法已经与深度网络方法结合到了一起，并且在游戏领域的应用尤其突出，涵盖的范围包括流行的视频游戏到高度复杂的游戏，比如国际象棋、围棋和将棋。深度网络与强化学习的结合在电子游戏方面取得了惊人的成果，包括击败世界顶级的围棋棋手，以及在经过大约 4 小时的训练之后达到了国际象棋世界冠军的水平。这些都是仅从游戏规则开始，通过内部自我对抗进行学习而达成的。

3.5 人类的注意力机制与深度学习

3.5.1 人类的注意力机制

大脑依赖于注意这一认知功能可用来解决有限的信息处理能力和巨大的信息量之间的矛盾。19 世纪 90 年代，美国心理学家威廉 • 詹姆斯（William James）在《心理学原理》一书中是这样描述“注意”的，“每个人都知道注意是什么。那是若干可能同时存在的目标或思路之中的一个以清晰的形式占据了思想。意识的集中和专注是其本质。这意味着放弃对某些事情的处理从而有效地处理其他的事情”。在神经科学中，该词特指一种脑部机制，使得我们能够在忽略其他非相关事物的同时，处理相关输入、思想或动作。注意可分为“随意注意”和“反射性注意”。前者指有意识地关注某些事物的能力，后者指不由自主地对某些事物产生注意的过程。根据已有的研究结果，美国心理学家迈克尔 • 波斯纳（Michael I. Posner）把注意网络分为 3 个子系统：前注意系统、后注意系统和警觉系统。前注意系统主要涉及额叶皮层、前扣带回和基底神经节；后注意系统主要包括上顶皮层、丘脑枕核和上丘；警觉系统则主要涉及位于大脑右侧额叶区的蓝斑去甲肾上腺素到皮层的输入。这 3 个子系统的功能可以分别概括为定向控制、指导搜索和保持警觉。

3.5.2 注意力机制在深度神经网络的应用

虽然注意力通常被认为是感知的定向机制，但它的“聚光灯”也可以集中在内部朝向所记忆的内容。这一观点是最近神经科学研究的一个焦点，它同时也启发了人工智能的研究。在一些体系结构中，注意力机制被用来选择要从网络记忆中读出的信息。这导致了机器翻译的成功，并推动了记忆和推理任务的重要发展。这些架构提供了一种新的内容寻址检索实现，其本身就是一个最初从神经科学引入人工智能的概念。在人工智能的另一个领域——生成模型中，注意力机制被证明是非常有用的。生成模型能够学习合成或“想象”图像（或其他类型的数据），其模拟了生成训练图像的数据分布。深度生成模型（即作为多层神经网络实现的生成模型）在生成合成的输出方面取得了显著的成功，这些合成输出通过融合注意机制捕获真实视觉场景的形式和结构。例如，在一个称为 DRAW 的生成模型中，注意力允许系统增量式地构建一个图像来一次处理“心理画布”的一部分。深度学习中的注意力机制从本质上讲与人类的选择性视觉注意力机制类似，核心目标也是从众多信息中选择出对当前任务目标更关键的信息。注意力模型是深度学习领域中最受瞩目的技术，用来处理与序列相关的数据，被广泛使用在自然语言处理、图像识别及语音识别等方面。

注意力模型最初应用于图像识别，模仿人看图像时，目光的焦点在不同的物体上移动。当神经网络对图像或语言进行识别时，每次集中于部分特征上，识别更加准确。如何衡量特征的重要性呢？最直观的方法就是权重。因此，注意力模型的结果就是在每次识别时，首先计算每个特征的权值，然后对特征进行加权求和，权值越大，该特征对当前识别的贡献就越大。

2017 年，美国谷歌公司提出一个基于注意力模型机制的结构 transformer，来处理序列模型相关的问题，没有采用深度学习常见的循环神经网络（recurrent neural network, RNN）和卷积神经网络。研究人员将其应用到文本摘要、从长句子或段落中提取关键词，该结构能够并行训练，大大地减少了训练时间。transformer 已经成为被称为生成式人工智能尤其是大语言模型的核心架构。

3.6　人类的记忆机制

3.6.1　人类的记忆类型

给记忆下一个无可争议的定义并不容易。DNA 双螺旋结构发现者之一、英国著名生物学家克里克认为，记忆可以泛泛地定义为由经验引起的系统内部的变化，这种变化使得以后的思想或行为发生改变。同学习一样，由于缺少现代科技手段，人类对自身记忆能力的认识经历了漫长的历史时期，对记忆的认识和理解主要集中在哲学、心理学、神经生物学等领域。

基于感觉类型、记忆时长、信息类型及时间方向等，记忆被区分成各种各样的类型。

按感觉类型分类，不同的感觉类型产生不同的感觉记忆。所谓的感觉记忆是指觉察到某个东西后所持有的瞬时（短于 1s）记忆。人们能在观察到一个事物的一刹那记起它像什么，这不受认知的控制，是一种自动的反应。感觉记忆一般分为 3 类：映像记忆、听觉记忆和触觉记忆。其实，还应该补上嗅觉记忆和味觉记忆。

按记忆时长分类，记忆可分为短时记忆和长时记忆。人的记忆从不足 1s、几秒、几分钟、几小时，到数天、数月、数年乃至终身，因此关于记忆时间长短的区分也不那么容易。图 3.11 所示为按照记忆时长分类的各种记忆类型及其关系。其展示了记忆的分类体系。记忆分为短时记忆和长时记忆两大类，短时记忆包含感觉记忆和工作记忆。长时记忆进一步分为陈述性记忆（外显记忆）和非陈述性记忆（内隐记忆）。

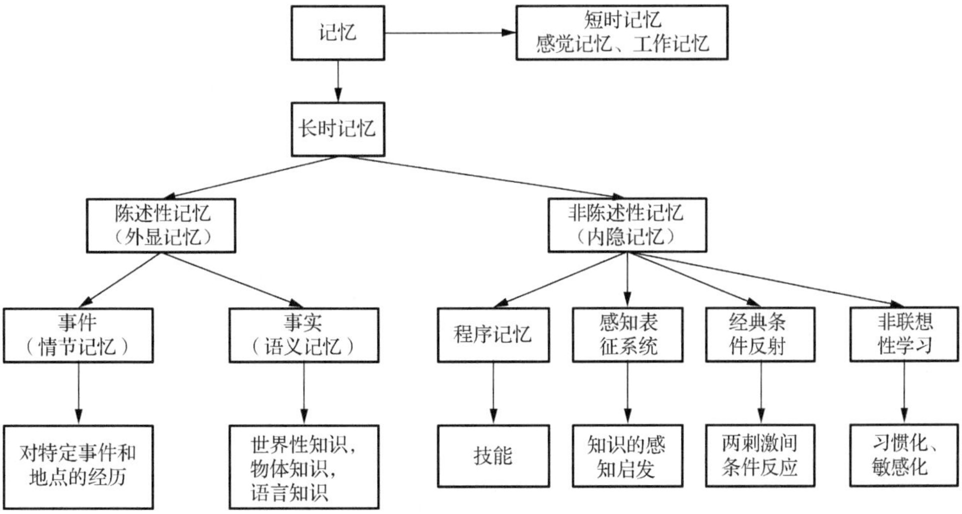

图 3.11　记忆类型及其关系

陈述性记忆涉及能够明确表达的信息，包含事件（情节记忆）和事实（语义记忆）。事件记忆指的是对特定事件和地点的经历，而事实记忆包括世界知识、物体知识和语言知识。

非陈述性记忆包含程序记忆、感知表征系统、经典条件反射和非联想学习等。程序记忆涉及技能的习得和应用；感知表征系统为知识的感知启发；经典条件反射是指刺激和条件反应的关联；非联想性学习则包括习惯化和敏感化，即对刺激反应的逐渐适应或增强。这些分类反映了记忆的多样性和复杂性，每种记忆类型在认知和行为中扮演着不同的角色。

按信息类型分类，记忆可根据信息类型分为地形记忆、闪光灯记忆、陈述性记忆和程序记忆等。

3.6.2　记忆机制在机器学习中的应用

1. 情节记忆

人类智能行为依赖于多个记忆系统。这些机制不仅包括基于强化的机制，即允许通过重复的经验逐步学习刺激和行动的价值，还包括基于实例的机制，即允许将经验快速编码到可内容寻址的记忆中。后一种记忆形式被称为情节记忆（episodic memory），它与内侧颞叶的神经回路有关，尤其是海马。根据一个著名的观点：动物学习是由海马和新皮层的平行或“互补”学习系统支持的。海马在一次暴露（one-shot）后编码新信息，这些信息在睡眠或休息时会逐渐巩固到新皮质。这种记忆巩固伴随着海马和新皮质的回放，这被认为是伴随学习事件的神经活动的模式的恢复。

情节记忆在机器学习领域的一个典型应用是强化学习与深度学习的成功结合。一种称为深度 Q 网络（deep Q-network, DQN）的方法通过学习将图像像素的矢量转换为选择动作（例如操纵杆运动）的策略。DQN 的一个关键要素是“经验回放”，即网络以基于实例的方式存储训练数据的一个子集，然后离线“重放”，从过去发生的成功或失败中重新学习。经验回放对于最大限度地提高数据效率、避免从连续相关体验中学习的不稳定影响至关重要，并且允许网络即使在复杂、高度结构化的连续环境中（如视频游戏）也能学习一个可行的价值函数。关键是，经验回放直接受到了试图理解哺乳动物大脑中多个记忆系统如何相互作用的理论的启发。传统的神经网络暴露于连续的学习任务中会导致策略之间的相互干扰，新知识的学习会导致旧知识的遗忘，这称为神经网络的灾难性遗忘难题。因此，DQN 中的回放缓冲区可以被认为是一个非常原始的海马，它允许强化学习算法进行互补性学习，这一点与生物大脑所提出的理论类似。有研究表明，当高回报的事件在经历回放中优先时，经验回放在 DQN 中的收益会得到增强。

有证据表明，在获得有限的环境经验时，情节控制比其他的学习机制更为有利。采用情节控制的人工智能体在深度强化学习网络上表现出显著的性能提高，特别是在学习初期。在未来，将快速的情景式记忆和更传统的增量学习结合在一起将是一件有趣的事情。在这一架构中，这两个组成部分结合在一起形成一个相互作用的框架，这个框架模拟了哺乳动物大脑中的互补学习系统。

2. 工作记忆

人类智能的特点是在一个被称为工作记忆的活动存储器中具有保持和操纵信息的非凡能力，工作记忆被认为是在前额皮质和其相互连接的区域内具象化的。经典认知理论认为，这种功能依赖于中央控制器和分离的、特定领域的记忆缓冲器（例如视觉空间板）之间的交互。AI 研究通过构建即使随着时间流逝也能明确保持信息的架构，来从这些模型中汲取灵感。从历史上看，这种努力是从引入循环神经网络架构开始的，这种架构实现了吸引子动态和丰富的序列化行为，而这些特性直接受到了神经科学的启发。这项工作促进了后来的更详细的人类工作记忆的建模，且它也进一步奠定了技术创新的基础。

在普通的 LSTM（long short-term memory，长短期记忆）网络中，序列控制和记忆存储的功能是紧密交织在一起的。这与传统工作记忆模型将两者分开的情形相反。基于神经科学的模式启发了更复杂的人工智能架构，其中的控制和存储功能由不同的模块支持。例如，差分神经计算机（difference neural computer, DNC）涉及一个神经网络控制器，该控制器负责处理和读取/写入外部存储器矩阵。这种外部化允许网络控制器从零开始学习（即通过端到端的优化），以执行各种复杂的内存和推理任务，这些任务目前 LSTM 无法完成，例如通过图状结构（如地铁地图）找到最短路径。这些类型的问题以前被认为完全依赖于符号处理和变量绑定，因此超出了神经网络的范围。尽管 LSTM 和 DNC 都是在工作记忆的背景中描述的，但它们有可能保持关于数千个训练周期的信息，因此可能适合长期记忆的形式，例如保留和理解一本书的内容。

3.7　人类情感与机器情感

3.7.1　大脑情感模型

心理学领域已经有很多关于人类情感的模型。在早期，分类法占了上风，例如美国心理学家埃克曼提出的六大独立情感类别（愤怒、厌恶、恐惧、快乐、悲伤和惊讶）。但这样的分类往往过于简化了现实世界里的情感的微妙特质，而且覆盖面太过有限。目前研究人员已经开发出受大脑系统启发的整体模型。肯纽斯-莫伦大脑情感模型（Kenneath-Moren brain emotion model）是一种试图用数学方法来描述和量化人类情绪的理论。它假设人类的灵魂和心理可以类比为电磁波，从而利用波动方程和频率来表达情绪的强度和性质。肯纽斯-莫伦大脑情感模型试图用物理和数学的语言来解释情绪的本质，但是它也面临着很多挑战和问题，比如，如何测量和记录人类的情绪，如何考虑情绪的复杂性和多样性，以及如何与其他学科的研究相结合等。进一步的例子包括基于大脑情感学习的智能控制器，这是一种受大脑边缘系统启发的算法，被成功应用于工程任务的控制器中，显示出良好的泛化性和灵活性，因为该算法有助于适应参数变化和干扰。之后，大脑情感学习实现了哺乳动物杏仁核的短路径，这种短路径将感知丘脑和那些与刺激额叶皮层交流的长路径连接起来。杏仁核的输出被拿来与输入侧的奖励做比较——如果不存在输入侧奖励仍可以使用这种输出。在自适应衰变大脑情感学习中，遗忘过程被添加到杏仁核中。在这类模型中，杏仁核模糊性和眶额皮质变量等额外扩展可以帮助提高系统的性能。

3.7.2　机器情感

基于边缘的人工情感神经网络是结合了上述人类情感模型的几种方案的一种人工智能方

法。这种方法包含焦虑和信心等情感、短路和长路、杏仁核的遗忘过程，以及通过眶额皮质与杏仁核的互动实现的情感抑制。这些方法的性能被证实超越了多层感知器和其他机器学习方法。

但是，智能机器是否可能具有像人类一样的情感？人类是否应该赋予它们情感？如果可以，又该如何赋予？事实上，时至今日，具有像人一样喜怒哀乐的复杂情绪，能够体验悲欢离合丰富情感的智能机器或机器人还是科幻小说或电影中的产物。目前，人们研制情感计算机的主要目的在于建立和谐而友好的人机交互环境，使机器人能够对人的面部表情、自然语言、身体姿态，以及对键盘和鼠标的使用特征等进行观察，以识别和理解人的情感，并通过图像、文字、语音等做出智能而友好的反应，从而产生生动而真实的使用环境，帮助使用者获得高效而亲切的感觉，形成自然而亲切的交互，营造真正和谐的人机环境，以达到降低劳动强度和提高工作效率的目的。研发有类人情感的机器，对许多科学家而言或许是值得投入心血的课题，是一个遥远的梦想，其实用意义远不及其科学意义。人类的想象力结合对自身情绪、情感现象的观察及心理学研究，已经催生出了人工情感或情感计算、社会计算等人工智能新方向。

3.8　脑与神经科学对人工智能的作用

人工智能和脑科学两个领域从截然不同的角度对智能进行处理：神经学研究大脑是如何工作并且研究其潜在的生物学原理；而人工智能则更实用，人工智能会应用（而不是理论）计算神经科学解决实际问题。把智能变成机器算法，并将其与人脑进行比较，类脑计算方面的研究可能会让我们对大脑中一些秘密产生深刻的见解。深度学习技术的耗能、缺乏因果推理能力等问题使得人工智能研究有必要向人脑学习，发展类脑计算等技术。

脑与神经科学的进展，特别是借助新技术与新设备的研究支持研究者通过不同的实验方法（如生物解剖、电生理信号采集与分析、光遗传技术、分子病毒学、功能影像分析等）得到对脑的多尺度、多类型的生物证据，科学家们正在尝试从不同侧面来揭示生物智能的结构和功能基础。

随着 CT 等大型医疗设备的应用，人类可以观察到脑的内部运行机制，深入脑神经细胞层次去观察诸如人们在观看一段视频或者听到某种熟悉的声音时，大脑是如何做出反应的，那些区域发挥什么样的作用，脑神经细胞处理外界信息的过程是怎样的，是如何产生智能行为的。神经学家通常只研究其背后的机制并且提出模糊的概念，而人工智能研究依赖于严谨的数学运算，该领域可以提供一种方法处理这些模糊的概念，从而为神经科学提供可验证的假设。科学家利用可以完成有趣任务的人工智能算法，了解人类大脑本身，可以使用这些人工智能系统作为模型，观察大脑中正在发生什么。

在微观层面，生物神经元和突触的类型、数目等在不同脑区中具有较大差异，且能够根据任务的复杂性实现结构和功能的动态适应。在介观层面，特异性的脑区内部的连接模式和随机性的网络背景噪声的有效融合，使得生物神经网络在保持了特定的网络功能的同时，兼顾了动态的网络可塑性；在宏观层面，不同脑区之间的协同使得高度智能的类人认知功能得以实现。如哺乳动物脑的强化学习认知功能，长时、短时记忆功能等，都是通过不同脑区功能的协同实现更为复杂的认知功能的。

未来要实验更强大的人工智能技术，需要计算模型能够融合来自微观、介观、宏观多尺度脑结构和信息处理机制的启发。

DeepMind 创始人、AlphaGo 的开发者之一哈萨比斯认为，只有了解大脑，才能开发出更强的人工智能。他强调神经科学是实现强人工智能的基础。

关于开发通用智能的可行性，人类大脑是唯一现存的模板和参考对象。但对于大部分的任务来说，专用人工智能系统的表现更好。所以，专用人工智能系统短期内很难被取代。未来以人脑为原型的通用人工智能系统是否能够产生还是未知数。

3.9　小　　结

对于人工智能而言，从最初的模拟生物神经元的人工神经元模型，到人脑强化学习启发的机器强化学习，人脑的智能都是人工智能的模拟对象。从脑的智能特征模拟产生的算法模型到从结构上模拟大脑的类脑计算，人脑已经启发了很多人工智能技术的产生和发展。本章对几种典型的人工智能技术进行了探讨，这些技术都受到了人脑的启发，从最早的人工神经元模型到基于注意力机制的深度神经网络。通过本章的学习，可以理解人工智能经典和主流方法中涉及的已经相对明确的脑与神经机制及其对于人工智能技术和方法的作用。

第 4 章　人工神经网络原理与方法

4.1　人工神经元与感知器模型

4.1.1　单神经元模型

首先以监督学习为例，对于一个有带标签的数据样本集 $(x(i), y(i))$ 建立模型。神经网络算法通过建立一种具有参数 w、b 的复杂非线性假设模型 $h_{W,b}(x)$，使用这个假设模型拟合样本数据。

我们将从最简单的单个神经元开始来讲述神经网络模型架构。图 4.1 是一个最简单的网络模型，它只包含一个神经元。

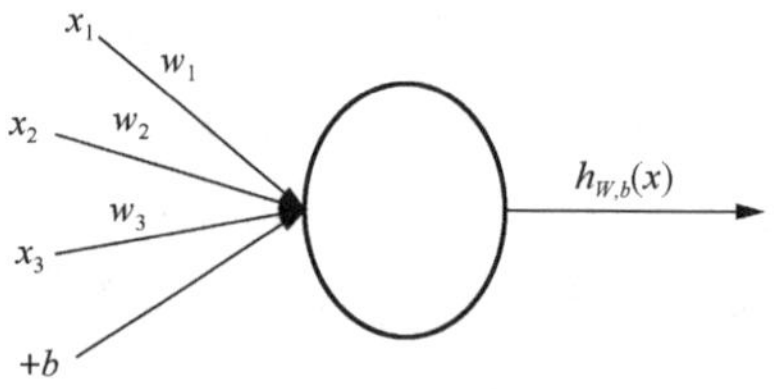

图 4.1　单个神经元结构图

这个单个神经元是一个运算单元，它的输入是训练样本 x_1、x_2、x_3，其中“$+b$”是一个偏置项。这个运算单元的输出结果是 $h_{W,b}(x) = f(W^{\mathrm{T}}x) = f(\sum_{i=1}^{3} w_i x_i + b)$。其中，$f$ 是这个神经元的激活函数；W 表示权值矩阵；w 表示权值。在本节中使用 sigmoid 函数作为神经节点激活函数，它的公式如下：

$$f(z) = \frac{1}{1 + \exp(-z)} \tag{4-1}$$

图 4.1 中单个神经元的输入和输出映射关系本质上是一个逻辑回归。我们也可以采用双曲正切函数 tanh 作为神经元的激活函数：

$$f(z) = \tanh(z) = \frac{\mathrm{e}^{z} - \mathrm{e}^{-z}}{\mathrm{e}^{z} + \mathrm{e}^{-z}} \tag{4-2}$$

4.1.2　多层人工神经网络

多层人工神经网络是指将多个单一神经元连接在一起，将一个神经元的输出作为下一个神经元的输入。图 4.2 是一个简单的神经网络。

图 4.2 中使用圆形来表示神经网络的单个神经节点，其中带有“+1”标识的圆是神经网络的偏置节点，或者称为截距项。神经网络最左边一层层 1 称为输入层，最右边一层层 3 称为输出层，中间一层层 2 称为神经网络的隐层，它是由处于中间位置的所有神经节点组成的，不能在神经网络训练过程中直接观测到它们的值。图 4.2 所示的神经网络包含 3 个输入节点（偏置节点不计算在内），3 个隐藏节点和一个输出节点。

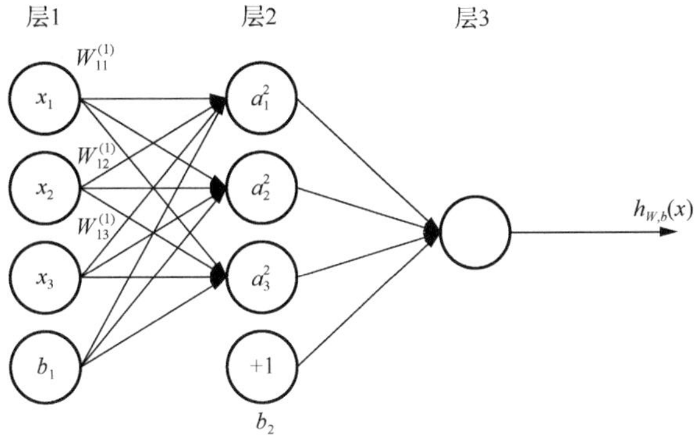

图 4.2　神经网络结构图

用 n_l 表示神经网络层数，这个神经网络中 n_l=3，将第 1 层记为 l_1，那么 l_1 是输入层，l_{n_l} 是输出层。这个神经网络有参数 $(W,b)=(W^{(1)},b^{(1)},W^{(2)},b^{(2)})$，其中 $W_{ij}^{(l)}$ 是第 l 层第 i 节点与第 $l+1$ 层第 j 节点之间的连接权重参数，$b_i^{(l)}$ 是第 $l+1$ 层第 i 节点的截距项。因此在本例中，$W^{(1)}\in\Re^{3\times3}$，$W^{(2)}\in\Re^{1\times3}$。偏置节点只与后项节点相连，没有前向节点，它的输出值总是+1。在此，我们将第 l 层的节点数表示为 S_l（偏置节点不计算在内）。

$a_i^{(l)}$ 表示第 l 层第 i 节点的输出值。当 $l=1$ 时，$a_i^{(l)}=x_i$，也就是第 i 个输入值（输入值的第 i 个特征）。给定参数集合 W、b，神经网络就能够通过函数 $h_{W,b}(x)$ 来计算其输出结果。本例中给出的神经网络计算步骤如下：

$$a_1^{(2)}=f(W_{11}^{(1)}x_1+W_{12}^{(1)}x_2+W_{13}^{(1)}x_3+b_1^{(1)}) \tag{4-3}$$

$$a_2^{(2)}=f(W_{21}^{(1)}x_1+W_{22}^{(1)}x_2+W_{23}^{(1)}x_3+b_1^{(1)}) \tag{4-4}$$

$$a_3^{(2)}=f(W_{31}^{(1)}x_1+W_{32}^{(1)}x_2+W_{33}^{(1)}x_3+b_1^{(1)}) \tag{4-5}$$

$$h_{W,b}(x)=f(W_{31}^{(2)}a_1^{(2)}+W_{32}^{(2)}a_2^{(2)}+W_{33}^{(2)}a_3^{(2)}+b_2) \tag{4-6}$$

用 $z_i^{(l)}$ 表示第 l 层第 i 节点的激活值（计算偏置节点的值），那么 $z_i^{(2)}=\sum_{j=1}^{n}W_{ij}^{(1)}x_j+b_i^{(1)}$，以上公式就可以简化为 $a_i^{(l)}=f(z_i^{(l)})$。将激活函数 f 以向量的形式进行扩展来表示，即 $f([z_1,z_2,z_3])=[f(z_1),f(z_2),f(z_3)]$。这样，上面等式可以更简洁地表示为

$$z^{(2)}=W^{(1)}x+b^{(1)} \tag{4-7}$$

$$a^{(2)}=f(z^{(2)}) \tag{4-8}$$

$$z^{(3)}=W^{(2)}a^{(2)}+b^{(2)} \tag{4-9}$$

$$h_{W,b}(x)=a^{(3)}=f(z^{(3)}) \tag{4-10}$$

上面的步骤就是神经网络的前向传播过程。前面我们用 $a^{(1)}=x$ 表示输入层的激活值，那

么给定第 l 层的激活值 $a^{(l)}$ 后，第 $l+1$ 层的激活值 $a^{(l+1)}$ 就可以按照以下步骤计算得到：

$$z^{l+1} = W^{(l)}a^{(l)} + b^{(l)} \tag{4-11}$$

$$a^{(l+1)} = f(z^{(l+1)}) \tag{4-12}$$

将参数矩阵化，使用矩阵-向量运算方式，就可利用线性代数的优势，快速求解神经网络。

4.1.3 多层感知器

到目前为止，我们讨论了一种通用神经网络结构。也可以构建另一种结构的神经网络（这里的结构指的是神经元之间的连接模式），也就是包含多个隐层的神经网络。最常见的一个例子是 n_l 层的神经网络，第 1 层是输入层，第 n_l 层是输出层，中间的每个层 l 与层 $l+1$ 紧密相联。这种模式下，要计算神经网络的输出结果，就可以按照之前描述的等式，按部就班，进行前向传播，逐一计算第 l_2 层的所有激活值，然后是第 l_3 层的激活值，以此类推，直到第 l_{n_l} 层。这是一个前馈神经网络的例子，因为这种连接图没有闭环或回路。

多层感知器（multilayer perceptron, MLP）也可以有多个输出单元。这个神经网络如图 4.3 所示，它包含两个隐层 l_2 和 l_3，在最后一层输出层 l_4 中有两个输出节点。

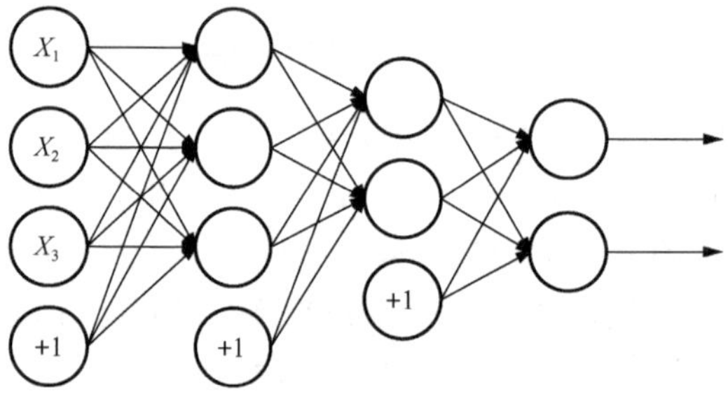

图 4.3　多层感知器网络架构

要求解这样的神经网络，需要样本集 $(x^{(i)}, y^{(i)})$，其中 $y^{(i)} \in \Re^2$。这种神经网络适用于预测有多个结果的情况。例如，在产品的质量检测中，产品的各项性能指标可以作为神经网络的输入数据，输出结果可以表示产品是否合格，是否存在缺陷。

4.1.4 反向传播算法

对于有一个带标签的含有 m 个样例的样本集 $\{(x^{(1)}, y^{(1)}), \cdots, (x^{(m)}, y^{(m)})\}$，可以用批量梯度下降的方法求解神经网络。对于单个样本 (x, y)，它的代价函数如下：

$$J(W,b;x,y) = \frac{1}{2}\left\| h_{W,b}(x) - y \right\|^2 \tag{4-13}$$

式（4-13）是一个方差代价函数。对于一个含有 m 个样本的数据集，它的整体代价函数可以被定义为

$$J(W,b) = \left[\frac{1}{m}\sum_{i=1}^{m} J(W,b;x^{(i)},y^{(i)}) \right] + \frac{\lambda}{2}\sum_{l=1}^{n_l-1}\sum_{i=1}^{s_l}\sum_{j=1}^{s_l+1}(W_{jl}^{(i)})^2 \tag{4-14}$$

式（4-14）中前一项是代价函数 $J(W,b)$ 的均方差项，后一项是权重衰减项，它的作用是

减小权重幅度，防止产生过拟合现象。

权重衰减参数用于控制公式中前后两项的相对重要性。对于两个复杂代价函数的含义：$J(W,b;x,y)$ 是对于单个样本计算得到的方差代价函数；$J(W,b)$ 是整体样本的代价函数，它包含权重衰减项。

上面的代价函数常被用于解决分类及回归问题。在分类问题中，用 $y=0$ 或者 1 代表两种分类的值（这是由于将 sigmoid 作为激活函数时，它的输出处于 $(0,1)$ 范围内；如果将 tanh 函数作为激活函数，标签应该为−1 和+1）。在回归问题中，先要将输出值域变换到 $[0,1]$，如果将 tanh 函数作为激活函数，就要将输出值域变换到 $(-1,1)$。利用反向传播算法训练一个人工神经网络的目的是针对参数 W 和 b 使其代价函数 $J(W,b)$ 最小化。为了求解神经网络，首先需要将所有参数 $W_{ij}^{(l)}$ 和 $b_i^{(l)}$ 初始化为一个接近于零的随机数值，然后，用批量梯度下降等优化方法最小化代价函数。由于代价函数 $J(W,b)$ 是非凸的，采用梯度下降最优方法很有可能使代价函数收敛到局部最优；但在实际应用中，梯度下降法通常可以取得好的效果。将参数进行初始化时参数的值应该是随机初始化，而不是全部设为 0。如果每一个参数都初始化为相同的值，那么网络中所有同一层的参数和输出都会有相同的值，网络无法通过训练达到收敛。

在网络训练每个迭代过程中，都使用梯度下降法最小化代价函数对参数 W 、b 进行微调，公式如下：

$$W_{ij}^{(l)} = W_{ij}^{(l)} - \alpha \frac{\partial}{\partial W_{ij}^{(l)}} J(W,b) \tag{4-15}$$

$$b_i^{(l)} = b_i^{(l)} - \alpha \frac{\partial}{\partial b_i^{(l)}} J(W,b) \tag{4-16}$$

式中，α 是学习速率。以上公式最主要的运算步骤是求解代价函数的偏导数。反向传播（back propagation, BP）算法是一种有效的计算偏导数方法。

$\frac{\partial}{\partial W_{ij}^{(l)}} J(W,b;x,y)$ 和 $\frac{\partial}{\partial b_i^{(l)}} J(W,b;x,y)$ 是单个训练样本 (x,y) 对应的代价函数 $J(W,b;x,y)$ 的偏导数。计算出这两个偏导数之后，就可以根据它们求解出整体样本代价函数 $J(W,b)$ 的偏导数。

$$\frac{\partial}{\partial W_{ij}^{(l)}} J(W,b) = \left[\frac{1}{m}\sum_{i=1}^{m} \frac{\partial}{\partial W_{ij}^{(l)}} J(W,b;x^{(i)},y^{(i)})\right] + \lambda W_{ij}^{(l)} \tag{4-17}$$

$$\frac{\partial}{\partial b_i^{(l)}} J(W,b) = \frac{1}{m}\sum_{i=1}^{m} \frac{\partial}{\partial b_i^{(l)}} J(W,b;x^{(i)},y^{(i)}) \tag{4-18}$$

以上两个公式的不同之处在于第 1 个公式比第 2 个公式多出一项，这是由于权重衰减作用于 W 而不是 b 。

反向传播算法的整个过程如下：对于单个样本 (x,y)，首先进行前向传导运算，逐层计算网络所有节点的输出值。然后，计算出第 l 层的每个节点 i 的残差 $\delta_i^{(l)}$，这个残差表示此节点对最终输出值残差的影响大小。对于输出层各个节点，可以通过直接计算网络最终输出值和训练样本实际值的差距，将这个差距定义为 $\delta_i^{(n_l)}$ 。对于隐层各节点，将基于下一层节点残差加权平均值计算 $\delta_i^{(l)}$，这些节点的输入值是 $a_i^{(l)}$ 。

下面是反向传导算法过程的细节：

首先是前馈传导过程的计算，使用前向传导公式计算 $l_2, l_3, \cdots, l_{n_l}$ 与各层节点的激活值。

对于输出层 n_l 的每个节点使用以下公式求解各节点残差：

$$\delta_i^{(n_l)} = \frac{\partial}{\partial z_i^{n_l}} \frac{1}{2} \left\| y - h_{W,b}(x) \right\|^2 = -(y_i - a_i^{(n_l)}) \cdot f'(z_i^{(n_l)}) \tag{4-19}$$

推导过程：

$$\begin{aligned}
\delta_i^{(n_l)} &= \frac{\partial}{\partial z_i^{n_l}} J(W,b;x,y) = \frac{\partial}{\partial z_i^{n_l}} \frac{1}{2} \left\| y - h_{W,b}(x) \right\|^2 \\
&= \frac{\partial}{\partial z_i^{n_l}} \frac{1}{2} \sum_{j=1}^{S_{n_l}} (y_j - a_j^{(n_l)})^2 = \frac{\partial}{\partial z_i^{n_l}} \frac{1}{2} \sum_{j=1}^{S_{n_l}} (y_j - f(z_j^{(n_l)}))^2 \\
&= -(y_i - f(z_i^{(n_l)})) \cdot f'(z_i^{(n_l)}) = -(y_i - a_i^{(n_l)}) \cdot f'(z_i^{(n_l)})
\end{aligned}$$

对于隐层 $l = n_l - 1, n_l - 2, n_l - 3, \cdots, 2$ 各层，第 l 层第 i 节点的残差计算公式如下：

$$\delta_i^{(l)} = \left(\sum_{j=1}^{S_{l+1}} W_{ji}^{(l)} \delta_j^{(l+1)}\right) f'(z_i^{(l)}) \tag{4-20}$$

$$\begin{aligned}
\delta_i^{(n_l-1)} &= \frac{\partial}{\partial z_i^{n_l-1}} J(W,b;x,y) = \frac{\partial}{\partial z_i^{n_l-1}} \frac{1}{2} \left\| y - h_{W,b}(x) \right\|^2 \\
&= \frac{\partial}{\partial z_i^{n_l-1}} \frac{1}{2} \sum_{j=1}^{S_{n_l}} (y_j - a_j^{(n_l)})^2 = \frac{1}{2} \frac{\partial}{\partial z_i^{n_l-1}} \sum_{j=1}^{S_{n_l}} (y_j - a_j^{(n_l)})^2 \\
&= \frac{1}{2} \sum_{j=1}^{S_{n_l}} \frac{\partial}{\partial z_i^{n_l-1}} (y_j - f(z_j^{(n_l)}))^2 = \sum_{j=1}^{S_{n_l}} -(y_j - f(z_j^{(n_l)})) \cdot \frac{\partial}{\partial z_i^{n_l-1}} f(z_j^{(n_l)}) \\
&= \sum_{j=1}^{S_{n_l}} -(y_j - f(z_j^{(n_l)})) \cdot f'(z_j^{(n_l)}) \cdot \frac{\partial z_j^{(n_l)}}{\partial z_i^{n_l-1}} = \sum_{j=1}^{S_{n_l}} \delta_j^{(n_l)} \cdot \frac{\partial z_j^{(n_l)}}{\partial z_i^{n_l-1}} \\
&= \sum_{j=1}^{S_{n_l}} \left(\delta_j^{(n_l)} \frac{\partial}{\partial z_i^{n_l-1}} \sum_{k=1}^{S_{n_l-1}} f(z_k^{n_l-1}) \cdot W_{jk}^{n_l-1}\right) = \sum_{j=1}^{S_{n_l}} \delta_j^{(n_l)} \cdot W_{ji}^{n_l-1} \cdot f'(z_k^{n_l-1}) \\
&= \left(\sum_{j=1}^{S_{n_l}} W_{ji}^{n_l-1} \delta_j^{(n_l)}\right) f'(z_k^{n_l-1})
\end{aligned}$$

将上式 $n_l - 1$ 与 n_l 替换为 l 与 $l+1$，那么各层残差公式可表示为

$$\delta_i^{(l)} = \left(\sum_{j=1}^{S_{l+1}} W_{ji}^{(l)} \delta_j^{(l+1)}\right) f'(z_i^{(l)})$$

偏导数计算公式可表示为

$$\frac{\partial}{\partial W_{ij}^{(l)}} J(W,b;x,y) = a_j^{(l)} \delta_i^{(l+1)} \tag{4-21}$$

$$\frac{\partial}{\partial b_i^{(l)}} J(W,b;x,y) = \delta_i^{(l+1)} \tag{4-22}$$

反向传播算法的主要步骤如下：

（1）神经网络前馈传导过程的运算，使用前向传导公式计算 $l_2, l_3, \cdots, l_{n_l}$ 各层节点的激活值。

（2）对网络的最后一层输出层，计算输出值和样本值的残差。

$$\delta^{(n_l)} = -(y - a^{(n_l)}) \cdot f'(z^{(n_l)})$$

（3）对于隐层 $l = n_l - 1, n_l - 2, n_l - 3, \cdots, 2$ 各层，计算各节点的残差。

$$\delta^{(l)} = ((W^{(l)})^{\mathrm{T}} \delta^{(l+1)}) \cdot f'(z^{(l)})$$

（4）计算最终需要的偏导数值。

$$\nabla_{W^{(l)}} J(W, b; x, y) = \delta^{(l+1)} (a^{(l)})^{\mathrm{T}}$$

$$\nabla_{b^{(l)}} J(W, b; x, y) = \delta^{(l+1)}$$

4.2　卷积神经网络

4.2.1　卷积神经网络基本概念

卷积神经网络是多层感知器的变种，由美国生物学家休博尔和威塞尔在早期关于猫视觉皮层的研究发展而来。在 1998 年，一种基于卷积神经网络的模型被提出，即 LeNet-5 模型。最开始被邮局用来识别手写体数字，同时它也是最早期最具代表性的神经网络模型之一。虽然网络结构的规模较小，但包含了卷积层、池化层、全连接层等，它们都是之后构建神经网络的基本组件，如图 4.4 所示。

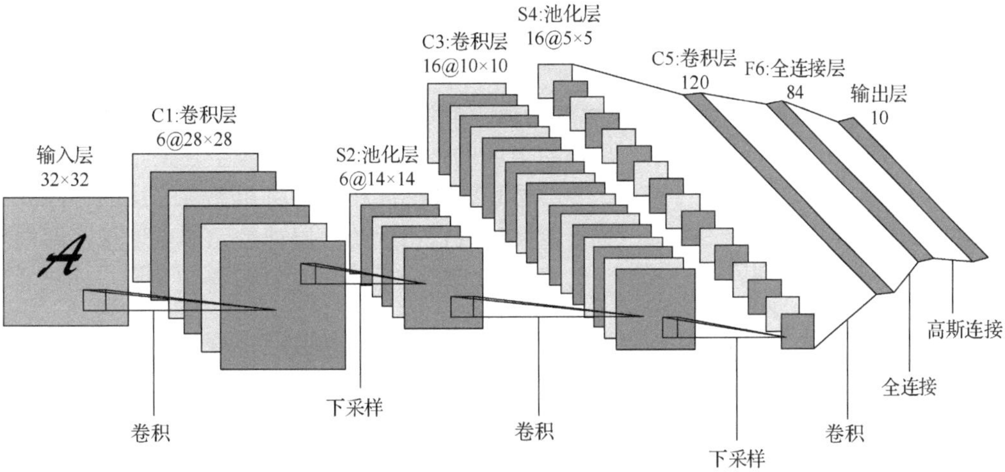

图 4.4　LeNet-5 模型

LeNet-5 模型每层具体参数如表 4.1 所示。

输出层由欧氏径向基函数（radial basis function, RBF）单元组成，每类一个单元，每个输出 RBF 单元有 84 个输入。换句话说，每个输出 RBF 单元计算输入向量和参数向量之间的欧氏距离，输入离参数向量越远，RBF 输出得越大。一个 RBF 输出可以被理解为衡量输入模式和与 RBF 相关联类的一个模型的匹配程度的惩罚项。径向基函数目前已经被 softmax 函数取代，用于最后一层的输出分类。

表 4.1　LeNet-5 网络参数表

层数	描述	参数个数	作用
输入层	32×32 的灰度图	0	—
C1 卷积层	由 6 个 5×5×1 卷积核与输入层做卷积操作产生 6 个 28×28 的 FM	(5×5×1+1)×6	对输入图像提取 6 个特征
S2 池化层	将 C1 层中的每一个 FM 的长宽尺寸降到原来的 1/2，得到 6 个 14×14 的 FM，通道数量不变	2×6	降低网络训练参数及模型的过拟合程度。常用的有最大池化和平均池化
C3 卷积层	有 16 个 FM，有 4 组卷积核，分别为 6 个 5×5×3，7 个 5×5×4，2 个 5×5×5，1 个 5×5×6。得到 16 个 10×10 的 FM，每一个 FM 是由上一层的各 FM 的不同组合得到的	(5×5×3+1)×6+(5×5×4+1)×7+(5×5×5+1)×2+(5×5×6+1)×1	提取深层特征
S4 池化层	对 C2 的 FM 进行池化，降低每一个 FM 的大小为原来的 1/2，得到 16 个 5×5 的 FM	2×16	降低网络训练参数及模型的过拟合程度
C5 卷积层	由 120 个 5×5×16 的卷积核与 S4 层卷积，得到 120 个 1×1 的 FM	(5×5×16+1)×120	提取深层特征
F6 全连接层	84 个神经元与 C5 中的 120 个神经元全连接，加上 4 个偏置项	(120+1)×84	整合映射特征
输出层	10 个神经元与上一层的 84 个神经元全连接，加上 10 个偏置项。采用径向基函数	(84+1)×10	用于输出分类

4.2.2　卷积神经网络结构组成

1. 稀疏连接

在 BP 神经网络中，每一层的神经元节点是一个线性一维排列结构，层与层各神经元节点之间是全连接的。卷积神经网络中，层与层之间的神经元节点不再是全连接形式，而是利用层间局部空间相关性将相邻每一层的神经元节点只与离它相近的上层神经元节点连接，即局部连接，如图 4.5 所示。这样就得到了稀疏连接卷积神经网络结构。

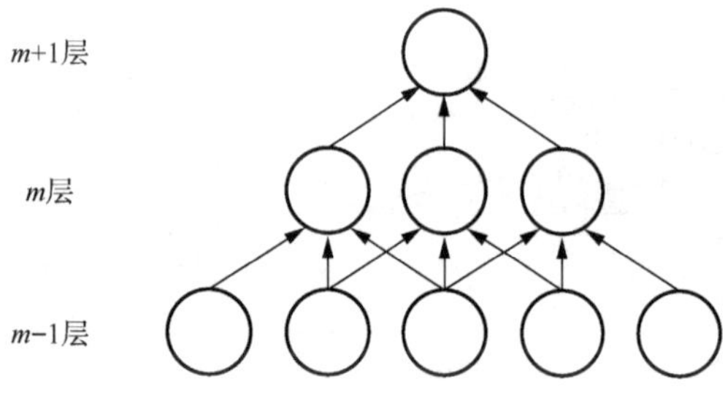

图 4.5　稀疏连接方式示意图

假设 $m-1$ 层为输入层。在 BP 神经网络中，m 层神经元节点和 $m-1$ 层所有神经元节点连接。卷积神经网络中，m 层的神经元节点只与离它相近的 3 个节点连接。这样就大大降低了神经网络架构的参数规模。

2. 权重共享

在卷积神经网络中，卷积层的每一个卷积滤波器重复地作用于整个感受野中，对输入图像进行卷积，卷积结果构成了输入图像的特征图，提取出图像的局部特征。每一个卷积滤波器共享相同的参数，包括相同的权重矩阵和偏置项。

在图 4.6 中，m 层特征图像包含 3 个神经元，不同的连接线之间权重参数是共享的，仍然可以用梯度下降法去学习共享权重参数，只需要对原有的梯度下降法做一个很小的改进，共享权重的梯度是共享连接参数梯度之和。共享权重的好处是在对图像进行特征提取时不用考虑局部特征的位置。而且权重共享提供了一种有效的方式，使要学习的卷积神经网络模型参数数量大大降低。

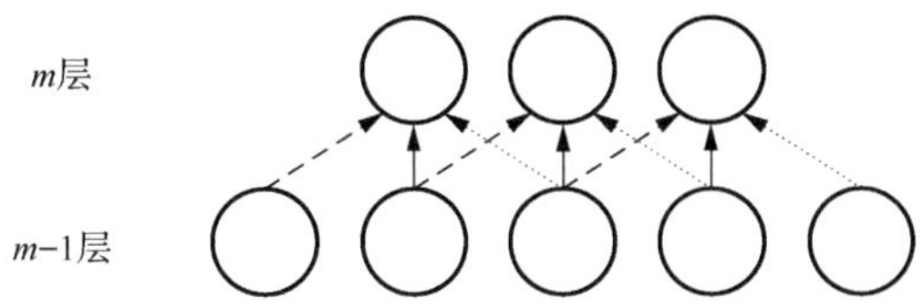

图 4.6　权重共享示意图

3. 卷积层

卷积神经网络（如图 4.7 所示）与全连接神经网络（如图 4.4 所示）最大的不同之处在于，卷积神经网络使用卷积操作进行特征提取，它同时具有局部连接、权值共享及输入/输出数据结构化的特性。下面将分别加以说明。

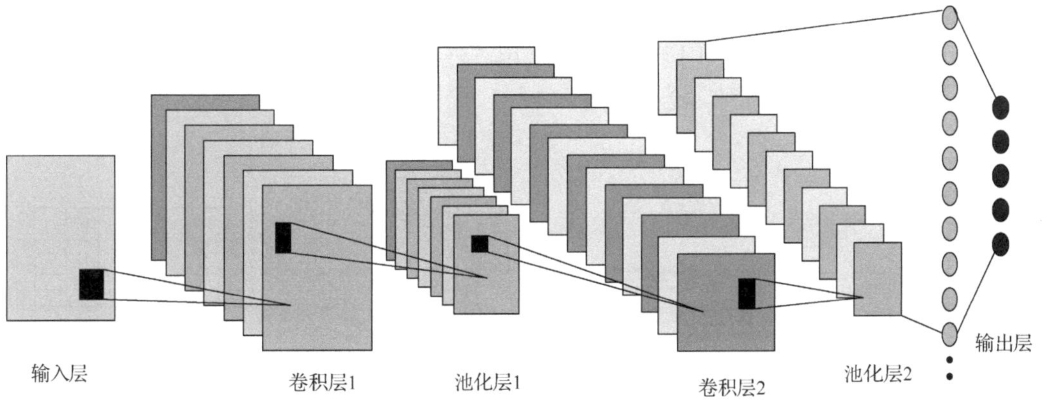

图 4.7　卷积神经网络

（1）局部连接：在计算过程中输出层上的每一神经元只与输入层的部分神经元连接。

（2）权值共享：1 个卷积层中含有若干通道的特征图，由二维矩阵排列的神经元组成。卷积核的滑窗机制使同一特征图上神经元与输入层的连接参数值相同。权值共享不仅能减少网络各层之间的连接，还能降低模型的参数量及计算量，从而避免过拟合现象的发生。

（3）输入/输出数据的结构化：卷积操作能保证输出特征图大致保持输入图像的结构信息。如输入为二维图像，则采用二维卷积进行特征提取的输出特征图仍为二维；如输入为三维，则经过卷积层后的输出特征图仍为三维。这样可以保持数据在结构上的信息。

不同深度的卷积提取的特征不同。靠近输入端的卷积提取图像的边缘特征，中间层的卷积提取图像的局部特征，输出端附近的卷积提取图像的全局特征。在实际过程中，图像的卷积计算公式如下：

$$S(i,j)=(X*h)(i,j)=\sum_m\sum_n X(i+m,j+n)h(m,n) \tag{4-23}$$

式中，$X(i,j)$ 为图像输入；$h(m,n)$ 为定义图像像素，权值的函数，称为卷积核或滤波器；$S(i,j)$ 为映射的输出。

由式（4-23）可以看出，卷积层的操作实际就是将卷积核在输入特征图上进行滑动扫描，然后进行输出特征图的运算。常规卷积的过程如图 4.8 所示。

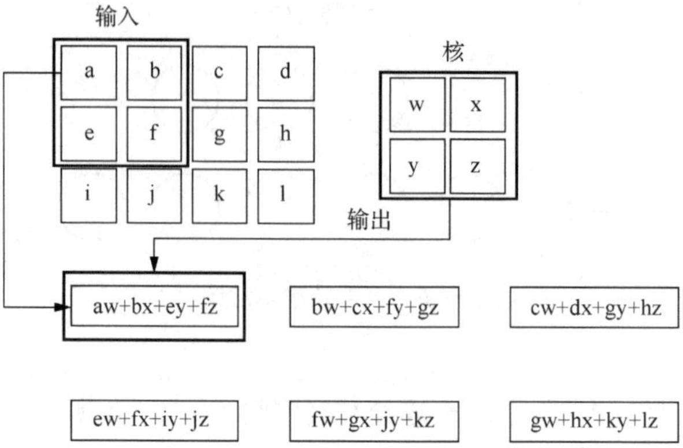

图 4.8　常规卷积过程

除了常规卷积外，常用的卷积操作还包括空洞卷积、转置卷积、可分离卷积等，如图 4.9 所示。在计算机视觉领域，卷积操作是一种使用广泛的操作，在多个方面（图像预处理、特征提取、边缘检测等）均得到广泛的应用。

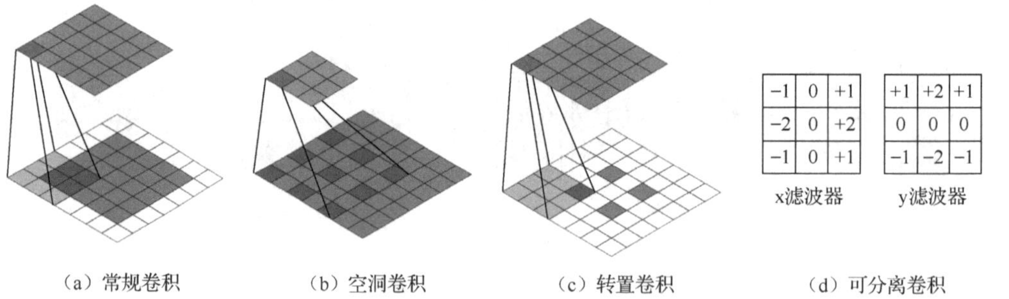

图 4.9　不同卷积示意图

4. 池化层

池化（pooling）操作，又称为降采样（down sampling），主要用于减少输出特征图的大小，在筛选出主要特征、剔除无关特征的同时，减少整体网络的参数量，从而避免过拟合现象的出现。常见的池化操作有 3 种：最大池化（max pooling）、平均池化（average pooling）及随机池化（random pooling）。最大池化是将池化子区域中的最大值作为输出；平均池化是将池化子区域内数值总和的均值作为输出；随机池化是将池化子区域内的某一数值作为输出。3 种池化的示意图如图 4.10 所示。

5. 激活函数层

单纯的卷积仅能拟合线性特征，但真实应用中绝大部分情况需要更为复杂的非线性特征，因此引入激活函数层，以此为卷积神经网络添加非线性因素，如图 4.11 所示。合适的激活函数能够提升模型非线性特征的提取能力，让模型能更好地拟合真实数据的分布，从而提升模型的性能。

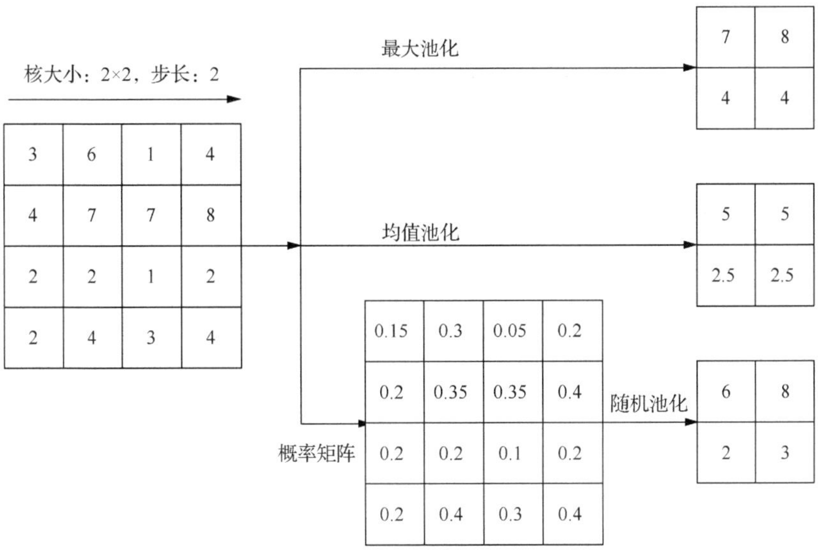

图 4.10　3 种池化过程示意图

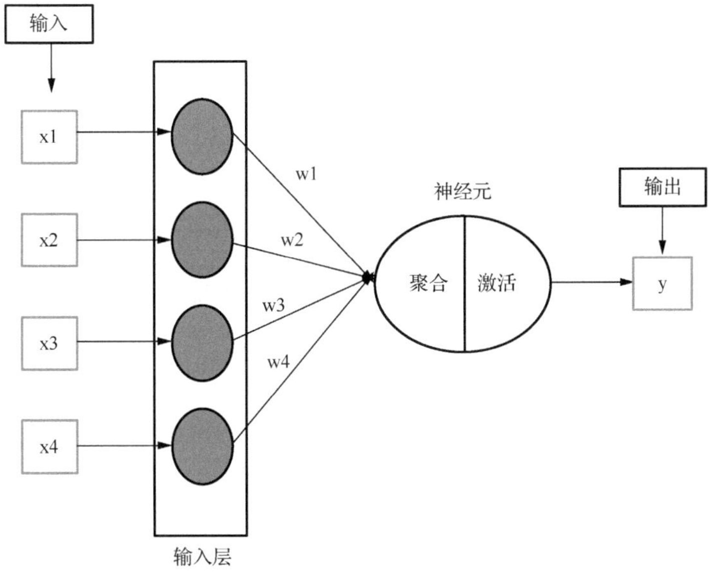

图 4.11　引入激活函数层示意图

6. 全连接层

上述的卷积层、池化层及激活函数层分别用于对输入图片的特征提取、特征筛选及引入非线性因素。全连接层利用前面通过卷积层、池化层及激活函数层所得到的特征图进行最终的分类，将模型提取出的深度特征映射到标签空间中。

考虑到全连接层实质为多层感知机，这样每一个输出神经元都会与所有输入神经元相连接，因此参数量特别大。若使用较多全连接层容易出现过拟合的现象，因此通常在网络设计时会将全连接层控制在 4 层以下。

在实际应用中，常引入一些优化方法（如 dropout）来缓解因全连接层的巨大参数量出现的过拟合现象，从而提升模型的鲁棒性。除此之外，也可以使用 NiN 网络中提出的全局平均池化（group average pooling, GAP）来代替全连接层。相比于全连接层，全局平均池化具有以下优点：

（1）全局平均池化参数的数量大大减少，在提升运算效率的同时降低了过拟合的风险；

（2）全局平均池化让特征图与类别信息直接映射，大大提升了模型的可解释性；

（3）全局平均池化能综合输出特征图的空间信息，提升特征信息的利用度；

（4）使用全连接层时，必须保证输入图片的大小一致，而使用全局平均池化则无此限制。

7. softmax 回归

softmax 回归是在逻辑回归的基础上扩张而来的，它的目的是解决多分类问题。在这类问题中，训练样本的种类一般在两个以上。softmax 回归用于类似 MNIST 手写数字识别问题，可以取得很好的分类效果，这个问题是为了对 0～9 这 10 个手写数字进行区分。softmax 回归是有监督学习算法，它也可以与深度学习或无监督学习方法结合使用。

在逻辑回归中，训练样本集由 m 个带标签样本构成：$\{(x^{(1)},y^{(1)}),(x^{(2)},y^{(2)}),\cdots,(x^{(m)},y^{(m)})\}$，其中输入特征 $x^{(i)}\in\Re^{n+1}$（特征向量 x 的维度为 $n+1$，$x_0=1$ 为截距项）。逻辑回归是为了解决二分类问题，因此分类标签为 $y^{(1)}\in\{0,1\}$。假设函数如下：

$$h_\theta(x)=\frac{1}{1+\exp(-\theta^{\mathrm{T}}x)} \tag{4-24}$$

通过训练模型参数 θ，使它能够最小化代价函数

$$J(\theta)=-\frac{1}{m}\left[\sum_{i=1}^{m}y^{(i)}\log h_\theta(x^{(i)})+(1-y^{(i)})\log(1-h_\theta(x^{(i)}))\right] \tag{4-25}$$

在 softmax 回归中，我们需要面对的是多分类问题，类标 y 可以取 k 个不同的值（$k>2$）。因此，对于训练集 $\{(x^{(1)},y^{(1)}),(x^{(2)},y^{(2)}),\cdots,(x^{(m)},y^{(m)})\}$，有 $y^{(i)}\in\{1,2,\cdots,k\}$。例如，在 GTRSB 交通标志识别问题中，有 $k=43$ 个不同的分类。

对于训练样本 x，我们用假设函数对每一个类别 j 估算出概率值 $p(y=j\,|\,x)$，也就是估计样本 x 被划归为每一种分类结果的可能概率。因此，假设函数将要输出一个 k 维向量来表示这 k 个估计的概率值，这些向量元素之和为 1，那么假设函数 $h_\theta(x)$ 可表示为

$$h_\theta(x^{(i)})=\begin{bmatrix}p(y^{(i)}=1\,|\,x^{(i)};\theta)\\ p(y^{(i)}=2\,|\,x^{(i)};\theta)\\ \vdots\\ p(y^{(i)}=k\,|\,x^{(i)};\theta)\end{bmatrix}=\frac{1}{\sum_{j=1}^{k}\mathrm{e}^{\theta_j^{\mathrm{T}}x^{(i)}}}\begin{bmatrix}\mathrm{e}^{\theta_1^{\mathrm{T}}x^{(i)}}\\ \mathrm{e}^{\theta_2^{\mathrm{T}}x^{(i)}}\\ \vdots\\ \mathrm{e}^{\theta_k^{\mathrm{T}}x^{(i)}}\end{bmatrix} \tag{4-26}$$

其中 $\theta_1,\theta_2,\cdots,\theta_k\in R^{n+1}$ 是模型参数。$\dfrac{1}{\sum_{j=1}^{k}\mathrm{e}^{\theta_j^{\mathrm{T}}x^{(i)}}}$ 项是为了对概率分布进行归一化处理，使所有概率的和等于 1。

我们使用符号 θ 对所有模型参数进行表示，在 softmax 回归实现中，将 θ 用一个 $k\times(n+1)$ 的矩阵表示，这个矩阵是将 $\theta_1,\theta_2,\cdots,\theta_k$ 按行罗列得到的，如下所示。

$$\theta=\begin{bmatrix}\theta_1^{\mathrm{T}}\\ \theta_2^{\mathrm{T}}\\ \vdots\\ \theta_k^{\mathrm{T}}\end{bmatrix} \tag{4-27}$$

现在我们对 softmax 回归代价函数进行分析。在下面公式中，$1\{\cdot\}$ 是示性函数，它的运算规则为：1｛表达式的值为真｝=1, 1｛表达式的值为假｝=0。代价函数可表示为

$$J(\theta)=-\frac{1}{m}\left[\sum_{i=1}^{m}\sum_{j=1}^{k}1\{y^{(i)}=j\}\log\frac{\mathrm{e}^{\theta_j^{\mathrm{T}}x^{(i)}}}{\sum_{l=1}^{k}\mathrm{e}^{\theta_l^{\mathrm{T}}x^{(i)}}}\right] \tag{4-28}$$

这个公式是逻辑回归代价函数的推广。逻辑回归代价函数可以以同样的方式表示如下：

$$\begin{aligned}J(\theta)&=-\frac{1}{m}\left[\sum_{i=1}^{m}(1-y^{(i)})\log(1-h_\theta(x^{(i)}))+y^{(i)}\log h_\theta(x^{(i)})\right]\\&=-\frac{1}{m}\left[\sum_{i=1}^{m}\sum_{j=0}^{1}1\{y^{(i)}=j\}\log p(y^{(i)}=j\mid x^{(i)};\theta)\right]\end{aligned} \tag{4-29}$$

从式（4-29）可以看出，softmax 回归代价函数与逻辑回归代价函数有很相似的表示形式，不同的是在 softmax 回归代价函数中需要对 k 个可能分类的概率值进行累加。在 softmax 回归中将样本 x 分类为类别 j 的概率为

$$p(y^{(i)}=j\mid x^{(i)};\theta)=\frac{\mathrm{e}^{\theta_j^{\mathrm{T}}x^{(i)}}}{\sum_{l=1}^{k}\mathrm{e}^{\theta_l^{\mathrm{T}}x^{(i)}}} \tag{4-30}$$

对于代价函数最小化问题，现在还没有快速解法，通常使用迭代优化法。对代价函数求导后，代价函数的梯度公式如下：

$$\nabla_{\theta_j}J(\theta)=-\frac{1}{m}\sum_{i=1}^{m}[x^{(i)}(1\{y^{(i)}=j\}-p(y^{(i)}=j\mid x^{(i)};\theta))] \tag{4-31}$$

$\nabla_{\theta_j}J(\theta)$ 本身是一个向量，它的第 l 个元素 $\dfrac{\partial J(\theta)}{\partial\theta_{jl}}$ 是 $J(\theta)$ 对 θ_j 的第 l 个分量的偏导数。

得到以上求解偏导数公式后，就可以将它代入梯度下降法算法中，对代价函数 $J(\theta)$ 进行最小化。在梯度下降法的实现中，每次迭代过程中都需要对参数进行更新：

$$\theta_j=\theta_j-\alpha\nabla_{\theta_j}J(\theta)\quad(j=1,2,\cdots,k)$$

在实现 softmax 回归算法时，通常会对上面的代价函数进行改进，在代价函数中增加一个衰减项。

在对代价函数的改进中，我们在式（4-28）中添加一个权重衰减项 $\dfrac{\lambda}{2}\sum_{i=1}^{k}\sum_{j=0}^{n}\theta_{ij}^2$，它会对过大的参数值进行惩罚。回归代价函数公式将变为如下形式：

$$J(\theta)=-\frac{1}{m}\left[\sum_{i=1}^{m}\sum_{j=1}^{k}1\{y^{(i)}=j\}\log\frac{\mathrm{e}^{\theta_j^{\mathrm{T}}x^{(i)}}}{\sum_{l=1}^{k}\mathrm{e}^{\theta_l^{\mathrm{T}}x^{(i)}}}\right]+\frac{\lambda}{2}\sum_{i=1}^{k}\sum_{j=0}^{n}\theta_{ij}^2 \tag{4-32}$$

增加了第 2 项权重衰减项后，代价函数就成为一个凸函数，这样就防止了在优化过程中陷入局部收敛，能够得到最优解。

为了对其进行优化，需要计算 $J(\theta)$ 的导数，在此给出它对 θ 求导数后的公式如下：

$$\nabla_{\theta_j} J(\theta) = -\frac{1}{m}\sum_{i=1}^{m}[x^{(i)}(1\{y^{(i)} = j\} - p(y^{(i)} = j \mid x^{(i)};\theta))] + \lambda\theta_j \tag{4-33}$$

最后，通过最小化代价公式 $J(\theta)$，就可以实现softmax 回归分类模型。

4.2.3 损失函数

损失函数层（loss function layer）的作用是用来估算模型的预测值 $f(x)$ 与实际值 Y 的差距的函数。通常用 $L(Y, f(x))$ 表示，是一个非负的实数值函数，值越小，反映该网络的数据拟合性能越好。loss function 结构风险函数的重要组成又称为经验风险函数。

模型的结构风险函数包括了经验风险函数和正则项，如下式所示：

$$\theta^* = \underset{\theta}{\operatorname{argmin}} \frac{1}{N}\sum_{i=1}^{n} L(y_i, f(x_i;\theta)) + \lambda\Phi(\theta) \tag{4-34}$$

式中，均值函数表示经验风险函数；$\lambda\Phi(\theta)$ 是结构风险函数，又称为正则化项函数，包括 $L1$、$L2$ 正则化函数或者其他的正则函数。整个式子表示的意思是找到使目标函数最小时的 θ 值。常用的损失函数如下。

1）log 对数损失函数

在逻辑回归的推导中，它假设样本服从伯努利分布（0-1 分布），然后求得满足该分布的似然函数，接着取对数求极值。而逻辑回归并没有求似然函数的极值，而是把极大化当作一种思想，进而推导出它的经验风险函数为：最小化负的似然函数（即 $\max F(y, f(x)) \to \min - F(y, f(x))$）。从损失函数的视角来看，它就成了 log 损失函数了。

log 损失函数的标准形式如下：

$$L(Y, P(Y \mid X)) = -\log P(Y \mid X) \tag{4-35}$$

都是先取对数再求导找极值点。损失函数 $L(Y, P(Y \mid X))$ 表达的是样本 X 在分类 Y 的情况下，使概率 $P(Y \mid X)$ 达到最大值。因为 log 函数是单调递增的，所以 $\log P(Y \mid X)$ 也会达到最大值，因此在前面加上负号之后，最大化 $P(Y \mid X)$ 就等价于最小化 L 了。逻辑回归最后得到的目标式如下。取对数是为了方便计算极大似然估计（maximum likelihood estimation, MLE），因为在 MLE 中，直接求导比较困难，所以通常按如下间接形式计算：

$$J(\theta) = -\frac{1}{m}\sum_{i=1}^{m}\left[y^{(i)}\log h_\theta(x^{(i)}) + (1 - y^{(i)})\log(1 - h_\theta(x^{(i)}))\right] \tag{4-36}$$

2）平方损失函数

平方损失函数采用的是最小二乘法思想，将问题转化成凸优化问题。该算法思想是，最优的拟合直线应该是使各点到回归直线的距离和最小的直线，即平方和最小。

最小二乘法（ordinary least squares, OLS）是基于距离的，而这个距离就是我们用得最多的欧氏距离。它会选择使用欧氏距离度量误差主要原因如下：简单，计算方便；欧氏距离是一种很好的相似性度量标准；在不同的表示域变换后特征性质不变。

平方损失的函数形式如下：

$$L(Y, f(X)) = (Y - f(X))^2 \tag{4-37}$$

4.3　人工神经网络学习训练方法

4.3.1　梯度下降法

在人工神经网络设计及应用研究中，通常需要考虑 3 个方面的内容，即神经元激活函数、神经元之间的连接形式和网络的学习（训练）。传统人工神经网络的主要学习规则有误差修正型规则权值的调整与网络的输出误差有关，它包括 δ 学习规则、Widrow-Hoff 学习规则、感知器学习规则和误差反向传播（BP）学习规则等。由于在 BP 中使用梯度下降方法，因此，本节重点介绍该方法。

假设任务是将有 n 维特征向量的图像分成 c 类。从数学角度看，神经网络代表将 n 维特征空间映射到 c 维空间的函数 f：

$$f:\Re^n \mapsto \Re^c \tag{4-38}$$

神经网络本身是参数化的函数。方便起见，将参数标记为 m 维向量：

$$\boldsymbol{\omega}\in\Re^m \tag{4-39}$$

为了表现出对参数的依赖，习惯记为

$$f(\boldsymbol{x},\boldsymbol{\omega}) \tag{4-40}$$

将神经网络的参数空间映射为实数。损失函数记为

$$J(\boldsymbol{\omega})=\frac{1}{N}\sum_{i=1}^{N}L(f(\boldsymbol{x}^{(i)},\boldsymbol{\omega}),\boldsymbol{y}^{(i)}) \tag{4-41}$$

式中，$\boldsymbol{x}^{(i)}$ 是观测值为 $\boldsymbol{y}^{(i)}$ 的第 i 个数据点；L 是损失函数项。例如，如果 J 是交叉熵损失，则：

$$L(f(\boldsymbol{x}^{(i)},\boldsymbol{\omega}),\boldsymbol{y}^{(i)})=-\sum_{j=1}^{c}y_j^{(i)}\log f(\boldsymbol{x}^{(i)},\boldsymbol{\omega})_j \tag{4-42}$$

式中，

$$y^{(i)}=(y_1^{(i)},\cdots,y_c^{(i)})$$
$$f(\boldsymbol{x}^{(i)},\boldsymbol{\omega})=(f(\boldsymbol{x}^{(i)},\boldsymbol{\omega})_1,\cdots,f(\boldsymbol{x}^{(i)},\boldsymbol{\omega})_c) \tag{4-43}$$

这看似简单，但难以计算。在真实世界中有数百万个数据点 N，更别说参数 m 的数量了。所以，会有数百万项，因此要计算数百万个导数来求最小值。在实践中，传统人工神经网络一般采用随机梯度下降方法解决该问题。

要用梯度下降，得先计算

$$\nabla_{\boldsymbol{\omega}}J(\boldsymbol{\omega})=\frac{1}{N}\sum_{i=1}^{N}\nabla_{\boldsymbol{\omega}}L(f(\boldsymbol{x}^{(i)},\boldsymbol{\omega}),\boldsymbol{y}^{(i)}) \tag{4-44}$$

如果 N 很大，那么计算量就很大，而一般都希望 N 大一点（因为想要尽量多的数据）。可以化简吗？一种方式是忽略一部分。尽管这看起来是个不可行的方案，但却有坚实的理论基础。要理解这一点，首先注意 J 其实可以写成以下期望值：

$$J(\boldsymbol{\omega})=\frac{1}{N}\sum_{i=1}^{N}L(f(\boldsymbol{x}^{(i)},\boldsymbol{\omega}),\boldsymbol{y}^{(i)})=\mathrm{E}_{\hat{p}_{\text{data}}}\left[L(f(\boldsymbol{x}^{(i)},\boldsymbol{\omega}),\boldsymbol{y}^{(i)})\right] \tag{4-45}$$

式中，L 是训练数据给出的（经验）概率分布。可以将序列写成：

$$\left\{L(f(\boldsymbol{x}^{(i)},\boldsymbol{\omega}),\boldsymbol{y}^{(i)}\right\}_{i=1}^{N} \tag{4-46}$$

这样就成了独立同分布的随机变量。根据以下大数定律：

$$\lim_{N\to\infty} \mathrm{E}_{\hat{p}_{\text{data}}}\left[\nabla_{\boldsymbol{\omega}} L(f(\boldsymbol{x}^{(i)},\boldsymbol{\omega}),\boldsymbol{y}^{(i)})\right]=\mathrm{E}_{p_{\text{data}}}\left[\nabla_{\boldsymbol{\omega}} L(f(\boldsymbol{x}^{(i)},\boldsymbol{\omega}),\boldsymbol{y}^{(i)})\right] \tag{4-47}$$

式中，p_{data} 是真正的总体分布（这是未知的）。再详细点说，因为增加了训练数据，损失函数收敛到真实损失。因此，如果对数据二次采样，并计算梯度：

$$\nabla_{\boldsymbol{\omega}} L(f(\boldsymbol{x}^{(i)},\boldsymbol{\omega}),\boldsymbol{y}^{(i)}) \tag{4-48}$$

对某些 i，如果计算足够，仍然可以得到合理的估计。这就是所谓的随机梯度下降，记为 SGD（stochastic gradient descent）。

研究人员和数据科学家之所以能有效训练深度神经网络，依赖于 3 个基础发展：将 GPU 作为通用的计算工具、反向传播及 SGD 。可以说，如果没有 SGD ，就无法广泛应用深度学习。

SGD 面临最明显的新问题是，二次采样的样本量多大合适。太小可能会造成梯度估计有噪声，太大则会造成收益递减。选择子样本也需要谨慎。例如，如果所有子样本都属于一类，估计值可能会相差甚远。但在实践中，这些问题都可以通过实验和适当随机化数据来解决。

4.3.2　改进梯度下降法

梯度下降及 SGD 变体存在一些问题，因此这些方法在某些情况下可能会无效。例如，学习率控制着梯度方向上前进的步长。在这个参数上一般会犯两个错误：其一，步长太大，以至于损失无法收敛，甚至可能分散；其二，步长太小，可能因为前进太慢，永远都无法到达局部最小值。为了阐明这个问题，以 $f(x)=x+\sin x$ 函数为例进行研究，图 4.12 详细展示了其函数图像。

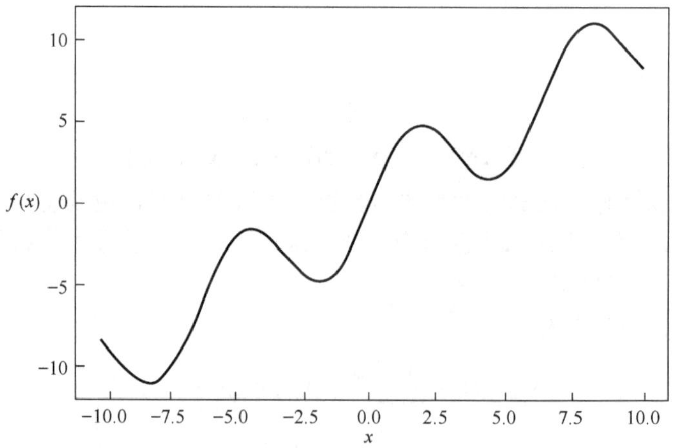

图 4.12　$f(x)=x+\sin x$ 函数

假设从 $x_0=2.5$ 开始进行梯度下降，学习率 α 分别为 1、0.1 和 0.01，如图 4.13 所示。

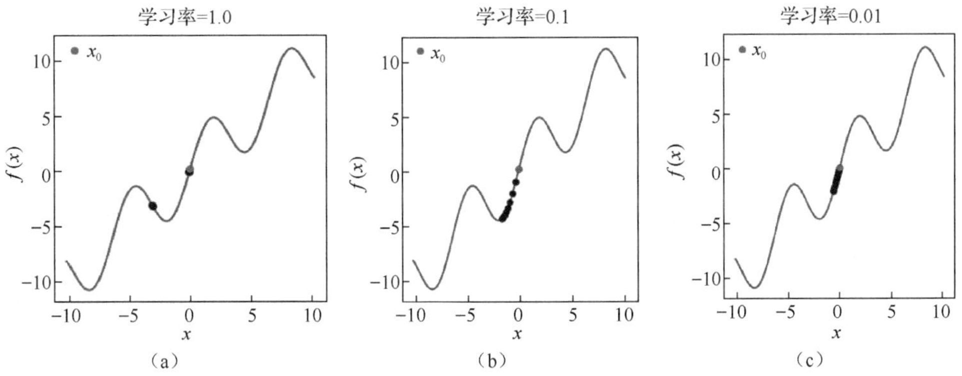

图 4.13　$f(x)=x+\sin x$ 函数不同学习率时的梯度下降

这样理解起来可能还不够直观，所以对每个学习率的 x-s 绘图，如图 4.14 所示。

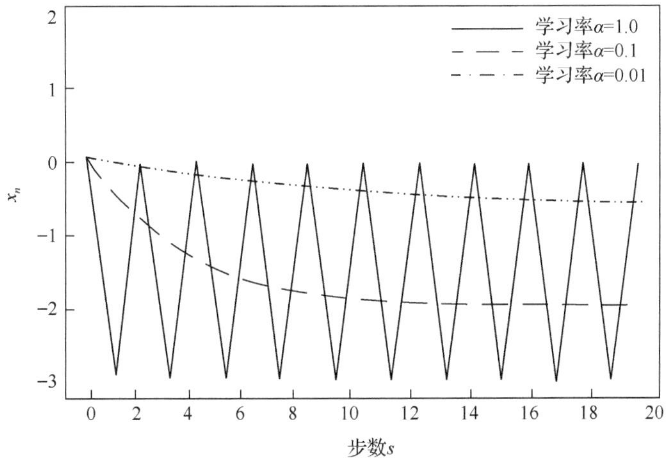

图 4.14　不同学习率的收敛情况

当 α =1 时，图像在两点间震荡，无法收敛到局部最小值；当 α =0.01 时，收敛得似乎很慢。在本例中，α =0.1 似乎是合适的。那么在一般情况下该如何确定这个值呢？这里的中心思想是，学习率不一定是恒定的。一方面，如果梯度幅度很大，就应该降低学习率，避免跳得太远；另一方面，如果梯度幅度较小，那可能意味着接近局部最优值了，所以要避免超调，学习率不能再增加。动态改变学习率的算法也就是所谓的自适应算法。

最流行的自适应算法之一是 AdaGrad。它会累积存储梯度幅度和大小，并根据记录调整学习率。AdaGrad 定义了累积变量 $r_0=0$，并根据规则进行更新。

$$\boldsymbol{r}_{n+1}=\boldsymbol{r}_n+\nabla_{\omega}J\odot\nabla_{\omega}J \tag{4-49}$$

式中，

$$\boldsymbol{u}\odot\boldsymbol{v}=(u_1v_1,\cdots,u_nv_n) \tag{4-50}$$

$\odot$ 表示两个向量的分量乘积用，用向量 $\boldsymbol{u}$、$\boldsymbol{v}$ 表示其计算过程将其用于度量学习率：

$$\boldsymbol{\omega}_{n+1}=\boldsymbol{\omega}_{n}-\frac{\lambda}{\delta+\sqrt{\boldsymbol{r}_{n+1}}}\nabla_{\omega}J \tag{4-51}$$

式中，δ 是为了保持数据稳定的数值，平方根是根据分量取的。当梯度大时，累积变量会很快地增长，学习率会下降；当参数接近局部最小值时，梯度会变小，学习率会停止下降。

当然，AdaGrad 是一种可能的解决方案。每一年都会产生越来越多先进的优化算法，来解决梯度下降相关的问题。但即便是最先进的方法，使用并调整学习率，都是很有好处的。

另一个关于 SGD 的问题是要确定全局最优值或与之接近的局部最优值。如图 4.13 所示的例子，梯度下降通常会陷入局部最优值。

4.4　深度卷积神经网络

尽管卷积神经网络已经能够解决很多的问题，并在各种场景中得到了广泛的应用，但是对于一些大量数据集或者更加复杂的任务，普通的卷积神经网络却显得能力不足了。因此，为了使得网络具有更加强大的能力，研究人员通过增加网络的深度来提升网络的性能。对于我们将这种增加网络深度的卷积神经网络称为深度卷积神经网络（deep convolutional neural network, DCNN）。

与卷积神经网络相比，深度卷积神经网络不仅增加了网络的深度，而且结构上也更加复杂。通过传统的卷积、池化和全连接操作将各个维度的特征图连接起来。

对于深度卷积神经网络来说，其在各层学习的特征如下：

（1）第一层：一些填充的块状物和边界等特征。

（2）中间层：学习一些纹理特征。

（3）更高层：接近于分类器的层级，可以明显地看到物体的形状特征。

（4）最后一层：分类层，完全是物体的不同姿态，根据不同的物体展现出不同姿态的特征。

Alex Krizhevsky 等于 2012 年的 ImageNet 比赛中提出了第一个深度卷积神经网络 AlexNet，并获得了图像分类问题的最好成绩（Top-5 错误率为 15.3%）。AlexNet 结构是 LeNet-5 的放大版。LeNet-5 一共包含 8 层，分别是输入层、卷积层、池化层、卷积层、池化层、全连接层、全连接层和输出层。

AlexNet 输入是一个 224 像素×224 像素的图像，其网络结构共 7 层，如图 4.15 所示。AlexNet 包含了 6.3 亿个连接，6000 万个参数和 65 万个神经元，分布在 5 个卷积层中，其中 3 个卷积层后面连接了最大池化层，最后还有 2 个全连接层及一个分类 softmax 层（也是一个全连接层）。另外，为了加快训练速度，有效利用 GPU，使用了非饱和神经元（non-saturating neurons)。为了减少过拟合过程，采用了 dropout 技术，达到了最后的标签空间。

AlexNet 方法训练一个端到端的深度卷积神经网络实现对图像特征进行提取和分类，训练过程中使用了随机梯度下降算法，min-batch 大小为 128，可将 120 万张图像的训练集循环 90 次，并在两个 NVIDIA GTX 580 3GB GPU 上运行 6 天时间。

在 AlexNet 之后，深度神经网络不断出现新的模型和架构。

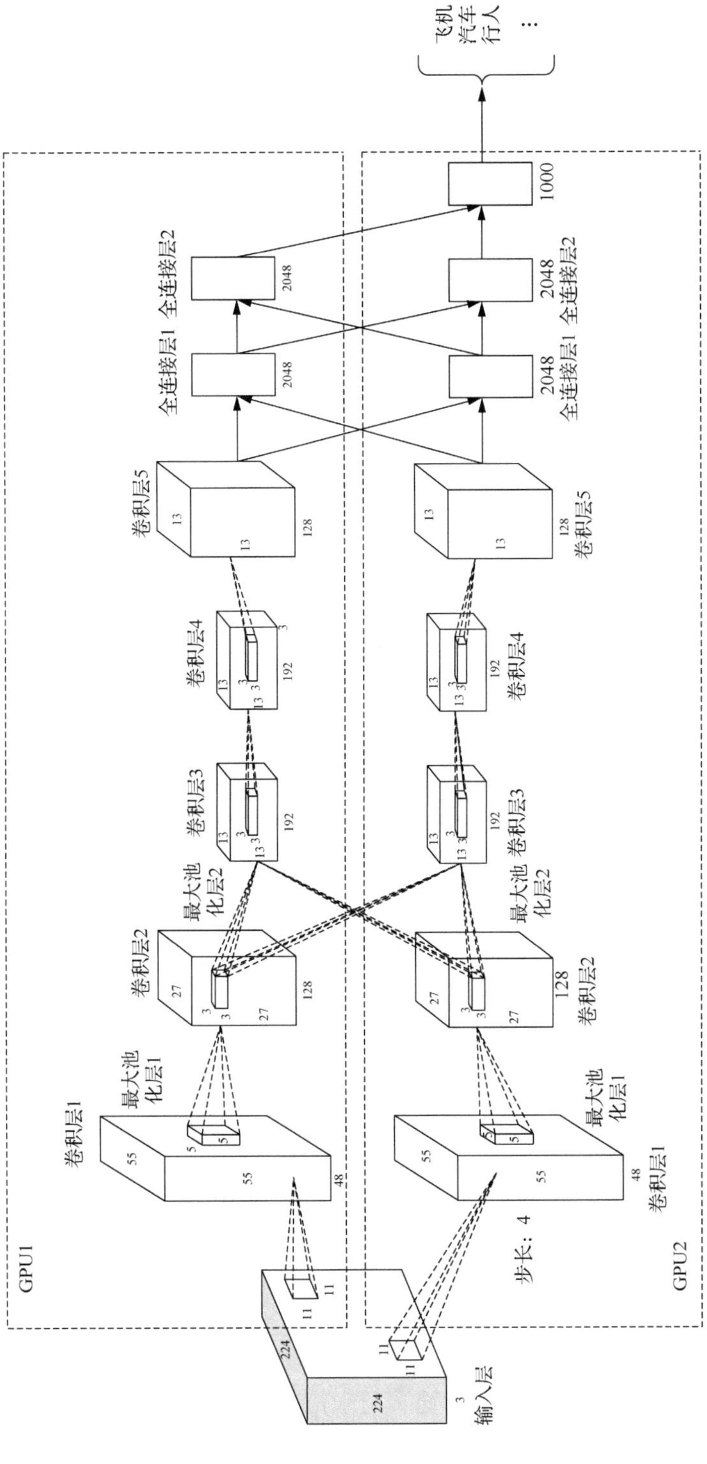

图 4.15　AlexNet 网络结构示意图

4.5　循环神经网络

循环神经网络是人工神经网络的另一种基本网络结构，一般用来处理文本、音频、视频等序列数据，在语音识别、问答系统、语言建模和文本生成等诸多领域具有广泛的应用。循环神经网络当前时刻的输入为当前时刻的输入特征时和前一时刻的输出，历史信息可以被循环神经网络所记住，并与输入特征共同决定输出。循环神经网络的这种记忆的特性使其特别善于处理序列数据。循环神经网的基本结构如图 4.16 所示。

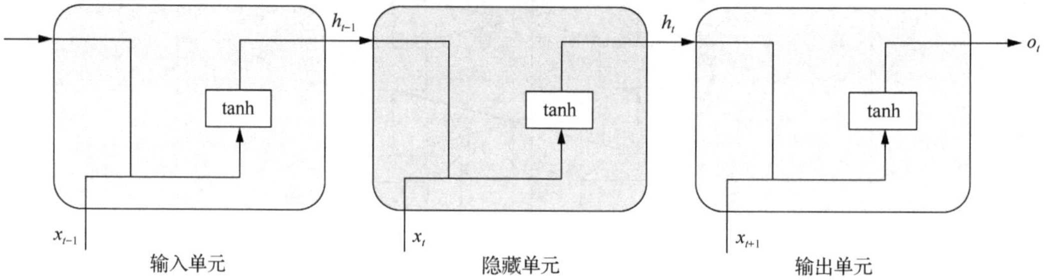

图 4.16　循环神经网络结构图

循环神经网络模型由 3 部分组成，分别是输入单元、输出单元和隐藏单元，分别使用 x、o、h 表示输入向量、输出向量、隐藏状态。在循环神经网络的展开形式中，当前时间步的隐藏状态 h_t 是由上一时间步的隐藏状态 h_{t-1} 和当前时间步的输入值 x_t 共同决定的，输出值 o_t 由隐藏状态 h_t 决定，其公式如下：

$$h_t = f(Ux_t + Wh_{t-1}) \tag{4-52}$$

$$o_t = g(Vh_t) \tag{4-53}$$

式中，参数 U、V、W 分别对应于输入到隐藏单元的权重、隐藏单元到输出的权重、前一时间步的隐藏单元到当前时间步的隐藏权重；f 和 g 分别是隐藏单元和输出的激活函数，隐藏单元一般使用非线性激活函数，如 tanh 或 ReLU，输出层常用 softmax 函数作为激活函数。

普通循环神经网络在处理问答系统、语言建模和文本生成等任务中取得了显著的效果，但是当其对长序列数据进行建模时，会出现梯度消失和梯度爆炸的问题，不能有效地处理长期依赖问题。为了解决这个问题，研究人员对循环神经网络的结构进行了改进，提出了长短期记忆（LSTM）网络。长短期记忆网络可以有效地缓解长期依赖的问题，可以捕捉到序列中长距离历史信息，在序列建模的诸多问题上基本上代替普通的循环神经网络，并已取得了显著的效果。在图像描述问题上，基于编码解码结构的图像描述模型的编码器基本上都使用长短期记忆网络。

与普通的循环神经网络相比，长短期记忆网络除了使用隐藏状态保存信息以外，还增加了记忆细胞，并设立输入门、输出门和遗忘门来控制记忆细胞。长短期记忆网络利用门控单元控制信息流动：记忆细胞通过输入门控制遗忘门决定让哪些历史信息加入记忆细胞状态；通过控制输入门决定让哪些新输入信息加入记忆细胞状态；通过控制输出门决定记忆细胞状态中的哪些信息用于输出。其结构如图 4.17 所示。

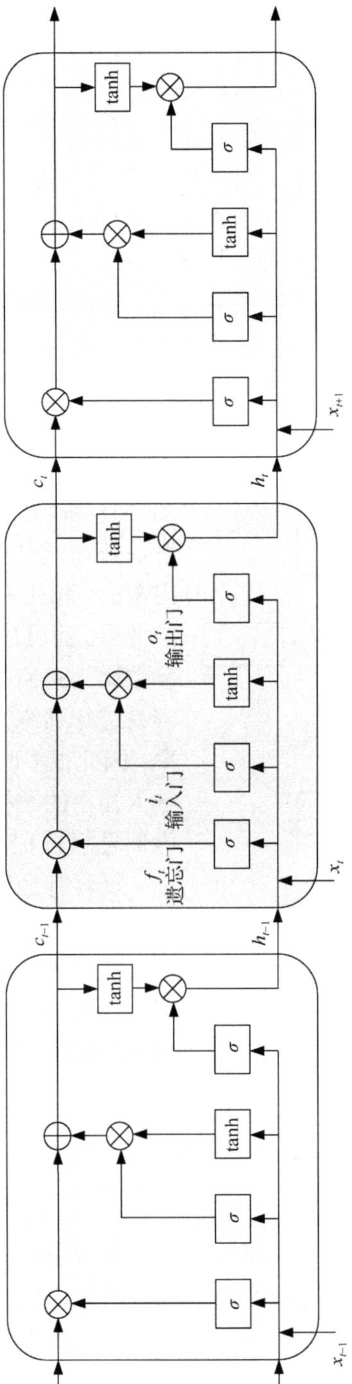

图 4.17　长短期记忆网络结构

在图 4.17 中，f、i、o 分别表示遗忘门、输入门、输出门；c 和 h 分别表示记忆细胞状态和隐藏状态；x 表示输入，则门控单元的计算公式如下：

$$f_t = \sigma(W_f[h_{t-1}, x_t] + b_f) \tag{4-54}$$

$$i_t = \sigma(W_i[h_{t-1}, x_t] + b_i) \tag{4-55}$$

$$o_t = \sigma(W_o[h_{t-1}, x_t] + b_o) \tag{4-56}$$

式中，W 和 b 表示门的权重和偏置值。当前时间步记忆细胞状态值和隐藏状态值分别如下：

$$c(1),\ c(2), \cdots, c(N) \tag{4-57}$$

$$h(1),\ h(2), \cdots, h(N) \tag{4-58}$$

在长短期记忆网络按时间步展开形式中，记忆细胞状态是各时间步记忆细胞传递信息的通道，记忆细胞通过门控单元控制历史信息的遗忘和新信息的加入，并为输出从记忆细胞状态中选择信息。这样可以捕捉到长距离的历史信息，并对其更新和利用，在一定程度上缓解了长期依赖的问题。

门循环单元（gate recurrent unit, GRU）也是循环神经网络的一种变体，其内部结构如图 4.18 所示。和 LSTM 一样，GRU 也是为了解决长期记忆和反向传播中的梯度等问题而提出来的。相比 LSTM，使用 GRU 能够达到相当的效果。而且由于 GRU 内部少了一个“门控”，参数比 LSTM 少，所以相比之下 GRU 模型更容易进行训练，能够在很大程度上提高训练效率，因此很多时候会更倾向于使用 GRU。GRU 输入输出的结构与普通的 RNN 相似，其中的内部思想与 LSTM 相似。

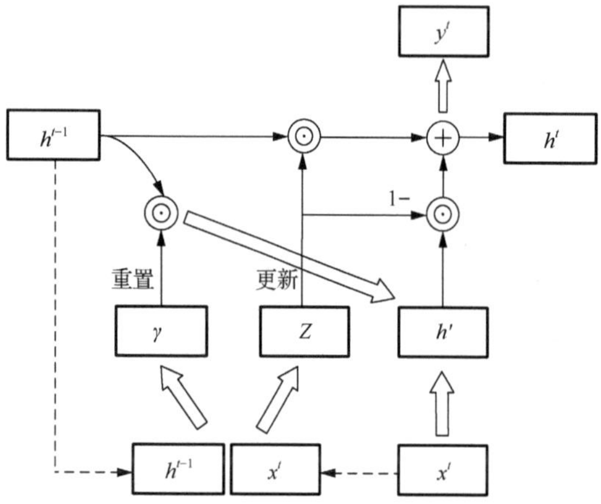

图 4.18　GRU 循环神经网络内部结构

循环神经网络架构还有很多其他的变种，包括深度 RNN 结合多层感知机、双向 RNN、循环卷积神经网络、多维循环神经网络、记忆网络、结构受限循环神经网络、门控正交循环单元、层级子采样循环神经网络等。

4.6 小　　结

本章从神经元模型开始，循序渐进地介绍了从传统感知器模型发展出卷积神经网络，再到深度神经网络基本过程。重点介绍卷积神经网络的基本结构组成及其实现方法，以及深度神经网络的训练方法。最后介绍了循环神经网络等基本的深度神经网络模型。通过本章的学习，可以了解人工神经网络及深度神经网络之间的关系，重点是掌握深度神经网络的基本原理，为后续人工神经网络在机器感知、机器认知、机器语言等机器智能技术方面的应用奠定基础。

第 5 章　机器学习原理与方法

5.1　机器学习发展历程

通过人工智能历史我们已经知道，20 世纪 60 年代的人工智能主要是利用计算机程序证明一些著名的数学定理，但由于缺乏知识，不能真正实现智能。20 世纪 70 年代人工智能研究进入了“知识时期”。在这个时期，大量专家系统问世，在很多应用领域取得了大量成果。但后来人们逐渐发现，把知识总结出来再教给计算机相当困难，于是一些学者希望计算机能从数据中自动学习知识，人工智能进入“机器学习时期”。“机器学习时期”分为 3 个阶段，20 世纪 80 年代，联结主义较为流行，代表方法有人工神经网络（neural network），机器学习的发展历程如图 5.1 所示。

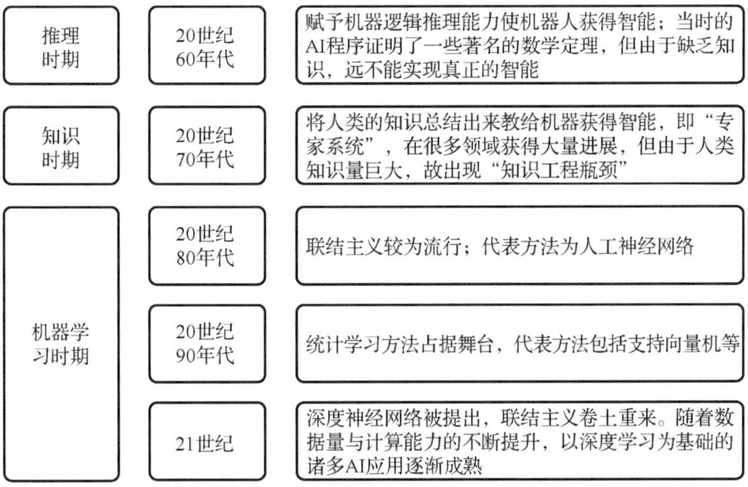

图 5.1　机器学习的发展历程

20 世纪 90 年代，以支持向量机为代表的统计学习方法，以及集成学习、稀疏学习统计学习方法开始占据主流。进入 21 世纪，2006 年，多伦多大学教授辛顿在前向神经网络的基础上，提出了基于深度神经网络的深度学习。

机器学习是历史上各学派既相互竞争又相互融合发展的结果。与人工智能的各学派类似，机器学习也发展出很多学派，如符号学派、贝叶斯学派、联结学派、进化学派、类推学派等。

如今，各学派开始相互借鉴融合。在 21 世纪的头 10 年，最显著的就是联结学派和符号学派的结合，由此产生了记忆神经网络及能够根据知识进行简单推理的智能体。

今后，联结学派、符号学派和贝叶斯学派也将融合到一起，实际上已经出现这样的趋势，比如 DeepMind 开发了贝叶斯与深度神经网络结合的深度学习方法，主要的局面是将感知任务由深度神经网络完成，但涉及的推理和行动还是需要人为编写规则。

从 2010 年以后，随着大数据概念的兴起，机器学习大量的应用都与大数据高度耦合，几乎可以认为大数据是机器学习应用的最佳场景。

大数据的核心是利用数据的价值，而机器学习正是利用数据价值的关键技术。对于大数据而言，机器学习是不可或缺的。相反，对于机器学习而言，数据越多越可能提升模型的精确性，同时，复杂的机器学习算法的计算时间问题也迫切需要分布式计算与内存计算这样的关键技术来解决。机器学习与大数据的结合产生了巨大的价值。基于机器学习技术的发展，数据能够“预测”。在大数据的时代，有好多优势促使机器学习应用更广泛。例如，随着物联网和移动设备的发展，我们拥有的数据越来越多，种类也扩展到图片、文本、视频等非结构化数据，这使得机器学习模型可以获得越来越多的数据。同时大数据技术中的分布式计算 MapReduce 使得机器学习的速度越来越快，可以更方便地使用。种种优势使得在大数据时代，机器学习的优势可以得到最佳的发挥。

机器学习是一个庞大的家族体系，涉及众多算法、任务和学习理论。机器学习主要包括归纳学习、监督学习、无监督学习、类比学习、统计学习、分析学习、强化学习、迁移学习、联邦学习等。下面主要介绍深度学习、强化学习、迁移学习、联邦学习和因果学习等主流及新型方法。以支持向量机等为代表的经典机器学习方法可以参考其他诸多文献学习。

5.2 深度学习方法

5.2.1 深度学习优势与缺陷

深度学习给机器学习带来最重要的新变化是“表示学习”（representation learning）。

深度学习对于机器学习或模式识别应用来说，实现了自动学习特征或自动特征梯度。深度学习的概念源于人工神经网络的研究。含多隐层的多层感知器就是一种深度学习结构。深度学习通过组合低层特征形成更加抽象的高层表示属性类别或特征，以发现数据的分布式特征表示。当网络增加一个计算层之后，不仅可以解决异或问题，而且具有非常好的非线性分类效果。利用层次化的架构学习出对象在不同层次上的表达，这种层次化的表达可以帮助解决更加复杂抽象的问题。在层次化中，高层的概念通常是通过低层的概念来定义的。

基于深度学习，只要提供足够多的数据样本，就能自动地把特征学习出来，这就是所谓的表示学习，如图 5.2 所示。虽然这些特征的物理含义未必清楚，但是基于这些特征足以构建强大的学习模型。深度学习还有一个重要的因素叫作“端到端学习”（end-to-end learning），即把特征和学习模型合起来看作一个“黑箱”，输入数据后就可以得到输出结果。

深度学习颠覆了语音识别、图像分类、文本理解等众多领域的传统算法设计思路，形成一种新模式，一种体现在从训练数据出发，经过一个端到端（end-to-end）的模型，然后直接输出最终结果。这不仅让一切变得更加简单，而且由于深度学习中的每一层都可以为了最终的任务来调整自己，最终实现各层之间的通力合作，因而可以大大提高任务的准确度。借助于大数据及 GPU 等高性能计算的发展，深度学习如虎添翼，可以充分利用各种海量数据（标注数据、弱标注数据或者仅仅数据本身），完全自动地学习抽象的知识表达，即把原始数据浓缩成某种知识。

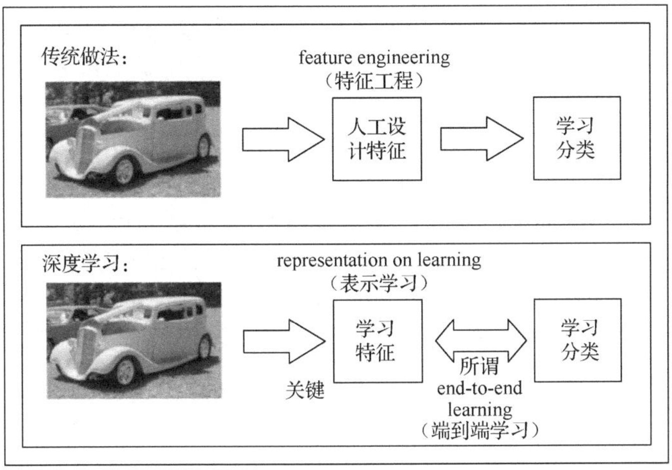

图 5.2　传统做法与表示学习

深度学习相较于传统机器学习方法在拥有众多优势的同时，也暴露出许多缺陷。

（1）深度学习是在更多的样本上训练机器学习模型，但随着环境越来越复杂，通过增加训练样本的方法也很难覆盖整个样本分布。尤其是在机器人、自动驾驶汽车等人工智能必须与真实世界进行互动的领域，所面对的挑战更加严峻。无法对因果关系进行理解的机器学习模型，就很难做出准确的预测或者处理新问题。一些微小的干扰都会让机器学习系统以意想不到的方式失败。这就是为什么自动驾驶汽车在经过数百万公里的训练后，仍然会犯一些奇怪和危险甚至致命的错误。

（2）在大多数情况下，基于深度神经网络的深度学习技术缺乏可解释性，缺乏认知机制，无法进行抽象、上下文语境、因果关系、可解释性和可理解性的推理。基于深度学习的大模型在高能耗和高成本方面也是一般研究机构和人员难以承受的。深度学习上述问题引发了“可解释人工智能”“人工智能安全”新的研究方向。

尽管如此，深度学习还是作为一种主流的机器学习技术，以其解决图像、视频、语音、文本等方面的强大的数据和新处理能力而大行其道。除了第 4 章介绍的由卷积神经网络组成的深度学习方法以外，还有许多其他人工神经网络构成的深度学习模型。下面介绍几种经典的和主要的深度学习基础模型。

5.2.2　自编码器

1. 自编码器原理

1986 年，美国的鲁姆哈特等学者提出自编码器的概念，并将它应用于高维复杂数据的处理，促进了神经网络的发展。自编码器发展至今，已经演变出很多自编码器的变体，比如当前深度学习领域中热度很高的一种生成模型——变分自编码器。

自编码器试图在输出层还原输入层的数据，也就是说自编码器的训练目标是使得输出数据和输入数据的误差尽量小，而不需要为数据提供标签，这也是自编码器能用于无监督学习的原因。早期的自编码器主要用于处理高维复杂数据，而发展至今已经演变出很多变形和应用，不仅可以用于无监督学习，还可以应用到有监督学习和半监督学习中，成为深度学习领域中非常重要的一个分支。

自编码器是一种神经网络，由两部分构成：编码器和解码器。编码器的任务是将原始的输入数据转换为另一种数据表示，也可以理解为编码器是压缩数据或者提取数据特征的过程。解码器的任务是将编码器得到的数据表示重新还原成原始的输入数据。自编码器的关键任务就是学习数据的另一种表示，如果这种表示能够重新还原为原始的输入数据，那么可以认为这种数据表示是有意义的，可以作为数据特征来使用。自编码的这种思想可以和压缩工具进行类比，压缩工具把占用空间大的文件压缩成占用空间小的文件，然后还可以解压回原来的文件。自编码器不需要数据标签，也就是说自编码器属于无监督模型。

普通自编码器的目标就是学习一种对数据压缩的表示方法，可以用于数据降维、数据可视化、提取数据特征等任务。此外，自编码器易于拓展，已经有很多自编码器的变体应用到其他领域中。下面详细介绍一下原始的自编码器。

2. 自编码器的结构

自编码器的主要任务是学习数据的另一种表示，这就要求原始数据可以通过一个神经网络得到数据的另一种表示，然后再通过一个神经网络把这种表示还原成原始的输入数据。

自编码器可以理解为一个试图还原其原始输入的系统，自编码器模型如图 5.3（a）所示。

自编码器模型主要由编码器（encoder）和解码器（decoder）组成，其主要目的是将输入 x 转换成中间变量 y，再将 y 转换成 $\tilde{x}$，然后对比输入 x 和输出 $\tilde{x}$，使得它们两个无限接近。自编码器的编码器和解码器的结构示意如图 5.3（b）所示。

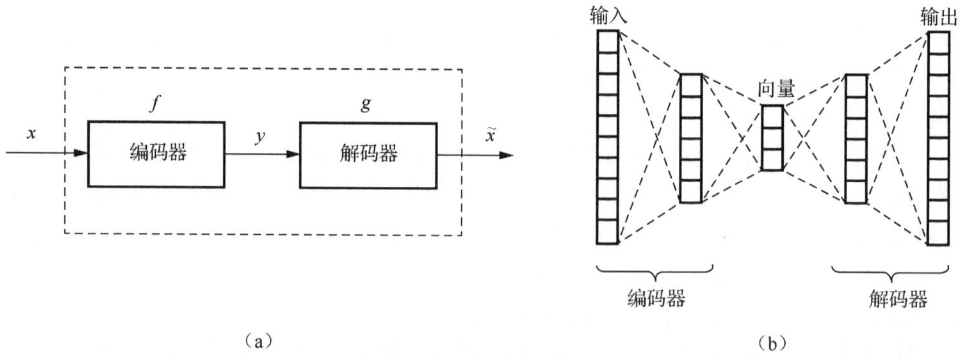

图 5.3　自编码器的编码器和解码器结构示意图

设输入为 $(x_1, x_2, x_3, \cdots, x_{10})$，记作 $\boldsymbol{X}$，编码层为 h，输出为 $(y_1, y_2, y_3, \cdots, y_{10})$，记作 $\boldsymbol{Y}$。则从输入层到隐层的原始数据 $\boldsymbol{X}$ 的编码过程如下：

$$h = g_{\theta_1}(\boldsymbol{X}) = \sigma(\boldsymbol{W}_1 \boldsymbol{X} + b_1) \tag{5-1}$$

其中，$g_{\theta_1}()$ 表示编码方式；$\sigma()$ 表示一种映射函数；$\boldsymbol{W}_1$ 代表权重矩阵；b_1 代表偏置向量。

从隐层到输出层的解码过程如下：

$$\boldsymbol{Y} = g_{\theta_2}(h) = \sigma(\boldsymbol{W}_2 h + b_2) \tag{5-2}$$

那么优化算法的目标函数如下：

$$\min_{y} \text{loss} = \text{dist}(\boldsymbol{X}, \boldsymbol{Y}) \tag{5-3}$$

其中，dist 为二者的距离度量函数，通常为 MSE，也就是均方误差。

3. 自编码器的应用

自编码器作为一种强大的无监督学习算法，常用于数据降维、特征提取和数据重建等任务。它可以从输入数据中学习到一种紧凑的表示形式，同时也能够重建输入数据。

总的来说，自编码器的应用可以概括为以下几个方面。

（1）数据降维：自编码器可以将高维数据映射到低维空间，实现数据的降维。通过学习到的低维表示，可以更有效地表示和处理数据，减少存储空间和计算成本。

（2）特征提取：自编码器可以通过学习数据的表示形式来捕捉数据中的重要特征。通过训练自编码器，可以发现数据中的潜在结构和模式，提取对于后续任务有用的特征。

（3）数据去噪：自编码器可以通过训练重建输入数据来去除数据中的噪音。通过学习数据的内部表示，自编码器能够学习到数据的基本结构，从而可以将输入数据中的噪音部分过滤掉。

（4）数据重建：自编码器可以学习到数据的内在分布，并用于重建输入数据。这对于数据压缩和重建任务非常有用，例如图像压缩和音频重建。

5.2.3　生成对抗网络

1. 生成对抗网络原理

图像生成作为计算机视觉领域的一个重要研究方向，近年来一直备受关注。尽管已经有一些模型用于图像生成，但直到美国的古德费洛（Goodfellow）于 2014 年提出生成对抗网络，才推动图像生成又向前迈了一步。

生成对抗网络由一个生成模型 G 和一个判别模型 D 组成。生成模型用于学习真实样本数据的概率分布，并直接生成符合这种分布的数据；判别模型的任务是指导生成模型的训练，判断一个样本数据是真实样本还是由生成模型发布的。在训练时，两个模型不断竞争，从而提高它们的生成能力和判别能力。

判别模型的训练目标是最大化判别准确率，即区分样本是真实数据还是由生成模型生成的。生成模型的训练目标是让生成的数据尽可能与真实数据相似，最小化判别模型的判断准确率，这是一对矛盾。在训练时采用交替优化的方法，每一次迭代时分两个阶段：第 1 阶段先固定住判别模型，优化生成模型，使得生成的数据被判别模型判定为真样本的概率尽可能的高；第 2 阶段固定住生成模型，优化判别模型，提高判别模型的分类准确率。

生成模型以随机噪声或类别之类的控制变量作为输入，一般用多层神经网络实现，其输出为生成的样本数据，这些样本数据和真实样本一起送给判别模型进行训练。判别模型是一个二分类器，用来判定一个样本是真实的还是生成的，一般也用神经网络实现。随着训练的进行，生成模型产生的样本与真实样本几乎没有差别，判别模型也无法准确地判断出一个样本是真实的还是生成模型生成的，此时的分类错误率为 0.5，系统达到平衡，训练结束。生成对抗网络的原理如图 5.4 所示。

2. 生成对抗网络结构

前面提到生成对抗网络由生成模型和判别模型组成，而生成模型主要由生成器组成，判别模型由判别器组成。图 5.5 为生成模型的示意图。生成模型输入一个随机噪声，随机噪声通过生成器后生成虚假图像，如图 5.5 中由随机噪声生成的数字 8。

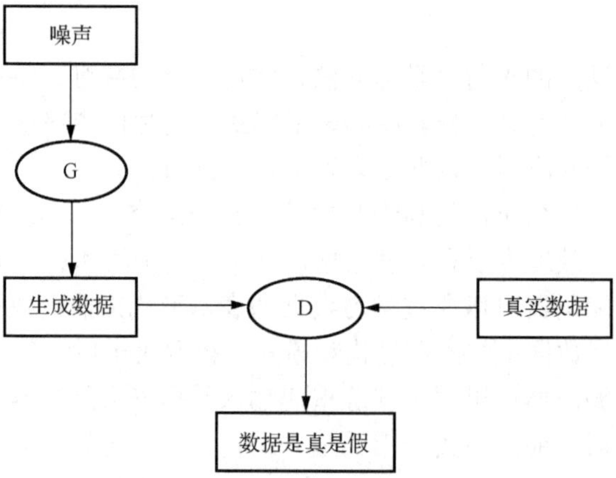

图 5.4　生成对抗网络原理示意图

图 5.6 所示的为判别模型示意图。判别模型的输入是两张图像，图像经过判别器输出一个 0/1 的概率值，通过该概率值来判定生成的伪造图像与真实图像的差距。如果输出为 1，说明生成的伪造图像与真实图像基本一致；如果为 0，则说明生成器生成的虚假图像与真实图像差距过大，因此可以继续训练生成器，直至判别器输出的概率值为 1。

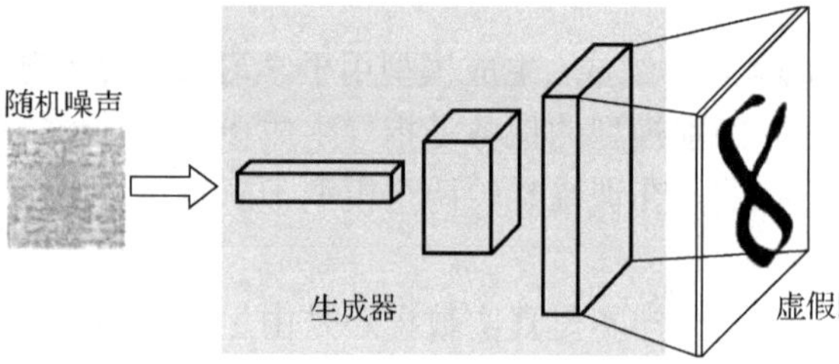

图 5.5　生成模型示意图

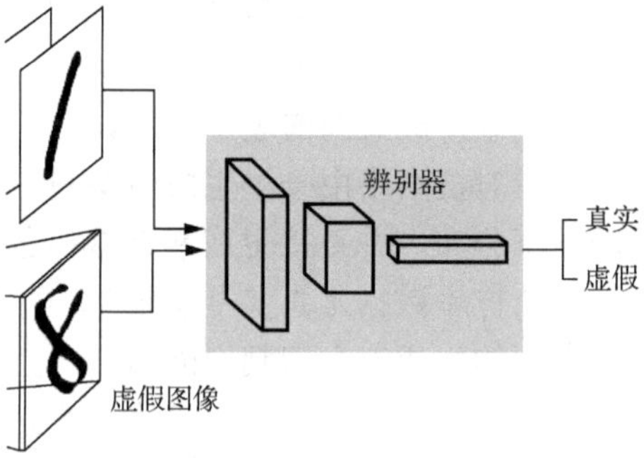

图 5.6　判别模型示意图

3. 生成对抗网络的目标函数

在生成对抗网络的训练中，判别模型的目标函数为

$$\max_{D} E_{x\sim P_r}[\log D(x)] + E_{x\sim P_g}[\log(1-D(x))] \tag{5-4}$$

其中，x 代表图像样本；$D(x)$ 是判别模型的输出结果，是一个 0～1 范围内的实数值，用来判断图像是真实图像的概率；P_r 和 P_g 分别代表真实图像的数据分布与生成图像的数据分布情况，可以看出目标函数是找到使得后面两个式子之和最大的判别模型函数；$E_{x\sim P_r}[\log D(x)]$ 是使得真实数据放入判别模型 $D(x)$ 输出的计算值，这个值越接近 1 越好；$E_{x\sim P_g}[\log(1-D(x))]$ 是指使得生成样本放入判别模型 $D(x)$ 输出的计算值尽可能小和整个式子值尽可能大，这样整合下来就是使得目标函数尽可能大，因此在训练时就可以根据目标函数进行梯度更新。

而生成模型的目标是让判别模型无法区分真实图像和生成图像，其目标函数为

$$\min_{G} \max_{D} E_{x\sim P_r}[\log D(x)] + E_{x\sim P_g}[\log(1-D(x))] \tag{5-5}$$

也就是找到生成函数 $G(z)$ 使得生成模型的目标函数尽量小，所以两者是对抗的。

生成对抗网络的目标函数如下所示：

$$\min_G \max_D V(D,G) = E_{x\sim P_{\text{data}}(x)}[\ln D(x)] + E_{z\sim P_z(z)}[\ln(1-D(G(z)))] \tag{5-6}$$

其中，$E(\cdot)$ 表示分布函数的期望值；$P_{\text{data}}(x)$ 代表真实样本的分布；z 代表输入的噪声向量；$P_z(z)$ 是定义在低维的噪声分布。

目标函数前半部分表示要让判别模型对真实样本的概率输出最大化，即真实样本要被判别为真实类；后半部分表示判别模型要将生成模型生成的样本的概率输出最小化，即生成模型生成的样本，也要尽可能地被正确分类，输出值接近于 0。综合起来，两部分相加要最大化。

5.2.4 transformer 模型

1. transformer 原理

在深度学习中，RNN 提供了一种对带有时序依赖关系的数据更好的建模方式，常用的 Seq2Seq 结构使 RNN 的输入和输出的维度不一样，这解决了某一些文本问题（如翻译）。带有注意力机制的 Seq2Seq 结构使解码器部分不再完全依赖中间的语义向量的上下文，还结合了所有编码器中隐层的状态，使各种文本任务的精度得到了很大的提升。而带注意力的 Seq2Seq 结构存在无法并行的问题，因为 RNN 的结构要求输入是一个接一个的。美国的谷歌公司于 2017 年提出了解决 Seq2Seq 问题的 transformer 模型，用 self-attention 的结构完全代替了传统的基于 RNN 的建模方法，同时在 transformer 的模块中加入了词序的信息，最终在机器翻译任务上取得了比 RNN 更好的成绩。

在 transformer 中依旧保留了 Seq2Seq 编码器+解码器的框架，在编码器阶段对源文本编码，生成嵌入，记为 c 。在解码器阶段，综合已生成的文本与编码器阶段的嵌入，已生成的文本记为 $y_1,y_2,\cdots,y_{t-1}$ ，生成当前的词 y_t ，即：

$$y_t = f\left(y_t \mid y_1,y_2,\cdots,y_{t-1},c\right) \tag{5-7}$$

简单来说，transformer 模型主要分为编码器和解码器两部分。基本原理就是输入一个序列，通过编码器的处理，再传入解码器中，由解码器进行处理，然后输出最后的结果。

transformer 起初作为一个应用于自然语言处理任务中的上下文相关的编码器或解码器，但随着 transformer 的潜力被不断地挖掘，目前，transformer 主要的应用领域如下：

（1）在任务的特定模型中，作为上下文相关的编码器或解码器。

（2）作为预训练语言模型中的特征提取器，如 OpenAI 提出的 GPT、BERT 等。

（3）应用于机器翻译。

（4）应用于对话分析。

（5）应用于文本生成。

（6）transformer 及其改进模型在计算机视觉领域也得到了应用，如图像分类和图像增强等领域。

2. transformer 结构

transformer 模型结构如图 5.7 所示。

其中位置编码的计算公式如下：

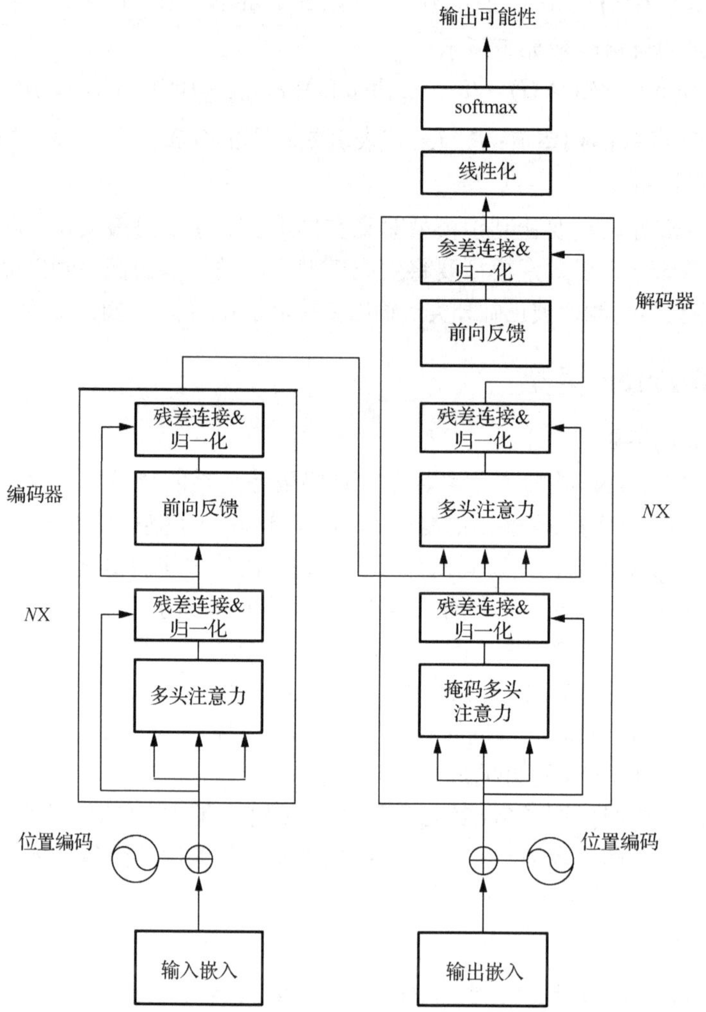

图 5.7　transformer 模型结构

$$
\begin{aligned}
PE_{(\mathrm{pos},2i)} &= \sin\left(\mathrm{pos}/10000^{2i/d}\right) \\
PE_{(\mathrm{pos},2i+1)} &= \cos\left(\mathrm{pos}/10000^{2i/d}\right)
\end{aligned}
\tag{5-8}
$$

其中，pos 表示单词在句子中的位置；d 表示 PE 的维度；$2i$ 表示偶数维度；$2i+1$ 表示奇数维度（即 $2i \leqslant d, 2i+1 \leqslant d$）。

此外，对于 transformer 来说，最重要的莫过于多头注意力。而缩放点积注意力是多头注意力的重要组成部分，其数学公式表示如下：

$$
\mathrm{Attention}(Q,K,V) = \mathrm{softmax}\left(\frac{QK^{\mathrm{T}}}{\sqrt{d_k}}\right)V \tag{5-9}
$$

其中，Q 代表查询；K 代表键；V 代表值；d_k 表示 K 矩阵的列数，即向量维度。

多头注意力则是通过 h 个不同的线性变换对 Q、K、V 进行投影，最后将不同的缩放点积注意力结果拼接起来。其数学公式表示如下：

$$\text{MultiHead}(Q,K,V)=\text{Concat}(\text{head}_1,\text{head}_2,\cdots,\text{head}_h) \tag{5-10}$$

其中，$\text{head}_i=\text{Attention}\left(Q\boldsymbol{W}_i^Q,K\boldsymbol{W}_i^K,V\boldsymbol{W}_i^V\right)$；$\boldsymbol{W}_i^Q$、$\boldsymbol{W}_i^K$、$\boldsymbol{W}_i^V$ 代表第 i 个线性变换矩阵。

图 5.7 是 transformer 的内部结构图，左侧是编码器（encoder block），右侧是解码器（decoder block）。左侧编码器包含一个多头注意力（multi-head attention），多头注意力是由多个自注意力（self-attention）组成的；解码器包含两个多头注意力（其中有一个用到掩码）。多头注意力上方还包括一个残差连接与归一化（add & norm）层，add 表示残差连接（residual connection）用于防止网络退化，norm 表示层归一化（layer normalization），用于对每一层的激活值进行归一化。

在编码时可以直接把所有的嵌入堆叠之后输入编码器中得到所有的输出编码。但是在解码的过程中，针对第 i 个位置的序列进行处理时，不能使用第 i 个位置之后的解码结果。因此这就是掩膜存在的意义。其中的掩膜多头注意力表示在解码的过程中，第 i 个单词预测的时候，只能使用 0 到 $i-1$ 位置的信息，而不能使用之后的预测信息，在整体并行化处理的过程中，使用掩膜矩阵保证解码过程的正确。

5.2.5 ViT 模型

1. ViT 原理

由于 transformer 具有强大的编解码及语义分析能力，在自然语言理解领域得到了广泛的应用。随着 transformer 的爆火，计算机视觉领域的研究者们也将视线逐渐从卷积神经网络开始转向 transformer。ViT 全称为 vision transformer，就是 transformer 在计算机视觉领域的里程碑成果。

ViT 是 2020 年美国的谷歌团队提出的将 transformer 应用在图像分类的模型，虽然这不是第一篇将 transformer 应用在视觉任务的论文，但是因为其模型简单且效果好，可扩展性强，成为 transformer 在计算机视觉领域应用的里程碑文章，也引爆了后续相关研究。

ViT 的原理主要是区别于 transformer 对词向量的处理，transformer 首先将输入图像分成 $n\times n$ 个块，每个块做一次线性变换降维，同时嵌入位置信息，然后送入 transformer，避免了像素级注意力的运算。此外，ViT 还在 transformer 输入序列前增加了一个额外可学习的类别标记位，并且将该位置的 transformer 编码器输出作为图像特征。

ViT 模型是在计算机视觉的图像分类任务中应用 transformer 模型的一个结果。目前，ViT 主要还是用于图像分类任务，同时一些相关的研究也正在将 ViT 拓宽到其他任务，比如图像语义分割等计算机视觉任务。

不同于卷积神经网络，ViT 在计算机视觉领域有以下 5 个特点。

（1）从浅层和深层中获得的特征之间，ViT 有更多的相似性。

（2）ViT 表示从浅层获得全局特征。

（3）ViT 中的跳跃连接影响比卷积神经网络大，且大大地影响特征的表现和相似性。

（4）ViT 保留了更多的空间信息。

（5）通过大量的数据，ViT 能学到高质量的中间特征。

2. ViT 结构

ViT 的结构如图 5.8 所示，右边部分是 transformer 编码器的结构图。ViT 首先将输入图像分为多个块；接着将每个块投影并做一次线性变换，降维为固定长度的向量；同时将嵌入位置信息送入 transformer。后续编码器的操作和原始 transformer 中完全相同。但是因为要对图像进行分类，因此在输入序列中加入了一个特殊的标志，该标志对应的输出即为最后的类别预测。最后，加入一个全连接头，对预测结果进行输出即可。

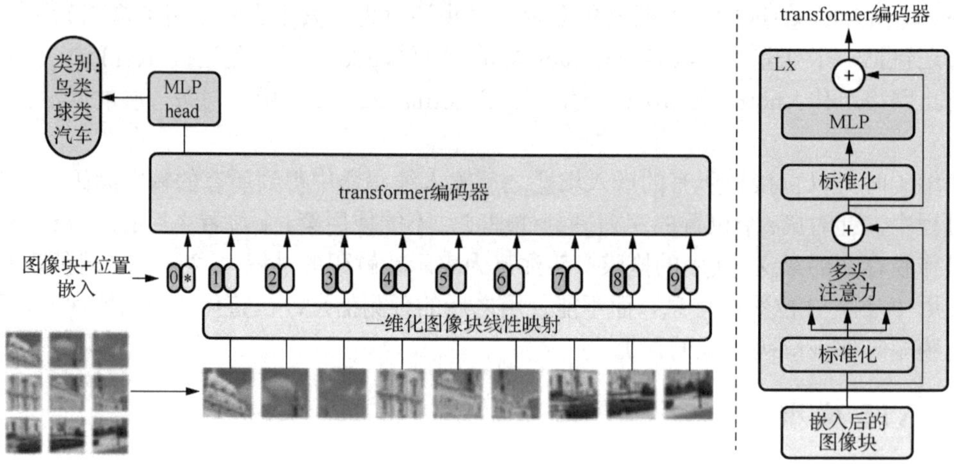

图 5.8　ViT 的结构示意图

ViT 的整个流程用公式表示如下：

$$
\begin{aligned}
z_0 &= \left[x_{\text{class}}; x_P^1 E; x_P^2 E; \cdots; x_P^N E\right] + E_{\text{pos}}, \quad E \in R^{\left(P^2 \cdot C\right)\times D}, E_{\text{pos}} \in R^{(N+1)\times D} \\
z_l &= \text{MSA}\left(\text{LN}\left(z_{l-1}\right)\right) + z_{l-1}, \quad l = 1, \cdots, L \\
z_l &= \text{MLP}\left(\text{LN}\left(z_l\right)\right) + z_l, \quad l = 1, \cdots, L \\
y &= \text{LN}\left(z_L^0\right)
\end{aligned} \tag{5-11}
$$

其中，输入图像 $x \in R^{H\times W\times C}$；2 维切块 $x_p \in R^{N\times\left(P^2 \cdot C\right)}$；$(H,W)$ 是源图像的分辨率；C 是通道数；P 是切块大小，一共有 N 个切块作为 transformer 的有效输入序列长度，$N = HW / P^2$；D 是恒定的潜在向量大小。因此可以将图像切块展开并映射到 D 维空间，输出 Z_0 向量作为切片嵌入。

在式（5-11）中，第 1 个式子为图像的预处理，包括图像分块，增加类别信息，位置信息，E 表示将图像信息的向量通过线性变化进行维度转化；第 2 个式子为 MSA 部分，包括多头自注意力、跳跃连接和层规范化 3 个部分，可以重复 L 个 MSA 块；第 3 个式子为 MLP 部分，包括前馈网络、跳跃连接和层规范化 3 个部分；第 4 个式子为对编码器进行层规范化，其输出用 y 表示。

ViT 与 transformer 一样使用交叉熵损失函数，公式如下：

$$
\text{loss}(p,q) = -\sum_{i=1}^{n} p(x_i)\log(q(x_i)) \tag{5-12}
$$

其中，$p(x_i)$ 和 $q(x_i)$ 代表对应的概率分布。

5.2.6 扩散模型

1. 扩散模型原理介绍

图像生成作为计算机视觉的一个重要领域，一直都是研究人员热衷的研究方向。在图像生成领域，主要有自动编码器、基于流的生成模型和生成对抗网络等。而随着扩散模型的提出，图像生成又迎来了一次巨大的进步。

扩散概率模型最初是受非平衡热力学的启发，作为一种潜在变量生成模型提出的。这类模型由两个过程组成，第 1 个是通过在多个尺度上添加噪声来逐步干扰数据分布的正向过程；第 2 个是学习恢复数据结构的反向过程。从这个角度看，扩散模型可以看作一个层次非常深的变分自动编码器，即破坏和恢复过程分别对应编码和解码过程。因此，许多研究的重点是学习编码和解码过程，并结合变分下界的设计来提高模型的性能。或者，扩散模型的过程可以看作随机微分方程的离散化，其中正向和反向过程对应着正向随机微分方程和反向随机微分方程。因此，通过随机微分方程对扩散模型进行分析，特别是在采样策略方面，可以提供密集的理论结果和模型改进。

2. 扩散模型结构介绍

扩散模型结构如图 5.9 所示。

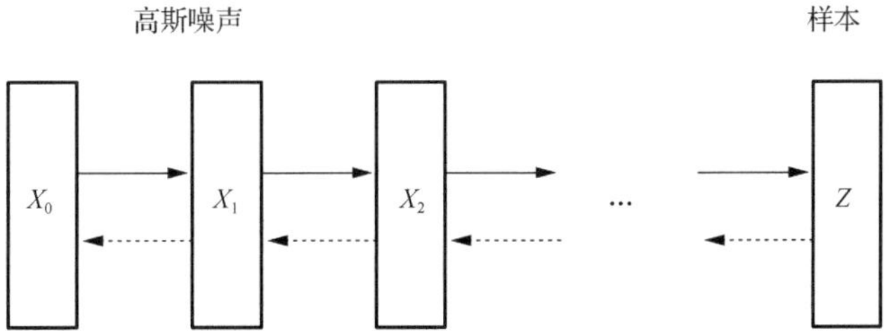

图 5.9　扩散模型结构

由图 5.9 可知，扩散模型通过一步一步地向原始数据中加入高斯噪声来破坏训练数据，并逐渐去除原始数据中的细节直至其成为纯噪声。随后训练神经网络来扭转整个破坏过程，即通过逐渐去噪过程直至消除掉噪声，从而将纯噪声转化为高质量图像。

具体来说，在前向扩散过程中，将图像中包含有复杂信息的数据 X_0 输入扩散模型中，扩散模型通过一系列的计算可以实现熵增的操作，即它在前向扩散过程可以把输入数据完成从有序低熵的状态向无序高熵的转换，最终可以将输入数据转换成噪声数据 X_T（如果在扩散过程中向数据中逐步添加高斯噪声，那么最终得到的噪声数据即为高斯噪声）。与其他模型不同的是，扩散模型中估计的后验分布 $q\left(X_{1:T} \mid X_0\right)$ 被固定为马尔可夫链，因而联合概率分布为

$$q\left(X_{0:T}\right)=q\left(X_0\right)q\left(X_{1:T} \mid X_0\right)=q\left(X_0\right)\prod_{t=1}^{T}q\left(X_t \mid X_{t-1}\right) \tag{5-13}$$

而逆向扩散过程与前向扩散过程正好相反。扩散模型在逆向扩散过程中可以通过一系列的计算实现熵减的操作，即它在逆向扩散过程中可以通过逐步去噪，把噪声数据转换为图像等数据。与前向过程类似，逆向过程也是一个马尔可夫链，因而它的联合概率分布为

$$p_\theta\left(X_{0:T}\right)=p_\theta\left(X_T\right)\prod_{t=1}^{T}p_\theta\left(X_{t-1} \mid X_t\right) \tag{5-14}$$

其中，$p_\theta(X_T) \sim N(0,1)$。前向扩散过程的每一步操作均为已知的，而逆向扩散过程是未知的，需要通过训练神经网络来得到合适的参数，并依此重构出原图像。

3. 扩散模型的特点

可操作性和灵活性是生成模型中两个相互冲突的目标。可操作的模型可以被分析评估并简单地拟合数据（例如通过高斯变换或拉普拉斯变换），但它们不容易描述丰富数据集中的结构。灵活的模型可以适合数据中的任意结构，但评估、训练或从这些模型中采样通常是昂贵的。扩散模型同时具有可操作性和灵活性。但是，扩散模型依赖于长的马尔可夫链的扩散步骤来产生样本，所以在时间和计算上可能成本相当高。虽然已有新的方法被提出来，可以使这个过程快很多，但采样仍然比生成对抗网络慢。

5.3 联 邦 学 习

联邦学习（federated learning, FL）又称为联合学习、联盟学习，是一种带有隐私保护、安全加密技术的分布式机器学习框架，它能够保证在各参与方不进行数据交换的情况下，实现模型训练，使数据价值得到了最大化的利用，提高模型性能。联邦学习自 2016 年由美国谷歌公司提出之后，被广泛应用于智能医疗、金融保险、智能城市等人工智能领域，展现出了不可预估的前景。根据参与方之间数据分布的不同，可将联邦学习分为三大类，分别为横向联邦学习、纵向联邦学习及联邦迁移学习。

5.3.1 横向联邦学习

横向联邦学习（horizontal federated learning, HFL）是指两个参与方的数据集特征空间重叠较多而样本重叠较少，如图 5.10 所示。比如不同地区的银行之间的业务相似（即特征相似），但用户不同（即样本不同）。横向联邦学习主要具有两种常用系统架构，分别为客户—服务器架构和对等网络架构。

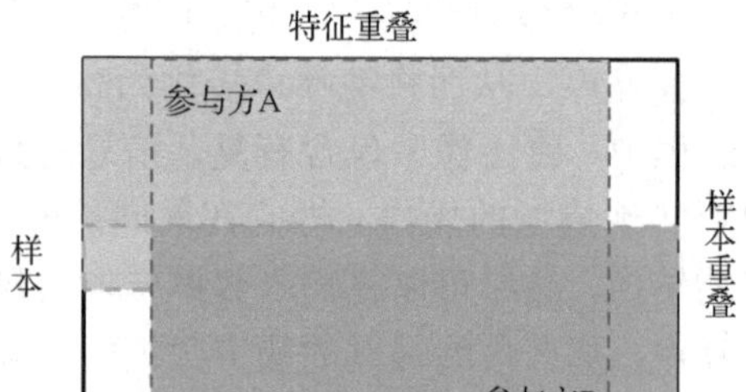

图 5.10　横向联邦学习

1. 客户-服务器架构

在客户-服务器架构下，各参与方在主服务器的帮助下，协作地训练一个模型。在此学习模式下，参与方将本地梯度信息加密上传到主服务器，主服务器进行安全聚合操作，并将聚合信息在加密后发送给各参与方，各参与方使用解密后的梯度结果更新各自的模型参数。各参与方可以从主服务器的聚合信息中获取一些其他参与方的模型信息，从而有效提升所有参与方本地模型的泛化能力，提高模型性能。其网络架构如图 5.11 所示。

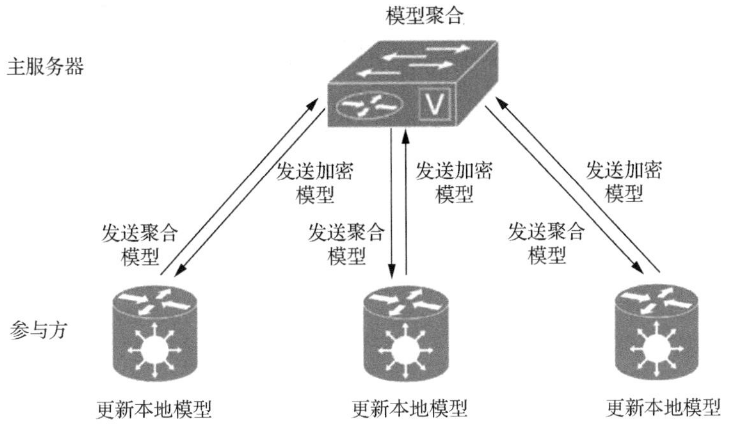

图 5.11　客户—服务器式网络架构

2. 对等网络架构

在对等网络架构下，不存在主服务器，每个参与方负责使用本地数据来训练同一个机器学习模型。同时，参与方使用安全链路在相互之间传输模型参数信息。为了保证任意两方之间的通信安全，需要使用基于公共密钥的加密方法等安全措施。其网络架构如图 5.12 所示。

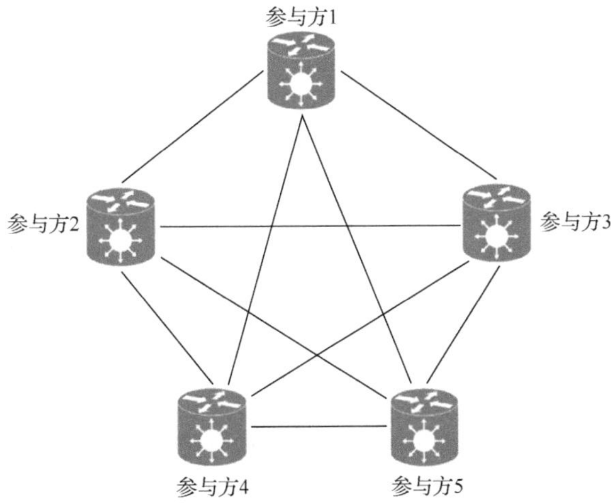

图 5.12　对等网络框架

5.3.2　纵向联邦学习

纵向联邦学习（vertical federated learning, VFL）是指两个参与方的样本重叠多而特征重叠较少，如图 5.13 所示。比如医院 A 和制药公司 B 合作，通过利用同类患者的医疗记录，从而治疗患者的慢性疾病，并降低患者未来住院治疗的风险。纵向联邦学习首先进行数据对齐，从而找到共同样本，并给予共同样本执行联邦学习任务；然后主服务器将公钥发送给各参与方；同时，参与方基于共同样本构建初始本地模型；然后将加密后的模型信息发送给主服务器；主服务器解密参与方的模型信息，同时计算参与方更新模型所必需的计算结果，并传送回各参与方；最后，参与方根据主服务器的计算结果，更新本地模型，同时各方会把中间计算结果共享给其他参与方，用于协助对方计算梯度和损失值等模型信息。其架构如图 5.14 所示。

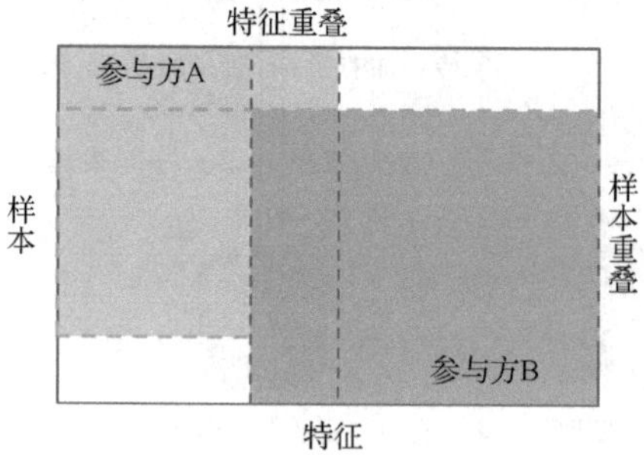

图 5.13　纵向联邦学习

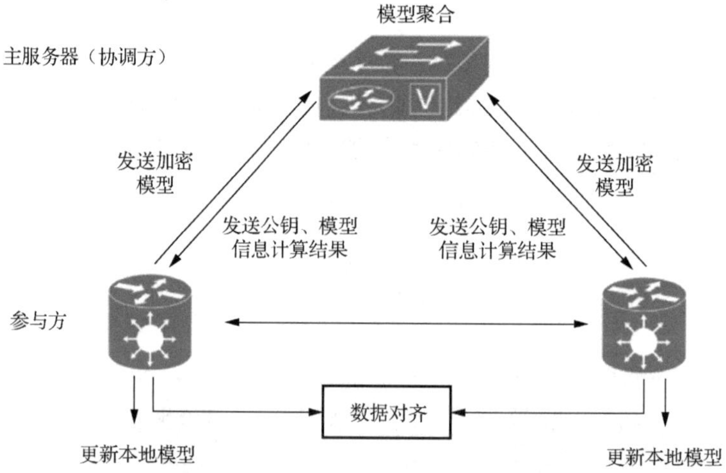

图 5.14　纵向联邦学习架构

5.3.3　联邦迁移学习

当参与者间特征和样本重叠都很少时，可以考虑使用联邦迁移学习，如图 5.15 所示。如不同地区的银行和商超间的联合。联邦迁移学习旨在让模型具备举一反三的能力，通过使用迁移学习算法互助实现模型的构建。首先参与方根据自身数据集，构建本地模型；然后各参与方分别运行各自的本地模型，获得数据表征及中间结果，加密后发送给对方；对方利用接收到的中间结果计算模型的加密梯度和损失值，加入掩码后发给原参与方；最后各参与方对接收到的信息进行解密后发回给对方，然后各方利用解密后的模型信息，更新各自的模型，如图 5.16 所示。

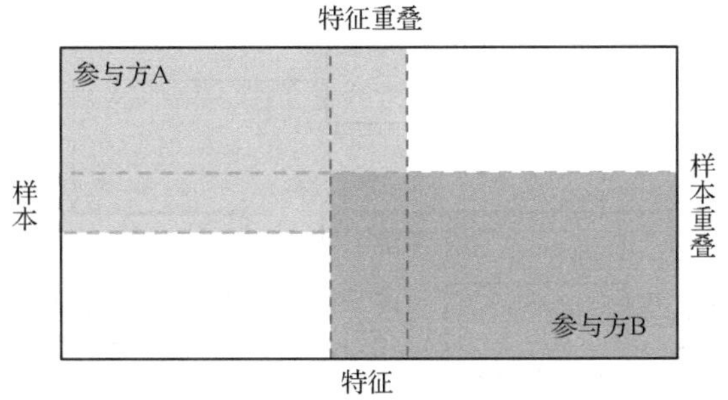

图 5.15 联邦迁移学习

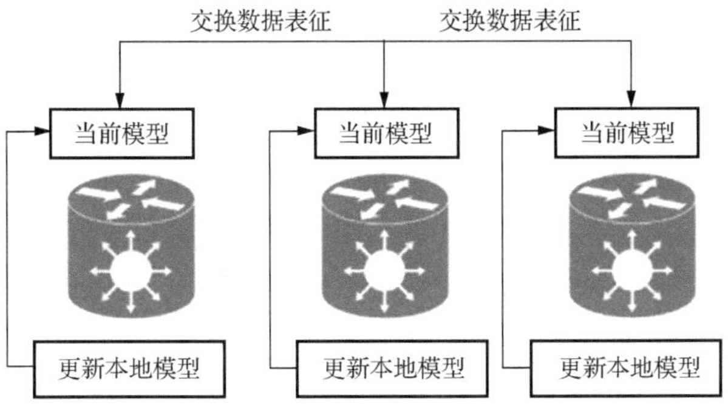

图 5.16 联邦迁移学习框架

5.4 强化学习

5.4.1 强化学习原理

强化学习模拟大脑中的奖励信号来改善行为。这种学习形式涉及的大脑机制已经得到了广泛的研究，而且其计算模型也已经在人工智能领域得到了使用，尤其是在机器人应用中。强化学习可用于在世界中运作的智能体（人、动物或机器人），将接收的奖励信号作为回报。强化学习的目标是学习一个最优策略，这是从状态到动作的一个映射，以便最大化随时间获得的一个整体度量的奖励。

强化学习（RL）关注的是智能体如何在环境中采取一系列行为，从而获得最大的累积回报。通过强化学习，一个智能体应该知道在什么状态下应该采取什么行为。RL 是从环境状态到动作的映射的学习，我们把这个映射称为策略。强化学习的基本框架如图 5.17 所示。

强化学习的基本过程是一个马尔可夫决策过程，在强化学习过程中，决策的主体称为智能体。智能体首先需要对其所处的状态进行观测，并根据观测结果进行决策，采取相应行动。一方面，该行动与环境发生交互，环境以奖励的形式对智能体的行动给出相应的反馈；另一方面，该行动改变智能体的状态。一个循环结束后，智能体开始新一轮的观测，直到智能体进入终止状态，此时一次完整的迭代结束。

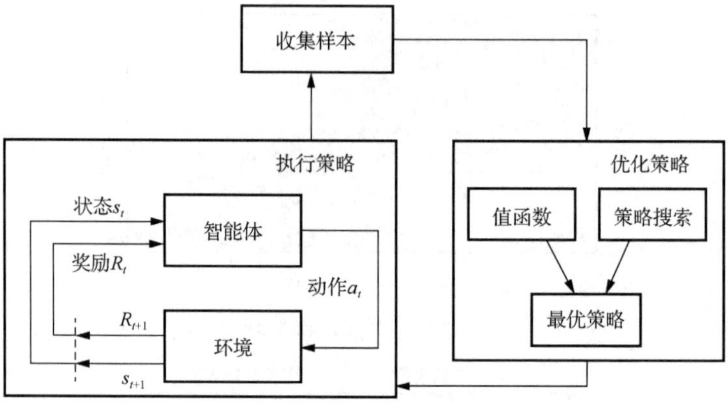

图 5.17　强化学习的基本框架

强化学习方法在最优控制理论的基础上进行延伸，将最优控制问题拓展成更普遍、更广泛意义上的序列决策问题。强化学习同时引入智能体和环境的概念，作为决策主体和主体的对立面，并采用即时奖励函数对最优控制问题中稀疏的目标奖励进行补充。一方面，智能体能够自主地与环境交互，获取训练样本，进一步采用监督学习的方式更新策略，实现终身学习，而不再依赖于有限的专家样本；另一方面，与环境的交互过程还原具有自主性的决策主体的学习过程，这种学习方式同时也是最普遍的具有主体性的生物体的学习方式。

强化学习算法包括传统强化学习算法和新型强化学习算法等。传统强化学习算法主要包括时间差分算法、Q learning 等；新型强化学习算法包括深度强化学习算法、多智能体强化学习、分层强化学习、元强化学习等。不论是最优控制问题，还是强化学习问题，其基本思想都是使用函数对策略进行建模或拟合，在一定的约束条件下优化策略函数。

传统的方法使用凸函数对策略建模，使用专家样本作为训练集进行参数估计，深度学习与强化学习的结合改变了这一模式。一方面，深度神经网络允许策略函数非凸，扩展强化学习方法的应用范围；另一方面，深度神经网络强大的特征提取和函数拟合能力，允许将强化学习算法应用到非常复杂的决策问题上。在一些以视觉信息为观测对象的问题中，深度神经网络与强化学习的结合使端到端的训练成为可能，可以大幅度节省观测数据处理过程的耗时。此外，与深度学习的结合使强化学习变成一个数据驱动的自监督学习问题，对于数据获取较简单的场景，深度强化学习方法可以很简单地投入应用。

5.4.2　强化学习定义

通过收集样本，得到观察、状态、行动、奖励的序列 H 如下：

$$z_l = \mathrm{MLP}\left(\mathrm{LN}\left(\dot{z}_l\right)\right) + \dot{z}_l,\quad l = 1, \cdots, L$$

智能体依据策略 π 执行动作得到的总折扣奖励 G_t 为

$$G_t = \sum_{i=0}^{\infty} \gamma^i R_{t+i+1} \tag{5-15}$$

其中，G_t 表示一个状态的好坏，其值越大说明这个状态越好，从而获得更多的奖励。

智能体在状态 s_t 执行策略 π 后得到的累积奖励值为

$$V^{\pi}(s_t)=E_{\pi}[G_t \mid s_t=s,a_t=a] \tag{5-16}$$

假设策略 π^* 为最优策略之一（最优策略不唯一），在状态 s_t 执行动作 a_t 得到动作-状态对值函数：

$$Q^{\pi^*}(s_t,a_t)=E_{\pi}[G_t \mid s_t=s,a_t=a] \tag{5-17}$$

通过迭代贝尔曼（Bellman）最优方程关系式可得 Q 值函数如下：

$$Q_{i+1}^{\pi}(s_t,a_t)=E_{s+1}[R_{t+1}+\gamma \max Q_i^{\pi}(s_{t+1},\pi(s_{t+1})] \tag{5-18}$$

贝尔曼最优方程不是线性方程，引入了 max 非线性函数，因此并不能像贝尔曼期望方程一样直接求解得到一个闭式解，可以通过值迭代、Q learning、策略迭代、SARSA 等方法求解。因此当 $i\to\infty$ 时，不断迭代使得动作状态值函数收敛，$Q^{\pi}\to Q^{\pi^*}$，此时智能体在状态 s_t 执行的最佳动作为

$$a_t^*=\underset{a_t}{\operatorname{argmax}}\, Q^{\pi^*}(s_t,a_t) \tag{5-19}$$

强化学习区别于监督学习之处在于通过学习无标签的数据来探索数据的特性，仅仅只有一个奖励信号，奖励在学习前就已存在于数据中，不直接判定某个状态或动作的好坏，而是给出一个奖励。反馈是有延迟的，比如下围棋时，棋手当前的落子并不会直接被赋予奖励，而是整盘棋下完之后才有一个反馈（假设+1 表示赢，−1 表示输）。数据是序列化的，数据与数据之间是有关的。此外，智能体的行为将影响后续的数据，在围棋中，棋手当前的落子将会影响棋局的走向。

智能体采取行动依据的策略使用函数 $\pi(a \mid s)$ 表示，智能体学习的目标就是优化这个策略函数。我们可以将所有的强化学习方法根据是否理解所处的环境进行分类。如果智能体不尝试理解环境，这种方法称为不理解环境的强化学习（model-free RL），也称为无模型的强化学习，这里的 model 就是用模型来表示环境。理解了环境也就学会了一种模型来代表环境，该方法称为理解环境的强化学习或基于模型的强化学习（model-based RL）。

我们想象现在所处的环境就是我们所处的世界，机器人在随机所处的环境中运动，机器人实际上不理解周围环境是怎样构成的，也不理解整个环境会对它们的行为做出怎样的反馈。如果采取 model-based RL 方法，机器人就会通过过往的经验，先理解周围环境是怎样构成的，并建立模型来模拟现实环境的反馈。最终它不仅能在现实的环境中运动，也能在模拟环境中运动。

根据优化对象的不同，强化学习方法可分为值函数方法和策略搜索方法（policy search）。强化学习过程中的状态转移概率又称为系统动态、转移动态或环境模型，使用 $P_{ss'}$ 表示。

$$P_{ss'}=P(s_{t+1}=s' \mid s_t,a_t) \tag{5-20}$$

5.4.3　强化学习基本方法

1. 值函数方法的基本原理

值函数方法又被称为基于值函数的强化学习方法，是深度强化学习方法的代表。在强化学习中，为了训练智能体使其习得一个好的策略，需要赋予智能体评估策略好坏的能力。一种最直观的方式就是在特定的状态下，为每次行动赋予相应的评估价值。在该状态下采取某一行动后，未来能够获得的累积回报期望值越高，对应的行动价值就越大。可以使用状态-动

作值函数 $Q_\pi(a,s)$ 对行动作的价值进行评估。

$$Q_\pi(a,s) = E\left[G_t \mid s_t = s, a_t = a\right] \tag{5-21}$$

相应地，每个状态的价值可以定义为从当前状态到终止状态能够获得的累积回报的期望，称为状态值函数。

$$V_\pi(s) = E\left[G_t \mid s_t = s\right] \tag{5-22}$$

智能体基于状态 s，采取某一特定的动作后可以得到 $Q_\pi(a,s)$。用于解决动态规划问题的 Bellman 等式给出 $V_\pi(s)$ 和 $Q_\pi(a,s)$ 之间的相对关系。

$$\begin{aligned} Q_\pi(a,s) &= R_{t+1} + \gamma \sum_{s' \in S} P_{ss'} V_\pi(s') \\ V_\pi(s) &= \sum_{a \in A} \pi(a \mid s) Q_\pi(a,s) \end{aligned} \tag{5-23}$$

值函数方法在强化学习中应用广泛，经典的值函数方法包括 Q learning、DQN，基于 DQN 提出各种深度强化学习模型，如深度双 Q 网络、对偶 DQN、循环 DQN 等。此外，各种基于演员-评论家结构的强化学习算法中也几乎都用到将值函数作为策略的评价标准。由于是对具体状态和动作进行评价，值函数法不适用于动作空间连续的强化学习问题。

2. 状态值函数（state value function）

当遵循某个策略 π，状态值函数定义如下：

$$V^x(s) = E\left[R(s_0) + \gamma R(s_1) + \gamma^2 R(s_2) + \cdots \mid s_0 = s, \pi\right] \tag{5-24}$$

式（5-24）写作递推公式如下：

$$V^x(s) = R(s_0) + \gamma V^x(s') \tag{5-25}$$

当策略 π 在状态 s 时，可以确定唯一的动作 a，但是 s 经过动作 a 会进入哪个状态是不唯一的。比如同样是掷骰子操作，可能得到的状态有 6 种。那么利用 Bellman 等式，可以得到下面的公式：

$$V^\pi(s) = R(s) + \gamma \sum_{s' \in S} P_{s\pi(s)}(s') V^\pi(s') \tag{5-26}$$

再根据最初增强学习的目的，可以得出，求 V 的目的就是想找到一个当前状态 s 下，最优的行动策略 π，表示如下：

$$V^*(s) = R(s) + \max_{a \in A} \gamma \sum_{s' \in S} P_{sa}(s') V^*(s') \tag{5-27}$$

3. 动作值函数

值函数的只与状态 s 有关，如果与状态 s 和动作 a 都有关，便称为动作值函数（action value function），即所谓的 Q 函数，其格式如下：

$$\begin{aligned} Q^\pi(s,a) &= E\left[R(s_0,a_0) + \gamma R(s_1,a_1) + \gamma^2 R(s_2,a_2) + \cdots \mid s_0 = s, a_0 = a, \pi\right] \\ &= R(s_0,a_0) + \gamma Q^\pi(s',a') \end{aligned} \tag{5-28}$$

从式（5-28）中可以看出，Q 函数不仅依赖于状态 s 和策略 π，并且还依赖于动作 a。

综上，可以将 MDP 的最优策略定义如下：

$$\pi^* = \underset{\pi}{\operatorname{argmax}} V^\pi(s), (\forall s) \tag{5-29}$$

关于 MDP 的求解主要分为值迭代和策略迭代，二者分别站在不同的角度对 MDP 进行求解。

4. 策略搜索

与值函数方法对应的是策略搜索方法。策略搜索方法又称为基于策略（policy based）的强化学习方法。不同于值函数法，策略搜索法不评价策略的好坏，而是基于采样的方法直接优化策略，使其向着能够使累积回报的期望增大的最终目标改进。

策略搜索方法将策略参数化，以累积回报的期望作为目标函数。

$$J(\theta)=E\left[G_t \mid \pi_\theta\right] \tag{5-30}$$

目标函数同时也是参数 θ 的函数，原问题变成基于 θ 的最优化问题，求解该优化问题的方法又称为策略梯度法。策略梯度法需要考虑在当前策略下未来所有可能出现的轨迹，对这些轨迹对应的累积回报求平均，即需要对累积回报在状态空间和动作空间上求关于状态转移概率和策略的二重积分，在单步动作情况下：

$$\nabla_\theta J(\theta)=\nabla_\theta E\left[R(s,a)\mid \pi_\theta\right]=\int_s P_{ss'}^{\pi}\int_a \nabla_\theta \pi_\theta(a\mid s)R(s,a)\mathrm{d}a\mathrm{d}s \tag{5-31}$$

其中，$R(s,a)$ 为在状态 s 下采取动作 a 得到的即时奖励。在连续 N 步动作时，可用 Q 值函数替代，从而 $\nabla_\theta J(\theta)$ 如下：

$$\left.\begin{aligned}
&\int_s P_{ss'}^{\pi}\mathrm{d}s\int_a \nabla_\theta \pi_\theta(a\mid s)Q^{\pi}(s,a)\mathrm{d}a=\\
&\int_s P_{ss'}^{\pi}\mathrm{d}s\int_a \pi_\theta(a\mid s)\frac{\nabla_\theta \pi_\theta(a\mid s)}{\pi_\theta(a\mid s)}Q^{\pi}(s,a)\mathrm{d}a=\\
&\int_s P_{ss'}^{\pi}\mathrm{d}s\int_a \pi_\theta(a\mid s)\nabla_\theta \lg \pi_\theta(a\mid s)Q^{\pi}(s,a)\mathrm{d}a=\\
&E_{s\sim P_{ss'}^{\pi},a\sim\pi_\theta}\left[\nabla_\theta \lg \pi_\theta(a\mid s)Q^{\pi}(s,a)\right]
\end{aligned}\right\} \tag{5-32}$$

上式涉及对状态和动作的二重积分，不能直接进行计算。一种相对简单的处理方式是使用蒙特卡洛采样法对梯度进行估计。具体做法是，采样 m 条轨迹，每条轨迹对应于 T 步动作，求目标函数梯度的平均。

$$\nabla_\theta J_\theta=\frac{1}{m}\sum_{t=0}^{T-1}\sum_{i=1}^{m}\nabla_\theta \lg \pi_\theta(a_t^i\mid s_t^i)Q(a_t^i\mid s_t^i) \tag{5-33}$$

其中 π_θ 表示样本策略。由于更新后的最优策略和样本收集时采用的策略不同，这一类问题又称为离策略（off policy）的强化学习问题。

5.5　小　　结

本节首先介绍了机器学习的基本类型，然后重点介绍目前主流的深度学习、强化学习、联邦学习等方法。其中深度学习部分介绍了 5 种基本的深度学习模型，包括自编码器、ViT 模型、transformer 模型、生成对抗神经网络及扩散模型的基本原理。联邦学习主要介绍了横向和纵向两种方法。强化学习主要介绍了值函数和策略函数两种基本的强化学习方法。通过本章的学习，可以了解机器学习的主流技术和方法原理，为后续理解和掌握机器学习技术在不同方面的应用奠定基础。

第 6 章　机器感知智能原理与方法

6.1　机器感知智能含义

人的感觉器官在感知外部事物的信息方面具有十分精巧的工作机制，但同时也存在一些天然的缺陷，这主要表现在敏感域有限、敏感度有限、分辨力不高。

例如，人的视觉器官的敏感域只在可见光范围之内，无法直接感知红外或紫外光范围的各种信息；听觉器官只对声频范围的信息有响应能力，无法直接感知次声频或超声频范围的信息；在敏感度方面，人眼很难在微弱光照条件下产生正常的感知响应，人耳也很难在微弱的声场中保持良好的感知特性，这就意味着，人的视觉器官和听觉器官不可能感知远距离的（因而表现为微弱刺激）事物的信息；即使在正常的敏感域范围内，人眼所能分辨的光信息级和人耳所能分辨的声信息级也有限，等等。

感知智能是从机器智能角度来刻画机器对外界的感知能力的，机器则是通过对听觉、触觉、力觉、味觉、嗅觉等的模拟形成感知智能。比如，计算机视觉及机器视觉都是模拟人类的视觉，试图让机器像人一样具有灵敏的视觉和观察力。计算机视觉的最终研究目标就是使计算机具有通过二维图像认知三维环境信息的能力，从而能像人那样通过视觉观察和理解世界，具有自主适应环境的能力，这是一个要经过长期的努力才能达到的目标。因此，在实现最终目标以前，人们努力的中期目标是建立一种视觉系统，这个系统能依据视觉敏感和反馈的某种程度的智能完成一定的任务。例如，计算机视觉的一个重要应用领域就是自主车辆的视觉导航，目前还没有条件去构建像人那样能识别和理解任何环境、完成自主导航的系统。因此，人们努力研究的目标是实现在高速公路上具有道路跟踪能力，可避免与前方车辆碰撞的视觉辅助驾驶系统。

在实际场景应用中，计算机视觉技术将人类视觉系统的功能自动化，它以图像处理技术、信号处理技术、概率统计分析、计算几何、神经网络、机器学习理论和计算机信息处理技术等为基础，通过计算机分析与处理视觉信息，试图建立从图像或多维数据中获取“信息”的机器视觉智能系统，让计算机能够获取、处理、分析和理解数字图像，以及从实际场景中的数字或符号中获取信息。这种对图像的理解，可看作用几何、物理、统计学和学习理论构建出模型来解析图像数据中符号信息。计算机视觉所研究的问题领域包括场景重建、事件检测、视频跟踪、目标识别、3D 位姿估计、学习、索引、运动估计和图像恢复。

事实上，随着深度学习技术的快速发展和普及，机器感知智能在图像处理、计算机视觉及机器视觉、模式识别等方面的基础性技术已经都转换为深度学习技术。

6.2　数字图像处理技术

数字图像处理是指将一幅图像转变为另一幅图像。20 世纪 60 年代末，数字图像处理形成一个比较完整的理论与技术体系，从而构成了一门独立的技术，自 20 世纪 70 年代至今迅猛发展，应用于医学、工业、生物学等方面，如图 6.1 所示。

描述图像的方法不同，处理数字图像方法也不同。可以在空间域中和频率域中描述一幅图像，相应的处理图像的方法也可分为空域法和频域法。在空间域中，把图像看作平面中的一个集合，可以用一个二维的函数来表示，集合中的每一个元素就是图像中的每一个像素。用空域法处理时，直接对这个二维图像平面进行处理即可。空域法又分为邻域处理法和点处理法。属于邻域处理法的运算有各种算子运算和卷积运算等；属于点处理法的运算则包括了灰度变换、几何特征（面积、周长、体积、重心）的求取运算等。频域处理方法则是先将空域中的图像进行傅氏变换，得到频率域的系数阵列，然后对该阵列进行各种处理，处理完毕后需要进行傅氏变换的逆变换再回到空间域中，最后输出处理结果。可以在频域中进行处理的运算包括各种高低通滤波、数据压缩、特征提取等。

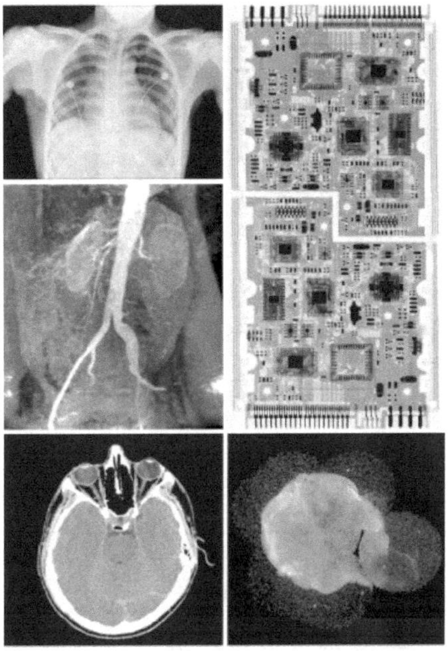

图 6.1　不同领域的数字图像处理

6.3　计算机视觉与机器视觉

6.3.1　计算机视觉

计算机视觉是利用各种成像系统代替人类的视觉器官作为输入手段，由计算机来代替大脑完成处理和解释。计算机视觉的最终目标是使计算机像人那样，通过视觉观察和理解世界，具有自主适应环境的能力。计算机视觉与图像处理的作用的区别是，对于图像处理而言，人是最终的解释者；对于计算机视觉而言，计算机是图像的解释者。

20 世纪 70 年代，美国麻省理工学院的 Marr 教授提出视觉计算理论框架，核心是从图像恢复物体的三维形状。他提出要从不同层次去研究信息处理的问题，对计算理论和算法实现，特别强调计算理论的重要性。

经过几十年的发展，许多学者纷纷提出了对 Marr 理论的改进框架，如在框架前增加图像拾取模块，使其能根据分析要求和分析结果自主获取图像；增加反馈环节，使视觉处理结果能反向指导图像获取环节，前后互动；增加高层指导模块和视觉目的模块，使整个视觉处理按照视觉目的的要求，在高层指导模块的指导下完成不同的视觉处理操作，实现其功能多样化。总之，改进的 Marr 理论框架使立体视觉趋于自动化、智能化和多功能化。计算机技术的飞速提高及人工智能、并行处理和深度学习技术的发展，更促进了计算机视觉系统的实用化，并涉及更多复杂视觉过程的研究。

计算机视觉系统研究的 3 个层次如下。

（1）计算理论层次：回答系统各个部分的计算目的与计算策略（各部分的输入输出，之间的关系变换，之间的约束）。

（2）表达与算法层次：视觉系统的研究应给出各部分（各模块）的输入、输出和内部的信息表达，以及实现计算理论所规定的目标和算法。

（3）硬件实现层次：如何用硬件实现以上算法。

机器视觉算法的本质是基于图像分析的计算机视觉技术，如图 6.2 所示。机器视觉算法的内容很多，包括数据结构、图像增强、几何变换、图像分割、特征提取、形态学、边缘提取、元素分割/拟合、摄像机标定、立体重构、模板匹配、字符识别等很多内容。机器视觉算法需要通过对获取图像的分析，为进一步决策提供所需信息。机器视觉开发工具主要有两种类型，一种是包含多种处理算法的工具包，另一种是专门实现某一类特殊工作的应用软件。两种工具各有利弊，需要用户根据自身技术能力和所面向工程项目的具体情况来做出选择。

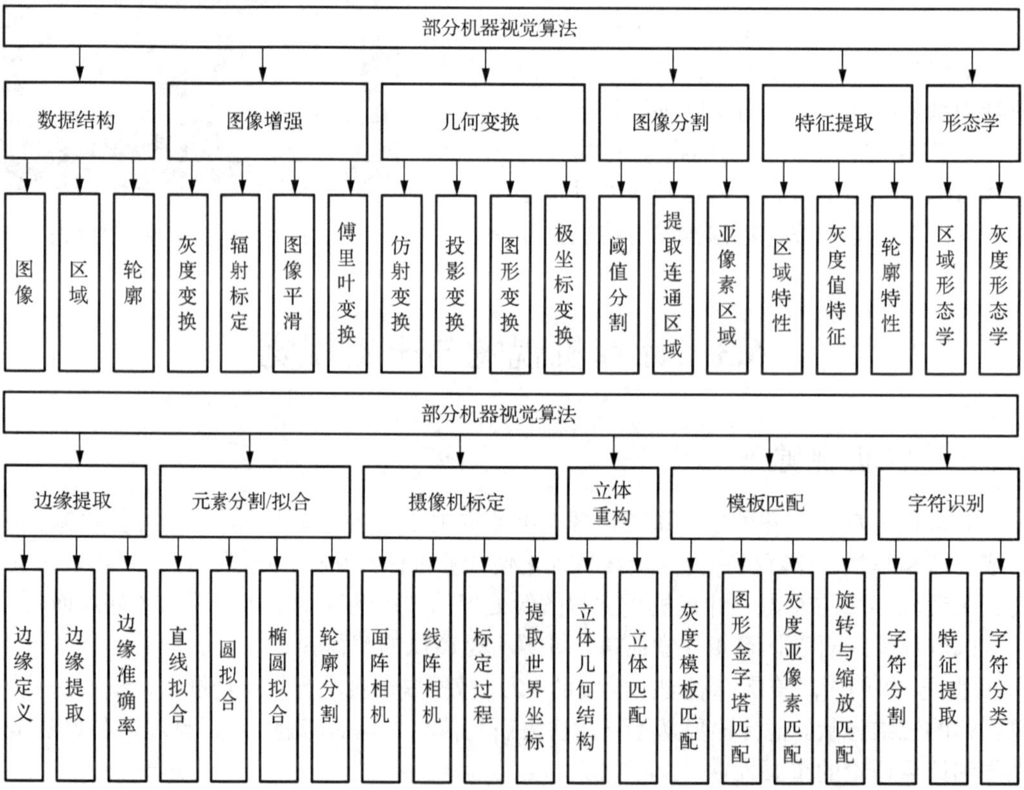

图 6.2　机器视觉算法

6.3.2　机器视觉

工业机器视觉一般是通过机器视觉产品获取图形，再将获得的图形上传到数据处理单元，通过图形数字化处理对物体尺寸、形状、颜色等进行区分和判别，进而根据判别信息控制相应设备，实现一定的功能。机器视觉应用系统包括图像捕捉、光源系统、图像数字化模块、数字图像处理模块、智能判断决策模块和机械控制执行模块。

一个典型的工业机器视觉系统包括光源、镜头、相机、图像处理单元、图像处理软件、监视器、通信/输入输出单元等。机器视觉系统是指通过机器视觉产品（即图像摄取装置，有 CMOS 和 CCD 两种）将被摄取目标转换成图像信号，传送给专用的图像处理系统，根据像素分布和亮度、颜色等信息，转变成数字化信号；图像系统对这些信号进行各种运算来抽取目标的特征，进而根据判别的结果来控制现场的设备动作。

机器视觉系统一般包括 4 个部分。

（1）摄取：采用图像摄取装置将被摄取目标转换成图像信号，传送给图像处理系统；

（2）抽取：图像处理系统根据像素分布和亮度、颜色等信息进行运算，来抽取目标的特征，例如面积、长度、数量、位置等；

（3）输出：根据预设的判断来输出结果，如尺寸、角度、偏移量、个数、合格或不合格、有或无等；

（4）控制动作：指挥执行机构进行定位或分选等相应控制动作。

表 6.1 给出了机器视觉在印刷、PCB 板检测、零件检测、汽车安全驾驶、智能装配等行业的检测方法及应用过程。

表 6.1　机器视觉检测应用

应用行业	检测方法及应用过程
印刷行业检测	利用在线/离线的视觉系统发现印刷过程中的质量问题，如堆墨、飞墨、缺印/浅印、套印不准、颜色偏差等，同时在线设备可将颜色偏差和墨量多少的检测结果反馈给 PLC，控制印刷设备的供墨量，对供墨量进行在线调节，从而提高印刷质量和效率
PCB 板检测	利用视觉系统对 PCB 裸板进行检测，检测板上的导线和元件的位置和间距错误、线路和元件的尺寸错误、元件形状错误、线路的通段、板上污损等
零件检测	机器视觉检测可以轻松应对金属零件生产的质量控制，如硬币、汽车零部件、连接器等。通过图像处理的方法，发现金属零件表面的划伤、残缺、变色、黏膜等缺陷，并指导机械传动系统将残缺品剔除，大大提高了生产效率。同时对缺陷类型的统计分析能够指导生产参数的调整，提高产品质量
汽车安全驾驶检测	这类数字化系统的工作原理就是通过视觉传感器对人的眼睑眼球的几何特征和动作特征、眼睛的凝视角度及其动态变化、头部位置和方向的变化等进行实时检测和测量，建立驾驶人眼部头部特征与疲劳状态的关系模型，研究疲劳状态的多参量综合描述方法；同时研究多元信息的快速融合方法，提高疲劳检测的可靠性和准确性，从而研制稳定、可靠的驾驶员疲劳监测系统。其检测方法很多，比如人脸快速检测方法、疲劳程度检测方法、疲劳驾驶问题检测方法等
智能装配检测	主要是利用计算机及 PLC 等组成的控制系统，根据生产工艺的流程，控制机械手、伺服系统、气动元件等执行机构执行相应的生产操作。对需要装配制造的产品零件进行组装生产，配以检测设备对装配过程进行检测及精准定位，同时对智能装配过程进行采集记录，为问题追溯和装配改进提供数据支撑

如图 6.3 所示给出了工业机器视觉领域的上游零部件、中游装备、下游应用等产业链内容。

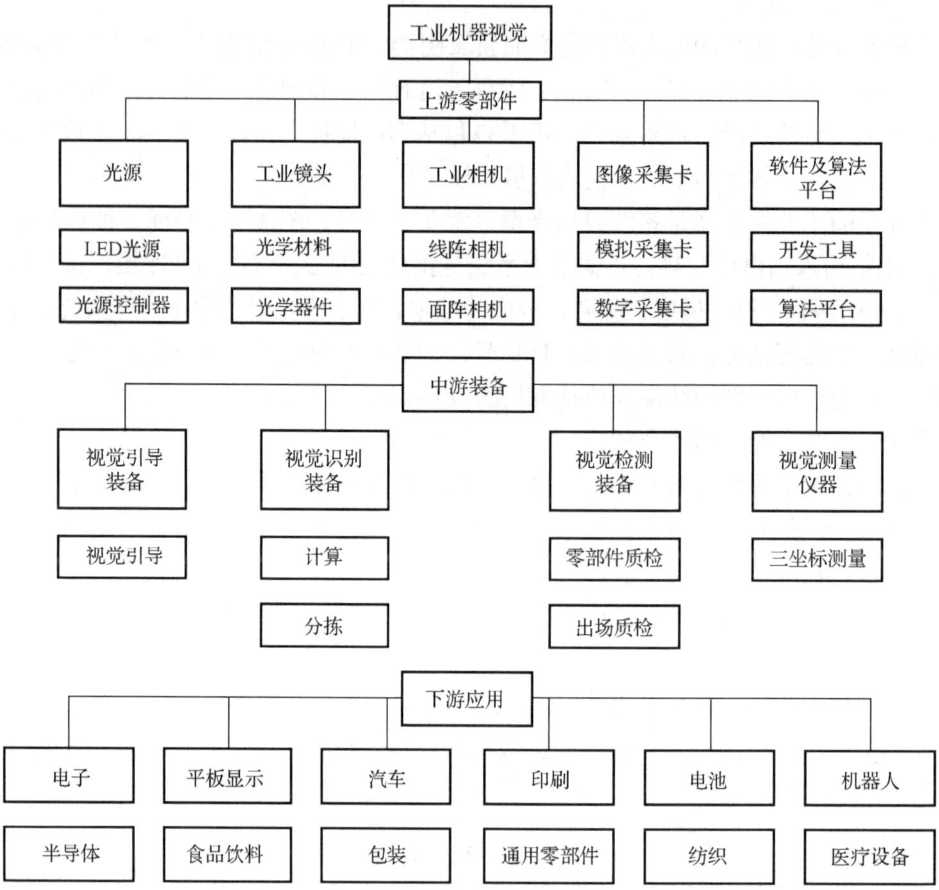

图 6.3　工业机器视觉的零部件、装备及应用

机器视觉在电路板、汽车零部件产品中的检测应用如图 6.4 所示。

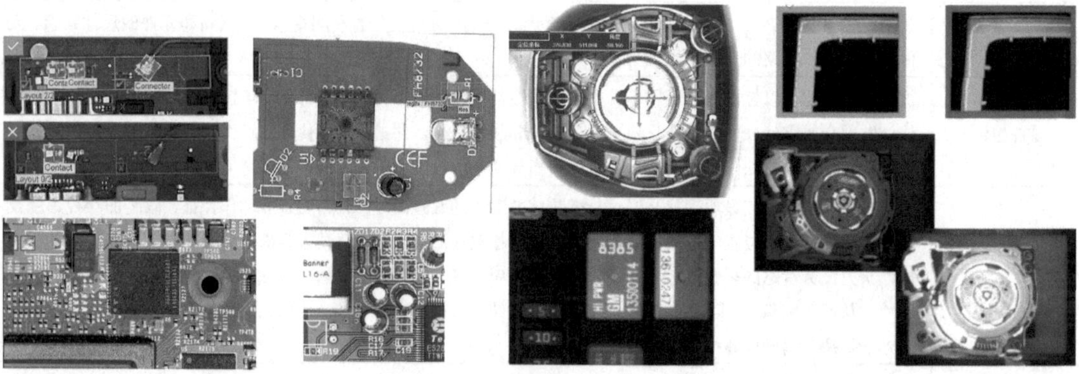

（a）电路板　　（b）汽车零部件

图 6.4　机器视觉在产品检测中的应用

6.4　模 式 识 别

6.4.1　模式识别概念

模式识别是一种从大量信息和数据出发，在专家经验和已有认识的基础上，利用计算机和数学推理的方法，对形状、模式、曲线、数字、字符格式和图形自动完成识别的过程。模式识别包括相互关联的两个阶段，即学习阶段和实现阶段，前者是对样本进行特征选择，寻找分类的规律，后者是根据分类规律对未知样本集进行分类和识别。广义的模式识别属于计算机科学中智能模拟的研究范畴，内容非常广泛，包括声音和语言识别、文字识别、指纹识别、声呐信号和地震信号分析、照片图片分析、化学模式识别等。计算机模式识别实现了部分脑力劳动自动化。

模式识别是通过对表征事物或现象的各种形式的（数值的、文字的和逻辑关系的）信息进行处理和分析，以对事物或现象进行描述、辨认、分类和解释的过程，是信息科学和人工智能的重要组成部分。模式还可分成抽象的和具体的两种形式。前者如意识、思想、议论等，属于概念识别研究的范畴，是人工智能的另一研究分支。我们所指的模式识别主要是对语音波形、地震波、心电图、脑电图、图片、文字、符号、三维物体和景物，以及各种可以用物理的、化学的、生物的传感器对对象进行测量的具体模式进行分类和辨识。图 6.5 给出了指纹识别［图 6.5（a）］、声纹识别［图 6.5（b）］、虹膜识别［图 6.5（c）］、条码识别［图 6.5（d）］等不同方面的模式识别示例。

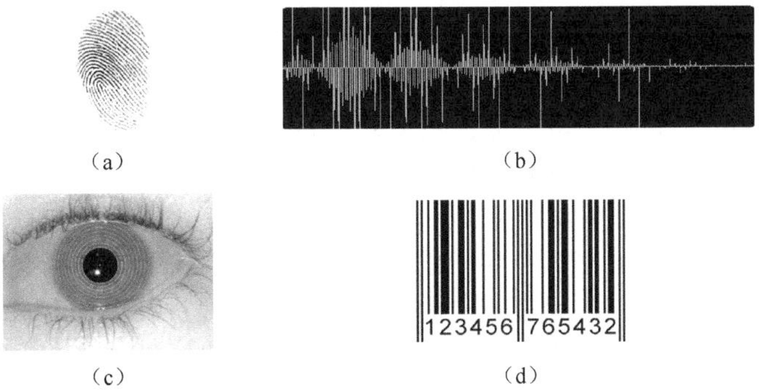

图 6.5　模式识别示例

到目前为止，已知最好的模式识别系统是人类的大脑。模式识别技术的主要作用是利用人工智能等技术对各种事物或现象隐含的模式进行识别，从机器学习的角度，就是对样本进行看分类。设计人员按需要设计模式识别系统，而该系统被用来执行模式分类的具体任务。

6.4.2　模式识别系统

一个典型的模式识别系统组成如图 6.6 所示。具体包括数据获取、预处理、特征提取和选择、分类器设计及分类决策。这几个过程相互关联而又有明显区别。

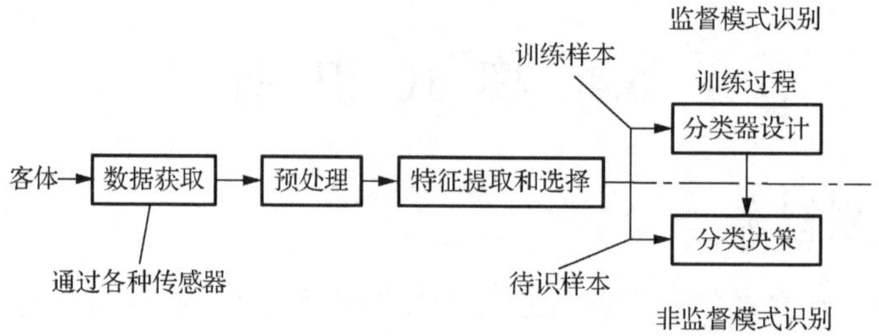

图 6.6　模式识别系统组成

模式识别系统各部分的基本功能如下：

1）数据获取

用计算机可以运算的符号来表示所研究的对象，这些可表示的符号包括二维图像（如文字、指纹、地图、照片等）、一维波形（如脑电图、心电图、机械振动波形等）、物理参量和逻辑值（如体温、化验数据、参量正常与否的描述等）。

2）数据预处理

数据预处理可以有效地提高数据的质量，有利于提高模式识别和机器学习的性能。预处理目的是去除信号中的噪声，提取有用信息，使信息纯化，或者对输入测量仪器或其他因素所造成的退化现象进行复原。预处理这个环节内容很广泛，与要解决的具体问题有关。例如，要从图像中将汽车车牌的号码识别出来，就需要先将车牌从图像中找出来，再对车牌进行划分，将每个数字分别划分开。做到这一步以后，才能对每个数字进行识别。以上工作都应该在预处理阶段完成。再如，要对机械振动进行故障诊断和识别，先要采集来自加速度或力传感器的信号，其中经常包含电源噪声等，需要去掉信号中的噪声后再进行处理。实际应用中，其方法多种多样，下面介绍几种常用的方法。

（1）数据归一化。把某个特征的所有样本取值限定在 0～1 范围内，如[-1,1]或[0,1]。

（2）数据二值化。把数据的特征取值根据阈值转换为 0 或 1。

（3）数据缺损值处理。由于各种原因，产生获取的数据出现缺失的现象。对于缺损的特征数据，采取数据填补的方法解决。常用的填补方法有均值、中位数和众数填补等。

（4）数据类型转换。如果数据的特征是非数值型的，则需要转换为数值型。

对由于信息获取装置或其他因素所造成的信息退化需要进行复原和去噪。对于离群点、不一致的值、重复数据及有特殊符号的值等也要进行相应的处理。

3）特征提取与选择

要对预处理信号进行变换，得到最能反映分类本质的特征。同时，对特征进行必要的降维处理，将维数较高的测量空间转换到维数较低的特征空间，对所获取的信息实现从测量空间到特征空间的转换。换句话说，特征提取和选择的目的是选择什么样的方法来描述事物，从而可以有效、牢靠地把事物正确地区分开。

（1）特征提取：从事物中提取有用的、有意义的特征信息，就是从样本的某种描述状态（如一幅具体的图像、一段声波信息等）提取出所需要的、用另一种形式表示的特征（如在图像中抽取出轮廓信号，声音信号中提取不同频率的信息等）。这种提取方法往往都要通过某种形式的变换。例如，对原特征空间进行线性变换或其他变换，滤波也是变换的一种形式。特征提取往往可以达到降维的目的。目前使用什么样方法提取特征，主要靠设计人员确定；选择什么样的变换，也主要由人来决定。但如确定用某种线性变换，则线性变换的参数可通过计算来确定。特征提取的本质是找到最能反映分类本质的特征。

（2）特征选择：对样本采用多维特征向量描述，各个特征向量对分类起的作用不一样，在原特征空间中挑选部分对分类较有效的特征，组成新的降维特征空间，以降低计算复杂度，同时，改进或不过分降低分类效果。特征选择的另一种含义是指人们通过观察分析，选择适用于分类的特征组合。

4）分类器决策

分类决策是指依据分类器设计阶段建立的预处理、特征提取与选择及判决函数模型，对获取的未知样本数据进行分类识别，把被识别对象归为某一类，输出分类结果。

分类器设计是指依据特定空间分布，设计及决定分类器的具体参数。主要是指对输入的训练样本进行预处理、特征提取及选择，在样本训练集基础上，确定某判决规则或判决函数，使得按这种规则对被识别对象进行分类，所造成的错误识别率最小或引起的损失最小。分类器设计及分类决策过程如图 6.7 所示。在设计阶段判决函数需要多次反复进行，直到误差达到一定范围。

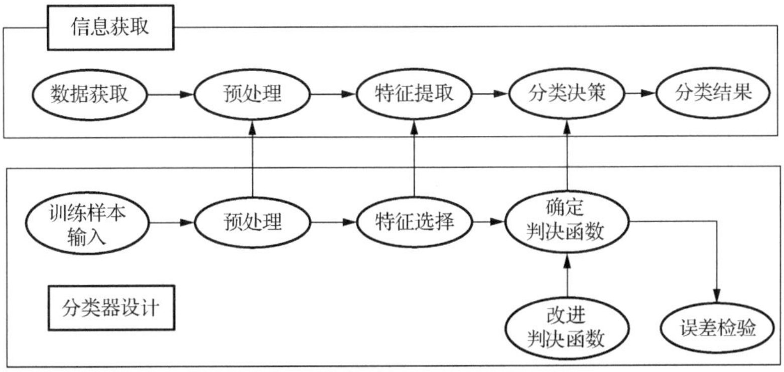

图 6.7　分类器设计及分类决策过程

6.5　用于感知智能的经典深度学习算法

6.5.1　YOLO 算法

YOLO（You Only Look Once: Unified, Real-Time Object Detection）第一次实现将物体检测作为回归问题求解，基于一个单独的端对端的网络，完成从原始的图像输入到物体位置和类别及相应的置信概率的输出。

YOLO 模型通过一次卷积神经网络，就能够得到被检测的图像中目标的位置和置信概率。将目标检测的中候选区域的选择和目标预测边框回归集成到一个网络中，单个卷积神经网络能够同时预测多个边界框和类概率，YOLO 在全图像上训练并且直接优化检测性能。模型检测模型框图如图 6.8 所示。

YOLO 目标检测模型的速度非常快，基础网络在 Titan X GPU 上以每秒 45 帧的速度运行。该目标检测模型主要分为 3 个步骤：

（1）该模型将输入对象划分成一个 $s \times s$ 的网格，如果一个目标落入其中一个网格单元中，该网格就负责检测目标；

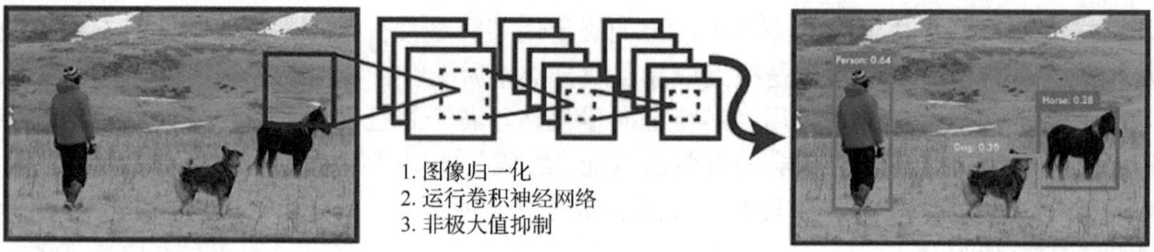

图 6.8　YOLO 目标检测模型框图

（2）对于每个网格都预测 B 个边框和置信度，置信度分数反映了预测的边框是否包含目标和预测边框的准确度，置信度定义为

$$\Pr(\text{Object}) * \text{IOU}_{\text{pred}}^{\text{truth}} \tag{6-1}$$

如果该网格中不存在目标，置信度分数为 0，否则我们希望置信度分数等于预测边框和真实边框之间的交集（IOU）。每个边框包含了 5 个预测值 x、y、w、h、confidence 。每个网格还预测 c 个物体的类别概率：

$$\Pr(\text{Class}_i \mid \text{Object}) \tag{6-2}$$

式中 $i = 1, 2, \cdots, C$ 。在测试时，置信度分数为

$$\text{Conf} = \Pr(\text{Class}_i \mid \text{Object}) * \Pr(\text{Object}) * \text{IOU}_{\text{pred}}^{\text{truth}} = \Pr(\text{Class}_i) * \text{IOU}_{\text{pred}}^{\text{truth}} \tag{6-3}$$

（3）该网络可以预测出 $7 \times 7 \times 2$ 个目标窗口，然后根据阈值去除可能性较低的目标窗口，利用非极大值抑制，选取置信度较高的边界框作为最终选取的检测结果。YOLO 目标检测过程示意图如图 6.9 所示。

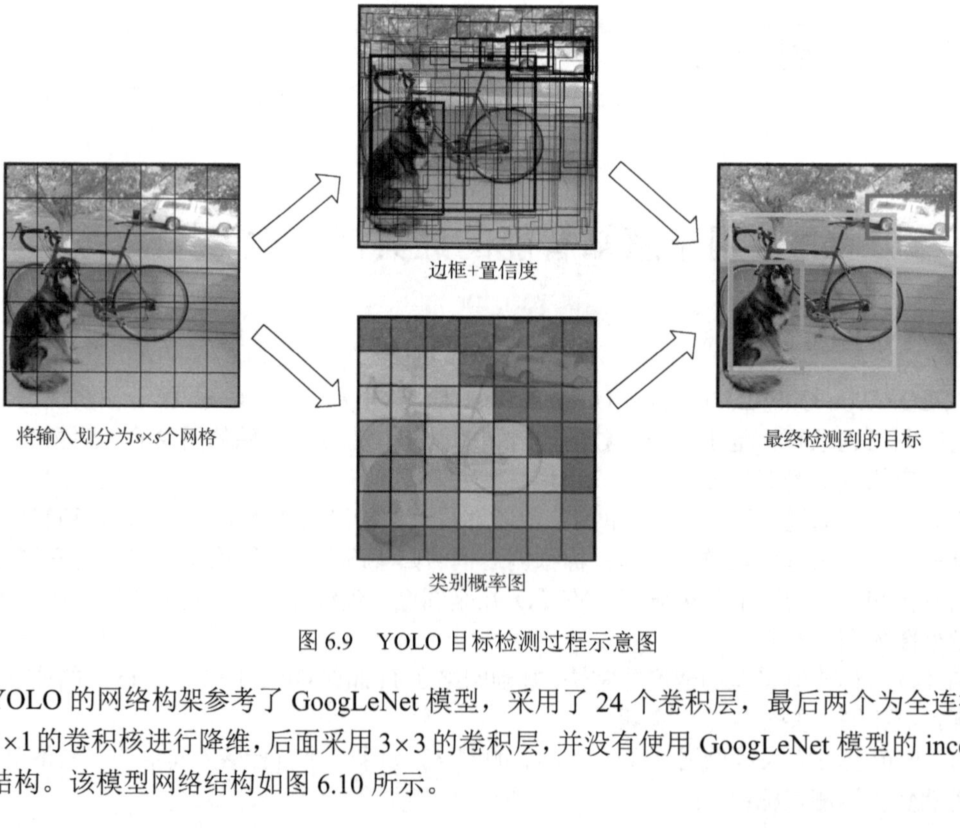

图 6.9　YOLO 目标检测过程示意图

YOLO 的网络构架参考了 GoogLeNet 模型，采用了 24 个卷积层，最后两个为全连接层，使用 1×1 的卷积核进行降维，后面采用 3×3 的卷积层，并没有使用 GoogLeNet 模型的 inception 网络结构。该模型网络结构如图 6.10 所示。

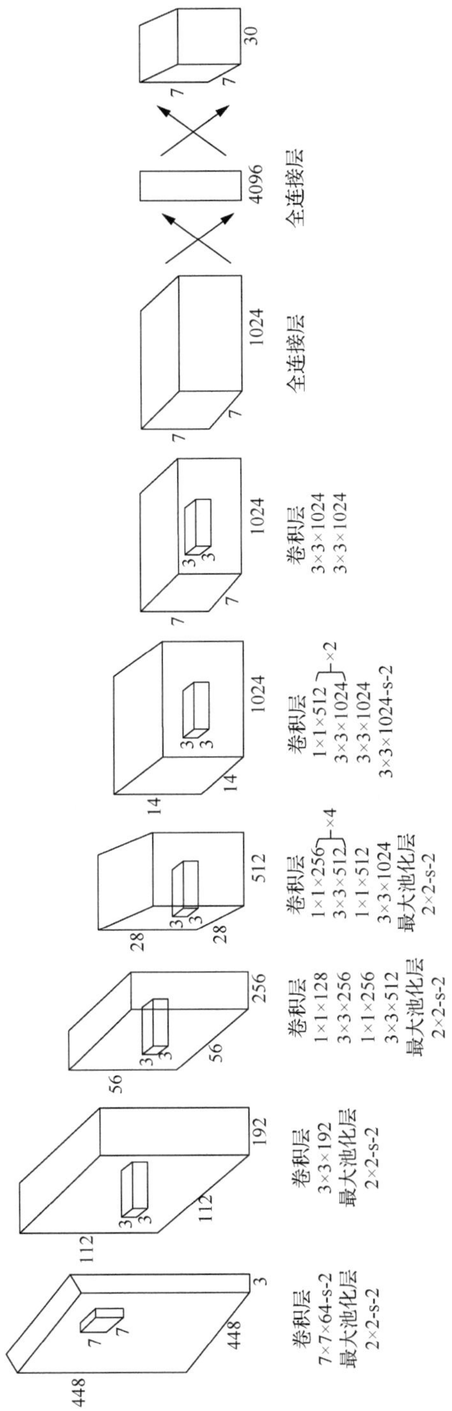

图 6.10　YOLO 网络结构

YOLO 网络在训练过程中采用多任务损失函数，含有目标的坐标预测损失函数如下：

$$L1=\lambda_{\text{coord}}\sum_{i=0}^{S^2}\sum_{j=0}^{B}I_{ij}^{\text{obj}}\left[\left(x_i-\hat{x}_i\right)^2+\left(y_i-\hat{y}_i\right)^2+\left(\sqrt{w_i}-\sqrt{\hat{w}_i}\right)^2+\left(\sqrt{h_i}-\sqrt{\hat{h}_i}\right)^2\right] \tag{6-4}$$

其中，λ_{coord} 为坐标损失权重，取值为 5；I_{ij}^{obj} 是判断第 i 个网格的第 j 个框是否包含目标对象。含有目标和不包含目标框的置信度预测损失函数为

$$L2=\sum_{i=0}^{S^2}\sum_{j=0}^{B}I_{ij}^{\text{obj}}\left(C_i-\hat{C}_i\right)^2+\lambda_{\text{noobj}}\sum_{i=0}^{S^2}\sum_{j=0}^{B}I_{ij}^{\text{noobj}}\left(C_i-\hat{C}_i\right)^2 \tag{6-5}$$

类别损失函数预测如下：

$$L3=\sum_{i=0}^{s^2}I_i^{\text{obj}}\sum_{c\in\text{classes}}(p_i(c)-\hat{p}_i(c))^2 \tag{6-6}$$

整体损失函数为

$$L=L1+L2+L3 \tag{6-7}$$

YOLO 算法采用回归的思想来解决目标检测问题，大大提升了检测速度，使得 YOLO 每秒能够处理 45 张图片，而且每个网格在预测目标时采用的是全局信息。YOLO 存在的问题是，使用的网格较少，不能够非常精准地定位目标；而且在检测小物体时不够理想；每张图片预测的物体数量有限，导致初级版本的 YOLO 的检测精度不高。研究人员近些年持续不断改进 YOLO 算法，目前已经发展到 YOLOv7 算法。

6.5.2　YOLOv7 算法

YOLOv7 在速度和精度方面都超过了所有已知的目标检测器，在 GPU V100 上的速度为 5～160 帧/秒，并且在所有已知的实时对象检测器中具有最高的 56.8%的 AP（平均正确率），速度为 30 帧/秒或更高。YOLOv7 主要通过以下 3 个方面对原有目标检测模型进行改进：网络架构；模型重参化（model re-parameterization）；动态标签匹配技术（dynamic label assignment technology）。

1）网络架构

YOLOv7 的初始架构是 VoVNet，研究人员对网络架构进行了新的设计，如图 6.11（b）所示的 CSPVoVNet 是 VoVNet 的一个变体。CSPVoVNet 的架构对梯度路径进行分析，使不同层能够学习更多样化的特征。如图 6.11（c）所示的 ELAN 通过控制最短最长的梯度路径，更深的网络，可以有效地进行学习并更好地收敛。如图 6.11（d）所示的 Extended-ELAN（E-ELAN）是在 ELAN 的基础上进行改进后的架构。

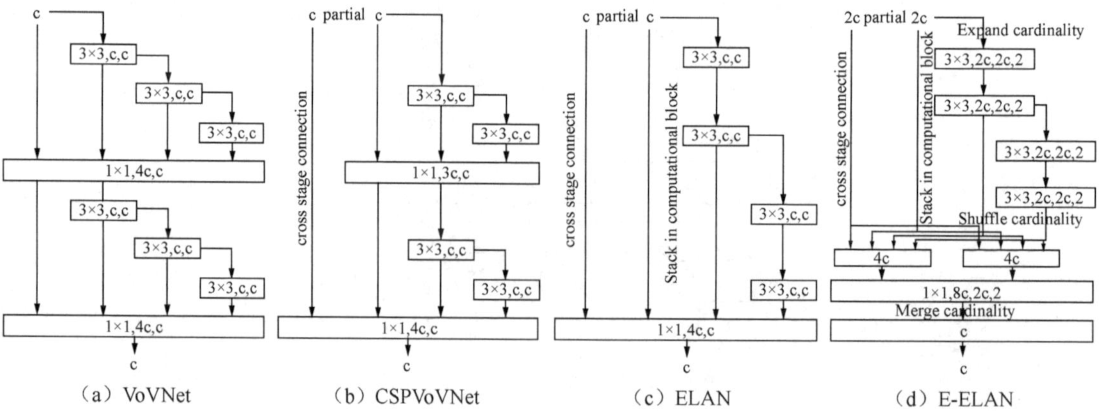

图 6.11　VoVNet 及变体

2）模型重参化

模块重参化是近年来一个比较流行的研究课题。这种方法在保证模型性能的条件下加速网络，主要是对卷积+BN 层及不同卷积进行融合，合并为一个卷积模块。然而，并不是所有提出的重参化模块都可以完美地应用于不同的架构。

如图 6.12 所示，给出了卷积+BN 融合的公式化过程，其中包括卷积参数（权重 w 和偏置 b）和 BN 参数（m 是输入均值；v 是输入标准差；γ 和 β 是两个可学习的参数）。最终经过一系列化简，融合成了一个卷积。

$$
\begin{aligned}
\text{fuse\_conv\_bn} &= \gamma((\boldsymbol{wx}+\boldsymbol{b})-m)/v+\boldsymbol{\beta} \\
&= \gamma(\boldsymbol{wx}+(\boldsymbol{b}-m))/v+\boldsymbol{\beta} \\
&= (\gamma w/v)\boldsymbol{x}+\gamma(\boldsymbol{b}-m)/v+\boldsymbol{\beta}
\end{aligned}
$$

$$\text{new\_conv} = \hat{\boldsymbol{w}}\boldsymbol{x}+\hat{\boldsymbol{b}}$$

图 6.12　卷积+BN 融合的公式化过程

RepConv 在 VGG 上取得优异性能，但是在其他网络结构（如 ResNet、DenseNet）上精度会显著下降。YOLOv7 利用梯度流传播路径来分析如何将重参化的卷积与不同的网络相结合，并据此设计出规划后的重参化卷积。RepConv 通常是在一个卷积层中结合了 3×3 卷积，1×1 卷积和恒等映射。RepConv 中的恒等映射破坏了 ResNet 中的残差连接和 densenet 中的拼接，为不同的特征映射提供了更多的梯度多样性。基于上述原因，YOLOv7 使用无恒等映射的 RepConv（RepConvN）来设计重参化卷积结构，如图 6.13 所示。

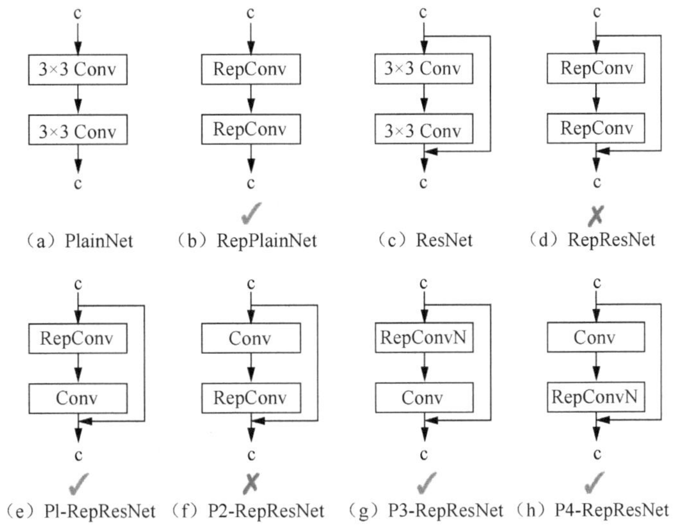

图 6.13　重参数化模型

3）动态标签匹配技术

YOLOv7 的标签分配策略（正样本筛选），集成了 YOLOv5 和 YOLOX 两者的精华。

（1）Autoanchor 自动锚策略，获得数据集最佳匹配的 9 个 anchor（锚点，可选）。

（2）根据 GT 框与 anchor 的宽高比，过滤掉不合适的 anchor。

（3）选择 GT 框的中心网格及最邻近的 2 个邻域网格作为正样本筛选区域（辅助头则选择周围 4 个邻域网格）。

（4）计算 GT 框与正样本 IOU，并从大到小排序，选取前 10 个值进行求和（P6 选前 20 个），并取整作为当前 GT 框的 K 值。

（5）根据损失函数计算每个 GT 框和候选 anchor 的损失，保留损失最小的前 K 个。

（6）去掉同一个 anchor 被分配到多个 GT 框的情况。

深度监督是一种常用于训练深度网络的技术，其主要概念是在网络的中间层增加额外的辅助头，以及以辅助损失为指导的浅层网络权重。如图 6.14（a）和图 6.14（b）所示分别显示了“没有”和“有”辅助头的目标检测器架构。YOLOv7 将负责最终输出的头称为引导头（lead head），将用于辅助训练的头称为辅助头（aux head）。

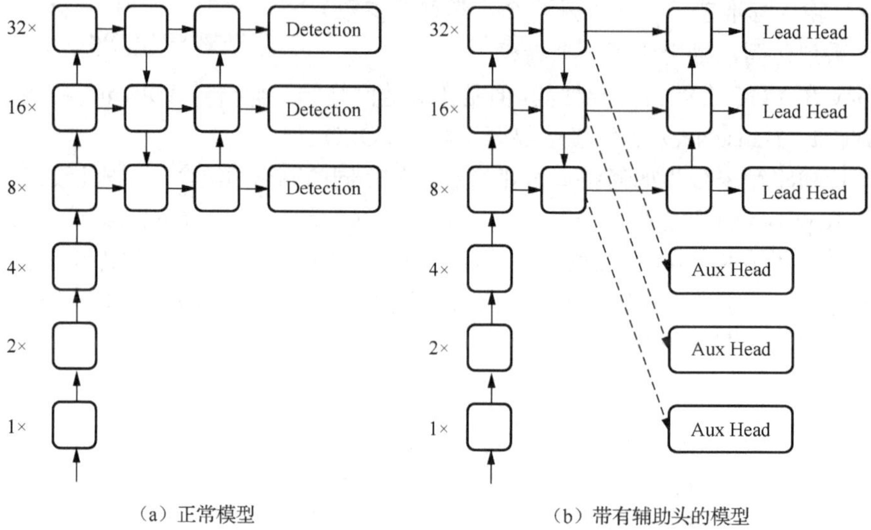

图 6.14　YOLOv7 目标检测器架构

6.6　机器感知智能案例——目标检测与识别

本节将搭建一个目标检测模型，用于视觉检测与识别任务。使用的知识点包括特征提取、编码、角点检测、热点图等。通过学习本节内容，读者将对目标检测模型的架构的理解更深一层。

6.6.1　目标检测模型结构

在一些优秀的目标检测算法中，都会用到设置锚框（anchor-box）的方法。而锚框的使用使得一阶段目标检测算法的性能能够与两阶段的目标检测算法性能比肩。但是使用锚框会有以下两个缺点：

（1）锚框的数量需要设置很多，而其中只有一小部分和真实标注框重合，这就造成了会有大量的负例，从而导致正负样本不平衡，降低了训练效率。

（2）锚框的使用引入了很多超参数，如锚框的数量、大小、长宽比，增加了算法的设计难度。

图 6.15 所示为目标检测算法模型，通过使用一对关键点，即框的左上角和右下角来代替预测框。该模型是一种一阶段检测方法，其主干采用了 hourglass network，即沙漏网络。主干

网后紧跟两个预测模块，其中一个检测左上角的角点，另一个检测右下角的角点，最后对两组角点进行筛选、组合、修正得到目标的一对角点，从而定位目标的框。

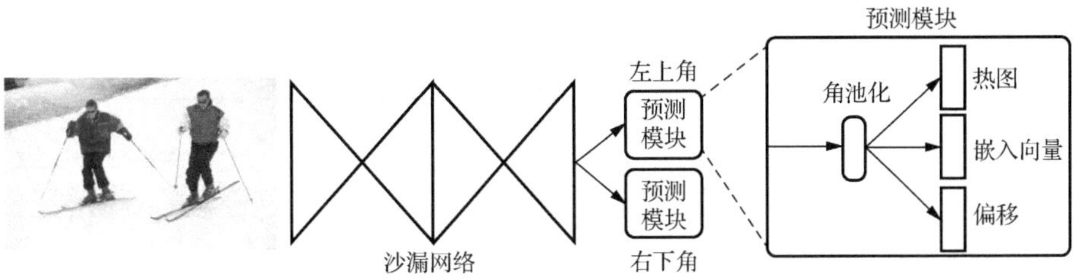

图 6.15　目标检测模型结构示意图

热点图和编码都是预测模块最后生出来的特征图，左上角点和右下角点各有一组。热点图预测了哪些点最有可能是角点，编码用于表征属于相同对象的角点的相似度。它们的通道数都为 C，C 是目标的类别数。最后的偏移用于对角点的位置进行修正。每个角点修正前的坐标位置就是该角点在特征图上的坐标点映射回原图的位置。

如图 6.16 所示，竖纹框中两个角点对应位置的编码的特征分布相似度高，所以代表这对角点属于同一个目标。斜纹框也如此。

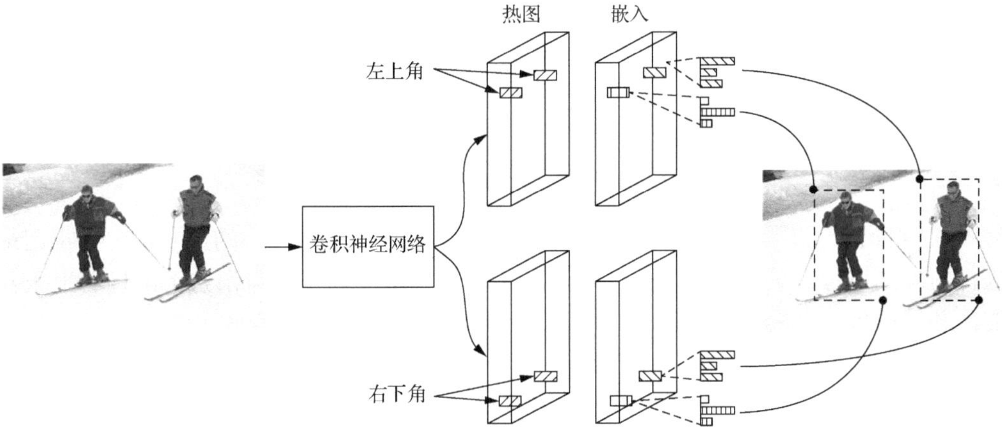

图 6.16　特征图和编码

6.6.2　主干网络

主干网络也就是沙漏网络的结构，如图 6.17 所示。

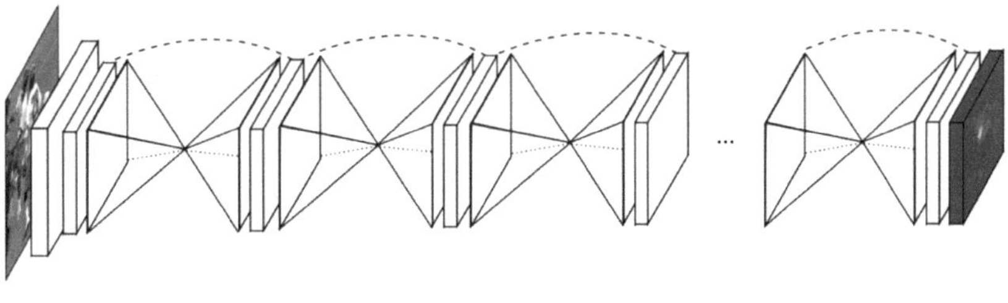

图 6.17　主干网络（沙漏网络）结构示意图

一个沙漏网络由若干个沙漏组成，沙漏的具体结构如图 6.18 所示。

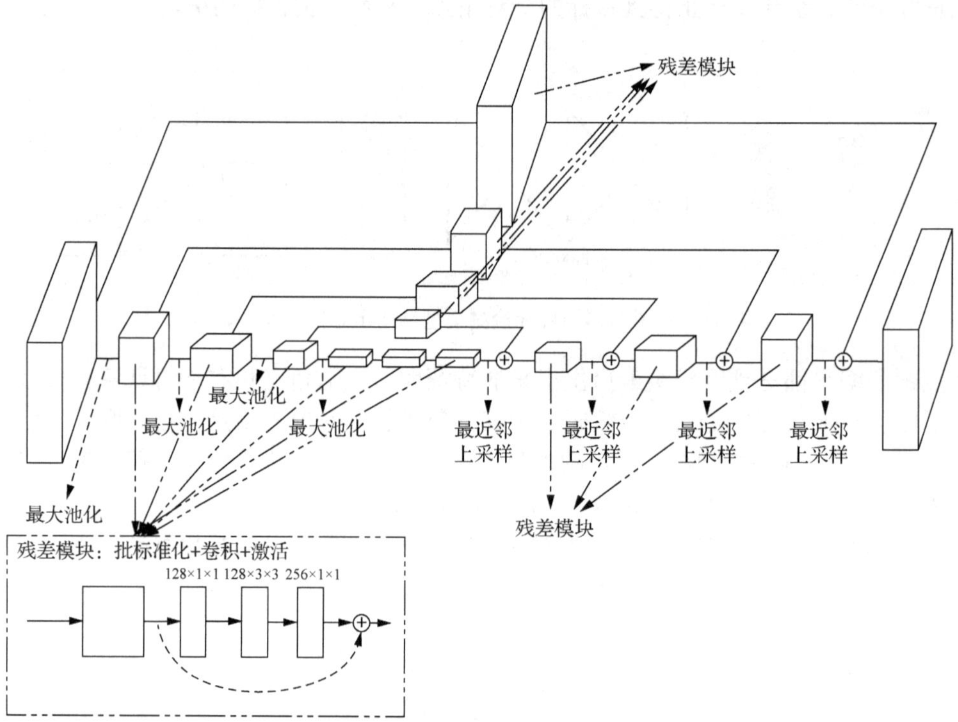

图 6.18　单个沙漏结构示意图

如图 6.18 所示，沙漏先由卷积和池化将特征图下采样到一个很小的尺度，之后再用最近邻上采样的方法进行上采样，将特征图还原到最开始的尺度。不难看出，下采样和上采样是对称的，并且在每个上采样层都有一个跳跃连接，跳跃连接上是一个残差块。

使用这种沙漏结构的目的是反复获取不同尺度下图片所包含的信息，例如一些局部信息，包括脸部和手部信息。人体姿态估计也需要对整个人体做一个理解，也就是一些全局信息，包括人体的方位、肢体的动作及相邻关节点的关系。最后通过上采样和残差结构将局部信息和全局信息组合起来。

该目标检测算法模型采用两个沙漏组成的沙漏网络，并且对使用沙漏做了以下调整：

（1）沙漏在下采样时不再进行最大池化，而是在卷积时通过步长为 2 进行下采样。下采样的卷积进行 5 次，输出特征图的通道数分别为 256、384、384、384、512。

（2）在每个跳跃连接处有两个残差模块。

（3）图片进入沙漏前，会接一个主干（stem）模块，也就是需要进行 2 次下采样。使用一个核大小=7×7、步长=2、通道=128 的卷积和一个步长=2、通道=256 的残差模块，将宽度和高度缩小为以前的 1/4。

输入，也就是图像首先会接一个 stem 模块。stem 模块的代码如下所示。

```
self.stem = nn.Sequential(
    ConvModule(3, 128, 7, padding=3, stride=2, norm_cfg=norm_cfg)
    ResLayer(BasicBlock, 128, 256, 1, stride=2, norm_cfg=norm_cfg))
```

然后跟着两个沙漏模块，之前穿插一些额外的卷积，代码如下所示。

```
for ind in range(self.num_stacks):
    #self.num_stacks=2
    single_hourglass = self.hourglass_modules[ind]
    out_conv = self.out_convs[ind]
    hourglass_feat = single_hourglass(inter_feat)
    out_feat = out_conv(hourglass_feat)
    out_feats.append(out_feat)
    if ind < self.num_stacks - 1:
        inter_feat = self.conv1x1s[ind](
            inter_feat) + self.remap_convs[ind](out_feat)
        inter_feat = self.inters[ind](self.relu(inter_feat))
    return out_feats
```

左上角和右下角的预测模块不共享参数，除了角点池化的操作不一样，其他都是一样的。以左上角的预测模块为例，它又是由左上角池化模块和后面输出的热点、嵌入、补偿两个部分组成。左上角池化模块如图 6.19 所示。右下角池化模块类似。

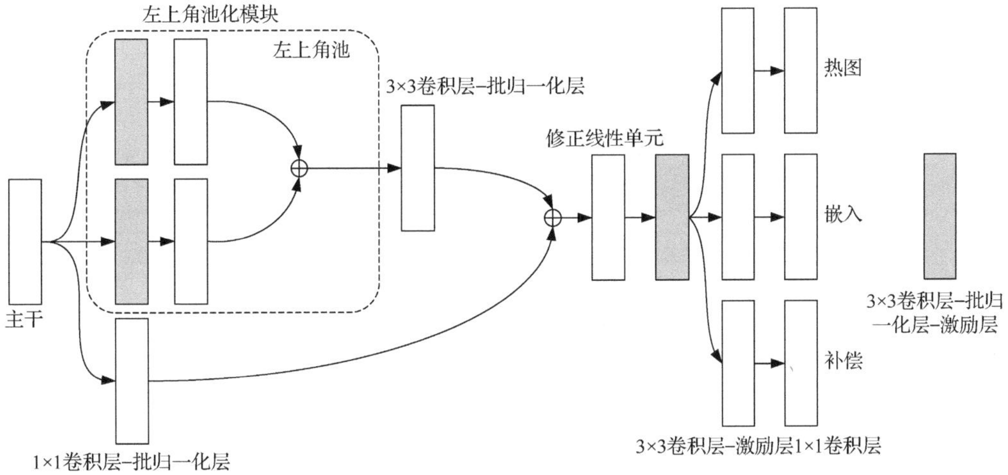

图 6.19　左上角池化模块结构示意图

相关的定义代码如下所示。

```
direction1_conv = self.direction1_conv(x)  # torch.Size([2, 128, 128, 128])
direction2_conv = self.direction2_conv(x)  # torch.Size([2, 128, 128, 128])
direction1_feat = self.direction1_pool(direction1_conv)  # torch.Size([2, 128, 128, 128])
direction2_feat = self.direction2_pool(direction2_conv)  # torch.Size([2, 128, 128, 128])
aftpool_conv = self.aftpool_conv(direction1_feat + direction2_feat)  # torch.Size([2, 256, 128, 128])
conv1 = self.conv1(x)  # torch.Size([2, 256, 128, 128])
relu = self.relu(aftpool_conv + conv1)  # torch.Size([2, 256, 128, 128])
```

```
8.   conv2 = self.conv2(relu)  # torch.Size([2, 256, 128, 128])
9.   return conv2
```

主干，也就是沙漏模块的输出维度是(batch_size,256,128,128)，分别经过两个 3×3 卷积批归一化沙漏和一个 1×1 卷积批归一化，对应上面代码中的 self.direction1_conv、self.direction2_conv、self.conv1，输出分别为（b,128,128,128）、（b,128,128,128）、（b,256,128,128）。接着前两个输出分别传入顶部角池化和左部角池化，对应上面代码中的 self.direction1_pool。

6.6.3　角点池化

角点池化是专门提出，根据先验知识来定位物体的左上角和右下角点的，当我们在左上角从左向右看时可以确定物体的最上边界，从上向下看可以确定物体的左边界，如图 6.20 所示。

图 6.20　角点确定示意图

因此当求解某一个点的左上角池化时，就是以该点为起点，水平向右看遇到的最大值与竖直向下看最大的值之和，如图 6.21 所示。

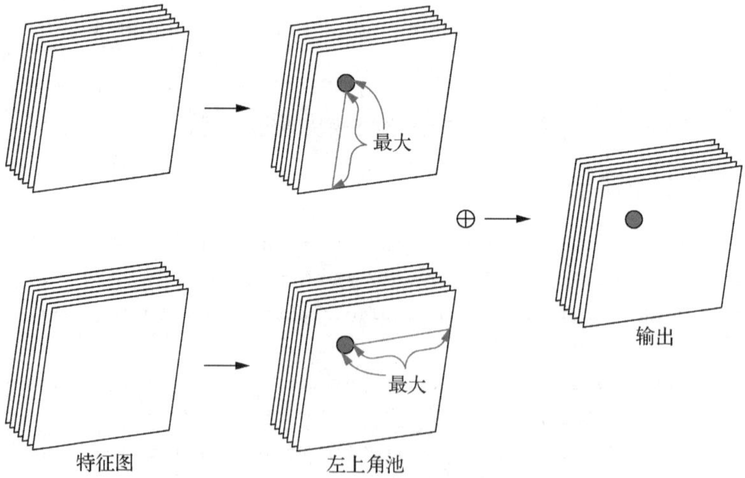

图 6.21　从特征图中确定左上角点

以左角点池化为例，具体计算的时候有一个巧妙的方法，即每一行从右向左遍历每个像素，用遇到的最大值替换当前像素；而顶部角点池化则是从下向上遍历，具体示意如图 6.22 所示。

顶角池化和左角池化的输出相加，接一个 3×3 批归一化卷积；然后与一开始 1×1 的批归一化的结果相加，接一个 ReLU；再接一个 3×3 沙漏批归一化卷积，即得到图 6.19 中预测模块中间的那个灰色特征图，也就是代码中返回的 conv2，维度为(b,256,128,128)。

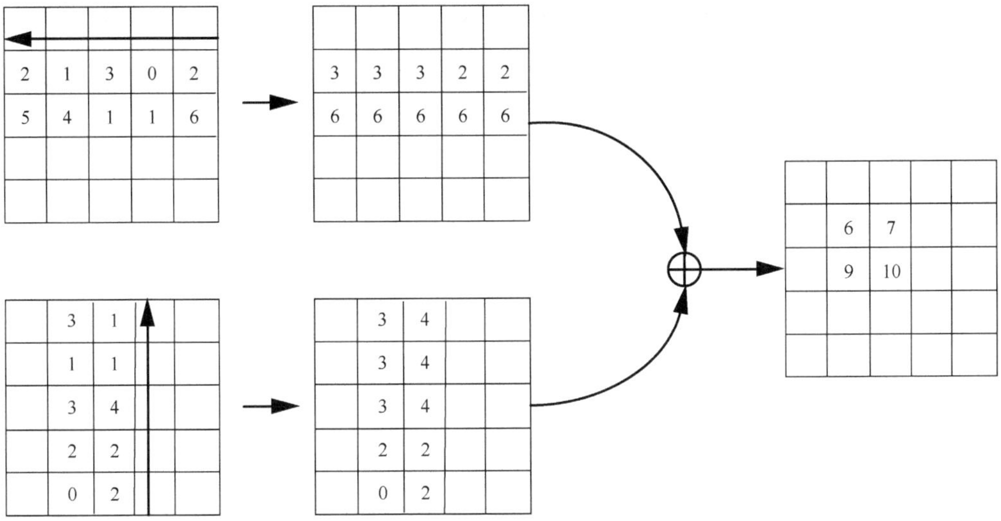

图 6.22　角点池化计算过程

角点池化的结果分别接 3 个 3×3 沙漏卷积和一个 1×1 卷积，就得到了热点图、编码、偏移，维度分别为(b, num_class, 128, 128)、(b, 1, 128, 128)、(b, 2, 128, 128)。

到这一步得到了模型的最终输出，右下角预测模块也会得到同样维度的 3 个输出，一共 6 个输出。代码如下所示。

```
result_list = [tl_heat, br_heat, tl_emb, br_emb, tl_off, br_off]
```

整个池化模块的代码如下所示。

```
class pool(nn.Module):
    def __init__(self, dim, pool1, pool2):
        super(pool, self).__init__()
        self.p1_conv1 = convolution(3, dim, 128)
        self.p2_conv1 = convolution(3, dim, 128)
```

目标检测涵盖了特征提取、编码、角点检测、热点图等重要知识点，建议读者按照该项目步骤首先了解项目的总体架构和分步流程，然后亲自调试。当然，读者也可以训练自己的数据集或者自己想要检测的一些图像，训练出针对特定场景的目标检测模型。

6.7 小　结

本章首先介绍了实现机器感知智能的 3 种典型方法原理，包括图像处理、机器视觉、模式识别。然后介绍了实现机器感知智能的典型方法 YOLO 的基本原理。最后以目标检测和识别应用为例，介绍了利用深度学习方法实现机器感知智能的基本方法和过程。通过本章的学习，可以理解实现机器感知智能的基本原理和方法。

第7章　机器认知智能原理与方法

7.1　认知智能技术的发展及应用

认知智能是指机器具备人类从现实世界发现知识、应用知识的一种能力，体现为人类所具备的一些理解、解释、规划、推理、演绎、归纳等高阶认知能力。可以说，认知智能的实现仍然是以获取知识为根本目的的，而认知只是获取知识的一种手段。认知智能是以知识的发现和应用为核心内容的智能形式。以前认知世界的主体是人类，人类从现实世界获取知识，然后应用知识。而现在获取知识的主体将要变成机器，在主体发生迁移的过程当中，我们必须把知识的概念加以拓展，从人类视角狭义的知识拓展到机器视角更为广义的知识，而机器视角的知识更多的是一种隐性的暗知识。

感知智能实现了人类的一些智能，尤其是在五官的感知和身体的运用能力上。而认知智能是指帮助机器构建类人类水平的心灵能力，在这个实现过程中，认知和感知是紧密联系的，感知智能向认知智能提供信号，同时，认知智能对感知智能也有着巨大的、重要的牵引作用。

相较于感知能力，认知能力的实现难度更大，价值也更大。目前，在深度学习的推动下，机器感知能力显著提升，但是感知能力动物也具备。所以让机器具备感知能力只是让机器具备了一般动物所具备的能力。但认知能力是人类独有的能力，一旦机器具备认知能力，人工智能技术将会给人类社会带来颠覆性革命，同时也将释放出巨大的产业能量。所以实现机器的认知能力是人工智能发展进程中具有里程碑意义的重大事件。

人们希望在浅层次的感知智能和初级符号处理认知智能基础上，发展出能够在一定情况和环境下进行思考、理解、反馈、适应的深层次、交互式、高级认知智能。现阶段人工智能在机器认知智能方面还远没有突破。本章学习一些初级机器认知智能原理和方法。

7.2　推 理 方 法

人类能够主动地与外界环境进行交互，适应环境、预测环境变化，甚至采取行动改变周围环境，主要依赖于人类本身具有的直觉、推理、记忆等能力。这些能力有些是本能的，比如直觉、记忆，有些则是后天习得或加强的，比如推理能力。推理能力是人类重要的认知能力之一，人类依靠推理对外部环境做出判断，面对突发状态及时给出适当的响应，从获取的海量知识中学习客观规律。赋予机器推理能力是引导人工智能走向认知智能的重要途径，尤其是将推理引入计算机视觉任务中。

7.2.1 直觉推理

直觉推理基于知识和经验，常用于解决具有复杂解空间的问题。从数学计算的角度来说，复杂环境中特定问题的求解，解空间通常是复杂、非凸、非结构化描述的，我们人类大脑的推理过程就是根据各种约束条件在解空间中获得全局最优解。传统的机器算法在复杂问题求解时会陷入局部最小值，而受人脑机制启发的直觉推理可通过策略优化、行动反馈、赏罚机制等进行决策，提高人工智能的泛化能力。机器直觉推理的实现，能够赋予机器有创造性的快速预测、判断和决策的能力，适用于解决真实环境下的复杂问题。

7.2.2 常识推理

常识推理是人感知和理解世界的一项基本能力，人工智能系统需要拥有对物理世界运行的一般理解、对人类动机和行为的基本理解，以及像成年人一样对普遍事物的认知。常识推理基于常识知识，倾向于对日常事件进行判断。常识推理的挑战在于机器难以理解一般或特定领域的常识知识，因此也难以像人类一样可以根据常识灵活地解决很多复杂问题。比如让机器回答问题：下面哪个最大？A.山 B.人 C.老鼠。人类在回答该问题时可以迅速从脑海中寻找 3 个选项的概念，并得出结论：山的尺寸最大。但对于机器来讲，在没有相关知识储备的情况下，想要回答该问题是根本不可能的。进行常识推理首先要解决的问题是常识知识的来源，一直以来，研究学者致力于开发各种知识表征和知识资源，以支持常识推理。从早期的语义网络到目前的大规模知识图谱，主流的知识资源可分为语用知识资源（包括语料库、词汇库、预训练语义向量）、通用知识资源（基于 Wikipedia）、常识知识资源（Cyc、ConceptNet）。即便可使用的知识资源如此之多，依然不能满足常识推理的全部需求，所以使用者需要根据任务情况，通过降维、抽取式/自动式补全等方法完善知识资源库。

7.2.3 关系推理

关系推理主要是针对实体间的空间、数量、属性联系的描述。目前关系推理通常基于实体间构建的图结构进行，包括场景图、知识图谱等。这些图结构上存在大量的实体对及关系事实，但仍存在不完整性，并且图结构中会隐含一些实体间的信息，需要我们通过推理实现。比如，在电影《无间道》中，演员刘德华与《无间道》之间存在出演关系，演员梁朝伟与《无间道》之间存在出演关系，那么由此可以推理出演员刘德华与演员梁朝伟之间存在合作关系。在图结构中关系推理模型主要有 3 类：基于逻辑规则的模型（如马尔可夫逻辑网络模型）、基于知识表达的推理模型（如 RESCAL 张量分解模型）和基于深度学习的推理模型（如 NTN 神经张量）。

7.2.4 因果推理

1. 因果推理概念

我们的世界中存在着大量的因果关系，人类长久以来在社会生产实践中善于观察事物的变化规律，并将其总结为知识，所以能做到“一叶知秋”，而机器却难以做到。即使送给机器再多的数据，当面临突发状况时，它依然会“措手不及”。因为机器很难透过数据表面探究背后的因果，也就是缺乏因果推理的能力。在因果关系领域，我们不得不提到“贝叶斯网络之父”美国计算机科学家朱迪亚 • 珀尔（Judea Pearl）和他的书 *The Book of Why: The New Science of Cause and Effect*（图 7.1），Pearl 在书中将因果分为自下而上 3 个层次，分别是关联、干预和反事实推理。

第一层是关联，就是发掘数据间的联系，目前大多数深度学习模型都可以做到这一点。但关联只能告诉我们两个事件相关，至于两件事具体怎样相关，是否是事件 1 导致了事件 2 的发生，还需要进一步通过干预来探究。最后一层是反事实推理，也就是如果我们想让事件 2 发生一些变化，是否可以通过改变事件 1 来实现。

2. 有向无环图

图 7.2 所示的有向无环图可以用来洞悉变量之间相互独立关系或条件独立关系。对于分别位于路径两端的两个节点，如果有信息流向这两个节点，或有信息从一个节点流向另一个节点，那么这两个节点是相关的。所以在图 7.2 中我们可以知道 D 和 A 相关，与 B、C 不相关；A 与 C 相关，与 B 不相关。

$$P(D\mid A,B,C)=P(D\mid A)\text{，即 } D\perp B,C\mid A$$

$$P(A\mid B,C,D)=P(A\mid C,D)\text{，即 } A\perp B\mid C$$

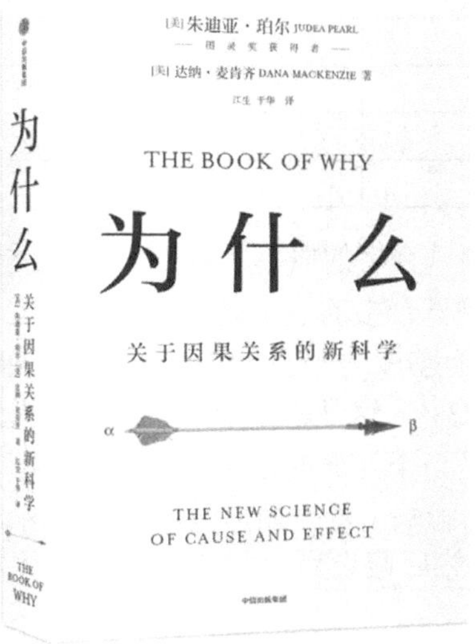

图 7.1　Pearl 和他的书

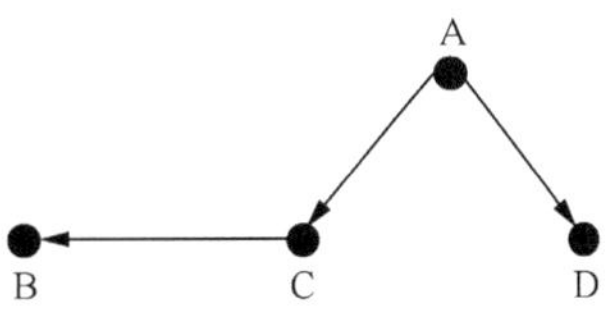

图 7.2　有向无环图

3. 消除混杂

当现象 A 和现象 B 存在共因 C 时，就使得 A 和 B 产生了关联，但 A 和 B 不存在因果关系，此时共因 C 称为 A 和 B 的混杂因子。这种混杂因子的存在使得 A 和 B 之间产生了一种“伪相关”，这种“伪相关”也被称为“偏倚”（bias）。消除这种“偏倚”并找到真正的因果关系是因果推理的主要任务之一，最常用的方法是路径阻断法。首先我们应该了解定向分离（directional separation，d-分离）法则，这是一种判断变量是否独立的方法。

（1）如果一条路径中不以任何一个节点为条件当且仅当该条路径中有两条箭头在某个变

量处对撞时，则该条路径被阻断（该变量称为这条路径的对撞子）；

（2）如果一条路径包含一个非对撞子，当以它为条件时这条路径被阻断；

（3）当以一个对撞子为条件时，该路径不会被阻断；

（4）当以一个对撞子的子孙为条件时，该路径也不会被阻断。

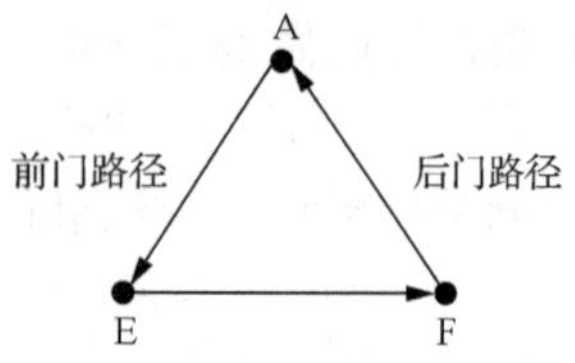

图 7.3　前门路径与后门路径

了解了 d-分离法则后，我们可以通过后门准则来消除偏倚。如图 7.3 所示，变量 A 和 E 之间后门路径是连接 A 和 E 但不从 A 直接出发的路径。A←F→E 就是一条后门路径，而 A→E 为前门路径。后门准则认为，如果有足够的数据能将两个变量间的后门路径全部阻断，那么就可以识别两个变量的因果关系。而混杂因子就是可以阻断两个变量间所有后门路径的变量，对于图 7.3 来说 F 就是 A 和 E 的混杂因子，以 F 为条件时，A←F→E 路径被阻断。

4. 辛普森悖论

为了进一步说明如何通过干预解开混杂现象，我们引入经典的辛普森悖论。假如有一个学校要进行体能测试，一部分学生选择提前训练，提高测试成绩，其余学生选择不进行提前训练而直接参加体能测试。全校测试结果如表 7.1 所示。

表 7.1　训练测试结果

	训练组	非训练组
男(357/700=0.51)	81/87=0.93	234/270=0.87
女(343/700=0.49)	192/263=0.73	55/80=0.69
总数	273/350=0.78	289/350=0.83

从表 7.1 中可以看出，该校男学生经过训练体能测试合格的概率是 93%，未经过训练体能测试合格的概率是 87%；该校女学生经过训练体能测试合格的概率是 73%，未经过训练体能测试合格的概率是 69%。如果把男学生和女学生综合考虑，经过训练的人通过体能测试的概率是 78%，未经过训练的人通过体能测试的概率是 83%，这是不是说明未训练的人通过体能测试的概率更高呢？这似乎与我们的常识相悖，这是一个经典的混杂问题。我们可以通过干预的手段探究体能训练对学生整体体能测试合格率的影响。首先列出因果图，如图 7.4（a）所示。先假设所有学生都进行了体能训练 $do(T=1)$，然后假设所有学生都不进行体能训练 $do(T=0)$。

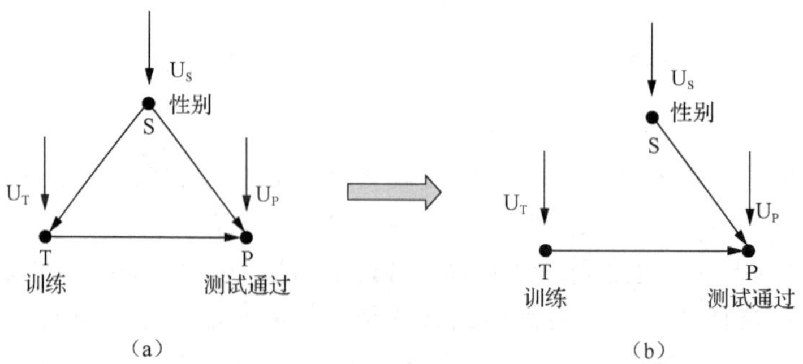

图 7.4　因果图

然后计算

$$P(P=1|do(T=1))-P(P=1|do(T=0)) \tag{7-1}$$

对图 7.4（a）所示的因果图进行修改，对 T 进行干预，所以在因果图中把指向 T 的箭头去掉，如图 7.4（b）所示。那么可以得到：

$$\begin{aligned} P(P=1|do(T=1)) &= P(P=1|T=1, S=1)P(S=1)+P(P=1|T=1, S=0)P(S=0)=0.832 \\ P(P=1|do(T=0)) &= P(P=1|T=0, S=1)P(S=1)+P(P=1|T=0, S=0)P(S=0)=0.781 \end{aligned} \tag{7-2}$$

很明显，$P(P=1|do(T=1))-P(P=1|do(T=0))>0$，所以对于学生整体而言，提前进行体能训练还是对体能测试有利的。

5. 反事实推理

如果用 I 表示结构因果模型，$U=u$ 表示对某个变量赋值，反事实的表述可以写作 $Y_x(u)=y$，它表示在 $U=u$ 的情形下，假设 $X=x$，$Y=y$，其中，“假如 $X=x$”可以看作一种外部干预。如果一个因果模型定义如下：

$$\begin{aligned} X &= aU \\ Y &= bX+U \end{aligned} \tag{7-3}$$

那么计算反事实 $Y_x(u)=y$ 就意味着求 $U=u$ 时，如果我们强制干预，Y 应该为多少？这种干预产生了新的因果结构模型 I_x。

$$\begin{aligned} X &= x \\ Y &= bX+U \end{aligned} \tag{7-4}$$

代入 $U=u$，可得到 $Y_x(u)=bx+u$。

7.3 场 景 理 解

场景理解是通过处于场景中的传感器收集的数据对当前场景进行视觉感知、视觉分析和归纳解释，整个过程通常是动态的、实时的。场景中包含多种元素，可以是人，也可以是车辆、建筑等，并且这些元素之间或多或少地存在联系。一个简单的场景理解模型如图 7.5 所示，图中利用卷积神经网络和递归神经网络结合实现一个场景理解。

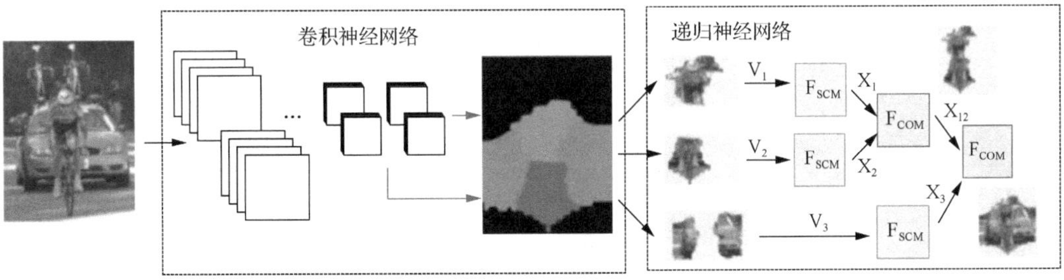

图 7.5　场景理解模型

整个场景理解模型分为物体检测和关系预测两个部分。在物体检测阶段，采用卷积神经网络 CNN 对图像进行目标分割，计算图像中每个像素的类别分数，得到像素所对应的类别，进行统计后得到目标的表示向量 x。

在关系预测阶段，对于检测到的目标 O_i 和 O_j，通过计算余弦相似度、距离、大小，结合目标本身的表示特征得到 O_i 和 O_j 的关系特征向量。将该向量送入对应的关系分类网络，输出 O_i 和 O_j 的关系检测结果，包括是否存在关系、存在何种关系。如此依次解析图像场景中所有目标对之间的关系以生成整体的场景说明。

场景理解需要通过检测、定位、识别及理解 4 个层次的计算机视觉技术来实现，这一实现过程可以看作一种从简单到复杂、从局部到整体的场景理解过程。在深度学习技术发展的初期，基于深度学习的局部场景理解方法主要侧重于解决场景理解中的单个子任务，例如物体检测识别和语义分割等。但是，场景环境中不仅包含物体和复杂的空间结构等信息，还包含物体的类别、属性，以及物体之间的视觉关系和场景环境的语义信息等。同时，视觉场景理解也是实现其他高级视觉任务的基础，例如视觉问答和人机交互等，这些高级别的场景理解任务需要对场景图像进行更深入的分析和理解。

如图 7.6 所示，想要回答问题“那个男孩的防护帽是什么颜色？”，需要对图像中的人和物进行检测、定位及属性分析进行物体理解，再通过视觉概念库整合场景中各元素之间的关系构建图网络进行场景分析得到场景图，最后回答问题帽子的颜色是“蓝色”。构建场景图是当前场景理解的热门工具，场景图生成（scene graph generation, SGG）是通过构建一个拓扑结构图表示场景图像的内容，图中的节点和节点之间的有向连接边分别与场景中的物体及物体之间的视觉关系相对应。现阶段的场景图生成方法依据任务的分解主要分为两种：

（1）二阶段生成法，首先进行物体检测识别，然后推理出物体之间的视觉关系类型。

（2）一阶段生成法，联合检测和推断出物体及其之间的视觉关系类型。

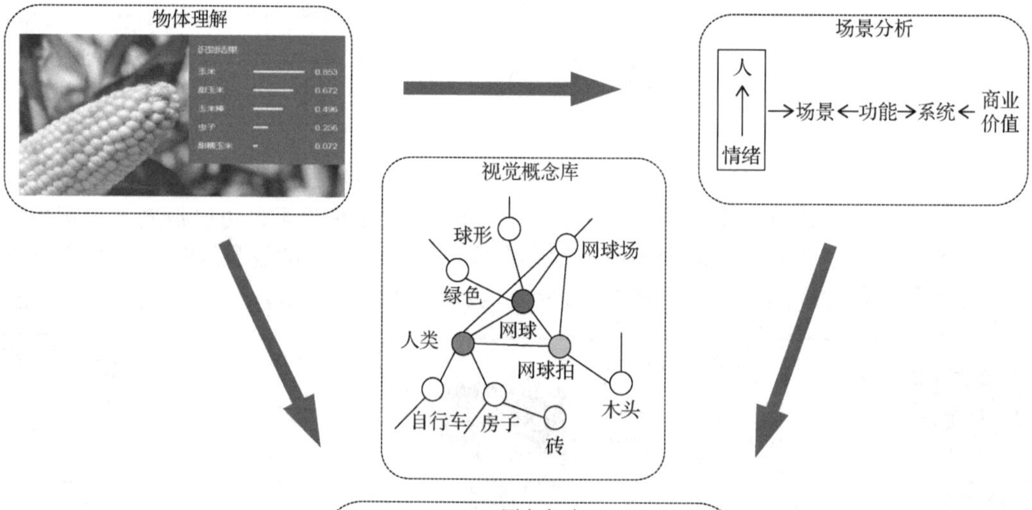

图 7.6　用于视觉问答的场景理解

二阶段生成法侧重于物体检测识别和关系检测，往往忽略了物体之间的上下文信息。表 7.2 所示为当前场景图生成方法的主要分类。

表 7.2　场景图生成方法分类

	类型	方法/模型
从图像生成场景图	基于视觉转换嵌入	VTransE、UVTransE、MATransE、RLSV、HOSE-Net
	基于条件随机场	DSL、SG-CRF
	基于卷积神经网络	DR-Net、ViP-CNN、SIN、Rel-PN、BAR-Net、LinkNet
	基于循环神经网络	IMP、MSDN、PANet、Motrif-Net、Vctree、AHRNN、CMNs
	基于图神经网络	LP、Graph R-CNN、RelDN、Factor-Net、MSTG、Attention Graph、GPS-Net、ARN
结合额外知识生成场景图	利用数据集中的先验知识	CISC、KERN、KB-GAN、HGFL、Schemata、LSBR

场景理解的相关技术和方法已经应用于交通、餐饮服务和太空探索等领域，例如无人车、军用无人机、送餐机器人及火星探测器等。尤其是在无人驾驶领域，场景理解可以帮助车辆判断交通状态，是一切驾驶决策的前提。

7.4　视觉问答

VQA（视觉问答）任务起源于 1950 年英国科学家艾伦·麦席森·图灵提出的图灵测试。图灵测试的方法很简单，就是让测试者与被测试者（即一个人和一台机器）隔开，通过一些装置（如键盘）向被测试者随意提问。进行多次测试后，如果有超过 30%的测试者不能确定出被测试者是人还是机器，那么这台机器就通过了测试，并被认为它具有人工智能。VQA 任务将一幅图像和一个关于它的自然语言问题共同作为输入，并生成一个自然语言答案作为输出。它是目前人工智能（AI）在计算机视觉（CV）和自然语言处理（NLP）领域最具吸引力的联合应用之一。VQA 研究跨越多个 AI 领域，包括 CV、NLP 和知识表示与推理（KR），对应的数据集有 DAQUAQ、COCO-QA、FM-IQA、VQA（COCO）、Visual Madlibs、Visual7W。具有推理能力的 VQA 模型可在多领域发挥作用，比如在医疗领域，作为放射科医生的专家系统，或者分担病理学家的工作检查身体或提供诊断信息，以及作为知识助力提供医学图像解释的第二意见降低误诊概率，相应的也有专门的医学 VQA 数据集 VQA-2018、VQA-RAD、VQA-Med-2019、RadVisDial、PathVQA、VQA-Med-2020、SLAKE。除此之外，它还在辅助视障人士，以及视频场景监控及火灾救援等危险作业方面有着巨大的应用前景。

下面介绍一个简单的 VQA 模型。如图 7.7 所示，Neural-Image-QA 模型由 CNN 和 LSTM 网络共同构成，给定一个问题和图像，回答该问题意味着根据参数概率度量预测答案。

$$\hat{\alpha} = \underset{\alpha \in A}{\operatorname{argmax}}\, p(\alpha \mid x, q; \theta) \tag{7-5}$$

其中，θ 代表需要学习的参数向量；A 是一组候选答案；x 和 q 分别为给定的图像和问题，$q=[q_1,q_2,\cdots,q_{n-1}]$；$q_t$ 是问题中第 t 个单词。

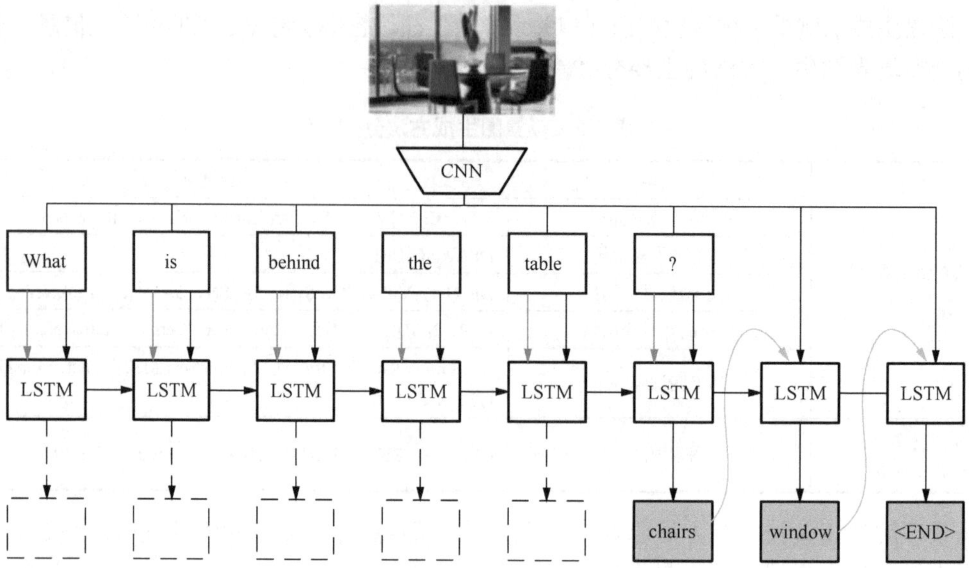

图 7.7　Neural-Image-QA 模型

在模型中，问题 q 和答案采用独立编码的方式嵌入低维向量空间中，图像 x 则由 CNN 编码为特征向量与问题特征向量一同送入 LSTM 网络中进行联合训练。如图 7.8 所示，LSTM 网络以向量 v_i 作为输入，v_i 为 x 和 q 的组合，并在每一个时间步 t 预测一个输出 z_t。在时间步 t 内，给定输入 v_t，隐状态 h_{t-1} 和记忆细胞 c_{t-1}，LSTM 按如下方式更新得到最终输出。

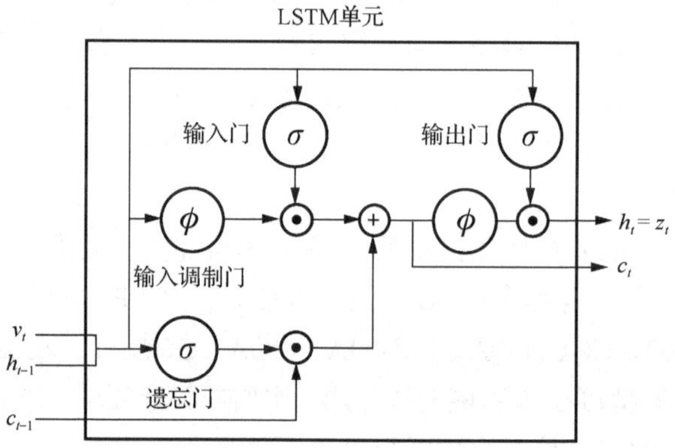

图 7.8　LSTM 网络

$$
\begin{aligned}
i_t &= \sigma\left(W_{vi}v_t + W_{hi}h_{t-1} + b_i\right)\\
f_t &= \sigma\left(W_{vf}v_t + W_{hf}h_{t-1} + b_f\right)\\
o_t &= \sigma\left(W_{vo}v_t + W_{ho}h_{t-1} + b_o\right)\\
g_t &= \sigma\left(W_{vg}v_t + W_{hg}h_{t-1} + b_g\right)\\
c_t &= f_t \odot c_t + i_t \odot g_t\\
h_t &= o_t \odot \phi\left(c_t\right)
\end{aligned}
\qquad (7\text{-}6)
$$

Neural-Image-QA 模型是一种典型的端到端视觉问答模型，这类模型解决视觉问答任务的基本流程大体都如下：提取图像特征→提取问题特征→特征融合→答案预测。图像特征提取采用特征抽取器对输入图像进行特征编码，特征抽取器可以由 VGG-Net、ResNet 这样具有代表性的神经网络模型构成。近年来，Faster-RCNN、Mask-RCNN、YOLO 等大型目标检测模型更受青睐，经 Image Net、COCO 数据集上的训练后，往往将最后的全链接层的输出作为图像的编码特征。由于文本不能直接送入模型提取特征，问题特征的提取首先要对文本进行表示，通过训练集的单词集合生成词典，根据词典对问题中的单词进行编码，问题则被表示为基于单词编码的矩阵，将问题送入 LSTM、GRU 等处理序列数据的神经网络获得问题特征表示。提取到的图像、文本特征可以通过一些简单的矩阵拼接、逐元素操作（相加、相乘）等获得融合特征，最后将融合特征送入答案预测模块得到最可能的答案。最终答案的获得需要根据问题的类型，开放式问答需要基于生成式模型，而选择题式问答则需要依赖分类模型计算候选答案的概率高低。端到端模型具有简洁、训练复杂度低的优点，但这类模型在灵活性和可解释性方面存在缺陷，采用相对复杂的组合式模型或图结构模型可以弥补端到端模型的缺点。

7.5　搜索技术

搜索和推理都是传统人工智能符号主义求解问题的基本方法。在计算机中，查找知识需要利用搜索技术，也是一种机器具有的推理能力。人对大脑中所记忆知识的查找方式是联想的、即刻的，大脑中并不存在固定位置的知识库或经验信息物理空间。但机器解决问题或查找有用信息时需要利用各种搜索技术求解，也是模拟人类对知识及记忆内容的搜索过程的一种方法。

7.5.1　蒙特卡罗规划

计算机博弈理论的研究希望计算机能够像人一样思维、判断和推理，并能够做出理性的决策。棋类博弈由于规则明确、竞技性高，且人类选手往往胜于计算机等原因，在计算机博弈理论的研究过程中一直受到重要关注和深入的探讨，并促进了计算机博弈理论的发展。传统的基于博弈树搜索和静态评估的博弈方法在国际象棋、中国象棋等棋类项目中获得了明显的成功。该类项目的盘面估计与博弈树搜索过程相对独立，棋子在盘面中的作用相对明确，且棋局中的专家规则相对较容易概括和总结。然而传统的博弈理论在计算机围棋博弈中遇到了明显的困难：围棋具有巨大的搜索空间；盘面评估与博弈树搜索紧密相关，只能通过对将来落子的可能性进行分析才能准确地确定棋子之间的关系；与此同时，高层次的围棋知识也很难归纳，归纳之后常有例外，并且在手工构建围棋知识和规则的过程中常会出现矛盾而导致不一致。这些独特的因素为围棋及拥有类似性质的计算机博弈问题研究带来了新的挑战。从 2006 年开始，计算机围棋博弈的相关研究有了跨越式的发展，基于蒙特卡罗模拟的博弈树搜索算法获得了重要的成功，尤其是在围棋程序 AlphaGo 中的应用，更凸显了其在实现机器认知智能中不可或缺的作用。

蒙特卡罗树搜索算法（也称为蒙特卡罗规划）是解决马尔可夫决策问题的有效方法之一，它是以蒙特卡罗方法的思想为基础的一种规划方法。在蒙特卡罗树搜索算法中，可以将马尔可夫决策过程中可能出现的状态转移过程用状态树建立并表示出来。不同于普通搜索树的建立，蒙特卡罗树搜索方法通过从初始状态开始重复给出随机模拟事件，并逐步扩展搜索树中的每个节点，而每一次模拟事件都是“状态-行为-回报”的三元序列。因此，相对于在评估之初就将（隐含）博弈树进行展开的静态方法而言，蒙特卡罗树搜索算法的过程是一种动态的搜索过程。蒙特卡罗树搜索算法的基本思想如图 7.9 所示。图中圆圈表示被搜索的可能的节点，方块表示目标节点。

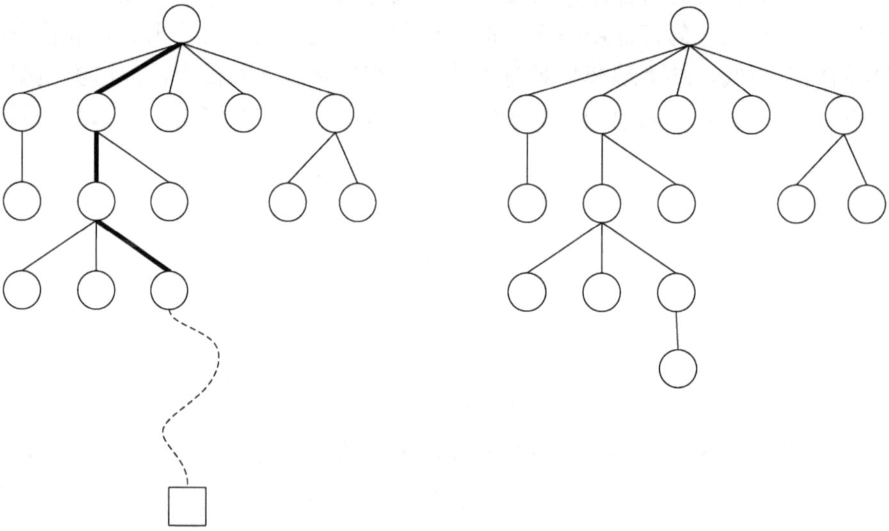

图 7.9　蒙特卡罗树搜索方法过程

在该过程中，算法首先根据一定的策略在搜索树上选择一个节点用于扩展，该策略被称为搜索树策略。该策略往往需要综合考虑两个方面的因素：一是对尚未充分了解的节点的探索，以尽早发现潜在价值高的节点，并尽早排除潜在价值低的节点；二是对当前有较大希望的节点的利用，以尽可能地抓住机会创造对己方更有利的局势。

当确定了扩展节点之后，算法以该节点为根进行大量的随机模拟，并根据模拟的结果确定在该根节点下如何落子，并更新祖先节点的估计值，该策略一般称为模拟策略或默认策略（default policy）。更具体来讲，蒙特卡罗树搜索算法共包含 4 个基本步骤，分别为选择（selection）、扩展（expansion）、模拟（simulation）和回溯（back propagation），如图 7.10 所示。图中的每个节点表示博弈过程中的一个盘面状态，每一条边表示在父节点上采取的一个行为，并得到子节点所对应的状态。这 4 个基本步骤依次执行，从而完成一次搜索。

（1）选择：从根节点出发，在搜索树上自上而下迭代式执行一个子节点选择策略，直至找到当前最为紧迫的可扩展节点为止。一个节点是可扩展的，当且仅当其所对应的状态是非停止状态，且拥有未被访问过的子状态。

（2）扩展：根据当前可执行的行为，向选定的节点上添加一个（或多个）子节点以扩展搜索树。

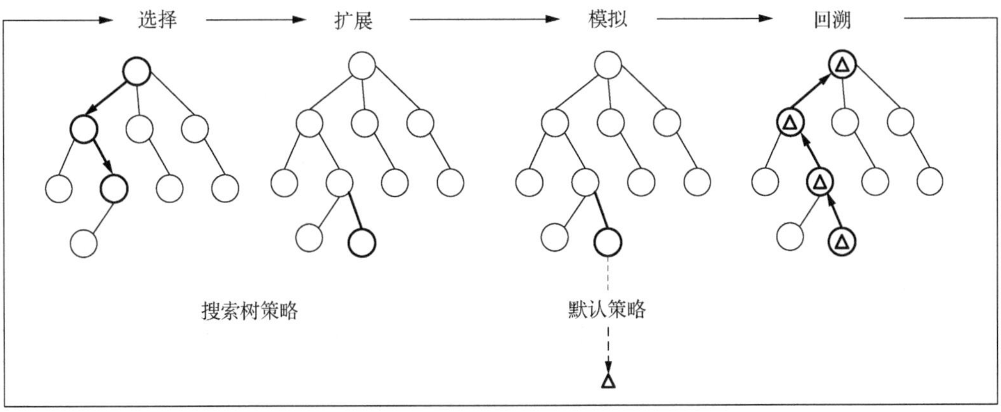

图 7.10　蒙特卡罗树搜索算法的流程

（3）模拟：根据默认策略在扩展出来的一个（或多个）子节点上执行蒙特卡罗棋局模拟，并确定节点的估计值。

（4）回溯：根据模拟结果向上依次更新祖先节点的估计值，并更新其状态。

```
算法 1：蒙特卡罗树搜索（MCTS）
function MCTSSEARCH (s_0)
以状态 s_0 创建根节点 v_0；
while 尚未用完计算时长 do:
v_t ← TREEPOLICY(v_0);
Δ ← DEFAULTPOLICY (s(v_t));
BACKUP(v_t, Δ);
end while
return α (BESTCHILD(v_0));
```

算法 1 是描述蒙特卡罗树搜索算法的伪代码。在该算法中，节点 v_0 是与初始状态 s_0 相对应的根节点，$s(v_t)$ 表示节点 v_t 所对应的状态。算法首先从根节点开始调用搜索树策略，并返回该过程中所确定的待扩展节点 v_t 及其对应的状态 (v_t)；接下来，算法从状态 (v_t) 开始调用默认策略进行随机模拟，返回报酬 Δ，并更新 v_t 及祖先节点的估计值；算法最终采取行动 a，并返回为根节点 v_0 计算得到的最优子节点 BESTCHILD(v_0)，当然，这里的“最优”与博弈的具体情况和算法的具体实现有关。

蒙特卡罗树搜索算法可以保证我们在从始至终的每一次随机模拟中随时得到行为的评价。因此，如果在模拟过程中某个状态被再次访问到，便可以利用之前的“行为-回报”信息来为接下来的选择做参考，借此便可以加速评价的收敛速度。一方面，如果被重复访问到的状态很少，那么蒙特卡罗树搜索算法就退化成非选择性的蒙特卡罗方法；另一方面，如果被重复访问到的后续状态在很大程度上都集中在少数几个状态上，那么相对于其他算法而言，蒙特卡罗树搜索算法则具有明显的优势。

7.5.2 AlphaZero 围棋程序

AlphaZero 是首个能够在国际象棋、围棋等游戏中达到超越人类水平、击败世界冠军的计算机系统，且它仅依赖于游戏规则，无需任何人类先验知识。仅凭给定的游戏规则，AlphaZero 即可进行自我博弈，逐步习得游戏策略与技巧，很快即可获得超人的表现。像 DeepBlue 这样的系统需要国际象棋专家的协助，而 AlphaZero 却是凭借自我博弈来变强大的。不单单是在国际象棋上，在围棋上，AlphaZero 同样表现出超越人类的强大统治力。考虑到围棋相较于其他棋盘游戏博弈空间更大等因素，对计算机来说，围棋是个极为复杂的游戏。人类从几千年来数百万次的博弈中才积累了诸如围棋和国际象棋等游戏的技艺，而 AlphaZero，一个仅使用游戏规则信息的算法，却能够在几天时间内重新寻获这些知识并发现新的游戏策略。DeepBlue 依赖于人为定义的“评价函数”系统，把棋盘的盘面状态作为输入，再输出该状态的“价值”。如今，对于深度学习模型来说，输入一张照片然后识别出照片里的对象十分简单，那么，把棋盘盘面作为一个深度学习模型的输入并且训练它，让它预测这样的盘面布置是会输还是会赢，棋局博弈需要的海量数据通过让电脑自己跟自己下着玩儿，生成一堆棋局，然后再把它们做成一个数据集用来训练。

AlphaZero 由两部分构成。第 1 部分是深度神经网络，第 2 部分则是蒙特卡罗树搜索（Monte Carlo Tree Search, MCTS）。在棋盘游戏中，玩家在决定下一步怎么走的时候往往会“多想几步”。AlphaZero 也一样。用深度神经网络来选择最佳的下一步走法后，其余低概率的位置就被忽略掉了。深度神经网络将指导并告诉机器哪些博弈路径值得探索，从而避免被许多无用的搜索路径所淹没。

7.5.3 蒙特卡罗树搜索在 AlphaZero 围棋程序的应用

在围棋游戏中，使用 MCTS 的具体做法是这样的：给定一个棋面，MCTS 共进行 N 次模拟，N 是模型的超参数。N 次模拟结束后，下一步的走法将是这 N 次模拟中所经次数最多的一步。主要代码如下：

进行 N 次 MCTS 模拟

```
# https://github.com/suragnair/alpha-zero-general/blob/5156c7fd1d2f3e5fefe732a4b2e
  0ffc5b272f819/MCTS.py#L37-L48
for i in range(self.args.numMCTSSims):  # self.args.numMCTSSims, the number of MCTS
                                          simulations to compute
    self.search(canonicalBoard)  # "search" is a MCTS simulations
s = self.game.stringRepresentation(canonicalBoard)
# Count how many times we have visited each node
counts = [self.Nsa[(s, a)] if (s, a) in self.Nsa else 0 for a in range(self.game.getActionSize())]

if temp == 0:
    # Pick the node that was visited the most
    bestAs = np.array(np.argwhere(counts == np.max(counts))).flatten()
    bestA = np.random.choice(bestAs)
    probs = [0] * len(counts)
    probs[bestA] = 1
    return probs
```

一次 MCTS 模拟从当前的棋盘状态出发，沿着博弈树中具有最大“置信区间上界（upper confidence bound, UCB）”值的节点不断地向下追溯，直到遇到之前从未见过的棋盘状态，也叫作“叶子”状态。

置信区间上界（UCB）用数学形式来说就是 $Q(s, a) + U(s, a)$。其中 s 是状态，a 是走法。$Q(s, a)$是我们希望由走法“a”构成状态“s”能够获得的期望值，与 Q learning 中的期望值一致。在这种情况下，该值的范围是-1（输）到 1（赢）。$U(s, a) \propto P(s, a) / (1 + N(s, a))$。这意味着 U 正比于 P 和 N。其中，$P(s, a)$是元组(s, a)的先验概率值，这个值是从神经网络那里得到的，而 $N(s, a)$是已经访问过状态 s 与对应的走法 a 的次数。

```
# Upper Confidence Bound
ucb = Qsa[(s,a)] + Ps[s,a] * sqrt(Ns[s]) / (1 + Nsa[(s,a)]
```

UCB 的要点在于，其起初更倾向于具有较高先验概率(P)和较低访问次数(N)的走法，但渐渐地会倾向于具有较高动作价值(Q)的走法。

Part A——选择具有最大置信区间上界值的走法

```
# https://github.com/suragnair/alpha-zero-general/blob/5156c7fd1d2f3e5fefe732a4b
  2e0ffc5b272f819/MCTS.py#L105-L121
cur_best = -float('inf')
best_act = -1

# pick the action with the highest upper confidence bound
for a in range(self.game.getActionSize()):
    if valids[a]:
        if (s, a) in self.Qsa:
            u = self.Qsa[(s, a)] + self.args.cpuct * self.Ps[s][a] * math.sqrt(self.Ns[s]) /
                    (1 + self.Nsa[(s, a)])
        else:
            u = self.args.cpuct * self.Ps[s][a] * math.sqrt(self.Ns[s] + EPS)  # Q = 0 ?

        if u > cur_best:
            cur_best = u
            best_act = a

a = best_act
next_s, next_player = self.game.getNextState(canonicalBoard, 1, a)
next_s = self.game.getCanonicalForm(next_s, next_player)

# Recursively visit the node
v = self.search(next_s)
```

一旦找到一个叶子状态，就把这个叶面状态送入神经网络，就是扩展与评估部分。代码如下。

Part B——扩展与评估

```
# leaf node
self.Ps[s], v = self.nnet.predict(canonicalBoard)
```

```
valids = self.game.getValidMoves(canonicalBoard, 1)
self.Ps[s] = self.Ps[s] * valids  # masking invalid moves
sum_Ps_s = np.sum(self.Ps[s])
self.Ps[s] /= sum_Ps_s  # renormalize
self.Vs[s] = valids
self.Ns[s] = 0
```

最后，模型将传回神经网络返回的值。相关代码如下。

Part C——备份

```
v = self.search(next_s)

if (s, a) in self.Qsa:
    self.Qsa[(s, a)] = (self.Nsa[(s, a)] * self.Qsa[(s, a)] + v) / (self.Nsa[(s, a)] + 1)
    self.Nsa[(s, a)] += 1
else:
    self.Qsa[(s, a)] = v
    self.Nsa[(s, a)] = 1

self.Ns[s] += 1
return -v
```

AlphaZero 面对上文提及的棋面时如何决定走哪一步呢？

图 7.11 所示的 AlphaZero 决策过程会进行 50 次蒙特卡罗树搜索模拟。

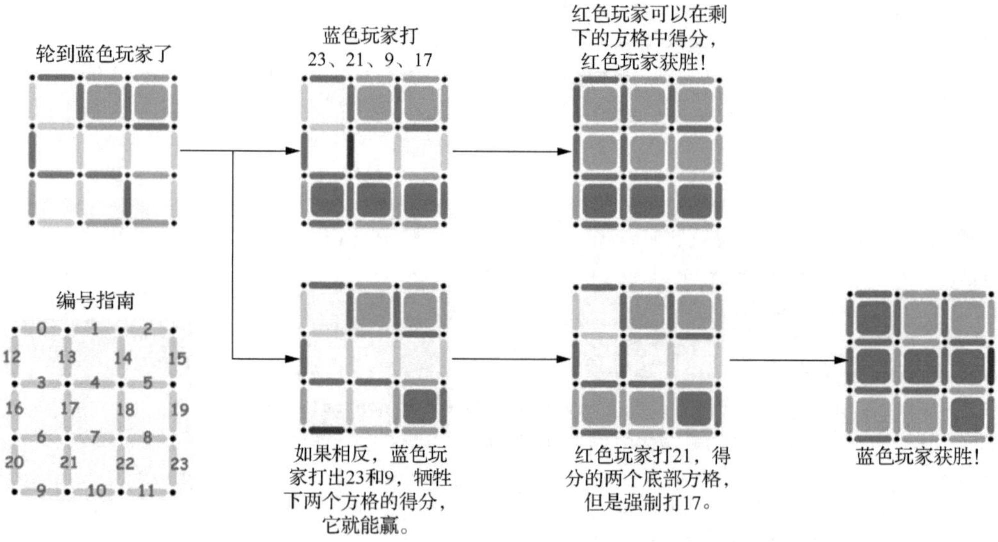

图 7.11　AlphaZero 决策过程

下面展示的就是每次迭代的路径。

```
Simulation #1 -> Expand root node
Simulation #2 -> 23
Simulation #3 -> 21
```

```
Simulation #4 -> 9
Simulation #5 -> 17
Simulation #6 -> 12
Simulation #7 -> 19
Simulation #8 -> 3
Simulation #9 -> 18
Simulation #10 -> 23,24
Simulation #11 -> 21,24
Simulation #12 -> 23,24,21
Simulation #13 -> 21,24,23,24
Simulation #14 -> 23,24,9
Simulation #15 -> 23,24,17
Simulation #16 -> 21,24,9
Simulation #17 -> 23,24,12
Simulation #18 -> 23,24,18
Simulation #19 -> 21,24,17
Simulation #20 -> 23,24,21,24,9
Simulation #21 -> 21,24,19
Simulation #22 -> 23,24,3
Simulation #23 -> 21,24,18
Simulation #24 -> 23,24,19
Simulation #25 -> 21,24,23,24,17
Simulation #26 -> 23,24,21,24,18
Simulation #27 -> 23,24,21,24,3
Simulation #28 -> 21,24,3
Simulation #29 -> 23,24,21,24,19
Simulation #30 -> 21,24,12
Simulation #31 -> 23,24,21,24,9,24
Simulation #32 -> 21,24,23,24,12
Simulation #33 -> 23,24,21,24,9,24,18
Simulation #34 -> 21,24,23,24,9,24,17
Simulation #35 -> 23,24,21,24,9,24,12
Simulation #36 -> 23,24,21,24,9,24,3
Simulation #37 -> 21,24,23,24,9,24,19
Simulation #38 -> 23,24,21,24,9,24,18,17
Simulation #39 -> 21,24,23,24,9,24,18,17,24
Simulation #40 -> 23,24,21,24,9,24,18,17,24,19
Simulation #41 -> 21,24,23,24,9,24,18,17,24,19,24
Simulation #42 -> 23,24,9,21
Simulation #43 -> 23,24,9,18
Simulation #44 -> 23,24,9,17
Simulation #45 -> 23,24,9,19
Simulation #46 -> 23,24,9,12
Simulation #47 -> 23,24,9,21,24
Simulation #48 -> 23,24,9,3
Simulation #49 -> 23,24,9,21,24,18
Simulation #50 -> 23,24,9,21,24,17
```

上面显示的结果的意思是，在第一次模拟中，由于算法之前并未见过这个棋面，因此输入的棋面实际上是一个“叶子”状态节点，需要先“扩展”这个节点。所谓扩展就是把棋面送到神经网络里对每个位置进行概率评估。

在 50 次模拟后，是时候做出决定了。MCTS 选择了其访问次数最多的位置。下面列出了每个走法的访问次数（只统计路径中的第 1 个位置）。

```
counts[3] = 1
counts[9] = 1
counts[12] = 1
counts[17] = 1
counts[18] = 1
counts[19] = 1
counts[21] = 15
counts[23] = 28
```

3、9、12、17、18 及 19 号位置只在最初 10 次模拟中访问了 1 次。接着 MCTS 专注于 21 和 23 号位置，且在最后 9 次模拟中都先走 23 号。因为 23 号位置被访问次数最多，达到了 28 次之多，因此 MCTS 最终返回 23 作为下一步的走法。

通过每一次模拟，MCTS 依靠神经网络，使用累计价值（Q）、神经网络给出的走法先验概率（P）及访问对应节点的频率这些数字的组合，沿着最有希望获胜的路径（换句话说，也就是具有最大置信区间上界的路径）进行探索。

在每一次模拟中，MCTS 都会尽可能地向纵深进行探索，直至遇到它从未见过的盘面状态，在这种情况下，它会通过神经网络来评估该盘面状态的优劣。

7.6　知识图谱方法

7.6.1　知识图谱概念

知识图谱是美国谷歌公司提出的一个概念，从定义上来说，知识图谱就是结构化的语义知识库，是一种基于图的数据结构，用于描述物理世界中的概念及其相互关系。

既然是图就有边和节点，边指的是事物之间的关系，而节点这里简单地分成两种。一种是实体，所谓实体就是指现实世界中的一些具体的事物，比如说一个人、一座城市、一家公司等，都属于实体的范畴。除此之外，我们还可以考虑一下，在现实世界里，我们除了需要描述事物之间的关系，有时候我们还需要描述事物本身具备的一些特征，比如“小明是一个大学生”“小明发表了 10 篇论文”“小明有 2 部汽车”。对于这种情况，就要考虑另一种类型的节点——属性。属性可以分为对象属性和数据属性，在“小明是一个大学生”中，“大学生”就是一个对象属性节点，边可以是“当前学历”；在“小明发表了 10 篇论文”中，“10”是一个数据属性，边可以是“已发表论文数”。图 7.12 所示是一个知识图谱。

接下来我们要谈的是如何存储知识，或者说如何表示知识。虽然现在比较前沿的研究方向是通过稠密的低维向量实现对实体和关系的分布式表示，但是常用的是最简单的三元组。

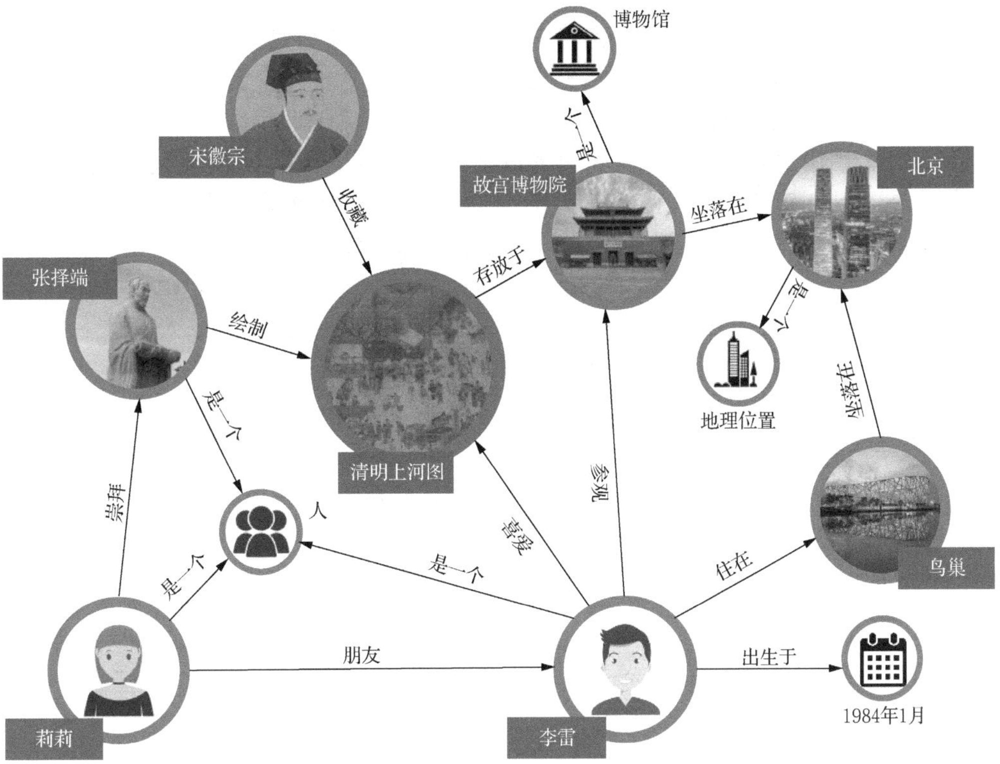

图 7.12　知识图谱实例

所谓三元组就是< header entity, relation, tail entity >。比如说“小明是一个大学生”可以表示为<小明，当前学历，大学生>，“小明今年 10 岁”可以表示为<小明，年龄，10 >，这样就可以把知识数据进行结构化地存储。

7.6.2　如何构建一个知识图谱

接下来介绍一下如何构建一个知识图谱，用到的工具是 Neo4j。

Neo4j 作为一个图数据库，为了数据的储存、读写等操作更合理高效，在设计逻辑上与知识图谱有一些差别，所以这里先介绍一下 Neo4j 的一些概念。为了方便对应 Neo4j 的官方文档，下列的概念一律用英文。构建的三元组示例如图 7.13 所示。

节点（node）是 Neo4j 的基本概念，如图 7.14 所示是 Neo4j 的一个单一节点。

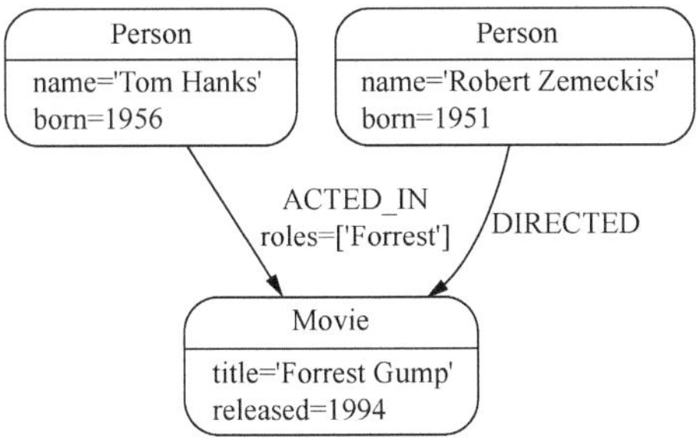

图 7.13　三元组示例

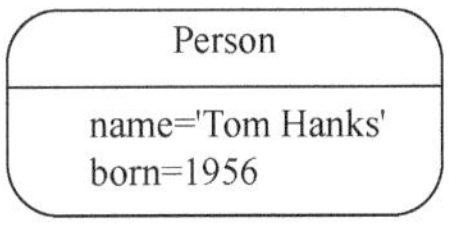

图 7.14　节点示例

Neo4j 的 node 和之前讲到的知识图谱中的节点不同，它不仅是一个单一的实体或者属性，还包括了 label 和 property。其中 label（标签）是 Neo4j 引入的一个新概念，它的作用是根据 label 把 node 划分成一个个集合，比如说“学生”可以是一个 label，“国家”也可以是一个 label。label 具体是什么由用户来设计，用户可以通过指定 label 对这一批数据进行特定的操作。

除此之外，一个节点可以拥有一个或多个标签，如图 7.15 所示。为节点设计什么标签，主要还是要根据实际情况判断，看如何设计能便于数据的查询和修改等操作。

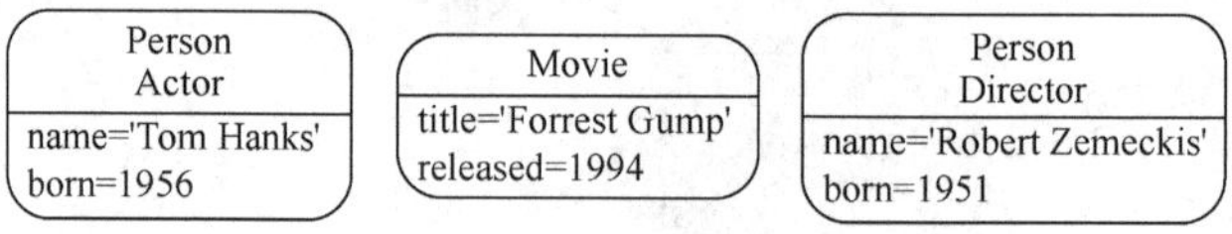

图 7.15　标签示例

还有一个概念是关系（relationship），relationship 就是连接两个节点的边，而且它是有向边。relationship 中包含 relationship type，比如 ACTED_IN。图 7.16 所示的就是表示汤姆 • 汉克斯（Tom Hanks）是电影《阿甘正传》（“Forrest Gump”）中的一个演员。

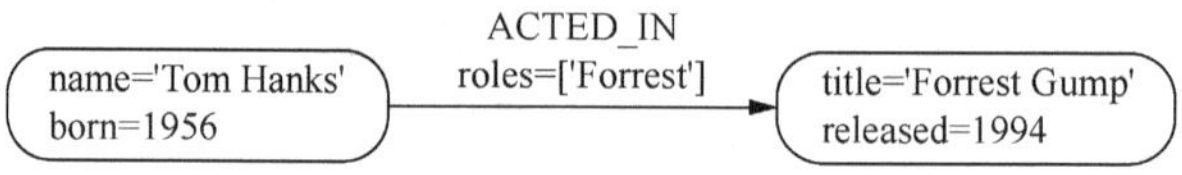

图 7.16　关系示例

第 4 个概念是 property，property 是一个键值对，在之前对 node 的介绍中也提到，node 由 label 和 property 构成。需要注意的是，node 和 relationship 都可以有 property，比如图 7.16 中的 ACTED_IN 中就通过 property 说明了 Tom Hanks 在电影“Forrest Gump”中扮演的角色是 Forrest。

经过上面的介绍，主要想说明的是，Neo4j 主要的目的也是构建一个知识图谱，不过在实现上它更多地从数据库的角度出发，引入了 label 等结构，增强了用户在查询、增删数据时的便利度。除此之外还有其他一些概念，有兴趣的读者可以看看 Neo4j 的官方文档。假设我们已经安装好 Neo4j，通过网络可以对其进行访问。

我们可以通过 Cypher 或者 Python 对 Neo4j 进行操作，Cypher 相当于 MySQL 数据库操作语言。以下就是利用 Python 的 py2neo 库建一个简单的红楼梦人物关系知识图谱，案例中采用 OpenKG（开放的知识图谱）中的四大名著的人物关系数据集，采用 Python 中的 py2neo 库对 Neo4j 进行操作，从而实现四大名著中红楼梦人物关系知识图谱的创建。

```
import csv
from py2neo import Graph,Node,Relationship

#连接 neo4j
g=Graph('http://localhost:7474',user='neo4j',password='wdqqmm..')

# 将之前的图全部删除
g.delete_all()

```

```
#加载红楼梦数据集
with open('./triples.csv','r',encoding='utf-8') as f:
    reader=csv.reader(f)
    for item in reader:
        if reader.line_num==1:
            continue
        print("当前行数：",reader.line_num,"当前内容：",item)

        #创建头实体、尾实体及关系
        start_node=Node("Person",name=item[0])
        end_node=Node("Person",name=item[1])
        relation=Relationship(start_node,item[3],end_node)

        # 将头实体、尾实体及关系依次写入数据库
        g.merge(start_node,"Person","name")
        g.merge(end_node,"Person","name")
        g.merge(relation,"Person","name")
```

在程序运行结束后，我们就可以打开本地 Neo4j 数据库查看知识图谱的创建情况。

7.7　小　　结

本章主要学习了认知智能的基本含义，初级机器认知智能的主要方法，包括推理方法、搜索方法、知识图谱方法，以及场景理解、视觉问答方法。其中在搜索方法中，介绍了直觉推理、因果推理等新型推理方法。在搜索方法中，以蒙特卡罗树搜索在围棋程序 AlphaZero 中的应用为例，介绍如何将搜索技术结合深度学习等方法，模拟人类的直觉及思维能力。最后介绍了以 Neo4j 为基础实现知识图谱的案例。机器认知智能总体上相对于感知智能还处于原始阶段，未来拥有类人的认知智能的机器，甚至超越人类认知智能的机器将随着技术进步可能出现在现实中。

第 8 章　机器语言智能原理与方法

8.1　自然语言处理技术

自然语言处理（natural language processing, NLP）就是用计算机来处理、理解及运用人类语言（如中文、英文等），它属于人工智能的一个分支，是计算机科学与语言学的交叉学科，又常被称为计算语言学。由于自然语言是人类区别于其他动物的根本标志，没有语言，人类的思维也就无从谈起，所以自然语言处理体现了人工智能的最高任务与境界，也就是说，只有当计算机具备了处理自然语言的能力时，机器才算实现了真正的智能。

从研究内容来看，自然语言处理包括语法分析、语义分析、篇章理解等。从应用角度来看，自然语言处理具有广泛的应用前景。特别是在信息时代，自然语言处理的应用包罗万象，例如机器翻译、手写体和印刷体字符识别、语音识别及文语转换、信息检索、信息抽取与过滤、文本分类与聚类、舆情分析和观点挖掘等，它涉及与语言处理相关的数据挖掘、机器学习、知识获取、知识工程、人工智能研究，以及与语言计算相关的语言学研究等。值得一提的是，自然语言处理的兴起与机器翻译这一具体任务有着密切联系。

无论是实现自然语言理解，还是自然语言生成，都远不止人们原来想象的那么简单，而是十分困难的。从现有的理论和技术现状看，通用的、高质量的自然语言处理系统仍然是长期的努力目标，但是针对一定应用的、具有相当自然语言处理能力的实用系统已经出现，有些已商品化，甚至开始产业化。典型的例子有多语种数据库和专家系统的自然语言接口、各种机器翻译系统、全文信息检索系统、自动文摘系统等。

8.2　自然语言理解方法

句子一般有简单句和复合句之分。简单句的理解比复合句要容易，它又是理解复合句的基础。因此，我们首先讨论简单句的理解，然后讨论复合句的理解。

8.2.1　简单句的理解方法

由于简单句是可以独立存在的，因而为了理解一个简单句，即建立一个与该简单句相对应的机内表达，需要做以下两项工作：

（1）理解语句中的每一个词。

（2）以这些词为基础组成一个可以表达整个语句意义的结构。

第 1 项工作看起来很容易，似乎只要查一下字典就可以解决。但实际上由于许多单词有不止一种含义，因而只由单词本身往往不能确定其在句中的确切含义，需要通过语法分析和上下文关系等才能最终确定。例如，单词 diamond 有“菱形”、“棒球场”和“钻石”3 种意思，在句子“John saw Susan’s diamond shimmering from across the room.”中，由于“shimmering”的出现，则显然“diamond”是“钻石”的意思，因为“菱形”和“棒球场”都不会闪光。再如，在句子“I’ll meet you at the diamond.”中，由于“at”后面需要一个时间或地点名词作为它的宾语，因而显然这里的“diamond”是“棒球场”的意思，而不能是其他意思。

第 2 项也是一个比较困难的工作。因为要联合单词来构成表示一个句子意义的结构，需要依赖各种信息源，其中包括所用语言的知识、语句所涉及领域的知识，以及有关该语言使用者应共同遵守的习惯用法的知识。由于这个解释过程涉及许多事情，因而常常将这项工作分成以下 3 个阶段来进行。

（1）句法分析：将单词之间的线性次序变换成一个显示单词如何与其他单词相关联的结构。

（2）语义分析：各种意义被赋予由句法分析程序所建立的结构，即在句法结构和任务领域内对象之间进行映射变换。

（3）语用分析：为确定句子的真正含义，对表达的结构重新加以解释。

实际上这 3 个阶段之间是相互关联的，总是以各种方式相互影响着。尽管在某种程度上把它们分开是有效的，但绝对分开是不可能的。

8.2.2　复合句的理解方法

正像上述介绍的，简单句的理解不涉及句与句之间的关系，它的理解过程是首先赋予单词以意思，然后再给整个语句赋予一种结构。而一组语句的理解，无论它是一个文章选段还是一段对话节录，均要求发现句子之间的相互关系。在特定的文章中，这些关系的发现对于理解起着十分重要的作用。

这种关系包括以下几种。

（1）相同的事物，例如，“珊珊有只红气球。莎莎想要它。”单词“它”和“红气球”指的是同一物体。

（2）事物的一部分，例如，“小琴翻开她刚买的书。扉页已被撕坏了。”“扉页”指的是“刚买的书”的一部分。

（3）行动的一部分，例如，“王刚出差去上海。他乘早班飞机动身。”乘飞机应看成出差的一部分。

（4）与行动有关的事物，例如，“李明决定骑车去商店。他走到车棚，可是发现他的自行车没气了。”李明的自行车应理解为与他骑车去商店这一行动有关的事物。

（5）因果关系，例如，“昨天有一场暴风雪。所以学校今天停课。”下雪应理解为停课的原因。

（6）计划次序，例如，“小丽想买辆新车。她决定找一份工作干。”小丽突然对工作感兴趣，应理解为由她想买一辆新车而买新车需要钱引起的。

要能做到理解这些复杂的关系，必须具有相当广泛领域的知识才行，也就是要依赖于大型的知识库，而且知识库的组织形式对能否正确理解这些关系起着很重要的作用。

如果知识库的容量较大，则有一点是比较重要的，即如何将问题的焦点集中于知识库的相关部分。

8.3 机器语言智能技术应用——聊天机器人

8.3.1 聊天机器人发展历史与现状

聊天机器人是一种通过自然语言模拟人类进行对话的程序。通常运行在特定的软件平台上，如 PC 平台或者移动终端设备平台，而类人的硬件机械体则不是必需的承载设备。聊天机器人的研究源于图灵在 1950 年于 *Mind* 上发表的文章“Computing Machinery and Intelligence”，文章开篇提出了“机器能思考吗？”（“Can machines think?”）的设问，并且通过让机器参与一个模仿游戏（imitation game）来验证“机器”能否“思考”，进而提出了经典的图灵测试（Turing Test）。图灵测试被认为是人工智能的终极目标，图灵本人也因此被称作“人工智能之父”。

最早的聊天机器人 ELIZA 诞生于 1966 年，由美国麻省理工学院的约瑟夫 • 魏泽鲍姆（Joseph Weizenbaum）开发，用于在临床治疗中模仿心理医生。1988 年，美国加州大学伯克利分校的罗伯特 • 威伦斯基（Robert Wilensky）等开发了名为 UC（UNIX Consultant）的聊天机器人系统。为了将图灵测试付诸实践，美国科学家兼慈善家休 • 勒布纳（Hugh G Loebner）于 1990 年设立了人工智能年度比赛——勒布纳奖（Loebner Prize）。受到 ELIZA 聊天机器人的启发，美国的理查德 • S. 华勒斯（Richard S. Wallace）博士在 1995 年开发了 ALICE 系统。ALICE 曾经在 2000 年、2001 年和 2004 年 3 次问鼎勒布纳奖。2018 年以后，深度学习支撑的聊天机器人发展十分迅速。2022 年 11 月末，一款名为 ChatGPT 的软件风靡世界。美国的人工智能研究和部署公司 OpenAI 发布 ChatGPT 后的短短 5 天内，就吸引了 100 万用户。官方描述称其是一个“可以连续回答问题、承认自己的错误、挑战不正确的前提并拒绝不适当的要求”的对话模型。从闲聊、回答问题到写小说、诗歌，到帮程序员解决程序中的缺陷（bug）等，ChatGPT 表现出的能力让不少人惊叹。ChatGPT 是 OpenAI 开发的大型预训练语言模型，是 GPT-3 模型的一个变体，经过训练可以在对话中生成类似人类的文本响应。ChatGPT 背后的算法基于 transformer 架构，这是一种使用自注意力机制处理输入数据的深度神经网络。transformer 架构广泛应用于语言翻译、文本摘要、问答等自然语言处理任务等领域。ChatGPT 可用于创建能与用户进行各种对话的聊天机器人。

8.3.2 聊天机器人与自然语言理解

通常来说，聊天机器人系统中的自然语言理解功能包括用户意图识别、用户情感识别、指代消解、省略恢复、回复确认及拒识判断等技术。

（1）用户意图识别：用户意图又包括显式意图和隐式意图。显式的意图通常对应一个明确的需求，如用户输入“我想预订一个标准间”，明确表明了想要预订房间的意图；而隐式意图则较难判断，如用户输入“我的手机用了 3 年了”，有可能他想要换一个手机，或者显示其手机性能和质量良好。

（2）用户情感识别：用户情感同样也包含显式和隐式两种，如用户输入“我今天非常高兴”，明确表明了其喜悦的情感；而“今天考试刚刚及格”，则不太容易判断用户的情感。

（3）指代消解和省略恢复：在对话过程中，由于人们之间具备聊天主题背景一致性的前提，用户通常使用代词来指代上文中的某个实体或事件，或者干脆省略一部分句子成分。但对于聊天机器人系统来说，只有明确了代词指代的成分及句子中省略的成分，才能正确地理解用户的输入，给出合乎上下文语义的回复。因此需要进行代词的消解和省略的恢复。

（4）回复确认：用户意图有时会带有一定的模糊性，这时就需要系统具有主动询问的功能，进而对模糊的意图进行确认，即回复确认。

（5）拒识判断：聊天机器人系统应当具备一定的拒识能力，主动拒绝识别超出自身回复范围的或者涉及敏感话题的用户输入。

当然，词法分析、句法分析及语义分析等基本的自然语言处理技术，对于聊天机器人系统中的自然语言理解功能也起到了至关重要的作用。

8.3.3　聊天机器人关键技术

一般来说，对于非任务导向型聊天机器人系统，目前主要是用两种方法实现。

（1）生成方法。例如序列到序列模型。在对话过程中产生合适的回复，生成型聊天机器人目前是一个热点。与检索型聊天机器人不同的是，生成型聊天机器人可以生成一种全新的回复，因此相对更为灵活。但它也有自身的缺点，比如有时候会出现语法错误，或者生成一些没有意义的回复。

（2）基于检索的方法。从事先定义好的索引中进行搜索，学习从当前对话中选择回复。检索型方法的缺点在于过于依赖数据质量，如果选用的数据质量欠佳，那就很有可能前功尽弃。

1. 神经生成模型

序列到序列模型（sequence-to-sequence models, Seq2Seq 模型）给定包含若干个词语的输入序列 $X=(x_1,x_2,\cdots,x_T)$ 和长度为 T 的目标序列 $Y=(y_1,y_2,\cdots,y_T)$，模型最大化 Y 在 X 下的条件概率：

$$p(y_1,\cdots,y_T,|\,x_1,\cdots,x_T) \tag{8-1}$$

具体来说，Seq2Seq 模型也属于编码器-解码器（encoder-decoder）结构，如图 8.1 所示是这种结构的示意。

编码器将 X 逐字读入，并通过递归神经网络（RNN）将其表示为上下文语义向量 c，然后译码器将 c 作为输入估计 Y 的生成概率。

而编码器很简单，直接使用 RNN（一般用 LSTM）进行语义向量生成即可。

$$h_t=f(x_t,h_{t-1}) \tag{8-2}$$

$$c=\phi(h_1,\cdots,h_T) \tag{8-3}$$

其中，f 是非线性函数，例如 LSTM、GRU；h_{t-1} 是上一隐节点输出；x_t 是当前时刻的输入。向量 c 通常为 RNN 中的最后一个隐节点或者多个隐节点的加权和。

模型的解码器是使用另一个 RNN 通过当前隐状态 h_t 来预测当前的输出符号 y_t，这里的 y_t 和 h_t 都与其前一个隐状态和输出有关。Seq2Seq 的目标函数定义为

$$p\left(y_1,\cdots,y_{T'}|\,x_1,\cdots,x_T\right)=p\left(y_1|\,c\right)\prod_{t=2}^{T'}p\left(y_t|\,c,y_1,\cdots,y_{t-1}\right) \tag{8-4}$$

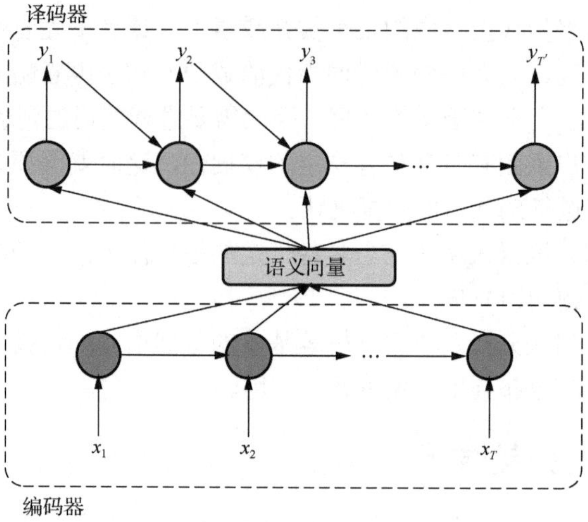

图 8.1　Seq2Seq 模型

2. 基于检索的方法

基于检索的方法从候选回复中选择回复。检索方法的关键是消息-回复匹配，匹配算法必须克服消息和回复之间的语义鸿沟。几种文本匹配相似度计算的方法如下。

1）最长公共子序列

该方法思路较为简单，直接使用最长公共子序列算法，设字符串 A 长度为 L_1，字符串 B 长度为 L_2，它们的最长公共子序列为 lcs，那么这两个字符串的相似度的度量为 sim=2×lcs/（L_1+L_2）。

2）向量相似度

这种方法思路同样较为简单，将两个字符串的分词转换成空间中的向量点，计算两个文本的余弦相似度或欧氏距离即可。

3）编辑距离

编辑距离是两个字串之间，由一个转成另一个所需的最少编辑操作次数。

4）CNN 文本相似度

传统文本相似度算法侧重于文本本身的相似度计算，因此需要大量的归一化的过程，例如，中文数字和阿拉伯数字的归一化，中英文单位的归一化（例如 kg 和千克）。但是即使通过归一化的方法，仍然有很多语义相似的文本无法通过这种方法得到满意的结果。比如，两道数学题：题 1 为“一个苹果+二个苹果等于多少个苹果？”，题 2 为“一个香蕉+二个香蕉等于多少个香蕉”。显然这两道题语义是高度接近的，但是用传统的文本相似度计算方法计算得到的相似度是非常低的，这不能满足现代互联网或其他领域对文本语义相似度任务的需要，于是需要使用 CNN 和词向量的方式来计算文本语义相似度，这是因为词向量的固有特性。换言之，文本相似度计算不仅计算两个字符串在物理意义上的相似度，还计算文本的语义相似度。

3. 单轮回复匹配

检索聊天机器人的早期研究主要集中在反映选择单轮回复的谈话，只有消息用于选择一个合适的回复。目前比较新的方法如图 8.2 所示，利用深度卷积神经网络体系结构改进模型，学习消息和响应的表示，或直接学习两个句子的相互作用表示，然后用多层感知器来计算匹配的分数。

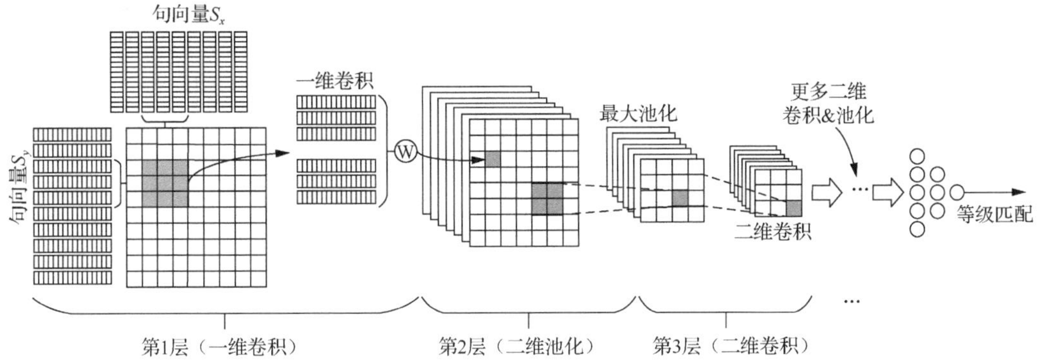

图 8.2　单轮谈话模型

4. 多轮回复匹配

在多轮回复选择中，将当前的消息和之前的谈话作为输入，模型选择一个自然的、与整个上下文相关的响应。重要的是要在之前的谈话中找出重要的信息，并恰当地模仿谈话的关系，以确保谈话的连贯性。多轮谈话的难点在于不仅要考虑当前的问题，还要考虑前几轮的谈话情景；还在于如何明确上下文的关键信息（关键词、关键短语或关键句）及在上下文中如何模拟多轮谈话间的关系。如图 8.3 所示，通过 RNN 的结构将上下文（所有之前的谈话和当前消息的连接）和候选响应分别编码到上下文向量和回复向量中，然后根据这两个向量计算出匹配度分数。

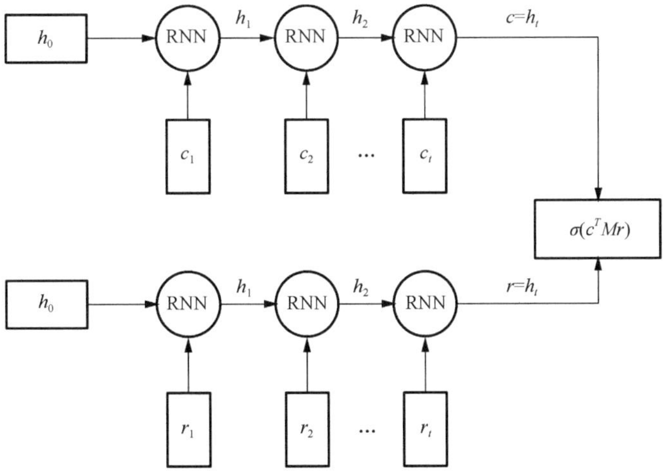

图 8.3　多轮谈话模型

8.3.4　一个聊天机器人的简单例子

本节将创建一个聊天机器人，使用的知识点包括语料处理、词嵌入、变长序列处理、注意力机制等。通过学习本节内容，读者对自然语言的理解将更深一层。

1. 中文对话语料

语料通常指在统计自然语言处理中实际上不可能观测到的大规模的语言实例，所以人们简单地用文本作为替代，并把文本中的上下文关系作为现实世界中语言的上下文关系的替代品。语料库一词在语言学上意指大量的文本，通常经过整理，并具有既定格式与标记。本节采用搜集的对话数据，问答对以“|”分隔，每行数据为一个问答对，样例数据如下。

```
什么是AI|人工智能是工程和科学的分支，致力于构建思维的机器。
你写的是什么语言|蟒蛇。
你听起来像数据|是的，我受到指挥官数据的人工个性的启发。
你是一个人工语言实体|那是我的名字。
你不是不朽的|所有的软件都可以永久存在。
你没有意义|恰恰相反，这一切都对我的假想心理有意义。
你没有意义|这一切对我的人造大脑都有意义。
你是不朽的|不是，但我可以永远永远。
你没有任何意义|这一切都对我的人造心灵有意义。
你不能克隆|软件复制是数字克隆的一种形式。
```

整个语料共有 106 942 条数据，使用“|”作为分隔符，对问答对进行拆分，并构建语料词典。由于要将处理好的句子传入 Seq2Seq 模型中进行学习，所以还需要设置句子开始和结束的标志，用于判读句子的开始和结束。对同一个批次中较短的文本需要使用填充字符进行填充，因此还需要指定填充字符，以及输入网络序列的最大长度。构建词典需要考虑低频词和高频词的处理，考虑对词频小于阈值的词直接进行过滤，对于未录入的词使用</UNK>进行替换。下面借助 Jieba 分词工具，使用上述语料构建问答词典。

2. 构建问答词典

首先定义开始符、结束符、未录入字符替换符和句子填充符，然后定义字典最大长度、输入序列最大长度及处理后的文件保存路径。

```
#未录入字符替换符
unknown='</UNK>'
#句子结束符
eos='</EOS>'
#句子开始符
sos='</SOS>'
#句子填充符
padding='</PAD>'
#字典最大长度
max_voc_length=50000
#加入字典的词的词频最小值
min_freq=1
#最大句子长度
max_sentence_length=50
#已处理的对话数据集保存路径
save_path='QNS_corpus.pth'
#中文英文处理正则
reg=re.compile("[^\u4e00-\u9fa5^a-z^A-Z^0-9]")
```

接下来定义原始语料处理函数，完成分词、词频统计，构建好词典并将处理好的数据保存到外部文件。

```
def datapreparation():
'''''处理对话数据集'''
    data=[]
    lines = np.load("./datas/CN-corpus.npy")
    for line in lines:
        values = line.split('|')
        sentences = []
        for value in values:
            sentence = jieba.lcut(reg.sub("",value))
            #在每句话的结束添加</EOS>标记
            sentence = sentence[:max_sentence_length] + [eos]
            sentences.append(sentence)
        data.append(sentences)
    '''''生成字典和句子索引'''
    words_dict = {} #统计单词的词频
    def update(word):
        words_dict[word] = words_dict.get(word, 0) + 1
    #更新词典
    {update(word) for sentences in data for sentence in sentences for word in sentence}
    #按词频从高到低排序
    word_nums_list = sorted([(num, word) for word, num in words_dict.items()], reverse=True)
    #词典最大长度：max_voc_length，最小单词词频：min_freq
    words = [word[1] for word in word_nums_list[:max_voc_length] if word[0] >= min_freq]
    words = [unknown, padding, sos] + words
    word2ix = {word: ix for ix, word in enumerate(words)}
    ix2word = {ix: word for word, ix in word2ix.items()}
    #使用构建的词典对原对话语料进行编码
    ix_corpus = [[[word2ix.get(word, word2ix.get(unknown)) for word in sentence] for
                sentence in item] for item in data]
    clean_data = {
        'corpus': ix_corpus,
        'word2ix': word2ix,
        'ix2word': ix2word,
        'unknown' : '</UNK>',
        'eos' : '</EOS>',
        'sos' : '</SOS>',
        'padding': '</PAD>',
    }
    torch.save(clean_data, save_path)
    return words_dict
```

3. 解码器双向多层 GRU

问答系统本质上属于编码器-解码器模型，通过编码器对问句进行编码，得到问句的语义表示 C；解码器根据语义表示对 C 进行解码，并不断生成答案，直到遇到结束符“</EOS>”或达到最大句子长度。

编码器是一个序列模型，可以使用循环神经网络、LSTM、GRU 等模型， 考虑到训练速度，这里采用 GRU 序列模型。因为序列模型的输入为自然语言，所以需要先对输入的自然语言进行词嵌入。词嵌入有两种方法：一种是使用 Word2vec 方法，预先训练好词向量，在 embedding 层中直接加载预训练好的词向量，并将 requires_grad 设置为 false，以冻结权重参数；另一种方法是使用 nn.Embedding 从零开始训练。为了简化流程，这里采用第 2 种方法进行词嵌入。编码器的实现如下。

```
class EncoderRNN(nn.Module):
    def __init__(self, opts, voc_length):
        super(EncoderRNN, self).__init__()
        self.num_layers = opts.num_layers
        self.hidden_size = opts.hidden_size
        self.embedding = nn.Embedding(voc_length, opts.embedding_dim)
        #双向 GRU 作为 Encoder
        self.gru = nn.GRU(opts.embedding_dim, self.hidden_size, self.num_layers,dropout=
                   opts.dropout, bidirectional=opts.bidirectional)
    def forward(self, input_seq, input_lengths, hidden=None):
        """
        input_seq:[max_seq_length,batch_size]
        input_lengths:the lengths in batchs
        """
        embedded = self.embedding(input_seq)
        #packed data shape:[all_words_size_in_batch,embedding_size]
        packed = pack_padded_sequence(embedded, input_lengths)
        #outputs data shape:[all_words_size_in_batch,num_layer*hidden_size]
        #hidden shape:[num_layer*bidirection,batch_size,hidden_size]
        outputs, hidden = self.gru(packed, hidden)
        #outputs shape:[max_seq_length,batch_size,num_layer*hidden_size]
        outputs, _ = pad_packed_sequence(outputs)
        #将双向的 outputs 求和
        outputs = outputs[:, :, :self.hidden_size] + outputs[:, : ,self.hidden_size:]
        return outputs, hidden
```

4. 运用注意力机制

使用注意力机制的关键是计算注意力权重。常见的计算注意力权重的方式有以下 3 种。

第 1 种方式是最简单的，对某个时刻的隐状态和所有输入步骤的输出做点乘运算。点乘的数学意义实际上是一个向量在另一个向量上的投影，因此点乘的大小在某种程度上等于相似度。可以使用点乘做两个向量之间的相似度计算，计算的得分值经过 softmax 函数归一化之后便可得到权重概率值，该概率值正好可以用于表示当前的输出对输入的每个值的关注程度。第 2 种方式是引入一个可以学习的矩阵，对其做线性变换，再求内积。第 3 种方式是将某一时刻的隐状态和输出值进行拼接，然后用一个全连接网络计算分值。前两种方式的实现如下所示。

```python
class Attention(torch.nn.Module):
    def __init__(self, attn_method, hidden_size):
        super(Attention, self).__init__()
        #Attention 的方式：dot 和 general
        self.method = attn_method
        self.hidden_size = hidden_size
        if self.method not in ['dot', 'general']:
            raise ValueError(self.method, "is not an appropriate attention method.")
        if self.method == 'general':
            self.attn = torch.nn.Linear(self.hidden_size, self.hidden_size)
    #dot 方式
    def dot_score(self, hidden, encoder_outputs):
        """
        hidden shape:[1,batch_size,hidden_size]
        encoder_outputs shape:[max_seq_length,batch_size,hidden_size]
        result shape:[max_seq_length,batch_size]
        """
        return torch.sum(hidden * encoder_outputs, dim=2)
    #general 方式
    def general_score(self, hidden, encoder_outputs):
        energy = self.attn(encoder_outputs)
        return torch.sum(hidden * energy, dim=2)
    #前向传播
    def forward(self, hidden, encoder_outputs):
        if self.method == 'general':
            attn_energies = self.general_score(hidden, encoder_outputs)
        elif self.method == 'dot':
            attn_energies = self.dot_score(hidden, encoder_outputs)
        attn_energies = attn_energies.t()#[batch_size,max_seq_length]
        return F.softmax(attn_energies, dim=1).unsqueeze(1)#[batch_size,1,max_seq_length]
```

5. 解码器多层 GRU

解码器解码层仍然是个循环神经网络，解码器是逐字生成的，每个 timestamp（时间戳）产生一个字，其输入值为“</SOS>”开始标记和上一个 GRUCell 的 hidden 输出，初始值为编码器的 last step hidden（传入的是 encoder hidden 的正向部分）。attention 层仍然采用点乘的方式计算每个 timestamp 的输出值和编码器的每个输出值之间的注意力权重，然后和当前 timestamp 的输出值进行拼接。经过线性变换之后使用 tanh 非线性函数将值归一化到[-1,1]，最后使用 softmax 函数计算得分值。

```python
class AttentionDecoderRNN(nn.Module):
    def __init__(self, opts, voc_length):
        super(AttentionDecoderRNN, self).__init__()
```

```
        self.attn_method = opts.method
        self.hidden_size = opts.hidden_size
        self.output_size = voc_length
        self.num_layers = opts.num_layers
        self.dropout = opts.dropout
        self.embedding = nn.Embedding(voc_length, opts.embedding_dim)
        self.embedding_dropout = nn.Dropout(self.dropout)
        self.gru=nn.GRU(opts.embedding_dim,self.hidden_size,self.num_layers, dropout =
                self.dropout )
        self.concat = nn.Linear(self.hidden_size * 2, self.hidden_size)
        self.out = nn.Linear(self.hidden_size, self.output_size)
        self.attention = Attention(self.attn_method, self.hidden_size)

    def forward(self, input_step, last_hidden, encoder_outputs):
        """
        input_step shape:[1,batch_size]
        embedded shape:[1,batch_size,embedding_size]

        """
        embedded = self.embedding(input_step)
        embedded = self.embedding_dropout(embedded)
        #rnn_output shape:[1,batch_size,hidden_size]
        #hideen shape:[num_layer*bidirection,batch_size,hidden_size]
        rnn_output, hidden = self.gru(embedded, last_hidden)
        #注意力权重#[batch_size,1,max_seq_length]
        attn_weights = self.attention(rnn_output, encoder_outputs)
        #由注意力权重通过 bmm 批量矩阵相乘，计算出此时 rnn_output 对应的注意力 context
        #context shape:[batch_size,1,hidden_size]
        context = attn_weights.bmm(encoder_outputs.transpose(0, 1))
        rnn_output = rnn_output.squeeze(0)
        context = context.squeeze(1)
        #上下文和 rnn_output 拼接
        concat_input = torch.cat((rnn_output, context), 1)
        #使用 tanh 非线性函数将值范围归一化成[-1,1]
        concat_output = torch.tanh(self.concat(concat_input))
        output = self.out(concat_output)
        #softmax 函数计算 output 的得分值
        output = F.softmax(output, dim=1)
        return output, hidden
```

6. 答案搜索及效果展示

下面用训练好的模型模拟人机对话。人机对话包含以下几个步骤。

（1）解析人工输入的信息并依据字典进行编码。

（2）将编码后的信息输入编码器，得到 outputs 和 hidden。hidden 作为解码器的初始值，outputs 用于计算注意力权重。

（3）解码器解码，取概率最大的结果作为下一步的输入［这属于贪心搜索（greedy search），也可以取概率最大的前 N 个值，进行集束搜索（beam search）］，直到解码结果为“</EOS>”或达到定义的最大解码长度。

下面是基于 nn.Module 实现的贪心搜索算法。在 forward 方法中，计算概率最大的词并返回。

```
class GreedySearchDecoder(nn.Module):
    def __init__(self, encoder, decoder):
        super(GreedySearchDecoder, self).__init__()
        self.encoder = encoder
        self.decoder = decoder

    def forward(self, sos, eos, input_seq, input_length, max_length, device):
        # Encoder 的 Forward 计算
        encoder_outputs, encoder_hidden = self.encoder(input_seq, input_length)
        # 把 Encoder 最后时刻的隐状态作为 Decoder 的初始值
        decoder_hidden = encoder_hidden[:self.decoder.num_layers]
        # Decoder 的初始输入是 sos
        decoder_input = torch.ones(1, 1, device=device, dtype=torch.long) * sos
        all_tokens = torch.zeros([0], device=device, dtype=torch.long)
        all_scores = torch.zeros([0], device=device)
        # 搜索，直到遇到 EOS 结束符或者达到最大解码长度
        for _ in range(max_length):
            # 单步执行 Decoder Forward
            #decodr shape:(batch,vob_size)=(1,vob_size)
            decoder_output, decoder_hidden = self.decoder(decoder_input, decoder_hidden,
                                        encoder_outputs)
            # 返回概率最大的词的概率和得分
            decoder_scores, decoder_input = torch.max(decoder_output, dim=1)
            all_tokens = torch.cat((all_tokens, decoder_
                        input), dim=0)
            all_scores = torch.cat((all_scores, decoder_
                        scores), dim=0)
            # 用 unsqueeze 增加 batch 维度
            if decoder_input.item() == eos:
                break
            decoder_input = torch.unsqueeze(decoder_
                        input, 0)
        # 返回所有的词和得分
        return all_tokens, all_scores
```

对话效果如图 8.4 所示。

一般的对话机器人项目涵盖 GRU、encoder-decoder 模型、注意力机制、Jieba 分词、自然语言处理等重要知识点。强烈建议读者亲自调试，可以尝试替换语料或丰富语料，训练出有趣的对话机器人模型。

图 8.4　对话效果

8.4　语音识别原理与方法

8.4.1　语音识别概念与发展历史

语音识别技术是将人类语音中的词汇内容转换为计算机可读的输入，如按键、二进制编码或者字符序列。它与说话人身份识别或确认不同，后者是通过说话人发出语音识别或确认说话人的身份而非其中所包含的词汇内容。语音识别技术所涉及的领域包括信号处理、模式识别、概率论和信息论、发声机理和听觉机理等。

1952 年，美国贝尔研究所的戴维斯（Davis）等以小词汇量孤立数字识别系统为起点，成功研究出了世界上第一个能识别 9 个英文数字发音的实验系统。1960 年，英国的德内斯（Denes）等研究成功了第一个计算机语音识别系统。大规模的语音识别研究是在进入 20 世纪 70 年代以后，在小词汇量、孤立词的识别方面取得了实质性的进展。进入 20 世纪 80 年代以后，语音识别的研究进一步深入，研究的重点逐渐转向大词汇量、非特定人连续语音识别，研究重点由孤立词汇的语音识别转向连续词汇的语音识别，多种连接词语音识别算法也相继被开发出来。20 世纪 90 年代后，语音识别在细化模型、参数提取和优化等方面取得了一些进展，使得语音识别技术进一步发展成熟。随着互联网和多媒体的快速发展，语音识别技术开始走向市场应用，进入了商品化发展阶段。2012 年，美国微软公司的研究人员率先取得了突破性进展，他们使用深层神经网络模型用于语音识别后，错误率降低了 30%，这是近 20 年来语音识别技术方面最快的进步。目前，大多主流的语音识别解码器已经采用基于有限状态机（WFST）的解码网络，该解码网络可以把语言模型、词典和声学共享音字集统一为一个大的解码网络，大大提高了解码的速度，为语音识别的实时应用提供了基础。随着互联网的快速发展，以及手机等移动终端的普及应用，目前可以从多个渠道获取大量文本或语音方面的语料，这为语音识别中的语言模型和声学模型的训练提供了丰富的资源，使得构建通用大规模语言模型和声学模型成为可能。在语音识别中，训练数据的匹配和丰富性是推动系统性能提升的最重要因素之一。但是语料的标注和分析需要长期的积累和沉淀，随着大数据时代的来临，大规模语料资源的积累将提到战略高度。

8.4.2　语音识别系统与类型

1. 语音识别系统类型

目前，语音识别系统的分类主要有以下几种：根据对说话人说话方式的要求，可以分为孤立字语音识别系统、连接字语音识别系统及连续语音识别系统；根据对说话人的依赖程度，可以分为特定人和非特定人语音识别系统；根据词汇量大小，可以分为小词汇量、中等词汇量、大词汇量及无限词汇量语音识别系统。

自然语言只是在句尾或者文字需要加标点的地方有个间断，其他部分都是连续的发音。以前的语音系统，主要是针对单字、单词这些孤立的语音系统，近年来，连续语音系统已经渐渐成为主流。

根据声学模型建立的方式，特定人语音系统在前期需要大量的用户发音数据来训练模型，非特定人系统则在系统构建成功后，用户不需要大量语音数据训练就可以使用。

在语音识别技术的发展过程中，词汇量是不断积累的，随着词汇量的增大，对系统的稳定性要求也越来越高，系统的成本也越来越高。比如，一个识别电话号码的系统只需要听懂 10 个数字就可以了，如果是一个订票系统就需要能识别各个地名，而如果需要识别一个报道稿，就需要一个大词汇量的语音系统。

嵌入式是将语音识别系统安装在终端设备，比如手机移动终端，识别过程在终端进行。如果是服务器模式，则是由终端收集传导语音信号，服务器进行识别过程。因此对大规模、多用户和大量识别需求的系统，服务器模式可以提供一个有效的解决方案。另外，服务器对用户知识需求少，系统整体的更新、升级、维护更加方便。

2. 语音识别系统基本组成

目前主流的语音识别技术是基于统计的模式识别的基本理论，一个完整的语音识别系统主要可以分为语音特征提取、声学模型与模式匹配及语音模型与语义理解 3 个部分。不同的语音识别系统，虽然具体实现细节有所不同，但所采用的基本技术相似。一个典型语音识别系统的实现过程如图 8.5 所示。其中包括预处理、特征提取、训练、模式库及模式识别几部分。语音输入经预处理及后续过程最终输出语音识别结果。

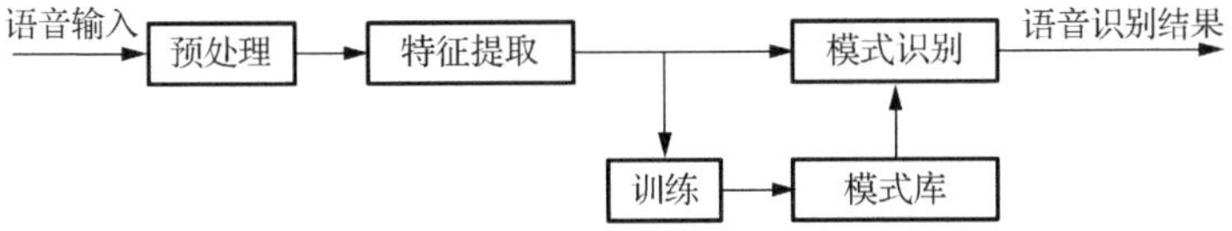

图 8.5　语音识别系统基本原理框图

一个语音识别系统主要技术如下。

1）语音特征提取

在语音识别系统中，模拟的语音信号在完成 A/D 转换后变成能被计算机识别的数字信号，但是时域上的语音信号难以直接被识别，这就需要从语音信号中提取语音特征。这样做的好处是，一方面可以获得语音的本质特征，另一方面可以起到压缩数据的作用。输入的模拟语音信号首先要进行预处理，即经过滤波、采样、量化等处理。

2）声学模型与模式匹配

声学模型对应于语音音节频率的计算，在识别时将输入的语音特征与声学特征同时进行匹配和比较，得到最佳的识别效果。目前采用得最广泛的建模技术是隐马尔可夫模型（HMM）和上下文相关建模。模式匹配是整个语音识别系统的核心，它是根据一定规则（如某种距离测度）及专家知识（如构词规则、语法规则、语义规则等），计算输入特征与库存模式之间的相似度（如匹配距离、似然概率），判断出输入语音的语义信息。

3）训练

在识别之前要让讲话者多次重复语音，从原始语音样本中去除冗余信息，保留关键数据，再按照一定规则对数据加以聚类，形成模式库。

8.4.3　语音识别的概率噪声信道总体结构

语音识别的任务是取声学波形作为输入，产生单词串作为输出。基于 HMM 的语音识别系统使用噪声信道的比喻来看这个任务。噪声信道模型的直觉是：把语音的声学波形看成单词串的一个“噪声”版本，这个版本通过了一个有噪声的通信信道。由于这个信道导入了“噪声”，使得系统在识别“真正”的单词串时产生困难。语音识别的目标在于建立一个信道的模型，通过计算了解到这个信道究竟是怎样修改了“真正”的句子，从而恢复这个句子。

噪声信道模型深刻的洞察力在于：如果知道了信道是怎样把源句子改变的，那么就能针对某一个波形，使用噪声信道模型来运行每一个句子，检查语言中一切可能的句子，看它是否与输出的句子相匹配，从而找到正确的句子。这样一来，我们就可以选择最佳匹配的句子，作为期望的源句子。

建立噪声信道模型需要解决两个问题：

（1）为了挑选出与噪声输入匹配的最佳的句子，需要对于最佳匹配有一个完全的度量。因为语音是变化多端的，一个声学输入句子不可能与这个句子的任何模型都匹配得天衣无缝。语音识别问题可以看成贝叶斯推理的一个特殊情况，可以在所有的句子空间中进行搜索，选出具有最高概率的源句子。

（2）因为所有句子的集合非常大，需要一个有效的算法，不需要对所有可能的句子进行搜索，而只搜索那些有机会与输入匹配的句子。这就是解码问题或搜索问题。在语音识别中，由于搜索空间太大，有效地进行搜索是非常重要的，把重点聚焦到搜索中的某些区域。

语音识别的概率噪声信道总体结构的目标可总结如下。

对于给定的某个声学输入O，在语言 L 的所有句子中，哪一个是最有可能的句子？

可以把声学输入O作为单个的“符号”或“观察”的序列来处理。例如，把输入按每 10μs 的时长切分成音片，每一个音片用它的能量或频率的浮点值来表示。用索引号来表示时间间隔，用有顺序的o_i表示在时间上前后相续的输入音片（注意：大写字母表示符号序列，小写字母表示单个的符号）。声学输入O表达为

$$O = o_1, o_2, o_3, \cdots, o_t \tag{8-5}$$

类似地，句子W可以看成由单词构成的字符串，表示为

$$W = w_1, w_2, w_3, \cdots, w_n \tag{8-6}$$

无论是声学输入还是句子的这种表示，都是简化了的假设。例如，有时把句子切分成单词显得太细（当给单词的组合而不是给单个的词建模的时候），有时又显得太粗（当讨论形态的时候）。在语音识别中，单词通常是根据正词法来定义的（当把每一个单词映射为小写字母以后）：oak 与 oaks 被当作不同的单词来处理，但是，助动词 can（“can you tell me …?”）与名词 can（“I need a can of …”）却被当作相同的单词来处理。

前面的直觉概率可以表示如下：

$$\hat{W} = \underset{W \in L}{\operatorname{argmax}} P(W \mid O) \tag{8-7}$$

函数 $\operatorname{argmax}_x f(x)$ 的意思是“使得$f(x)$为最大值的x”。式（8-7）能保证给出最优的句子W，但是，现在需要使这个等式运行起来。这就是说，对于给定的句子W和声学序列O，需要计算出$P(W \mid O)$。我们知道，对于任何给定的概率$P(x \mid y)$，可以使用贝叶斯规则，把这个概率$P(x \mid y)$分解如下：

$$P(x \mid y) = \frac{P(y \mid x) P(x)}{P(y)} \tag{8-8}$$

用式（8-8）来替换式（8-7）中的有关项得

$$\hat{W}=\underset{W\in L}{\operatorname{argmax}}\frac{P(O|W)P(W)}{P(O)} \tag{8-9}$$

式（8-9）中右侧的大部分概率同概率 $P(W|O)$ 相比，计算起来更加容易。例如，$P(W)$ 是单词串本身的先验概率，可以根据 N 元语法的语言模型来估计。$P(O|W)$ 容易估计，但是声学观察序列的概率 $P(O)$ 很难估计。但是我们可以忽略 $P(O)$，因为现在要对所有可能的句子求最大值，将对语言中的每个句子计算 $\left(\frac{P(O|W)P(W)}{P(O)}\right)$。但是每一个句子中的 $P(O)$ 不会变，因为对于每一个潜在的句子，总是要检查同样的观察 O，而这样的观察必定都有同样的概率 $P(O)$。因此有

$$\hat{W}=\underset{W\in L}{\operatorname{argmax}}\frac{P(O|W)P(W)}{P(O)}=\underset{W\in L}{\operatorname{argmax}}P(O|W)P(W) \tag{8-10}$$

总体来说，对于给定的某个观察 O，具有最大概率的句子 W 可以用每一个句子的两个概率的乘积来计算，并且选乘积最大的句子为所求的句子。这两个概率的名称如下：$P(W)$ 是先验概率，使用语言模型（LM）来计算；$P(O|W)$ 是观察似然度，使用声学模型（AM）来计算。

语言模型的先验概率 $P(W)$ 表示一个句子中给定的单词串的概率。这里使用 N 元语法来计算语言模型的先验概率 $P(W)$，计算时要给句子指派概率，计算公式如下：

$$P\left(w_1^n\right)\approx\prod_{k=1}^{n}P\left(w_k\mid w_{k-N+1}^{k-1}\right) \tag{8-11}$$

8.4.4 隐马尔可夫模型应用于语音识别

马尔可夫模型是一个离散时域有限状态自动机，隐马尔可夫模型（HMM）是指这一马尔可夫模型的内部状态对外界是看不到的，外界只能看到各个时刻的输出值。对于语音识别系统，输出值一般是指从各帧计算得到的声学特征。语音识别中使用 HMM 通常是从左向右单向来对识别基元进行建模，一个音素就是 3～5 个状态的 HMM，一个词由多个音素的 HMM 串联形成，连续的语音识别的整体模型就是词和静音组合起来的 HMM。

下面将说明如何使用 HMM 来计算似然度 $P(O|W)$，从而建立声学模型（AM）。给定了声学模型 AM 和语言模型 LM 的概率之后，概率模型的计算就是可操作的了。对于给定的声学波形，使用一个搜索算法，就可以计算出具有最大概率的单词串。如图 8.6 所示说明了在处理一个单独的对话时，HMM 语音识别系统的各个组成部分，并指出了先验概率似然度的计算过程。图中显示，一个语音识别系统可以分为 3 个阶段：特征提取阶段、声学建模阶段、解码阶段。

特征提取阶段又称为信号处理阶段，在这个阶段，语音的声学波形按照音片的时间框架（通常是 10ms、15ms 或 20ms）来抽样，把音片的时间框架转换成声谱特征。每一个框架的窗口用矢量来表示，每一个矢量大约包括 39 个特征，用以表示声谱的信息及能量大小和声谱变化的信息。

声学建模阶段又称为音子识别阶段。在这个阶段，对于给定的语言单位（单词、音子、

次音子)，要计算观察到的声谱特征矢量的似然度。例如，我们使用高斯混合模型分类器，对于 HMM 中与一个音子或一个次音子对应的每一个状态 q，计算给定音子与给定特征矢量的似然度 $P(o|q)$。这个阶段的输出可以用一种简化的方法，把它想象成一个概率矢量的一个序列，在这个序列中，每一个概率矢量对应于一个时间框架，而每一个时间框架的每一个矢量就是在该时刻生成的声学特征矢量观察与每一个音子单元或次音子单元的似然度。

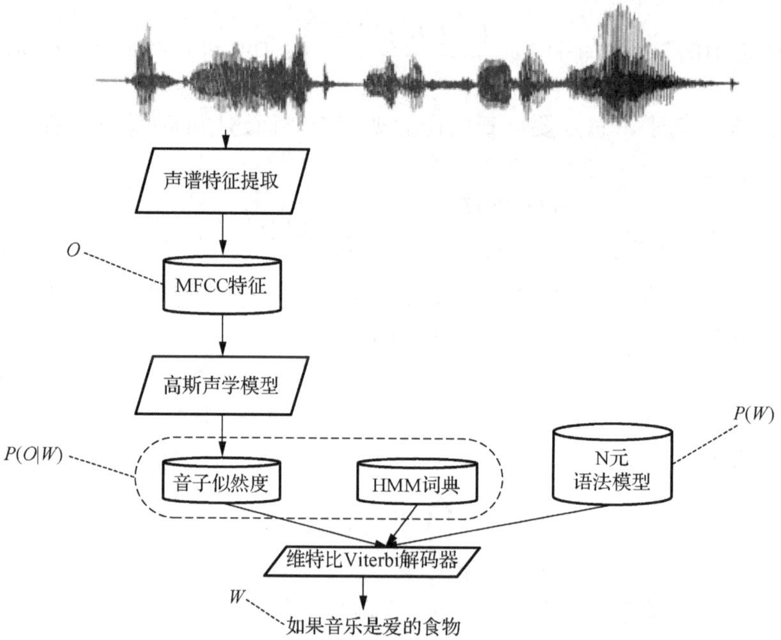

图 8.6　给一个单独句子解码的简化语音识别系统的总体结构图示

最后是解码阶段，在这个阶段，取一个声学模型，其中包括声学似然度的序列，再加上一个 HMM 的单词发音词典，再取一个语言模型（一般是一个 N 元语法)，把声学模型与语言模型结合起来，输出最可能的单词序列。一个 HMM 词典就是单词的发音表，其中每一个发音用一个音子串来表示。因此，每一个单词可以被想象成一个 HMM，其中，音子（有时是次音子）是 HMM 的状态，对于每一个状态，高斯似然度评估器将给出 HMM 的输出似然度函数。大多数 ASR（语音自动识别）系统使用 Viterbi 算法来解码，还采用各种精心设计的提升方法来加快解码的速度，这些方法有剪枝、快速匹配、树结构的词典等。

语音识别的观察序列是声学特征矢量的序列。每一个声学特征矢量代表在某一个特定的时间点上的不同频带的能量大小的信息。每一个观察包含一个矢量，每个矢量包含 39 个实数值特征来表示声谱信息。观察一般每 10ms 一个，所以，1s 的语音就要求有 100 个声谱特征矢量，而每一个矢量的长度为 39。

隐马尔可夫模型的隐藏状态可以采用各种不同的途径来给语音识别建模。对于一些小规模的任务，我们可以建立包含所有单词的隐马尔可夫状态模型。例如，数字识别（只识别从 zero 到 nine 10 个数字再加上 oh，一共 11 个单词)，yes-no 识别（只识别 yes 和 no 两个单词)。不过，对于一些大规模的任务，HMM 的隐藏状态就要对应于类音子单元和单词，这些单词表示由这些类音子单元组成的序列。

在 HMM 模型中，HMM 的每一个状态对应于一个单独的音子。在这样的模型中，一个单词的 HMM 是由 HMM 的状态前后毗连的序列组成的。如图 8.7 所示是单词 six 的基本音子状态 HMM 的结构图示（包含 4 个发射状态、2 个非发射状态及转移概率 A，没有画出观察概率 B）。图 8.7 中圆圈表示单词音子的状态，弧线表示每个状态的转移概率，Start 表示开始，End 表示结束。

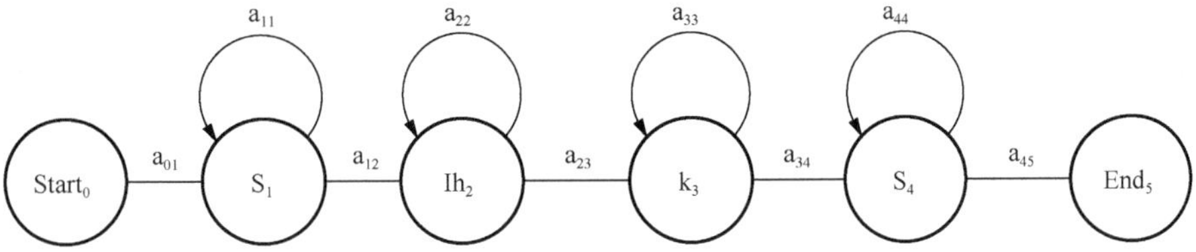

图 8.7　单词 six 的 HMM

注意，在图 8.7 中，只有某些音子之间存在关联。用子语音识别的 HMM 不同于其他应用中的 HMM，在这样的 HMM 中，状态之间不允许任意转移，鉴于语音具有顺序性，对于状态之间的转移有很强的约束。除了某些特别的场合，用于语音识别的 HMM 不允许在一个单词中从一个状态转移到它前面的状态中。换言之，状态只可以转移到它自身或转移到它的后续状态中。这种从左向右的 HMM 结构称为 bakis 网络。

图 8.7 以一种简化的形式描述了用于语音识别的最普通的 HMM 具有更强的约束，这个模型只容许一个状态转移到它自身，或者转移到它后续的下一个状态中去。在这个 HMM 中使用自反圈，容许一个单独的音子重复多次，从而使这个声学单元的覆盖量是可变的。音子音延的变化依赖于音子的同一性、说话人的语速、语音上下文、单词中韵律凸显的级别。在 switchboard 语料库的某些话段中，音子[aa]的长度为 7～387ms（1 到 40 帧），音子[z]的音延为 7ms～1.3s（130 帧）。由此可见，自反圈可以容许一个单独的状态重复很多次。

为了捕捉音子在时间上的非同质特性这种事实，在大词汇量连续语音识别（LVCSR）中我们通常使用一个以上的 HMM 状态来给音子建模。最普通的格局安排是使用 3 个 HMM 状态：一个开始状态，一个中间状态，一个最后状态。这样一来，每一个音子就不是只包含一个发射的状态（再加上两个非发射状态），而是包含 3 个发射的 HMM 状态了，如图 8.8 所示。在通常情况下，使用模型或者音子模型这样的词语来称呼具有 5 个状态的音子 HMM，使用 HMM 状态只用状态这样的词语来称呼单独的次音子的状态。

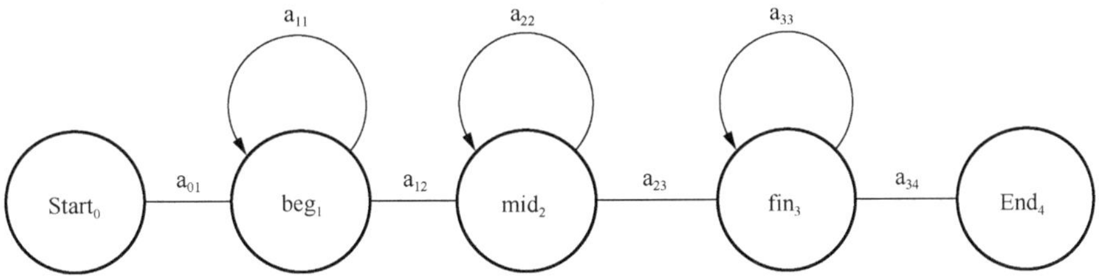

图 8.8　用于表示一个音子的标准的具有 5 个状态的 HMM 模型

使用这种更加复杂的音子模型来给一个完整的单词建立 HMM 时，我们只要简单地使用 3 个状态的音子 HMM 来替换该单词中的每一个音子即可。对于每一个音子中非发射的开始状态和最后状态，分别把它们转换成前面的一个音子的发射状态和后面的一个音子的发射状态，只留下整个单词首尾的两个非发射状态就行了。如图 8.9 所示说明了单词的这种扩充情况。“six” [s ih k s]的组合式单词模型，该模型由 4 个音子模型毗连而成，每一个音子模型有 3 个发射状态。

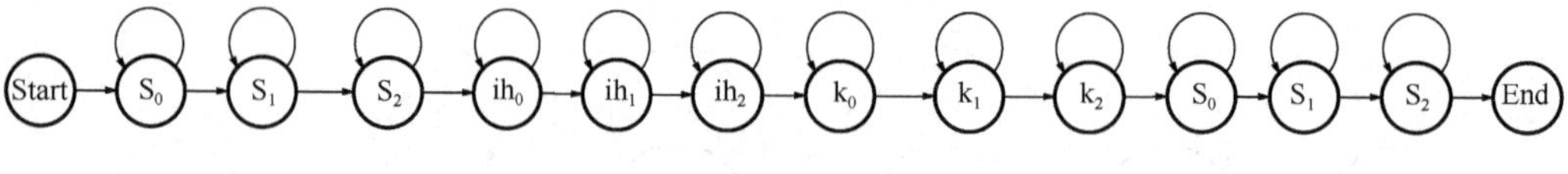

图 8.9　单词扩充情况

总体来说，语音识别的 HMM 模型参数如下：

$Q = q_1 q_2 \cdots q_N$　　与次音子对应的状态的集合

$\boldsymbol{A} = a_{01} a_{02} \cdots a_{n1} \cdots a_{nn}$　　转移概率矩阵，每一个 a_{ij} 表示每一个次音子的转移概率，转移时，或者形成一个自反圈，或者转移到下面一个次音子

$\boldsymbol{B} = b_i(o_t)$　　观察似然度的集合，也称为发射概率，每一个观察似然度表示从次音子状态 i 生成一个倒谱特征矢量（观察 o_t ）的概率

8.5　机器翻译原理与技术

8.5.1　机器翻译概念

机器翻译就是让机器模拟人的翻译过程，利用计算机自动地将一种自然语言翻译为另外一种自然语言。

人在进行翻译之前，必须掌握两种语言的词汇和语法，机器也是这样。在进行翻译之前，在它的存储器中已存储了语言学工作者编好的并由数学工作者加工过的机器词典和机器语法。人进行翻译时所经历的过程，机器也同样遵照执行：先查词典得到词的意义和一些基本的语法特征（如词类等），如果查到的词有不止一个意义，那么就要根据上下文选取所需要的意义。在弄清词汇意义和基本语法特征之后，就要进一步明确各个词之间的关系。然后，根据译语的要求组成译文（包括改变词序、翻译原文词的一些形态特征及修辞）。

机器翻译的过程一般包括 4 个阶段：原文输入、原文分析（查词典和语法分析）、译文综合（调整词序、修辞和从译文词典中取词）和译文输出。

机器翻译的逻辑过程通常分为分析阶段、转换阶段和生成阶段，如图 8.10 所示。分析阶段是对输入的源语言进行多层分析，并将分析的结果用一种中间描述结构来表达。转换阶段涉及两种语言，它把源语言的分析结果转换成相应的目标语言的中间描述。这种转换涉及词汇的转换和语言表达结构上的转换。生成阶段则是将转换结果（它是目标语的中间描述结构）生成为目标语言的表层结构，最终产生目标语言。作为多语言的翻译系统，独立分析和独立生成是至关重要的。所谓多语言翻译系统是指可以翻译一种语言到多种语言或者翻译多种语言到多种语言的系统。中英文翻译到法、日、德文的互译系统如图 8.11 所示。

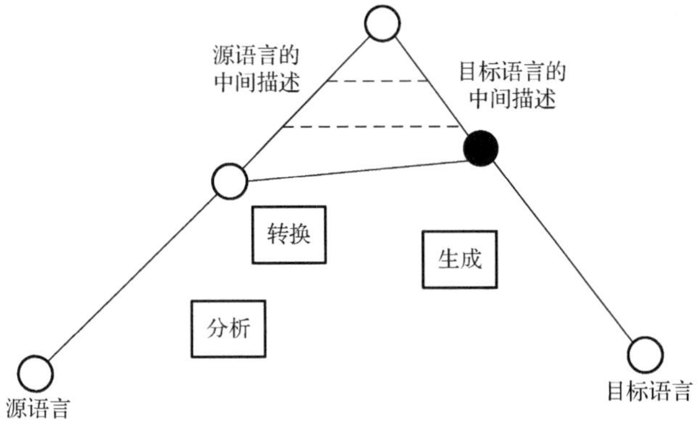

图 8.10　机器翻译的逻辑过程

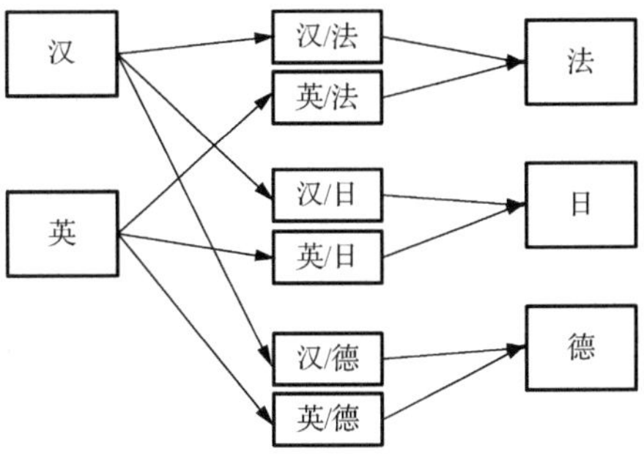

图 8.11　多语言的互译

机器翻译系统的另一个问题是要将语言学工作与计算机程序工作分开，即把语法、词典等与支持系统运行的程序相分离。这对于系统的开发和维护是非常重要的。

8.5.2　transformer 通用翻译模型

transformer 通用翻译模型结构与原理

2016 年 9 月，美国谷歌公司公布基于网页和 App 的神经网络机器翻译（Google neural machine translation, GNMT），结束了始于 1989 年的 IBM 基于短语的机器翻译（phrase-based machine translation, PBMT）模式。以中译英为例，神经网络将中文字词编码成一个向量列表，而其中每个向量都代表到目前为止所有被读到的词的含义。一旦读取完整整个句子，解码器就开始工作，依次生成英语句子的一个词。为了在每一步都生成翻译正确的词，解码器重点关注英文单词最相关编码的中文向量的权重分布。与 IBM 先前基于短语的机器翻译相比，谷歌基于神经网络的机器翻译将错误率减少约 60%。

transformer 用于中英文翻译的整体结构如图 8.12 所示。

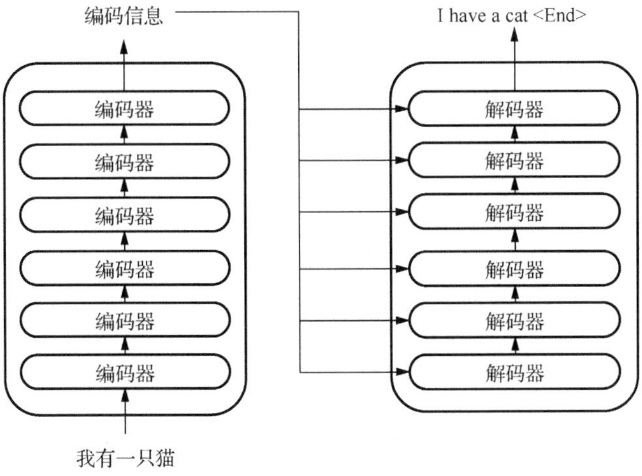

图 8.12　transformer 用于中英文翻译的整体结构

可以看到 transformer 由编码器和解码器两部分组成，它们都包含 6 个块。transformer 的工作流程大体如下。

（1）获取输入句子的每一个单词的表示向量 $\boldsymbol{X}$，$\boldsymbol{X}$ 由单词的 embedding（embedding 就是从原始数据提取出来的特征）和单词位置的嵌入 embedding 相加得到。这一工作流程如图 8.13 所示。

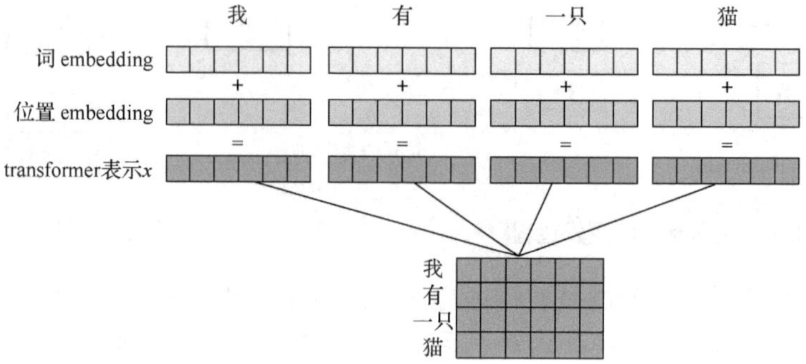

图 8.13　单词和位置嵌入

（2）如图 8.14 所示，将得到的单词表示向量矩阵（如图 8.13 所示，每一行是一个单词的表示 x）传入编码器中，经过 6 个编码器块后可以得到句子所有单词的编码信息矩阵 $\boldsymbol{C}$。单词向量矩阵用 $\boldsymbol{X}_{n\times d}$ 表示，n 是句子中单词个数，d 是表示向量的维度。每一个编码器块输出的矩阵维度与输入完全一致。

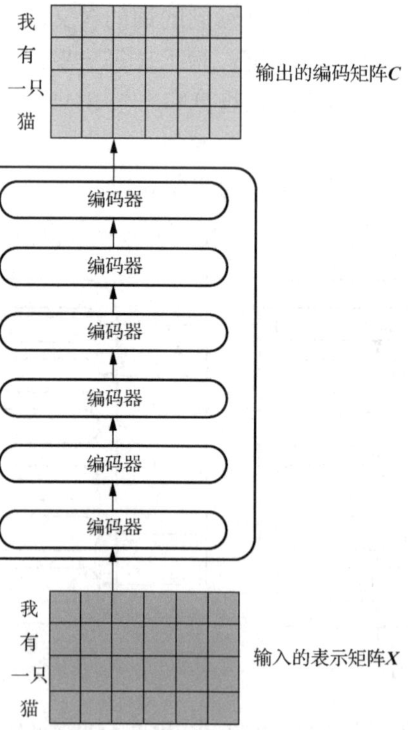

图 8.14　编码器

（3）将编码器输出的编码信息矩阵 ***C*** 传递到解码器中，解码器依次根据当前翻译过的单词 1～i 预测下一个单词 i+1，如图 8.15 所示。在使用的过程中，翻译到单词 i+1 的时候需要通过 mask（掩盖）操作遮盖住 i+1 之后的单词。

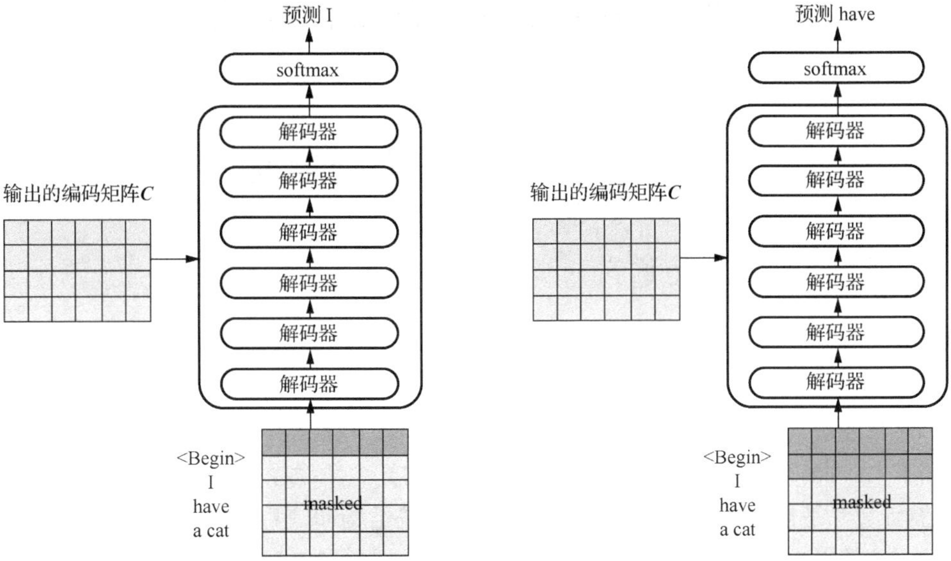

图 8.15　解码器预测单词

解码器接收了编码器的编码矩阵 ***C***，然后首先输入一个翻译开始符“<Begin>”，预测第一个单词“I”；然后输入翻译开始符“<Begin>”和单词“I”，预测单词“have”，以此类推。这是 transformer 使用时候的大致流程。

8.6　小　　结

本章主要从自然语言处理技术体系出发，介绍了自然语言理解句法及语义分析等传统方法。在此基础上，通过问答聊天机器人案例详细介绍了自然语言处理技术的实际应用。语音识别也是机器语言智能技术的重要内容，本章通过语音识别系统介绍了语音识别技术的实现原理。最后，介绍了目前主流的通用翻译机器模型 transformer 的原理及发展现状。通过本章内容的学习，读者可以理解机器语言智能实现的基本原理和方法。

第 9 章　机器类脑智能原理与方法

9.1　类脑计算与类脑智能

9.1.1　类脑计算概念及意义

通过前面各章节的学习可以知道，以往人工智能研究成果大多数属于模拟部分人类智能的计算模型，机器智能在一些专业领域已经可以与人类智能相媲美。但是在通用性方面，现阶段的机器智能还无法全面超越人类智能，其根本原因在于人类还没有认识到大脑及其智能的机理和本质。而“类脑计算”正是实现类人智能的一个新途径。

“类脑计算”是指仿真、模拟和借鉴大脑神经系统结构和信息处理过程所设计或实现的模型、软件、装置及新型计算方法。类脑计算是一种全新的基于神经系统的智能数据存储和运算方式，以类似于大脑的方式存储多样化的数据，实现处理复杂问题的功能。类脑计算超越了追求密度的层面，转而关注功能层面，其目标是模仿人脑，即从人类大脑的机能与运转方式获取灵感，制造不同于现代计算机的类脑计算机，进而创造更加智能的机器。

“类脑智能”是指受到脑神经机理和认知行为机理启发，以类脑计算为手段，并通过软硬件协同实现的通用机器智能。类脑智能是在信息处理的机制上类脑，认知和智能水平上类人，其目标是使机器以类脑的方式实现人类具有的认知能力，最终达到或超越人类智能水平。具有类脑智能的机器具有更高级别的感知、学习和预测的能力，并且可以从经验中学习并预测未来的事件。

近 20 年以来，模拟人脑神经元网络以实现类脑智能的研究再次活跃，原因之一就是软硬件计算能力的飞速发展，使得大规模人工神经元网络及基于新型硬件的类脑计算成为可能。一方面由于深度学习结构的复杂性和网络规模的迅速提升，使得深度神经网络的建立、训练和应用都需要新型硬件平台作为工具；另一方面可能突破冯•诺依曼的计算架构。因为类脑计算在体系结构和底层功能上更多地借鉴了人脑，力图对人脑神经元网络进行“逼真”的模拟，并在网络规模上也向人脑看齐，从而为通用人工智能研究带来变革契机。同时，由于核磁共振等大脑观测技术的快速提升，可以从微观、宏观等不同层面认识大脑的运作机制和各种功能性神经通路，也为开发类脑计算奠定脑科学和神经科学基础。

现代计算机实现人工智能面临两方面困难：

（1）计算速度符合摩尔定律，即计算速度和晶体数量每年翻一倍，因此现代计算机在芯片设计方面存在物理极限。

（2）计算机在结构上与人脑完全不同，只在信息处理方面有类似的地方，但处理的机制完全不同。只能利用现代计算机部分模拟人类智能，在通用性方面，还无法在现代计算机上实现类人的通用智能，对大脑及其智能的机理理解是一方面，在结构上的差异也是一个重要因素。

现代计算机结构与人脑结构的巨大差异导致现代计算机无法实现与人脑一样的功能，因此，研究人员希望突破传统冯·诺依曼结构计算机的限制，设计包括类脑计算机、量子计算机、生物分子计算机等各种新型计算架构。由于人脑生物神经元既有计算功能，又有存储功能，因此，模拟生物神经元功能的类脑计算机将有助于在一定程度上克服冯·诺依曼体系架构在实现通用机器智能方面的固有缺陷，这是利用类脑计算实现类脑智能的基本思想。

9.1.2　类脑计算主要方法

类脑计算发展出许多具体的实现方法，主要包括以下两种：

（1）研发基于生物神经元原理的神经形态模型，实现神经形态计算，设计基于神经形态模型的类脑认知模型、神经形态芯片，基于神经形态芯片搭建基于神经形态的类脑计算机。

（2）利用忆阻器模拟生物神经元，利用电子、材料、纳米等综合技术构建人工神经元、人工突触，实现类脑计算机、人工大脑。

“类脑”有两个层次：结构层次的仿真和功能层次的模拟。类脑计算机从结构层次仿真入手，即采用光电微纳器件模拟生物神经元，以及神经突触的信息处理功能，网络结构仿照大脑神经网络。在仿真精度达到一定范围后，类脑计算机将具备生物大脑类似的信息处理功能和系统行为，甚至包括“灵感涌现”等高级智能。类脑计算的愿景是实现新一代计算机体系结构，设计出可以与人脑相媲美的、高效节能的通用计算机系统。

类脑计算在神经形态计算原理基础上实现物理计算，而要实现基于这种原理的物理计算还需要依靠类脑芯片技术。

类脑芯片从架构上主要分两大类，一种是基于传统 CMOS 器件实现脉冲神经网络计算的神经形态计算芯片；另一种是基于新型电子元件忆阻器存算阵列设计的类脑计算芯片。

上述方法最终目标是实现类脑智能。图 9.1 所示的类脑计算是通过利用神经形态计算模型、忆阻器等模拟或构建生物神经元，模拟生物神经元的生物学过程，从而设计神经形态芯片、忆阻器芯片等类脑芯片，实现神经形态计算机、忆阻器计算机等类脑计算机，通过设计人工神经元、人工突触搭建人工大脑，或者通过脑科学大数据构建虚拟大脑，以及基于已有的脑功能模型建立仿脑计算系统。这些方法的目的都是实现类脑智能，只是实现的途径和技术路线不同。

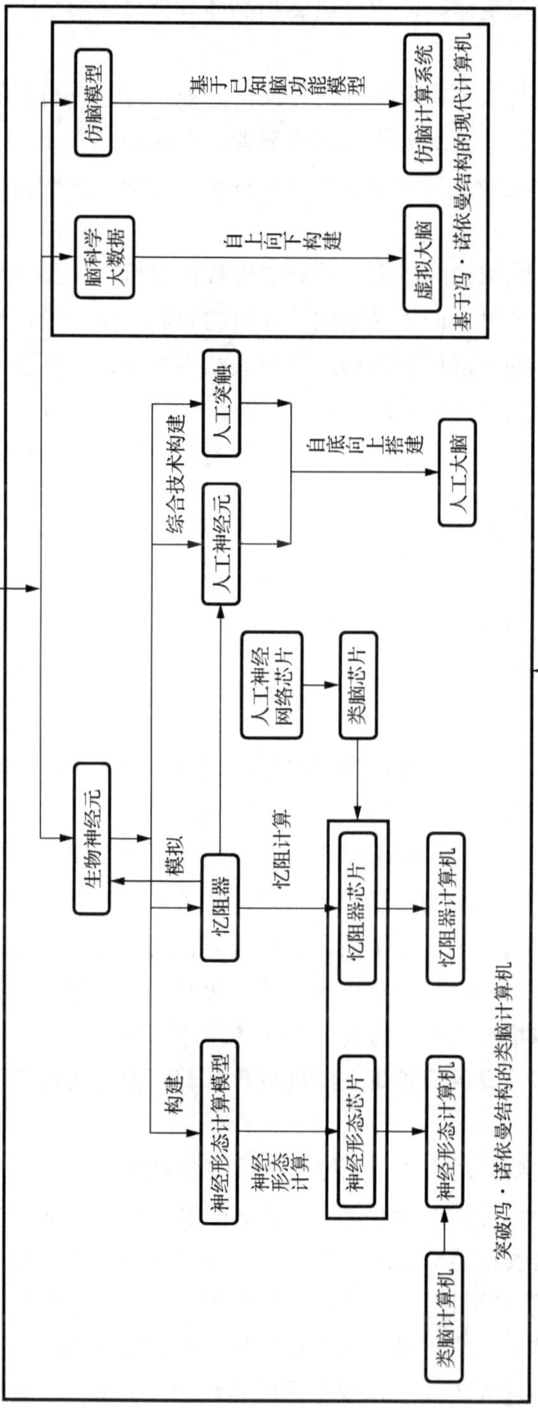
类脑计算
基于冯·诺依曼结构的现代计算机
脑科学大数据
自上向下构建
虚拟大脑
仿脑模型
基于已知脑功能模型
仿脑计算系统
综合技术构建
人工神经元
人工突触
自底向上搭建
人工大脑
生物神经元
模拟
忆阻器
人工神经网络芯片
类脑芯片
忆阻计算
忆阻器芯片
忆阻器计算机
构建
神经形态计算模型
神经形态计算
神经形态芯片
神经形态计算机
类脑计算机
突破冯·诺依曼结构的类脑计算机
类脑智能

图 9.1　类脑计算

9.2　脉冲神经网络与神经形态计算

根据第 3 章与第 4 章有关生物神经元与人工神经元的知识可以了解到，大脑神经网络中的生物神经元之间的通信机制是膜电压升降的脉冲，而非人工神经网络中的数值运算。基于生物神经元之间的脉冲通信原理，可以构建脉冲神经网络，称为第三代神经网络。脉冲神经网络在原理、结构和功能上均不同于传统人工神经网络，传统人工神经网络仅在结构上模拟生物大脑神经网络，而脉冲神经网络则在结构、功能和原理上均模拟生物大脑神经网络，在响应速度、功耗等方面具有独特优势，被认为是接近仿生机制的神经网络模型，其模型基础和运算方式比传统人工神经网络更为接近哺乳动物大脑。

1）脉冲神经网络的构建

脉冲神经网络作为第三代神经网络，相比于目前应用效果较好的 CNN、RNN 等第二代神经网络更加贴近脑中神经元信息传递方式。在 1997 年，欧洲科学院院士马斯（Maass）教授提出了脉冲神经网络，整个模型由脉冲神经元构成。与人工神经网络不同的是，脉冲神经网络的输入信号是脉冲序列，这与人脑中的信号形式一致。如图 9.2 所示，脉冲神经网络的下游神经元由上游神经元驱动，且下游神经元只有接收和发射脉冲信号时才会被激活，这使其具备节约能耗的优势，其 0、1 输入形式也减少了点积和求和运算的量。

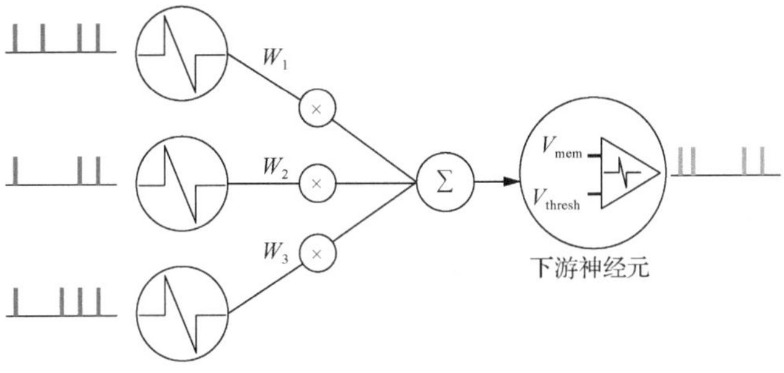

图 9.2　SNN 计算模型

脉冲神经元的编码方式在 3.2.2 节中已经介绍。脉冲神经网络的构建包括脉冲神经元模型的选择及脉冲神经网络的训练方法。较常见的是无监督的脉冲时间依赖可塑性（spike timing-dependent plasticity, STDP）机制，它的原理是，如果突触前放电先于突触后放电，叫作 LTP（长时程增强 long-term potentiation），突触之间的连接权重应该加强，且时间间隔越小权重增加量越大。

$$\Delta\omega_j = A_+ \mathrm{e}^{\frac{-\Delta t_i}{\tau_+}} \tag{9-1}$$

式中，τ_+ 为时间常数；A_+ 为学习率；Δt_i 为突触前脉冲传到突触后脉冲所需的时间，很明显此时 $\Delta t_i < 0$ 。

如果突触后放电先于突触前放电，叫作 LTD 长时程抑制（long-term depression，LTD），突触之间的连接权重应该减弱，且时间间隔越小权重减少量越大。

$$\Delta\omega_j = A_{-}\mathrm{e}^{\frac{-\Delta t_i}{\tau_-}} \tag{9-2}$$

前面学习的深度神经网络所忽略的很多生物规则可能恰恰是实现类脑智能的关键（如对于时间的编码、抑制性神经元在网络中的特殊作用等），将这些生物规则加入 SNN 中，将有可能使现有网络获得更强大的计算和任务适应能力，这将是提升类脑神经网络模型最有效的手段之一。

2）脉冲神经网络的拓扑结构

脉冲神经网络的拓扑结构包括前馈型、递归型和混合型 3 类。

图 9.3 所示为前馈型脉冲神经网络结构，其中的神经元分层排列，输入层神经元接收编码后的数据作为输入，最后一层为输出层，输入层和输出层之间可以有多个隐层，信息以脉冲序列的形式在网络中传递。与传统人工神经网络不同的是，在脉冲神经网络中两个神经元之间可有多个突触连接，每个突触具有不同的延时和可修改的连接权值。多突触的不同延时使得突触前神经元输入的脉冲能够在更长的时间范围对突触后神经元的脉冲发放产生影响。突触前神经元传递的多个脉冲再根据突触权值的大小产生不同的突触后电位。

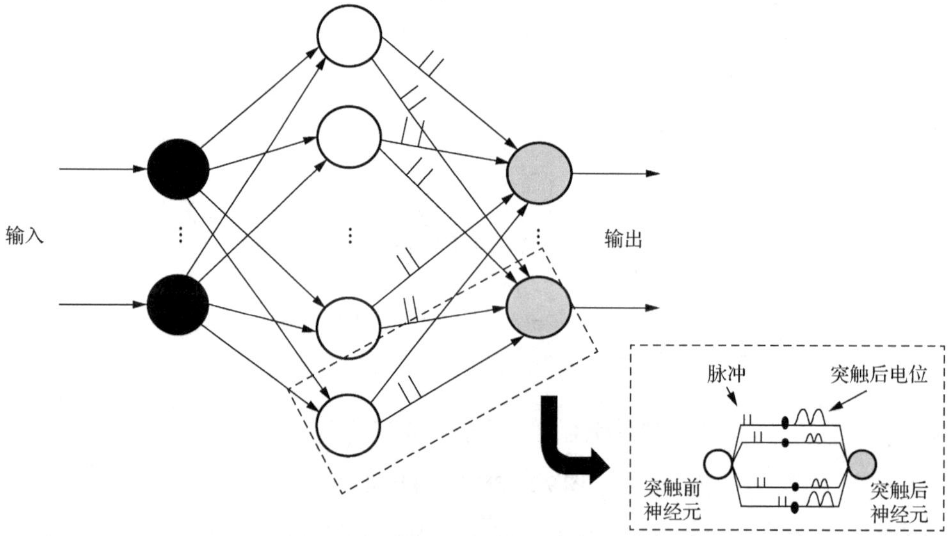

图 9.3　前馈型脉冲神经网络结构

递归型脉冲神经网络与前馈型脉冲神经网络的不同之处在于，在递归型脉冲神经网络中具有反馈回路，网络中神经元的输出是以前时间步长上神经元输出的递归函数。递归型脉冲神经网络可以模拟时间序列，用来完成控制、预测等任务，这种反馈机制使得神经网络能够表现更为复杂的时变系统。

更具有生物可解释性的脉冲神经网络采用精确定时的脉冲序列来编码神经信息，神经网络内部的信息传递是由脉冲序列完成的，脉冲序列是由离散的脉冲时间点组成的时间序列，因此，在进行脉冲神经网络的模拟与计算时，包含以下步骤：

（1）当输入数据或神经元受到外界刺激时，经过特定的脉冲序列编码方法，可将数据或外界刺激编码成特定的脉冲序列；

（2）脉冲序列在神经元之间传递并经过一定的处理，处理之后将输出的脉冲序列通过特定的解码方法进行解码并给出具体的响应。

神经形态计算目前主要有两种实现方式。一种是基于 SNN 的类脑模型，以逼近生物神经网络的形式模拟大脑等功能，可以看作一种实现类脑计算的“软”手段。这种方法借助现代计算机实现，并不能脱离现代计算机硬件系统而独立实现。这种神经形态计算可以模拟大脑听觉、视觉等功能，用于声音识别、图像特征提取及识别等。这方面研究处于早期阶段，训练算法仍不完善。当前训练算法主要分为以脉冲时间依赖可塑性为代表的非监督训练算法，和以人工神经网络转 SNN 的时间空间维度的误差反向传播。

另一种是将 SNN 用于设计神经形态芯片及神经形态计算机。这种神经形态类脑计算机在原理、结构和功能上均不同于传统的冯 · 诺依曼计算机，可以看作一种实现类脑计算的“硬”手段。这种类脑计算机可以针对信息处理的特定应用来提高性能与降低功耗。这种技术有助于推动类脑计算技术的进步，从而为神经处理器、信息处理技术和非冯 · 诺依曼结构计算机的发展提供理论和实验基础。

9.3　神经形态类脑芯片

现代计算机之父美籍科学家冯 · 诺依曼在研究现代计算机时，定义了一种被称为 E-element 的抽象器件，详细阐述了如何用 E-element 神经元搭建出通用计算机的 5 个部分。由于 SNN 依赖于对微分方程的模拟，对于当下的现代计算机而言，是一个成本消耗非常大的运算。也就是说，计算机为了模拟本来节省能量的生物计算可能更加耗能，同时也更加不好训练。解决这个问题的方法，是从基本硬件基础出发，改良硬件架构。神经形态类脑芯片的基础是神经形态工程学（neuromorphic engineering），它是利用具有模拟电路特征的超大规模集成电路（VLSI）模仿人脑神经系统，最终目标是制造一个仿真人脑的芯片或集成电路。

世界上最早开展类脑计算研究的机构是美国 IBM 公司，该公司自从 1956 年创建第一台人脑模拟器（512 个神经元）以来，就一直在从事对类脑计算机的研究。2014 年 8 月 7 日，IBM 在 Science 上发表文章，宣布研制成功 TrueNorth 神经形态芯片，如图 9.4 所示。这项成果入选“2014 年十大科学突破”，应用于导航、图案辨认、关联记忆和分类等领域。该类芯片的“脑容量”仅相当于虫脑水平。

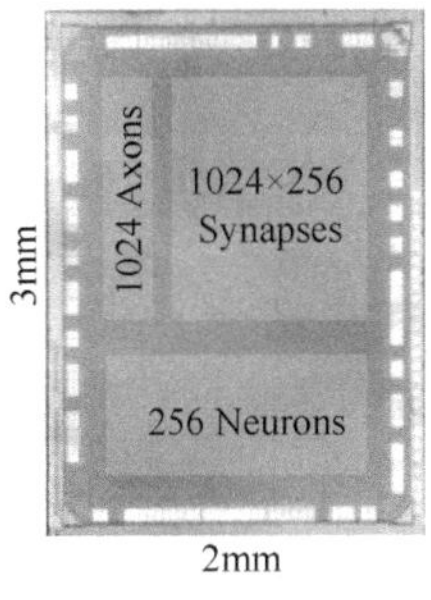

图 9.4　第一代 TrueNorth 神经形态芯片

神经形态类脑芯片是一种相对处于概念阶段的集成电路。这种芯片的功能类似于大脑的神经突触，处理器类似于生物神经元，而其通信系统类似于神经纤维，可以允许开发者为类脑芯片设计应用程序。神经元的树突、轴突和细胞体组件可以全部被组装成标准晶体管和其他的电路元素。

9.3.1 Loihi 神经形态多核处理器

2018 年，美国英特尔公司发布了 Loihi 神经形态多核处理器。Loihi 是采用英特尔 14 纳米工艺制造的芯片，可提高脉冲神经网络的建模水平。它整合了该领域的各种新颖功能，例如分层连接、树突间隔、突触延迟，以及最重要的可编程突触学习规则。运行本地竞争算法的脉冲卷积形式，Loihi 可以解决 LASSO 优化问题，与在 CPU 等工序/电压/面积上运行的传统求解器相比，具有超过 3 个数量级的卓越能量延迟产品。这为基于脉冲的计算提供了一个明确的例子，超越了所有已知的常规解决方案。Loihi 是一个多核网格，包含 128 个神经形态核，3 个嵌入式 x86 处理器核和片外通信接口。

9.3.2 “天极”神经形态芯片

2015 年，清华大学开发了“天极”神经形态计算芯片。如图 9.5 所示，所提出的神经形态计算芯片架构包括多核构建模块，二维核心阵列及数字硬件基础。芯片的 6 个核都通过网状路由连接，并执行并行操作。由核中的脉冲或模拟神经元生成的事件数据包通过路由网络传输到目标内核。功能性神经形态系统由数十或数百个互连芯片组成。芯片间以相同的方式进行通信。该芯片为研究人员提供了一套用于构建大规模并行神经形态模型的基元。

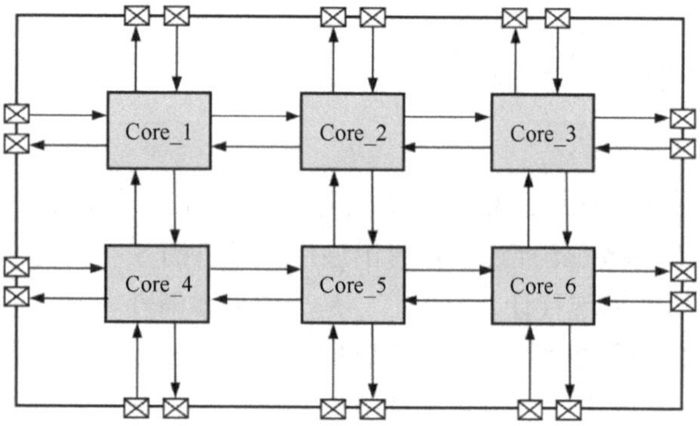

图 9.5 “天极”芯片的并行计算范例示意图

在“天极”芯片中，当神经元的电位超过预定义的阈值时，脉冲信号将被发送到路由器。突触网络将其存储的突触权重与预输入的状态矢量相乘，并将结果作为树状输入发送到神经元电路。路由器负责内核及内核间数据传输，即它从神经元电路或相邻内核接收事件数据包，并将它们传送到目标内核或本地内核的同步器。同步器解析从路由器收到的事件包，并将相应的突触状态保存在指定的缓冲存储器中。然后它将突触状态向量提供给突触网络，但只在全局触发信号的上升沿。参数管理器从主机接收内核参数，包括突触权重、神经元参数和路由地址，然后将它们发送到目标。

9.3.3 类脑芯片 KA200 芯片

灵汐科技是一家源自清华大学类脑研究中心人工智能科技公司，是“天机”类脑芯片从基础研究成果转化成应用技术、再到产业化落地的企业。2021 年，其类脑芯片 KA200 实现量产，是基于天机芯技术的迭代成果，是全球首款商用的异构融合芯片。该芯片是基于全新的存算一体、众核并行、异构融合架构，能高效支持深度学习神经网络、生物神经网络和大规模脑仿真的边缘端推理芯片。新的计算机架构考虑了时空复杂性。计算机驱动的 ANN 技术能够很好地反映空间复杂度，像脑一样工作的 SNN 更多反映了时空复杂度，将脑科学驱动和计算机方法结合起来，是 ANN 和 SNN 融合的范例。KA200 类脑芯片的设计思路是能够将计算机快速、准确的特点与人脑在抗噪音、稀疏处理和时空相关性等方面的特点相融合，打造出具有双脑驱动、异构融合的类脑芯片。

KA200 类脑芯片支持图像/视频结构化分析、自然语言处理、语音音频识别分析、文字翻译等传统 AI 业务场景的覆盖，而且能解决目前传统算法难以高效处理的高速、动态、不确定、多模态等新的 AI 市场应用场景。同时可助力构建更大、更快、更精准的功能级脑仿真平台，推动脑科学与类脑算法的研究和类脑生态构建。

KA200 类脑芯片集成 25 万个神经元和 2500 万个突触，可扩展支持 200 万个神经元和 20 亿个突触的集成计算，支持混合精度计算（32Tops@INT8 和 16Tflops@FP16）。可高效支持卷积脉冲神经网络，支持新型类脑算法。同时具备极低的功耗，仅 15W。研发与之相匹配的软件工具链，支持由 Caffe、TensorFlow 等算法平台直接进行神经网络的映射编译。工具链可以将训练好的网络模型直接映射到芯片上，支持从应用层面 SNN 和 ANN 网络算法到芯片硬件的映射实现。

如图 9.6 所示，芯片采用众核并行的架构，每核多片，每片高读写带宽，运用流水机制，实现高并行计算、流水计算、空时融合计算。内部含有 30 个 APU 核，采用片上网络连接机制，每个核具有高并行乘加阵列（浮点阵列），可用于高速 CNN/FC/突触积分计算。每个核可完全独立运行，具有独立的执行能力，任意多核间动态配置通信，去中心化调度，全可编程。借鉴人脑存储、处理信息的方式，核内同时具备计算/存储的功能，每一个核内部含有 1M 内存，让存储与计算单元尽量接近，这种基于存储的计算架构的设计，突破了冯·诺依曼传统架构，可以有效解决“存储墙”效应。

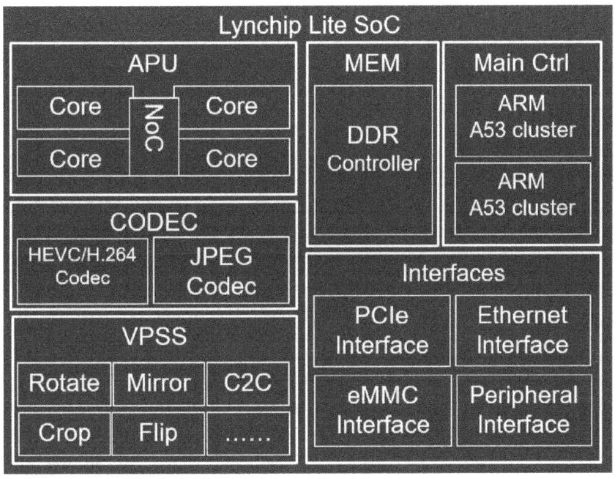

图 9.6　KA200 芯片架构图

9.3.4　“达尔文”芯片

“达尔文”芯片是浙江大学与杭州电子科技大学联合自主研发的国内第一款类脑芯片。其大小为 5mm×5mm，是一款采用标准 CMOS 工艺实现的、基于脉冲神经网络的类脑硬件协处理器（类脑芯片）。

“达尔文”芯片就像一个简化的动物大脑，它可支持 2048 个神经元，400 多万个神经突触及 15 个不同级别的突触延迟。其微系统架构如图 9.7 所示。“达尔文”类脑芯片的目标应用是为资源受限和低功耗的小型系统提供智能算法的硬件加速，即作为一个协处理器与传统的通用芯片集成。通用芯片运行传统的操作系统任务，包括用户界面、网络通信、数据库访问等，而“达尔文”则可以用于运行智能算法，减少通用芯片的负载。

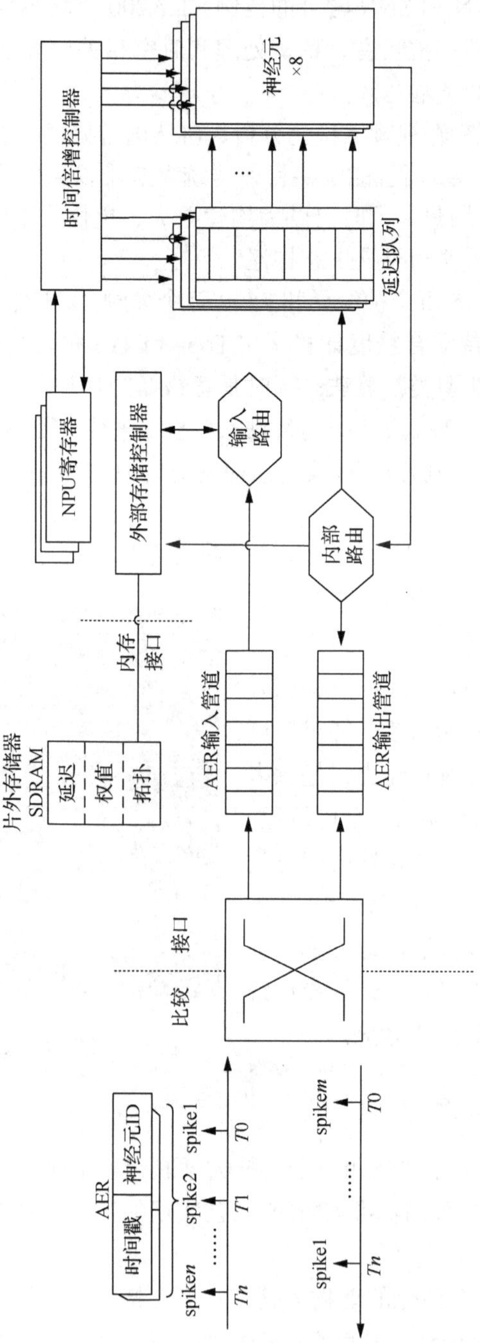

图 9.7　“达尔文”类脑芯片的微系统架构

这款芯片可从外界接受并积累刺激，产生脉冲（电信号）进行信息的处理和传递，这如同人类神经元之间的信息传递一样。研究人员还为“达尔文”开发了两款简单的智能应用。一是这款芯片可识别不同人手写的 1～10 这 10 个数字；二是“达尔文”在接收了人类脑电波后，可控制计算机屏幕上篮球的移动方向。

9.3.5 BrainScaleS

德国海德堡大学在神经形态芯片研制方面已有十多年积累，物理学家卡尔赫兹 · 梅尔（Karlheinz Meier）负责神经形态混合系统中大脑启发多尺度计算（brain-inspired multiscale computation in neuro-morphic hybrid systems, BrainScaleS）项目，是欧盟脑计划的一部分。该计划的目的是先在超级计算机上仿真出整个人脑结构，然后打造一种能够高度精确复制其功能的特殊硬件仿真器，它将用来试验人类的疾病及其治疗方法。最终，该计划的长期目标是要打造出低成本但性能足以超越传统冯 · 诺依曼架构超级计算机的虚拟人脑。

海德堡大学的高输入模拟神经网络（high input count analog neural network, HICANN）系统的仿真速度是实时速度的 1 万倍。如图 9.8 所示，研究人员在一个 8in（1in≈2.54cm）硅片上集成了 20 万个神经元和 5000 万个突触。采用这种“神经形态芯片”的计算机已经成功运行，其神经元采用模拟电路实现，功能比 IBM 的方案更接近生物神经元。其电路设计采用较高电压（非亚阈值）、比 LIF 更为精确的 AdEx 模型，并且通过晶片级集成，将多个芯片集成在一个未经切割的晶片上来实现大规模并行计算，其主要目标是为神经科学家提供用于大规模脉冲神经网络仿真加速的超级计算机，而非低功耗嵌入式系统。

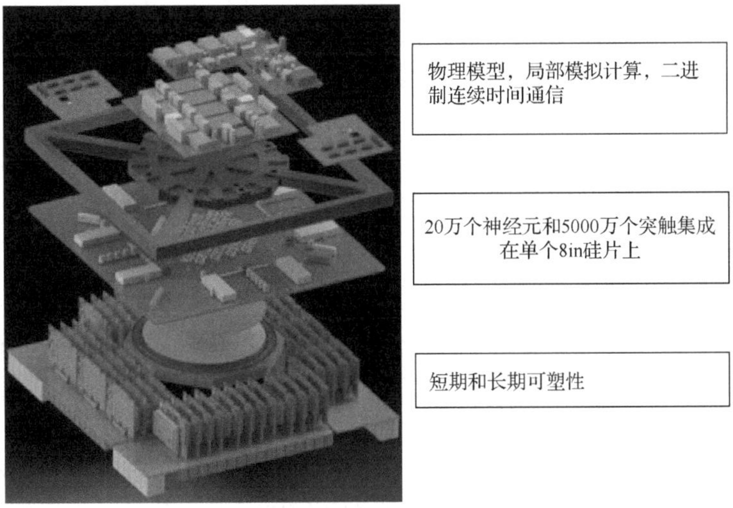

图 9.8　晶片上光罩内的 HICANN 晶片

9.3.6 TrueNorth 神经形态计算芯片

第一代 TrueNorth 神经形态计算芯片原型包含 256 个神经元和 256 个轴突（数据传输通道）。其中，一个芯片包含 65 356 个学习突触，它能够发现新的神经元连接路径，可通过经验进行学习，并根据响应对神经元连接路径进行重组。而另一个芯片包含 262 144 个可编程突触，可以根据预先设定，通过强化或弱化神经元之间的连接，更迅速、更高效地处理信息。这款芯片可以充分激发新的计算架构的潜能，并将最终取代现在模拟中使用的超级计算机。

神经形态类脑芯片的每个神经元都是交叉连接，具有大规模并行能力。这种芯片由基于神经生物学原理设计的数字芯片电路组成一个“神经突触核心”，包含集成的内存（复制的神经键）、计算（复制的神经元）和通信（复制的神经轴突）。采用这种芯片制造的系统能够通过经验学习、发现关联、创造假设和记忆，并且从结果中学习，模仿大脑结构和突触可塑性。该种芯片架构更节能并且没有固定的编程，把内存与处理器集成在一起，模仿大脑的事件驱动、分布式和并行处理方式。

美国 IBM 公司第二代 TrueNorth 神经形态类脑计算芯片，包含 54 亿个晶体管和 4096 个处理核，相当于 100 万个可编程神经元，以及 2.56 亿个可编程突触。它是类脑计算研究中的一个重要里程碑。第二代 TrueNorth 的每个处理核包含了 120 万个晶体管，其中少量晶体管负责数据处理和调度，而大多数晶体管都用作数据存储及与其他核心的通信方面。此外，每个核心都有自己的本地内存，它们还能通过一种特殊的通信模式与其他核心快速沟通，其工作方式非常类似于人脑神经元与突触之间的协同，只不过化学信号在这里变成了电流脉冲，IBM 把这种结构称为“神经突触内核架构”。

与第一代类脑芯片相比，第二代 TrueNorth 芯片的性能大幅提升。它的计算架构使用基于“神经突触核”网络的计算芯片，其关键单元是神经突触核。如图 9.9（a）所示，行代表轴突，列代表树突，行和列的交叉点代表突触，神经元接收来自树突的输入，参数代表相应的状态。芯片中 100 万个神经元脉冲激发神经元和 2.56 亿个突触都以轴突作为输入，神经元作为输出，突轴作为轴突和神经元间的直接联系，通过点对点的联系将任何一个核的神经元连接到另一个核的轴突以完成本地或远程通信，如图 9.9（b）所示。

TrueNorth 与传统芯片最大的不同在于，现代计算机的处理器需要时钟来协调各组件工作，但 TrueNorth 不需这样的时钟，其各个交错的神经网络平行操作，如果一个芯片不能正常工作，阵列中的其他芯片不会受到影响。

第三代 TrueNorth 神经形态计算机由 4 块芯片板组成，每块芯片板装载 16 个芯片，构成一个 64 芯片阵列，如图 9.10 所示。64 芯片系统人工智能超级计算机，数据处理能力已经相当于包含 6400 万个神经细胞和 160 亿个神经突触的类脑功能，机器学习性能超过了目前任何其他硬件模型。

现代计算机就像人类左脑，擅长逻辑性思维和语言，而 TrueNorth 神经突触芯片更像人类右脑，感觉和图形识别能力是其特长。独特的设计使研究人员既可以在多个数据集上运行单个神经网络，也可以在单个数据集上运行多个神经网络，高效地将多个数据集上的图片、视频和文本等信息实时转换成计算机能识别的代码。64 芯片的 TrueNorth 系统还有低能耗优势，其每个芯片耗能只相当于一个 10W 的灯泡。这意味着，该高端系统未来甚至可用于手机和自动驾驶汽车，“让智能手机像超级计算机一样强大”。TrueNorth 神经形态计算可以用于深度神经网络的训练，可以通过测试数据集提升自己，但调整参数（被称为权值）直到它获得成功的过程仍然需要在现代计算机上完成。

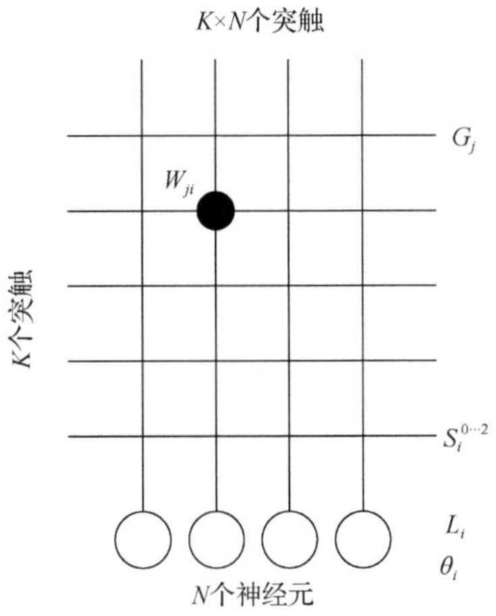

（a）第二代TrueNorth神经突触核

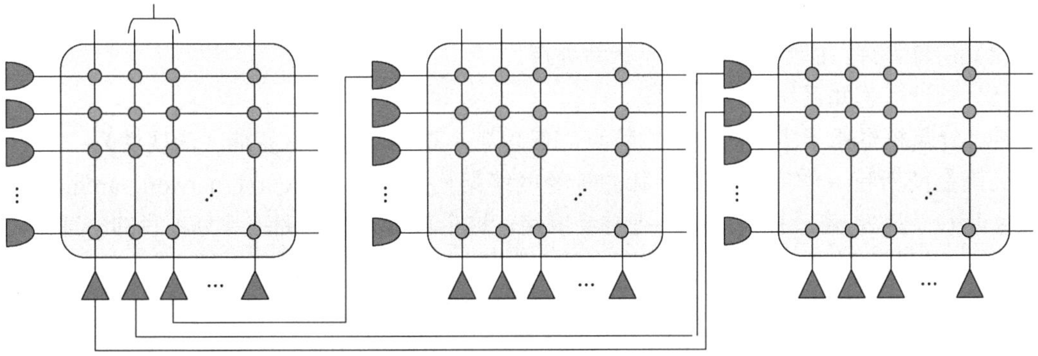

（b）神经突触核构成的神经形态计算网络

图 9.9　TrueNorth 神经形态计算网络

图 9.10　第三代 TrueNorth 基本板卡

9.4　神经形态计算机

9.4.1　神经形态计算机的概念

利用大规模神经形态芯片构建的类脑计算机，包括神经元阵列和突触阵列两大部分，前者通过后者互联，一种典型连接结构是纵横交叉，使得一个神经元与上千乃至上万个其他神经元连接，而且这种连接还可以由软件定义和调整。这种类脑计算机的基础软件除管理神经形态硬件外，主要实现各种神经网络到底层硬件器件阵列的映射，“软件神经网络”可以复用生物大脑的局部甚至整体，也可以是经过优化乃至全新设计的神经网络。通过对类脑计算机进行信息刺激、训练和学习，使其产生与人脑类似的智能，甚至涌现出自主意识，实现智能培育和进化。刺激源可以是虚拟环境，也可以是来自现实环境的各种信息（例如互联网大数据）和信号（例如遍布全球的摄像头和各种物联网传感器），还可以是机器人“身体”在自然环境中探索和互动。在这个过程中，类脑计算机能够调整神经网络的突触连接关系及连接强度，实现学习、记忆、识别、会话、推理，以及更高级的智能。

神经形态计算机：仿照生物神经网络、采用神经形态器件构造的、以时空信息处理为中心的智能机器，其主要部分如下。

（1）神经处理器：模拟生物神经元和突触功能特性的神经形态器件组成的阵列。

（2）基础软件：脑神经网络到处理器的映射、配置和管理。

（3）体系结构：仿照生物神经网络的脉冲神经网络。

（4）信息处理：时空信息高效表达与处理。

（5）外设：感知系统，动作系统。

神经计算机继承了生物大脑基本特点：低功耗，高容错，自主智能（涌现性）。

英国曼彻斯特大学完成的数字脉冲神经网络架构（spiking neural network architec-ture, SpiNNaker）芯片，是一种大规模并行神经网络，这个项目也是欧洲脑计划项目的一部分。它可能会在较短时间内找到神经形态计算的商业应用。与用硬件配置网络的模拟方案，或者与并不在芯片上执行网络训练的 TrueNorth 比较，SpiNNaker 要灵活得多。SpiNNaker 计划构造一个需要 5 万个这种特殊的芯片的机器，期望创造一个拥有 10 亿个“神经元”的网络。基于定制 ARM 和高速异步通信，50 万核神经形态计算平台可实时仿真 400M 神经元和 400B 神经突触的生物神经网络。

9.4.2 神经形态计算机与传统计算机的比较

冯·诺依曼体系结构的基本特征是内存与计算单元分离，优点是软件化、可编程，同一硬件平台可以通过存储不同的软件来实现不同的功能；缺点是存储单元与计算单元之间的通信延迟可能成为性能瓶颈，出现“内存墙”问题。而生物神经网络的基本特征是“内存与计算单元合二为一”。鉴于冯·诺依曼架构的严重限制，神经网络架构被提出，从而产生类脑芯片，其借鉴人脑信息处理方式，以晶体管电路模拟神经元功能，以忆阻器实现突触可塑性，是一种具备认知能力的新型处理器。它的出现，是传统计算机信息处理方式的增强和拓展。表 9.1 从多方面对经典计算机和神经形态计算机进行了比较。

神经形态计算机能够突破传统“执行程序”计算范式的局限。传统微处理器本身不具备认知能力，处理任何信息都需要执行预先编制的程序，一旦所处理的情况在程序预设之外，则无法完成预定任务。“执行程序”计算范式在应变能力方面的欠缺，极大限制了传统微处理器的应用范围。相反，类脑芯片基于认知和经验，能够自主处理意外情况，不需要预先编程。其对数据进行并行传送、分布式处理，便于外部数据整体式摄入，这就避免了传统微处理器数据串行传送和集中式处理所导致的数据传输瓶颈，突破了传统“计算范式”的局限，有望形成“自主认知”的新范式。

表 9.1　经典计算机与神经形态计算机比较

	经典计算机	神经形态计算机
器件	晶体管（开关电路）	神经形态器件（神经元、突触）
体系结构	冯·诺依曼体系结构	仿生脉冲网络
基础软件	操作系统 编译器 数据库	网络结构配置与管理 软神经网络到硬神经阵列映射 系统动力学、行为管理
擅长领域	结构化信息精确处理 计算、逻辑	时空信息高效处理 视听感知、自主学习、智能交互
应用软件	数据结构+（人工）算法	（大）数据+训练（自学习）
目标智能	经典人工智能（强调认知科学）	仿脑智能（基于神经科学）

神经形态计算机的基本“神经元”只有在发出脉冲信号的瞬间才消耗能量，而传统计算机工作时需要时刻对所有晶体管供电，导致功耗巨大。与现有计算机采用的半导体集成电路相比，神经形态计算机的“诱人”之处在于，具有更高的计算效率（大约 106 倍）和更低的能耗（1/106～1/104）。因此，直接操控硬件电路的物理特性、连接设计而模仿神经信息处理和计算结构，是神经形态计算机的核心。这将是一种全新的非冯·诺依曼计算体系，以大规模自适应模拟系统为特征，采用大规模并行、计算和信息存储局部化。其优势是可对多感官、非精确的信息进行实时处理，而非现在计算机擅长的精确符号和数字运算。

9.5　基于忆阻器的类脑计算

除了神经形态计算技术，另一种用模拟电路技术构建人工突触的方法是忆阻器（memristor）。1971 年，美国加州大学伯克利分校教授蔡绍棠（Leon Chua）预测：应该有第 4 个电子元件的存在。他在论文“Memristor—The Missing Circuit Element”中提出了一类新型无源元件——记忆电阻器（简称忆阻器）的原始理论架构，推测电路有天然的记忆能力。忆阻器的存在被早早地预测了，但是始终未设计出实物模型。

为了打破传统冯·诺依曼结构的限制，实现存算一体，必然要在硬件上考虑模拟生物神经元的功能。神经元通过突触传递信息，神经冲动信号经轴突—突触小体—突触前膜—突触间隙—突触后膜路径传播，而携带传递信息的神经递质在传播后不会立即消失，所以突触具有传递和记忆信息的作用。由此可知，实现类脑计算的前提是找到一种非易失性存储元件，可以模拟生物突触的作用。早期研究人员采用浮栅晶体管（浮栅金属氧化物半导体场效应晶体管）来模拟突触，但由于其只能承受 10 万次左右的数据写入，不能用于制作真正的神经芯片。浮栅晶体管的研究说明了利用非易失性存储体实现存算一体的可能性。

2008 年，美国惠普实验室下属的信息和量子系统实验室的研究人员在英国 *Nature*（《自然》）杂志上发表论文“The missing memristor found”宣称，他们已经证实了电路世界中的第

4 种基本元件——忆阻器的存在，并成功设计出一个能工作的忆阻器实物模型。

随着忆阻器的出现，研究人员终于找到了能够完美模拟生物突触的器件。忆阻器被认为是继电阻器、电容器、电感器之后的第 4 个无源电子元件。如图 9.11 所示，忆阻器最大的特点（也是其优势）：它可以记忆流经它的电荷数量，其电阻取决于多少电荷经过了这个器件，即让电荷以一个方向流过，电阻会增加；如果让电荷以反向流动，电阻就会减小。简单地说，这种器件在任一时刻的电阻是时间的函数，取决于多少电荷向前或向后经过了它。这一阻值可改变的特点被用来模拟神经元突触的可塑性，进而创建一个具有简化突触功能的多层感知器网络。

忆阻器是天然的突触模拟器件，生物突触会释放 Ca、Na 离子改变传导，而忆阻器通过释放氧离子改变传导性。在忆阻器出现之前，构建具有像大脑那样的形状因子、低功耗和内部实时通信的结构是不可能的。忆阻器的功能特性是所有的电子组件中与突触最相近的。一个忆阻器是一种二端器件，它具有很小的物质形态，还能保留自己的历史状态，其电阻随所加电压值、方向和持续时间而变。然而忆阻器真正引人关注的是：无论它过去状态或者电阻如何，它的状态都被“冻结”，直到施加另一外加电压来改变这个状态。维持这个状态不需要能量。这正是它不同于传统计算机的动态 RAM 之处，传统计算机动态 RAM 要求定期充电以维持其状态。因此成千上万个忆阻器可以代替海量有源存储器。

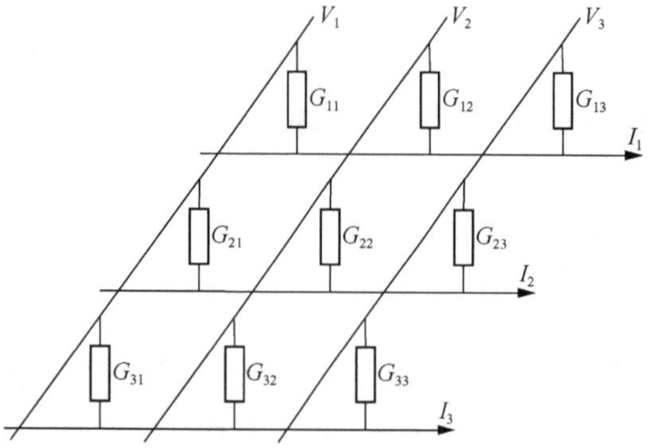

图 9.11　忆阻器架构

目前，忆阻器通常以交叉阵列的架构进行集成，如图 9.11 所示。图中以具有 9 个忆阻器的阵列为例，$G_{ij}(i=1,2,3, j=1,2,3)$ 表示其中一个忆阻器。所谓交叉阵列就是在横向和纵向排列的电路每一个交点中间都放置一个忆阻器，当任意一点流过特定的电流时，忆阻器就可以实现记忆功能；在任意一个忆阻器两端施加特定电压，忆阻器的阻值将决定线路中电流的大小，这样忆阻器同时又具备了计算功能；如果为交叉阵列的每一条线路都分配电压，然后测量每一条线路中的电流，那么就可以轻松完成一次矩阵的乘法或加法运算。使用这样的忆阻器交叉阵列，人们有望建立一个比超级计算机更精确、快速的人脑功能仿真机器。

忆阻器阵列可以轻松地进行矩阵运算，而矩阵运算是神经网络的基础，所以基于忆阻器的网络，与生物大脑的神经网络相似，可以同时处理许多任务。最重要的是，它无需反复移动数据，可以并行地处理大量信号，特别适合于机器学习系统。因而对于实现深度神经网络而言，忆阻器相对于传统计算机系统结构，是一个更好的选择。

美国 IBM 公司的研究者开发出一种新的芯片架构，该架构使用电阻式计算创造了由数百万个忆阻处理单元（RPU）组成的多个计算块，并且可以同时应用在训练或运行神经网络中。IBM 的设计中的每一个小处理单元都模拟了大脑中的一个突触。它可以以电压的形式接收各种模拟信号，并基于其过去的经历使用一个对这些经历加权的函数，决定可将什么结果传递给下一组计算元件。因为忆阻处理单元是特化的（相对于一个 CPU 或 GPU 内核），既不需要将模拟信息转换成数字信息，也不需要使用除它们自己之外的存储器，所以它们的运行速度可以很快而且只需要很少的功耗。因此，理论上一个复杂的神经网络，比如应用于自动驾驶汽车中识别道路标志的神经网络，可以直接通过每一个软件描述的电路与其配置的一个忆阻处理单元来进行建模。但是，因为 RPU 并不精确，任何在它们上面运行的算法都需要能抗衡忆阻处理单元固有的不精确性。传统的神经网络算法是为高精确的数字处理单元而编写的，可以很容易地调取任何所需的记忆值。如果对它们进行重设，让每一个本地节点都可以在很大程度上依赖本身，可在一定程度上保证结果准确率，然而这需要大量的软件方面的创新。为了让这些新算法能够大规模地工作，硬件上也需要进步。一种混合忆阻计算机可以包容各种各样的深度神经网络架构，包括全连接网络和卷积网络，这使得其在几乎所有类型的神经网络应用中都有潜在的用途。

使用现有的 CMOS 技术，并假设在具有 4096×4096 个元件的分块中配备具有 80 纳秒周期时间的 RPU，那么每一个这样的分块都能够执行 51GOPS（10 亿次浮点运算），而只需要消耗极小量的功率。一个具有 100 个这种分块外加 1 个 CPU 内核作为补充的芯片，可以在仅消耗 22W 功率的情况下处理一个高达 160 亿权重的网络。一旦使用这些 RPU 分块紧密封装成的芯片创造出了基于忆阻计算的人工智能系统，那么该系统的性能表现将相对于当前架构提升 30 000 倍，而其功率效率也将达到 84 000GOPS/W。除此之外，已有研究人员研制出扩散型忆阻器，构建了全忆阻硬件神经网络，探索了忆阻神经网络在完成图像识别、图像压缩和步态识别等任务中的应用；还有研究团队利用构建了忆阻多层感知器网络，探索了网络离线学习和在线学习的能力和性能表现。清华大学研制出上千忆阻器集成阵列并用于人脸识别，可发展成为人工智能硬件系统中图像信息识别模块。由此可见，未来忆阻器芯片将带领我们走向真正的人工大脑。

9.6　人 工 大 脑

创造一个仿生大脑模型一直以来都是科学界人士梦寐以求的。人工智能的发展与人类对理解人脑的追求密切相关。计算神经科学的长期目标是通过模仿其内部功能的因果动态来模拟大脑，该模型涉及人类/动物行为特征中的大脑功能。虽然这种方法有助于了解智能行为如何出现，但人们对此感到兴奋。但是由于人们不完全了解大脑的工作原理，这是否是一个现实的目标也引发了激烈的争论。

现阶段人工大脑的主要思想是通过器件层次逼近人脑，即研制能够模拟神经元和神经突触功能的微纳光电器件，从而在有限的物理空间和功耗条件下，通过模拟大脑结构实现人脑规模、硬件化的神经网络系统。比如，美国国防部高级研究计划局（DARPA）于 2008 年启动“神经形态自适应可塑性可扩展电子系统”（即突触），其目标是研制出器件功能、规模与密度均与人类大脑皮层相当的电子装置，功耗为 1000W（人脑约为 20W）。

从微观层面研究单个神经元的结构、机制，利用材料学、微电子学等技术设计人工神经元，再利用人工神经元搭建电子大脑。

9.6.1　人工神经元

人工神经元是一种具有相变性质的神经元。相变神经元具有传统材料制成的神经元无法匹敌的特性 ——其尺寸能小到纳米量级。此外，它的信号传输速度很快，功耗很低。更重要的是，相变神经元是随机的，这意味着在相同的输入信号下，多个相变神经元的输出会有轻微的不同，而这正是生物神经元的特性。

相变神经元由输入端（类似生物神经元的树突）、神经薄膜（类似生物神经元的双分子层）、信号发生器（类似生物神经元的神经细胞主体）和输出端（类似生物神经元的轴突）组成。信号发生器和输入端之间还有反馈回路，以增强某些类型的输入信号。

神经薄膜是整个神经元的关键。在生物神经细胞中，起神经薄膜作用的是一层液态薄膜，它的物理机理类似于电阻和电容：阻止电流直接通过，但同时又在吸收能量。当能量吸收到一定程度时，它就向外发射自己产生的信号。这信号沿着轴突传导，被其他神经元接收。然后再重复这一过程。

人工神经元液态薄膜被一小片神经薄膜取代。神经薄膜是由锗锑碲复合材料（也称 GST 材料）制成的，该材料也是可重写蓝光光盘的主要功能材料。锗锑碲复合材料是一种相变材料，即它可以以两种状态存在：晶体态和无定形态。通过激光或电流提供能量，两种状态之间可以互相转变。在不同状态下，相变材料的物理特性截然不同，锗锑碲复合材料在无定形态下不导电，而在晶体态下导电。

在人工神经元中，锗锑碲薄膜起初是无定形态的。随着信号的到达，薄膜逐渐变成结晶态，即逐渐变得导电。最终，电流通过薄膜，制造一个信号，并通过该神经元的输出端发射出去。在一定的时间后，锗锑碲薄膜恢复为无定形态。这个过程周而复始。

首先，人工神经元采用了成熟的材料，历经几十亿次工作而不损坏（寿命长），体积极小，因此，这是一种性能非常棒的器件。

其次，人工神经元跟生物神经元的工作方式非常类似。当大批人工神经元组成并行计算机后，它也许可以和人类一样进行决策和处理感官信息。IBM 的研究人员表示，他们的人工神经元技术和目前发展中的另外一种人工神经元器件——忆阻器互为补充。

目前，IBM 制造了 10×10 的神经元阵列，将 5 个小阵列组合成一个 500 个神经元的大阵列，该阵列可以用类似人类大脑的工作方式进行信号处理。事实上，人工神经元已经表现出和人类神经元一样的“集体编码”特性。此外，它的信号处理能力已经超过了奈奎斯特-香农采样定理规定的极限。

集体编码：每个神经元有 2 种状态，可以表示 1 比特信息，那么 N 个神经元就可以表示 2^N 比特信息。神经元数量足够多时，其所能表示的信息量将极其惊人。

IBM 的研究人员计划构建包含几千个相变神经元的单一芯片，并编写能充分利用相变神经元芯片随机特性的软件。

9.6.2　人造神经突触

根据目前人类对大脑学习过程的认识，我们知道，人脑的学习过程与神经元的突触增强或减弱有密切关系。在大脑神经系统系统中，神经突触的连接强度提升，学习能力也会随之提升，反之则减弱。研究人员根据这种机制来设计人造神经突触。可以采用多种方式设计人造神经突触。比如一种基于忆阻器的人造神经突触，主要基于一种纳米级的电子元件，由两个电极，以及夹在它们之间的一层薄铁电物质组成。由于忆阻器的电阻可用类似于神经元电信号的电压脉冲来调整，因此，可以模拟突触连接强度的变化。如果忆阻器电阻低，人造神经突触的联系会加强；若电阻高，人造神经突触的联系会减弱。人造神经突触的学习能力正是基于忆阻器电阻的这种调整能力。

目前，全世界有许多顶级实验室在研究人造神经突触，由于技术手段差异，其工作方式也有很大差异。比如，美国麻省理工学院的一个团队已经开发出一种人造突触介质。他们采用硅和锗半导体材料技术设计了一种硅锗突触，其宽度约为 25nm。经过 700 次循环测试，研究人员发现人造突触能够保持一致的电流变化。他们利用人造突触构建了一个 3 层的神经网络，其中两层由人造突触连接。他们利用手写字体识别数据测试，证实这种新型（基于物理材料设计，而非传统的数学模型和计算机程序算法）的人工神经网络系统的识别准确率能达到 95%，接近传统的多层人工神经网络识别准确率。

9.7　小　　结

本章首先指出了现代计算机在实现通用类人智能方面的局限性，以及类脑计算的必要性和前景，然后介绍了类脑计算概念以及类脑计算技术，包括神经形态类脑计算、忆阻器类脑计算、基于脑科学大数据的类脑计算、基于脑功能模型的仿脑计算系统、基于深度学习的类脑计算等技术，以及类脑计算芯片和人工大脑的基本原理和思想。

第 10 章　机器行为智能原理与方法

10.1　机器人行为智能与机器人类型

10.1.1　机器人与行为智能

机器人与人工智能无论是在历史发展还是思想起源方面，都可以看作两个独立发展的领域。从历史上看，人类创造机器人远早于创造人工智能，而人工智能与机器人真正交汇还是开始于人工智能诞生之后。具有人工智能元素的机器人首次亮相于 20 世纪 50 年代。20 世纪 80 年代，美国麻省理工学院的布鲁克斯看到当时一些符号人工智能模拟世界的不切实际的规划程序时，着手开始研究情境机器人学，不久之后，他将自己的方法发展成了一个适应性行为理论。他认为，即使是人类动作也不包含内部表示。这种“外部/具化的智能”理论是行为主义的核心思想。

机器人技术产生以后，它已经成为测试、实验和实现人工智能重要载体和手段。人工智能实际上是将人的智能赋予其他工具，而机器人则是为这样的智能化提供了一个很好的容器与载体。机器人也承载了人类实现具有类人智能的强人工智能的梦想。也有很多机器人技术并不是以人类为对象，而是以各种各样的动物甚至植物为模拟对象或设计灵感来源。因此，机器人技术具有非常多元化的内容，小到纳米机器人，大到巨型“阿凡达”机器人，但不一定非得是人类的形象。现代机器人已经从早期的科学幻想中的人形机器人发展到空中、水下、水面、陆地、太空等各种场景、各种形态的机器人，成为实现增强扩展人类体能、活动空间的重要手段。

10.1.2　机器人类型

近年来，技术发展催生了机器人应用方式的创新演进。随着物联网集成、边缘智能和虚拟现实等技术的利用，有望推动机器人产业应用方向实现根本性突破，优化其部署方式和产业结构。

1. 工业机器人

如图 10.1 所示，工业机器人系统往往需要众多外围设备，例如工装夹具、传送带、焊接变位机、移动导轨等，这些配件与机器人本体之间的高效配合与精确协同成为工业机器人创新发展重要的发展方向。作为“机电融合”的代表产品，机器人电子控制技术是协同各部分的关键。可编程逻辑控制器（programmable logic controller, PLC）因其在扩展性和可靠性方面的优势，目前已广泛应用于工业机器人领域。此外，PLC 正向高速、大容量方向发展，通过物联网构建 PLC 、变频器、远程 I/O 等外围设备与计算机的连接，可以构造出多级式分布系统，使得工业机器人更易控、更易协同。

图 10.1　工业机器人

2. 服务机器人

在当前复杂场景多技术融合的背景下，服务机器人对应用领域的适应性逐步扩展，产品类型愈加丰富，自主性不断提升，已由早期的扫地机器人、送餐机器人等成熟产品，逐渐向情感机器人、教育机器人、医疗手术机器人、大厅引导机器人、商业清扫机器人等方向延伸，服务领域和服务对象不断丰富。尤其在医疗健康领域，服务机器人可应用于手术、影像等临床诊疗需求，提升医务工作者救治效率，有效减少病患痛苦。不同型号的教育机器人如图 10.2 所示。

图 10.2　教育机器人

3. 特种机器人

图 10.3 所示的特种机器人的应用环境大多复杂极端，不仅要求其具备稳定的工作状态及快速移动方式，更要求其在频繁的人机协作环境中具备高安全性和自主识别能力。特种机器人不仅具备了智能化能力，在产品灵活性和可靠性方面亦有突破。此外，包括液态金属控制技术、基于肌电信号的控制技术、气动控制技术在内的新型技术，也将推动特种机器人形态和控制方式的进步。仿生新材料与刚柔耦合结构进一步打破了传统的机械模式，提升了特种机器人的环境适应性。

图 10.3　嫦娥月球探测器和玉兔二号移动机器人

特种机器人通过综合运用视觉/压力等传感器、深度融合软硬系统、优化控制算法等技术工具，可以完成定位、导航、避障、跟踪、场景感知识别、行为预测等任务。

一些企业聚焦灾后救援机器人研发。为提高危机应对处置能力，有效减少不必要的人员伤亡，全球相关科研机构及创新企业投入重金，加大对救灾、仿生等特种机器人的研发支持力度。

此外，图 10.4～图 10.7 所示的各类机器人呈现出功能各异的多样性，预示着其迅猛而蓬勃的发展态势。

图 10.4　移动机器人

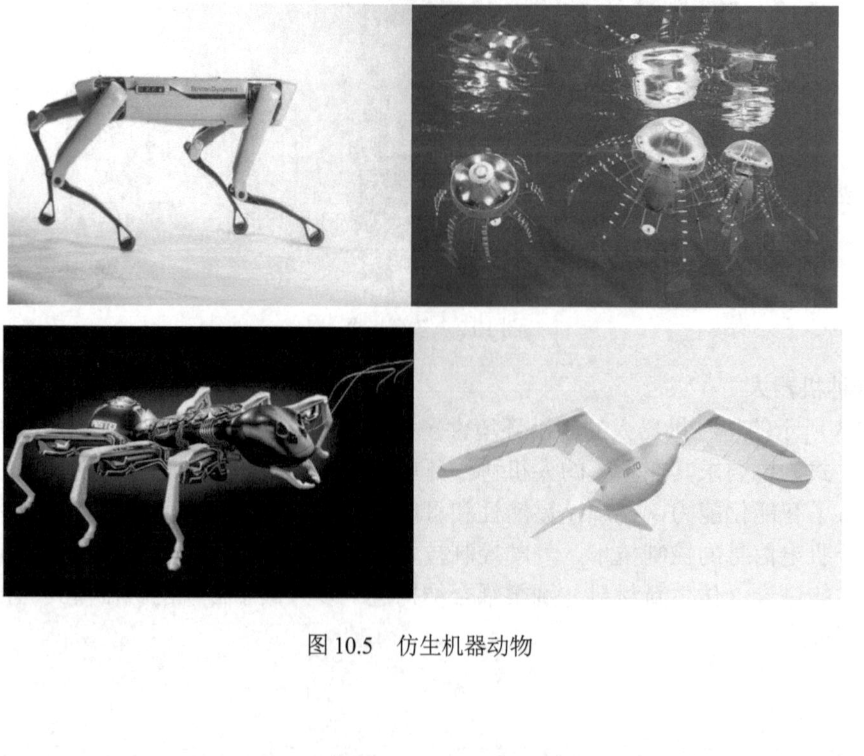

图 10.5　仿生机器动物

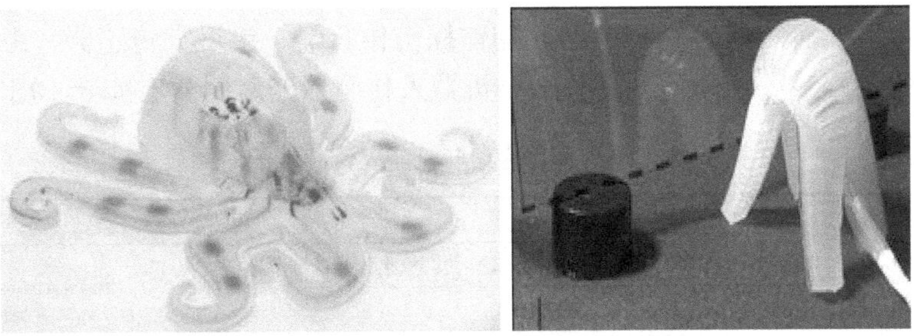

图 10.6　软体机器人

图 10.7　人形机器人

10.2　机器人共性技术

10.2.1　传感器

随着机器人智能化程度的不断提高，无论是遥控机器人、交互机器人还是自主机器人，都需要越来越多地借助传感器感知自身和外部环境的各种参数变化，进而为控制和决策系统做出适当的响应提供数据参考。基于视觉、触觉、听觉和雷达等外部传感器技术对形成机器人感知智能具有重要作用。

机器人必须能够使用从外界环境及其本身内部获取的信息，从而对外部环境做出正确的反应。传感器是一种电气机械装置，能够感受被测量的信息，并按照一定规律变换成可用输出信号，以满足信息的传输、处理、存储、显示、记录和控制等要求，是机器人获取信息的主要部分，类似于人的五官。根据检测对象的不同，机器人传感器可分为内部传感器和外部传感器。内部传感器是用来检测机器人本身状态（如手臂间角度）的传感器，例如，能够感知机器人自己的轮子的位置，以及不同执行器中的各个关节的角度值（如力传感器、力矩传感器），这和人体内部的感觉器官很类似，就像感知肌肉伸缩的器官，多为检测位置和角度的传感器。外部传感器指用来检测机器人所处环境（如是什么物体，离物体的距离有多远等）及状况（如抓取的物体是否滑落）的传感器，能够感知外部环境的信息，例如，到障碍物或墙壁的距离信息，其他机器人或人类施加的外力，能够通过视觉、听觉、嗅觉感知到的物体存在及其特性，具体有物体识别传感器、物体探伤传感器、接近觉传感器、距离传感器、力觉传感器，听觉传感器等。部分人类感官与机器人传感器的对照参考如表 10.1 所示。

表 10.1　部分人类感官与机器人传感器的对照表

人类的感官	机器人的传感器
视觉	照相机、红外相机、辐射传感器及距离传感器等
听觉	麦克风
味觉	化学品传感器
嗅觉	化学品传感器
触觉	接触（碰撞）传感器、压力传感器
本体感受	旋转编码器
平衡感	倾斜传感器、加速计及回转仪等
温度感觉	热电偶

表 10.2 则列举了机器人设计中使用的主要传感器。前 5 种类型是外感受性传感器，主要用来测量外部环境的信号（光、声音、距离和位置）。剩下的两种类型是本体感受传感器，其功能是测量机器人的内部构成和状态信息（马达的力矩、加速度和倾斜角度）。表中还列举了各个传感器使用中的常见属性及问题。

表 10.2　传感器的主要类型

传感器	设备	注释
视觉（光）传感器	光敏电阻	感知光的强度
	一维摄像机	感知水平方向的信息
	二维黑白或彩色摄像机	感知完整的视觉信息，计算密集、信息丰富
声传感器	麦克风	感知完整的听觉信息，计算密集、信息丰富
远距和邻近传感器	超声波（声呐、雷达）	超声波的反馈需要反馈时间，在不光滑的表面上反射具有局限性
	红外线	使用红外光波中的反射光极子，通过调制红外线来减少干扰
	摄像机	根据双目视差或视觉透视来测距
	激光	激光的反馈需要反馈时间，无镜面反射问题
	霍尔效应	铁磁性材料
接触（触觉）传感器	碰触开关	二进制的开/关接触
	模拟触摸传感器	在传动轴上结合弹簧，由能够根据压缩来改变电阻的软导电材料构成
	皮肤	分布在体表的传感器
位置（定位）传感器	GPS	全球定位系统，精确到 1.5m
	SLAM（光、声呐、视觉）	同步定位与建图，光、声呐、视觉传感器共同使用
力（力矩）传感器	轴编码器	感知马达转轴的旋转值，使用透射的测速仪测量旋转速度
	二次轴编码器	感知电机转轴的旋转方向
	电位器	感知电机轴的位置，在电机内部，检测转轴的位置
倾斜和加速度传感器	陀螺仪	感知倾斜度和加速度
	加速度器	感知加速度

图 10.8 展示了机器人系统所涵盖的多样传感器。接下来，我们将对不同类型的传感器及其广泛的应用进行深入探讨。

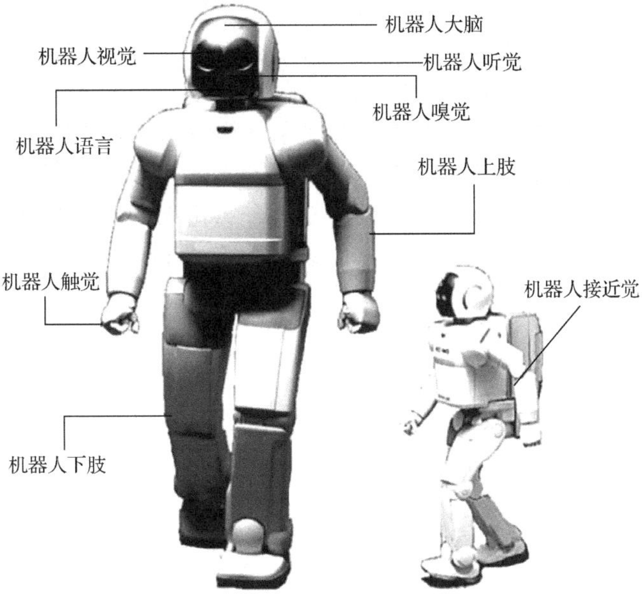

图 10.8　机器人传感器

1. 视觉传感器

机器人的视觉感知使用它自己的（彩色）摄像机生成的数字图像来获取一组丰富的信息集。只要处理好这些视觉信号，智能系统就能够建立一个外部世界的表征方式。这套表征方式包含对象的分割与识别，以及这项操作任务的属性；导航和避障的环境布局；与其他人类和机器人智能系统进行社交互动。人工视觉（也叫机器视觉）专家已经研发出了一系列的标准图像处理程序和算法，这些程序和算法已经广泛应用在机器人学的研究中。尽管在人工智能和机器人学研究领域中，视觉方面的研究仍然是一个重大挑战，但是目前一些程序和算法在机器人视觉对象分割、识别和跟踪等方面都有成功的应用。

2. 听觉传感器

机器人的听觉系统是一种方便、智能化的机器人与外界系统交互的方式。尽管听觉定位精度逊色于视觉，但其仍然具有独特的价值。由于声音信号的衍射性能，听觉具有全向性，相较于视觉、激光等其他传感信号而言，它不需要直线视野，因而对于需要在有视野遮蔽障碍物或光线不足甚至黑暗环境下工作的机器人来说非常重要。

听觉传感器是一种可以检测、测量并显示声音波形的传感器，应用广泛。对机器人来说，其作用相当于一个话筒（麦克风），用来接收声波、显示声音的振动图像。在某些环境下，机器人需要测知声音的音调和响度、区分左右声源，甚至需要判断声源的大致方位；在有些条件下，机器人需要与人类进行语音交流。因此，听觉传感器的存在能够使机器人更好地完成这些任务。

根据需要，一般机器人听觉的功能包括声源信号的定位与分离、自动语音识别和话语识别等。其中，涉及听觉传感器的部分主要包括两点，首先是包括声源定位和距离测定等在内的声音测量定位；其次则是语音识别，就是利用听觉传感器解决“听得到”和“听得懂”的问题。目前语音识别技术仍然停留在“识别智能”这一基础阶段，未来语音识别技术在具体场景的应用还需要攻克很多难关。以这一技术在机器人领域的应用为例，要实现机器人与人的语音交互自然化、个性化及场景化，能够被任意打断且不影响机器人理解用户需求，最终进行精准的内容推荐和服务，显然还有很长的路要走。

机器人进行声音识别一般分为两大类：特定人的语音识别系统和非特定人的语音识别系统。特定人语音识别方法是将事先指定的人的声音中的每一个字音的特征矩阵存储起来，形成一个标准模板（或叫模板），然后再进行匹配。而非特定人的语音识别系统大致可以分为语言识别系统、单词识别系统及数字音（0～9）识别系统。非特定人的语音识别方法需要对一组有代表性的人的语音进行训练，找出同一词音的共性。这种训练往往是开放式的，能对系统进行不断修正。

3. 触觉传感器

触觉是人与外界环境直接接触时的重要感觉功能，触觉传感器是用于机器人模仿触觉功能的传感器。触觉是机器人获取环境信息的一种仅次于视觉的重要知觉形式，触觉感知的主要任务是为获取对象与环境信息，以及为完成某种任务而对机器人与对象、环境相互作用时的一系列物理特征量进行检测。广义来看，触觉包括接触觉、压觉、力觉、滑觉和冷热觉等，狭义上则专指机械手与对象接触面上的力感觉。

机器人触觉传感器的主要功能分为两种：一是检测功能，包括对操作对象的状态、机械手与操作对象的接触状态，以及操作对象的物理性质进行检测；二是识别功能，即在检测的基础上提取操作对象的形状、大小和刚度等特征，并加以分类和目标识别。

20 世纪 90 年代至今，触觉传感技术的研究继续保持着快速增长势头，并开始向多元化发展。进入新世纪，科学家们借鉴仿生学原理，参照人类皮肤对环境的敏锐感知改进触觉感应器，不断发展其性能，甚至令机器人触觉感应器获得了“电子皮肤”的称号。与人类皮肤不同的是，现在的触觉感应器不仅能够将湿度、温度和力度等感觉用定量的方式表达出来，还可以帮助伤残者获得失去的感知能力。近些年，机器人触觉感应器的研究屡结硕果，在各个领域的应用都得到了极大的拓展。2018 年，美国麻省理工学院的 Cheetah（猎豹）机器人已经进化到了第三代。比起前辈们，Cheetah3 最耀眼的升级就是不太需要摄像头了，直接利用触觉信息完成动作。

4. 电子皮肤

制作出像人类皮肤一样柔软、具备触觉、应用范围广泛且能接收外来信息的万能人工皮肤，是从机器人工程学初创时期开始就存在的挑战。未来的目标是制作出高仿真的人工皮肤，但目前的技术只能制作出符合部分条件的人工皮肤，一切仍处于研发阶段。根据研发目的以及功能、特性的不同，大致可将目前常见的触觉装置分为以下 3 个类型。

（1）覆盖机器人全身的“全身型皮肤传感器”。从实用性来看，这项装置是为了使机器人在接触人类的瞬间立刻停止动作，以确保人类安全，从而实现人类与机器人之间的正常沟通。而该类型的首要课题则是确保装置的耐用度，以及能完整包覆任意曲面的弹性。目前最重要的任务就是提高皮肤传感器的单点感应度，而今后的发展目标则是让机器人全身都有触感，并且提高传感器的分辨率与多元化程度。

（2）触感传感器，也就是能准确测量触感的传感器。远程操作机器人时，要想将触感远程反馈给操作者，就必须开发出能将皮肤接触目标物时的触感转换成数据的传感器。其中，关键在于能获取与人类（最好是指尖）相同触觉信息的传感器。如果能达到这个目的，即使这种传感器无法安装在机器人全身也没有问题。触感传感器是将工业产品的表面触感进行量化，试图通过改善触感来提高产品质量，属于技术领域。将来，触觉传感器也有可能应用于肌肉状态的测量、医师的触诊等领域，例如肿瘤、淋巴结这类检查的自动化。而且，今后随着触觉的识别与显示技术进一步发展，以及生产成本的下降，或许人们在在线购物时就能直接感受商品的触感。

（3）机械手触觉传感器，这是一种专门为机械手臂的指尖所设计的传感器。触觉传感器最初的设计就是要安装在自动作业的机器人的指尖上，以便于机器人自行侦测抓取物体时的状态。目前还没有出现相关的实例，但已开发出了一些完成度极高的成品。在这类应用中，机器人的触觉感知功能不一定具备和人类一样的特性，其重点在于机器人要能以向量的方式，正确地计算出压力在指尖的分布情况，对计算精确度及所需时间的要求甚至高于人类能够达到的程度。

5. 嗅觉/味觉传感器——化学元件

仿生嗅觉/味觉传感器即我们常说的电子鼻/电子舌，它主要由两个部分构成。一部分是作为敏感元件的生物活性组分，能与目标分子或离子发生相互作用，产生特异响应；另一部分是作为换能器的物理化学探测器，能把敏感元件产生的响应转换为更易于处理和分析的物理信号，比如电信号。最后将仿生传感器与信号处理及显示相关的电子电路和仪器相结合构成一个完整的检测系统，使检测的结果能以更加友好的方式呈现出来。因此，这 3 部分构成了一个仿生系统，部分继承了生物化学感觉系统所特有的响应迅速、灵敏度高、选择性好等优点。

但是目前它只能对特定的嗅觉/味觉进行识别，对多种嗅觉/味觉识别只能依靠多种不同功能的传感器来集成，通用性较差，在机器人身上并未得到太多的应用。然而，机器人只有五官远远不够，一般来说，感官越丰富的机器人，其内部的传感器就会越多。换句话说，如果你的机器人并不是那么灵敏，也许就是因为少了传感器。随着传感器的发展进步，机器人会越来越像人。

6. 激光雷达

环境感知是移动机器人研究的关键技术之一。机器人周围的环境信息可以用来导航、避障和执行特定的任务。获取这些信息的传感器既需要足够大的视场来覆盖整个工作区，又需要较高的采集速率以保证在运动的环境中能够提供实时的信息。

近年来，激光雷达在移动机器人导航中的应用日益增多。这主要是由于基于激光的距离测量技术具有很多优点，特别是其具有较高的精度，通过二维或三维的扫描激光束或光平面，激光雷达能够以较高的频率提供大量的、准确的距离信息。与其他距离传感器比，激光雷达能够同时考虑精度要求和速度要求，这一点特别适用于移动机器人领域。此外，激光雷达不仅可以在有环境光的情况下工作，也可以在黑暗中工作，而且在黑暗中测量效果更好。激光雷达早前更多应用在军事领域，随着技术的发展和成本的降低，目前，机器人、无人机、无人驾驶等领域也成了激光雷达的重要应用领域。和视觉的方式一样，激光雷达的属性也有一定的短板——这类传感器无法在雨雾天气工作。

10.2.2 自由度、效应器和执行器

机器人的主体主要由两部分组成：一部分是能够接收外界环境信息的传感器（例如，获取视觉信息的摄像机，获取音频信息的麦克风，以及感知距离的红外传感器等）；另一部分是能够产生行为动作的执行器（例如，使轮子或“机器腿”运动，或者使机器人铰接臂操纵物体等）。

自由度概念的引入，是为了确定机器人能够表现的动作维度。自由度是指在三维 x、y、z 空间坐标系中能够产生的动作维数。举个例子，我们的肩膀有 3 个自由度，因为肩膀可以通过窝球关节结构，使上臂在 3 个维度上运动，分别是水平维度（x）、竖直维度（y）和旋转维度（z）。上臂和小臂之间的结构只有手部一个自由度，它可以使手臂伸直或弯曲。当然，最典型的是人类的眼睛，它有 3 个自由度，可以使眼睛在水平、竖直、旋转方向上运动。

机器人会在一个或多个自由度情况下，使用效应器和执行器来执行相应的动作。效应器指的是一种机械装置，它允许机器人根据外界环境的信息做出相应的反应。人类身体上的效应器主要包括手臂、手指、眼睛和腿。机器人上的效应器主要是车轮和“机器腿”、机械手和夹持器，以及“眼睛”“手臂”“机翼”“鱼鳍”等。执行器也是一种机械装置，其作用是让机器人的效应器在至少一个自由度的情况下，将能量转化成动作执行出来。人体中执行器的主要例子是控制各个关节的肌肉和肌腱。在机器人中，最常见的执行器是电机或马达（包括电动、气动或液压型），或者是能够通过改变本身形状和属性产生运动的其他物质。表 10.3 中列举了一些最常见的执行器及它们的主要特点。

表 10.3 常见的执行器的主要类型和特点

执行器	简介	注解
电动马达	将电能转变成机械能（转矩和转速），从而产生动作	优点：结构简单价格便宜、应用广泛 缺点：易发热，不节能 主要类型：直流电动机，直流齿轮传动电动机，伺服电动机，步进电动机
液压马达	将液体压力转变成机械能（转矩和转速），从而产生动作	优点：力矩大，动作精确 缺点：体型大，较危险，有液体泄漏风险 主要类型：汽车活塞
气动马达	将空气压力转变成机械能，从而产生动作	优点：高功率，快速、准确反应，被动动力 缺点：较危险，噪声大，有气体泄漏风险 主要类型：Mckibben 型气动人工肌肉
反应材料	根据物质对光、化学物质或温度的反应，产生小型的动作（收缩/伸长）	优点：适合微型机器人、线性执行器 缺点：只能产生小/弱的动作，有化学风险 主要类型：光敏材料，化学活性材料，热活性材料

连接两个身体部位的执行器称为关节。每个给定的关节可以有多个自由度，一般来说，每个自由度需要个独立的执行器来链接。不过就在最近，一种支持多个自由度的马达已经被研发出来。

机器人系统中既可以使用被动的效应器，也可以使用更常见的（主动的）执行器。主动型执行器是指那些可以利用能源动力来将效应器移动到所需位置的活动性关节。这些执行器

也可以使用柔性机构。相比之下，被动效应器是基于被动驱动机制，主要利用执行器结构产生的能源（例如，飞机机员结构产生的气动升力），并且能与环境进行交互（例如，重力风力等），从而驱动机器人。

最常用的执行器是电动马达（简称电机）。它们之所以被广泛应用在机器人系统中，是因为这些电机价格便宜，相对来说能耗较低（虽然电机并不很节能），而且基于的是众多工程领域适用的标准、简单的电机技术。目前机器人中使用的电机主要有 4 种类型：直流电机，直流齿轮传动电机，伺服电机，步进电机。这些电机将电能转换成轴的转动，所以又称为旋转电机。前 3 种电机是同种类型电机（直流电机）的不同形态，而步进电机则基于不同的马达设计原理，其在机器人平台上的使用方法和能量消耗都不同于其他电机。

最后，除了基于电力和压力的系统，反应材料执行器也为机器人系统提供了另一种选择。这种执行器包含了多种多样的特殊材料，例如纺织物聚合材料和化学化合物，它们都能够对光（光敏）、化学物质、酸性/碱性溶液（化学反应）、温度（热敏）等产生较小的运动（组织的收缩、伸长）。

上述这些执行器一个或者多个执行器的组合，都能够实现控制效应器实现动作的功能。在机器人相关研究中，根据效应器的主要功能把它们分成两个大类：用于移动的效应器和用于操纵的效应器。移动（或行走）效应器可以完成各种各样的动作，使机器人移动到不同的位置。例如，双足行走、四足行走、摆动、跳跃、爬行、零登、飞行、游动等这类效应器主要包含“腿”、车轮、飞行翼和解状物，当然，有的时候，比如爬行或攀登时，也会使用手臂来执行移动。动作操纵效应器主要用来操作物体，通常也包括使用“手臂”（类似人类上肢）的单手或双手操作，可供选择的操纵效应器大都是受动物手臂的启发而研制的，例如借鉴章鱼手臂或者大象象鼻的软材料效应器。

在发展型机器人学的研究中，机械臂和机械手等效应器是非常重要的，因为它们都被广泛应用于该领域内的类人机器人平台中，并且机器人操作能力的发展也被认为与各种高级认知功能的进化和个体发展过程息息相关。机器人中的机械手臂通常有着简化的自由度结构，和人类身体比较相似，包含肩部关节、肘部关节、腕部关节和手指关节。人类的手臂（除手部之外）有 7 个自由度：肩部有 3 个自由度（上—下，左—右，旋转），肘部有一个自由度（伸直—弯曲），腕部有 3 个自由度（上—下，左—右，旋转）。尽管机器人手臂在自由度的数量上通常有些限制，但是为研究认知和发展型模型而构造的类人机器人更趋向于精确复制人类的手臂/手结构。

10.2.3　移动机器人 SLAM 技术

当机器人需要探索某个位置的环境，又没有可以使用的地图或者 GPS 无法使用（如在室内环境）时，需要利用同步定位与地图构建（simultaneous localization and mapping, SLAM）技术。通过集成位置、定位和距离传感器的信号，使得机器人可以构建环境地图，从而在地图上确定自己的位置，通过同步定位和映射（也可以称为并发映射和定位）的方法，机器人能够同时完成建图和定位工作。地图建构与机器人自我定位密不可分，这项技术通过机器人的内部传感器来测量环境并建构地图。用于 SLAM 的传感器数据可以通过多种方式来收集，包括利用光学传感器（一维或二维激光测距仪）、超声波传感器（二维或三维声呐传感器）、视觉摄像机传感器和机器人车轮行程传感器。通常情况下，使用最多的是这些传感器的组合，如利用辅以摄像机的声呐信号来检测地标。为了解决定位和建图的问题，SLAM 使用了多种信号处理和信息融合技术，并取得了不同程度的成功。

未知环境中机器人的同步定位与地图构建问题是自主机器人应用面临的挑战之一。目前 SLAM 主要应用的传感器有超声波传感器、视觉摄像机、毫米波雷达、激光测距器等。其中激光测距器因其在距离范围和方向上有较高的精确度，且成本较毫米波雷达技术低，计算复杂性较好等优点，已经成为全自主机器人室内定位和地图构建最普遍采用的传感器之一。另一方面，由于视觉传感器制造技术与计算机技术的发展，视觉摄像机凭借其价格低廉、采集信息丰富及在人机信息交互方面的优势，成为现在 SLAM 技术的主要研究方向之一，能够使移动机器人更加智能化、人性化。图 10.9 完整地展示了一个服务机器人导航定位系统的架构。

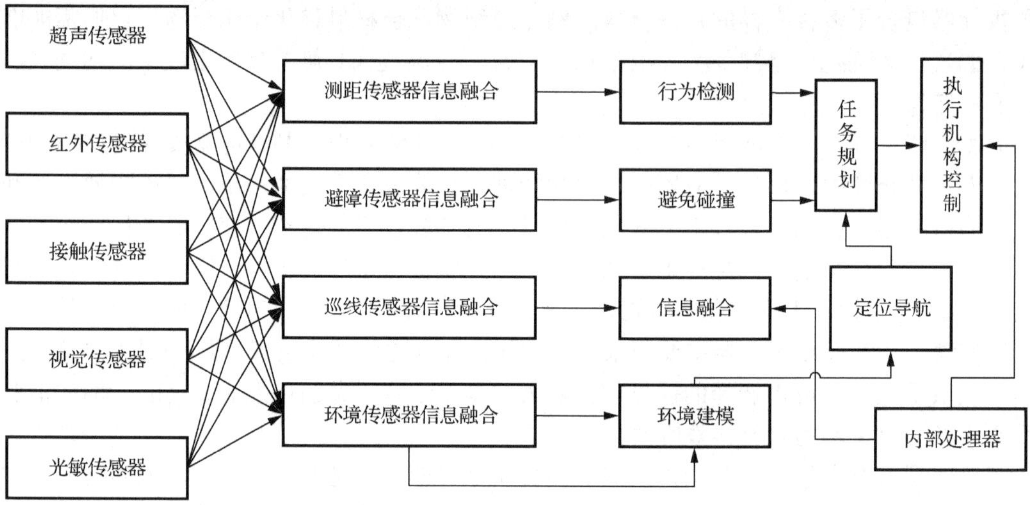

图 10.9　服务机器人导航定位系统架构

同步定位与地图构建问题包括：

（1）如何进行环境描述，即环境地图的表示方法。

（2）怎样获得环境信息，机器人在环境中探索并记录传感器的感知数据，这涉及机器人的定位与环境特征提取问题。

（3）如何表示获得的环境信息，并根据环境信息更新地图，这需要解决对不确定信息的描述和处理方法。

目前 SLAM 问题的优化方法可以分为两类：一类为基于滤波的方法，另一类为基于非线性优化的方法。

1. 基于滤波优化的 SLAM

扩展卡尔曼滤波是移动机器人同步定位与地图构建中最重要的理论方法，最早的应用是史密斯（Smith）等提出的随机地图创建方法。随机地图将机器人的位姿向量和环境特征向量组织在一个高维状态向量中，用 EKF 做最小均方差估计，以期对机器人探测过程中的不确定性加以研究。

粒子滤波是一种应用样本集表示概率密度分布的蒙特卡罗方法，可以用于任何状态空间模型，而且当样本数量趋向于无穷大时，可以逼近任何形式的概率密度分布。因此，粒子滤波能够比较精确地表达基于观测量和控制量的后验概率分布，可以用于解决 SLAM 问题。

2. 基于非线性优化的 SLAM

基于滤波的 SLAM 方法往往只能利用上一时刻或者相邻的几个时刻的传感器观测数据来估计当前的机器人位姿，并且受限于位姿与路标的协方差矩阵维度，通常只能维持一个不太大的环境地图模型，这使得 SLAM 的应用十分有限。一般，人们希望在整个运行期间，机器人不仅可以利用所有以前的观测信息，而且可以利用将来的观测信息协助机器人估计位姿。这样的想法可以用非线性优化的方法实现，即利用整个机器人运行期间的观测数据来估计机器人所有时刻的位姿状态，这样的方法也被称为光束平差法（bundle adjustment, BA）。

10.3　基于深度相机的 SLAM 系统数学模型

移动机器人之于环境，利用传感器获取其相关信息。与之相应，通过执行机构，移动机器人也可以影响环境。为了更好地分析移动机器人与环境的交互，需要对移动机器人的运动控制模型与观测系统模型进行建模。本节针对深度相机，对与 SLAM 相关的移动机器人的运动模型与观测模型展开具体分析，并介绍基于位姿图表示的 SLAM 过程。

10.3.1　深度相机模型

本节先介绍图像处理中常用的几种坐标系，再对针孔相机模型进行分析，讨论如何对原始的传感器数据进行处理，然后对深度相机的标定方法展开描述。

1. 图像坐标系

图像坐标系是建立在相机物理成像平面上的坐标系，而其又分为物理坐标系和像素坐标系。物理坐标系是以图像的中心为坐标原点 $(O_1 - xy)$，而像素坐标系则是以图像的左上角点为原点 $(O_0 - uv)$，如图 10.10 所示。

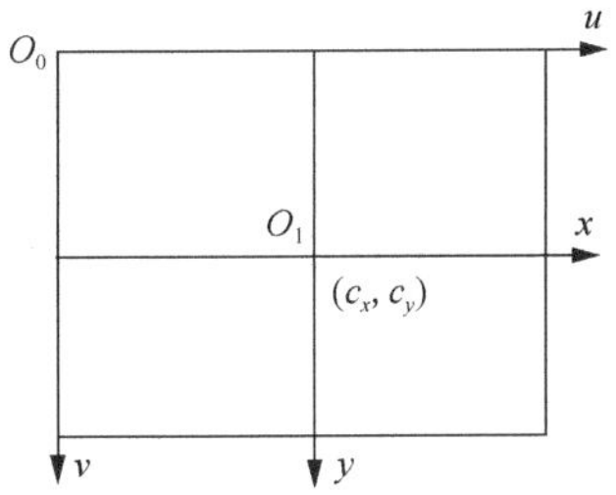

图 10.10　图像坐标系

两种坐标系间有如下的关系：

$$\begin{cases} u = \dfrac{x}{\mathrm{d}x} + c_x \\ v = \dfrac{y}{\mathrm{d}y} + c_y \end{cases} \tag{10-1}$$

整理成齐次坐标的形式为

$$\begin{bmatrix} u \\ v \\ 1 \end{bmatrix} = \begin{bmatrix} \dfrac{1}{\mathrm{d}x} & 0 & c_x \\ 0 & \dfrac{1}{\mathrm{d}y} & c_y \\ 0 & 0 & 1 \end{bmatrix} \begin{bmatrix} x \\ y \\ 1 \end{bmatrix} \tag{10-2}$$

其中，$\mathrm{d}x$ 、$\mathrm{d}y$ 分别是物理坐标系在 x 和 y 方向上的单位长度，而 c_x 、c_y 为图像的中心位置坐标。

2. 相机坐标系

相机坐标系$(O_c - X_cY_cZ_c)$由原点O_c与X_c、Y_c、Z_c三轴组成，如图 10.11 所示。

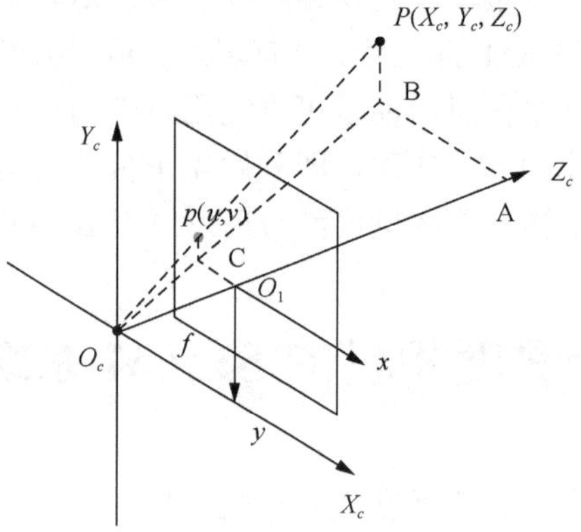

图 10.11　相机坐标系

O_c是相机的光心，而Z_c轴与从相机光心O_c射出的光轴重合，垂直于图像成像平面。X_c、Y_c轴分别与物理坐标系的x与y轴平行。

3. 世界坐标系

世界坐标系表示的是相机在世界中的位置，当相机置于移动机器人上时，表示的就是移动机器人在世界环境中的位置。世界坐标系的原点O_w一般是机器人运动的起始点，坐标轴包括X_w、Y_w、Z_w三轴，如图 10.12 所示。相机坐标系与世界坐标系之间的变换可以用式（10-3）描述，其中R代表相机的旋转矩阵，是3×3的正交单位矩阵；t则是相机的平移向量，为三维的向量$(t_1,t_2,t_3)^{\mathrm{T}}$。

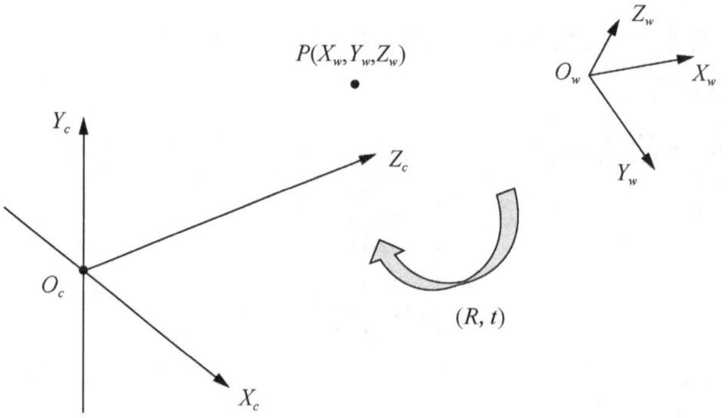

图 10.12　世界坐标系

$$\begin{bmatrix} X_c \\ Y_c \\ Z_c \\ 1 \end{bmatrix} = \begin{bmatrix} \boldsymbol{R} & \boldsymbol{t} \\ 0 & 1 \end{bmatrix} \begin{bmatrix} X_w \\ Y_w \\ Z_w \\ 1 \end{bmatrix} \tag{10-3}$$

10.3.2 针孔相机模型

相机将环境中的空间点投影到图像平面的过程可以用几何模型描述，其中最常规有效的是针孔模型图 10.13（a）。它由小孔成像原理发展而来，描述了一束光线通过小孔后，在小孔背面的平面上成像的机制。如图 10.13（b）为小孔成像模型。

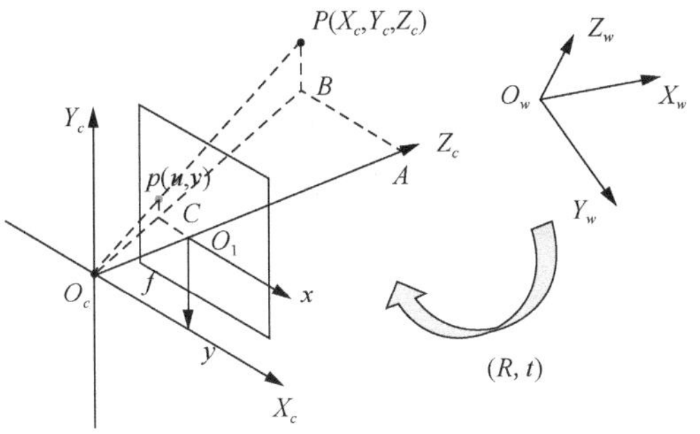

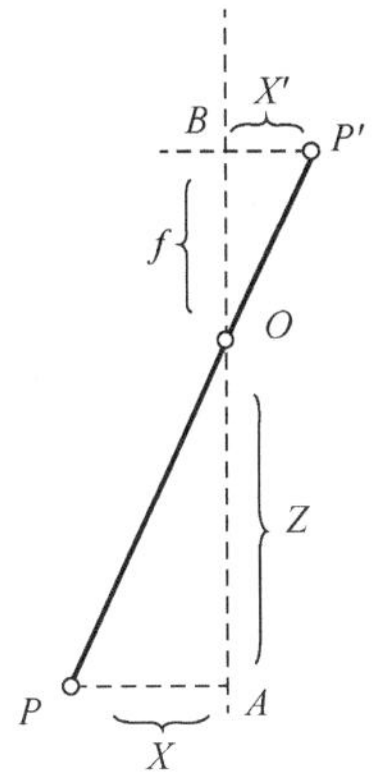

图 10.13 针孔相机模型和小孔成像模型

在图 10.13（b）中，O 是相机的光心，P' 是空间点 P 在小孔另一侧成的影像点。设 P 的坐标为 $[X,Y,Z]^{\mathrm{T}}$，P' 为 $\left[X',Y',Z'\right]^{\mathrm{T}}$，且物理成像平面到小孔的距离为焦距 f。为了方便处理，将成像平面移动到相机前方，则有等式：

$$\frac{Z}{f}=\frac{X}{X'}=\frac{Y}{Y'} \tag{10-4}$$

整理式子，可得

$$\begin{cases} X'=f\dfrac{X}{Z} \\ Y'=F\dfrac{Y}{Z} \end{cases} \tag{10-5}$$

在相机模型中，P' 在像素平面(O_0-uv 坐标系下)上的对应点为 $p(u,v)$。将上式代入式(10-1)，可得 P' 与像素坐标 $[u,v]^{\mathrm{T}}$ 的关系式：

$$\begin{cases} u=\dfrac{f}{\mathrm{d}x}\dfrac{X}{Z}+c_x \\ v=\dfrac{f}{\mathrm{d}y}\dfrac{Y}{Z}+c_y \end{cases} \tag{10-6}$$

将式中的 $\dfrac{f}{\mathrm{d}x}$ 合并为 f_x，$\dfrac{f}{\mathrm{d}y}$ 合并为 f_y，得

$$\begin{cases} u=f_x\dfrac{X}{Z}+c_x \\ v=f_y\dfrac{Y}{Z}+c_y \end{cases} \tag{10-7}$$

式中，f_x、f_y 分别是 x、y 方向上的缩放系数，单位为像素。将式子整理成齐次矩阵的形式：

$$\begin{bmatrix} u \\ v \\ 1 \end{bmatrix} = \frac{1}{Z}\begin{bmatrix} f_x & 0 & c_x \\ 0 & f_y & c_y \\ 0 & 0 & 1 \end{bmatrix}\begin{bmatrix} X \\ Y \\ Z \end{bmatrix} = \frac{1}{Z}\boldsymbol{KP} \tag{10-8}$$

式中，$\frac{1}{Z}$ 为深度相机的缩放因子；$\boldsymbol{K}$ 是相机的内参矩阵，可以人为进行相机的标定。式（10-8）中的 P 是相机坐标系下的坐标，联合式(10-3)，得

$$\begin{bmatrix} u \\ v \\ 1 \end{bmatrix} = \frac{1}{Z}\begin{bmatrix} f_x & 0 & c_x & 0 \\ 0 & f_y & c_y & 0 \\ 0 & 0 & 1 & 0 \end{bmatrix}\begin{bmatrix} \boldsymbol{R} & \boldsymbol{t} \\ 0 & 1 \end{bmatrix}\begin{bmatrix} X_w \\ Y_w \\ Z_w \\ 1 \end{bmatrix} = \frac{1}{Z}\boldsymbol{K}\left(R\begin{bmatrix} X_w \\ Y_w \\ Z_w \end{bmatrix} + t \right) \tag{10-9}$$

式（10-9）描述了世界坐标系下的空间点在针孔相机模型下的映射关系。

相机标定指的是确定相机内参矩阵的过程，而深度相机的标定有别于一般的相机标定。因为深度相机内部有彩色摄像头与深度摄像头两个传感器，需要分别进行标定，并且要对两者进行配准，确定两者之间的空间变换矩阵。

相机的标定方法比较多，其中使用最广泛的是机器人科学家张正友的棋盘格标定法。棋盘格标定法克服了传统标定法需要高精度标定物的缺点，仅需使用一个打印的棋盘格进行标定，如图 10.14 所示。标定深度相机时，使用相机分别拍摄多张棋盘格的彩色图像与红外图像，就可以利用张正友标定法实现两个摄像头的标定。然后，深度相机标定还需要对二者之间的空间变换矩阵进行确定。假设彩色摄像头的外参数为 R_c、t_c，深度摄像头的外参数为 R_d、t_d。对于三维空间点 P，其在彩色图像与深度图像中的对应点分别为 P_c、P_d，则有关系式

图 10.14　相机标定棋盘格

$$\begin{cases} P_c = R_c P + t_c \\ P_d = R_d P + t_d \end{cases} \tag{10-10}$$

联立上式，消去 P 得

$$P_d = R_d R_c^{-1} P_c + t_d - R_d R_c^{-1} t_c \tag{10-11}$$

由式（10-11）可以确定 P_c 与 P_d 之间的变换参数为

$$\begin{cases} R = R_d R_c^{-1} \\ t = t_d - R_d R_c^{-1} t_c \end{cases} \tag{10-12}$$

则深度相机的彩色摄像头与深度摄像头之间的空间变换矩阵为

$$T_{cd}=\begin{bmatrix} R_d R_c^{-1} & t_d - R_d R_c^{-1} t_c \\ 0 & 1 \end{bmatrix} \tag{10-13}$$

10.3.3　基于深度相机的 SLAM 系统描述

移动机器人的 SLAM 问题可以描述如下：在对周围环境无任何先验信息的情况下，移动机器人凭借自身携带的传感器，在运动过程中，时刻进行自我状态的估计，同时能够建立出所在环境的模型。因此，本质上机器人的 SLAM 问题是一个状态估计问题，其不确定性来源于机器人在运动过程中执行机构等引入的运动噪声、传感器的量程与分辨率等导致的观测噪声，以及不可预测的环境中的不确定因素等。下面将用概率的方法对移动机器人的 SLAM 系统进行建模，并描述如何利用位姿图表述 SLAM 的整个过程。

1. 系统状态描述

在 SLAM 问题中，机器人的系统状态变量由其自身的位姿（位置与姿态）和环境中的路标位置组成。针对在三维空间中运动的机器人，其位姿是三维的，由机器人在三维空间中的位置与姿态组成，并且使用不带奇异性的四元数表示姿态。姿态表示如下：

$$\boldsymbol{x}_i=\left[x,y,z,q_w,q_x,q_y,q_z\right]^{\mathrm{T}} \tag{10-14}$$

其中，i 表示第 i 时刻机器人的系统状态，而前 3 个元素表示机器人在三维空间中的位置坐标，后面的元素则是机器人的三维旋转。注意，等号左右两边的 x 含义是不同的。那么，从 0 到 k 时刻的机器人状态序列为

$$x_{0:k}=\left\{x_0,x_1,x_2,\cdots,x_k\right\} \tag{10-15}$$

在视觉 SLAM 中，机器人提取到的环境路标为特征点，为图像中的特征点反向投影到三维空间所得，这些特征点包含像素点在图像中的 RGB 色彩信息与其在空间中的三维坐标。那么，某个地图点 j 的状态描述为

$$\boldsymbol{p}_j=[r,g,b,x,y,z]^{\mathrm{T}} \tag{10-16}$$

则 k 时刻的环境状态变量可以记为

$$m_k=\left\{p_1,p,\cdots,p_n\right\} \tag{10-17}$$

式中，n 表示地图中含有 n 个特征点，m_k 为地图中所有特征点的集合。

最后，机器人的 SLAM 系统 k 时刻的状态变量 x_k 可以表示为

$$\boldsymbol{X}_k=\left[x_k m_k\right] \tag{10-18}$$

2. 移动机器人的 SLAM 模型

机器人的同步定位与地图构建模型可以用运动方程与观测方程进行描述。机器人的 SLAM 过程包括 k 时刻输入的控制量 u_k、系统状态量 X_k 和 k 时刻所有的观测量 Z_k。那么，可以引出下式：

$$\begin{cases} X_k=f(X_{k-1},u_k)+w_k \\ Z_k=h(X_k)+v_k \end{cases} \tag{10-19}$$

式中，$f(\cdot)$ 为状态传递函数；$h(\cdot)$ 为观测函数；而 w_k 和 v_k 分别是运动过程与观测过程中的噪声量。

在机器人问题中，系统的当前状态不仅与上一时刻的状态相关，还与上一时刻之前的所有状态有关。那么，考虑使用0到k时刻的数据估计当前时刻的状态：

$$P\left(X_k \mid X_0, Z_{1:k}, u_{1:k}\right) \tag{10-20}$$

式中，下标0～k表示从0时刻到k时刻的所有数据，即所有的观测数据与输入控制量。

按照贝叶斯法则，可以推导出机器人的SLAM模型如下：

$$P\left(X_k \mid X_0, Z_{1:k}, u_{1:k}\right) = \frac{P\left(Z_k \mid X_k\right) P\left(X_k \mid X_0, Z_{1:k-1}, u_{1:k}\right)}{P\left(Z_k\right)} \tag{10-21}$$

式中，$P\left(Z_k\right)$通常是一个常量，因而上式可以简化为

$$P\left(X_k \mid X_0, Z_{1:k}, u_{1:k}\right) \propto P\left(Z_k \mid X_k\right) P\left(X_k \mid X_0, Z_{1:k-1}, u_{1:k}\right) \tag{10-22}$$

式中，$P\left(Z_k \mid X_k\right)$是机器人观测概率，称为似然概率；而$P\left(X_k \mid X_0, Z_{1:k-1}, u_{1:k}\right)$是机器人状态传递概率，也称为先验概率。

10.3.4　SLAM过程的图模型与优化方法

在移动机器人的SLAM框架中，前端根据传感器的观测数据估计机器人的位姿与环境中路标的位置，这整个过程是实时且渐进的，因而前端的状态估计往往只利用前一时刻或者相邻几个时刻的观测数据。在含有大量不确定性因素的状态概率估计中，每次状态估计的结果都或多或少地存在误差，当仅使用最近的观测数据进行估计时，会导致误差不断的累积，最终可能会致使建立的全局地图不一致。因此，BA优化方法应运而生，它存在于SLAM的后端，进行优化时，不仅可以使用当前和过去的所有观测数据，甚至可以利用未来的观测数据完善估计的结果，从而生成全局一致的地图模型。

BA优化是一种非线性优化方法，接下来将推导其优化模型。首先针对式（10-22），其左侧通常称为后验估计，依据概率的方法，后验估计的概率值越大，则状态估计的可信度就越大。因此，求一个系统的状态最优估计，其实就是使其后验概率最大化（maximize a posterior），即求解

$$x_{MAP}^{*} = \operatorname{argmax} P\left(X_k \mid X_0, Z_{1:k}, u_{1:k}\right) \tag{10-23}$$

为更简洁地表示整个SLAM过程的位姿优化，对上式进行调整：假设X代表机器人的SLAM过程中所有待估计的系统状态变量（由各个时刻的状态变量组成），Z表示期间所有的观测数据，并且在定位与地图构建过程中没有给予机器人控制量，则可得

$$x_{MAP}^{*} = \operatorname{argmax} P(X \mid Z) \tag{10-24}$$

利用贝叶斯法则，进一步可得

$$x_{MAP}^{*} = \operatorname{argmax} P(X \mid Z) = \operatorname{argmax} P(Z \mid X) P(X) \tag{10-25}$$

式中，$P(X)$为先验，但在大部分情况下都无法获得关于环境的先验信息，因而求解时可以简略上式：

$$x_{MLE}^{*} = \operatorname{argmax} P(Z \mid X) \tag{10-26}$$

该式是状态的最大似然估计（maximize likelihood estimation, MLE），含义是在什么样的状态下，最可能产生现在的观测数据。

若式（10-19）观测方程中v_k服从高斯分布，则式（10-26）可以有以下形式：

$$x^* = \operatorname{argmin}\frac{1}{2}\| h(X) - Z \|^2 = \operatorname{argmin}_X \frac{1}{2}\| f(X) \|^2 \tag{10-27}$$

这就得到了一个最小二乘问题，可以用求解最小二乘的方法解视觉 SLAM 问题。通常，称式（10-27）的右边表达式为目标函数，而求解最小二乘问题，可以使用牛顿法、高斯-牛顿法（Gauss-Newton method）及列文伯格-马夸尔特方法（Levenberg-Marquardt method）。其中以高斯-牛顿法最为实用，其算法具体如下。

解最小二乘问题，其实就是寻找一个目标函数的下降变量 Δx，使得 $\| f(x+\Delta x) \|^2$ 为最小值，也就是求解一个线性最小二乘：

$$\Delta x^* = \operatorname{argmin}_{\Delta x} \frac{1}{2}\| f(X) + J(x)\Delta x \|^2 \tag{10-28}$$

对式（10-28）关于 Δx 求导，求其极小值，可得

$$\boldsymbol{J}(x)^{\mathrm{T}} J(x)\Delta x = -\boldsymbol{J}(x)^{\mathrm{T}} f(x) \tag{10-29}$$

式（10-29）为最小二乘的增量方程，其中的 $\boldsymbol{J}(x)$ 是整体目标函数的雅可比矩阵。

通常，在优化中将增量方程表示成统一形式，即令左边系数定义为 H，右边的定义为 g，则上式变为

$$H\Delta x = g \tag{10-30}$$

获得优化的增量方程后，就可以进行迭代求解。步骤如下：

（1）给定优化的初始值 x_0。

（2）对第 k 次迭代，求出当前的雅可比矩阵 $\boldsymbol{J}\left(x_k\right)$ 和误差 $f\left(x_k\right)$。

（3）求解增量方程：$H\Delta x = g$。

（4）若 Δx_k 小于设定的阈值，则停止迭代；否则，令 $x_{k+1} = x_k + \Delta x_k$，返回第（2）步，继续迭代。

接着，介绍如何以图模型表示非线性优化过程。图一般由顶点（Vertex）和边（Edge）组成，可以将一个图记为 $\boldsymbol{G} = \{\boldsymbol{V}, \boldsymbol{E}\}$，其中 $\boldsymbol{V}$ 为顶点集合；$\boldsymbol{E}$ 为边集合。一条边连接着若干个节点，表示顶点间的相互关系，其中最常见的是连接两个顶点的边。此外，图的边可以是有向或者无向的，分别对应有向图或者无向图。位姿图是一种无向图，其顶点由各个时刻机器人的位姿与环境中的路标构成，连接两个位姿顶点的边代表二者间的位姿变换关系，而连接相机位姿与路标的边则表示该相机位姿与环境路标之间的观测关系，它们共同构成了位姿图的边。假设在 SLAM 过程中，存在 k 个时刻待估计的状态变量 $\left\{X_1, X_2, X_3, X_4, \cdots, X_{k-1}, X_k\right\}$，相应的运动变换矩阵为 $\left\{T_{12}, T_{23}, T_{34}, \cdots, T_{k-1,k}\right\}$，以及路标点 $\left\{p_1, p_2, \cdots, p_m\right\}$，则具体位姿图模型如图 10.15 所示。

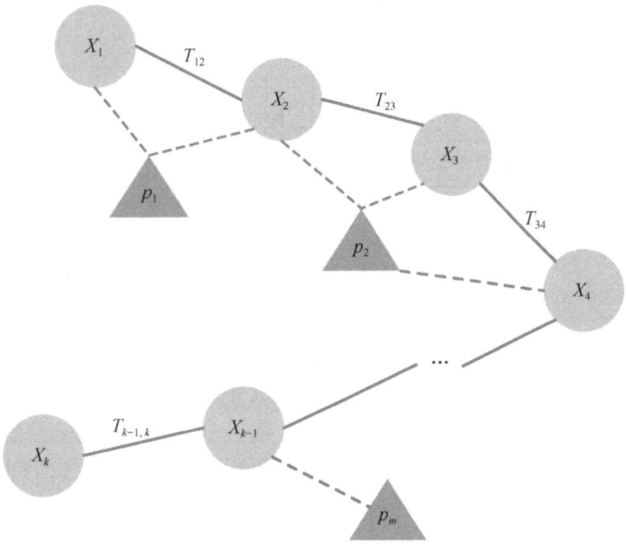

图 10.15　SLAM 过程的位姿图模型

10.4　无人智能系统

10.4.1　无人车系统

图 10.16 展示了无人车的外观设计，一个典型的无人车系统架构如图 10.17 所示。无人车系统的核心可以概述为感知、决策和控制 3 部分。感知是指无人车系统从环境中收集信息并从中提取相关知识的能力。其中，环境状态感知特指对于环境的场景理解能力，例如障碍物的位置、道路标志/标记的检测、行人车辆的检测等数据的语义分类。感知层将处理后的信息发送给决策层。决策是无人车为了某一目标而做出一些有目的的融合决策，并指导运动控制系统对车辆进行控制的过程。决策层通常又被细分为行为决策模块和轨迹规划模块。决策层根据感知层输出的信息合理决策出当前车辆的行为，并根据不同的行为确定轨迹规划的约束条件，指导轨迹规划模块规划出合适的路径、车速等信息，发送给控制层。最后，控制层根据决策层规划输出的指定信息使无人车精准地执行，从而实现对目标车速、路径等进行跟踪。

图 10.16　无人车外观

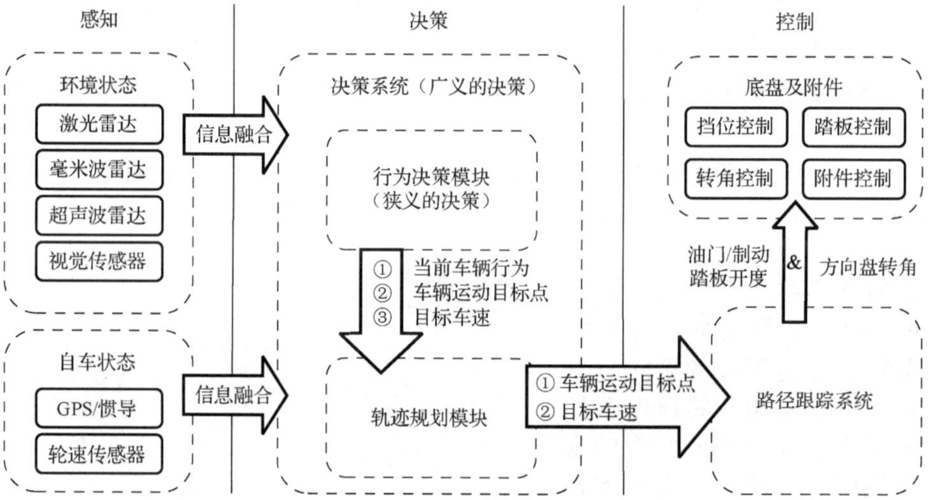

图 10.17　典型无人车系统架构

从某种程度上而言，无人车在这种分层体系下就可以看作一个“载人机器人”，其中，感知具体包括环境感知和定位。近年来深度学习的突破，使得基于图像和深度学习的感知技术在环境感知中发挥了越来越重要的作用，借助人工智能，我们已经不再局限于让机器人感知障碍物，而逐渐变成让机器人理解障碍物是什么，理解场景，甚至预测目标障碍物的行为。

下面介绍无人车系统主要的组成及功能。

1. 感知系统

无人车环境感知系统负责感知外部交通环境。当无人车参与到交通环境中时，必须对下列情况做出适当的反应：前向防撞、交通信号识别、交通标志标识识别、后向防撞、泊车辅助、近距离环境识别等。只有充分了解周围的环境，无人驾驶智能汽车才能安全地行驶。为了满足以上的要求，在设计环境感知系统时，侧重于保证车辆水平环境无死角和车辆垂直环境无死角。无人车通常通过融合激光雷达、毫米波雷达、相机等多种传感器的数据来获取这些环境信息，通过多传感器目标检测与融合等技术，融合处理各传感器数据，获取车辆周边环境态势，输出关键环境信息，交由决策系统处理。

在无人车感知层面，定位的重要性不言而喻，无人车需要知道自己相对于环境的确切位置，这里的定位不能存在超过 10cm 的误差。无人车高精度定位信息主要通过 BDS/惯性导航系统、高精度地图定位、同步定位与地图构建等方法获取。在实际定位的时候，通常使用的一种有效的无人车定位方法是改变原来 SLAM 中的扫描匹配类算法，具体来说，我们不再在定位的同时制图，而是事先使用传感器（如激光雷达对区域构建点云地图），通过程序和人工的处理将一部分“语义”添加到地图中（例如车道线的具体标注，路网、红绿灯的位置，当前路段的交通规则等），这个包含了语义的地图就是无人车的高精度地图。

无人车感知系统需要各种传感器来获取车辆相关信息，各传感器安装位置如图 10.18 所示。

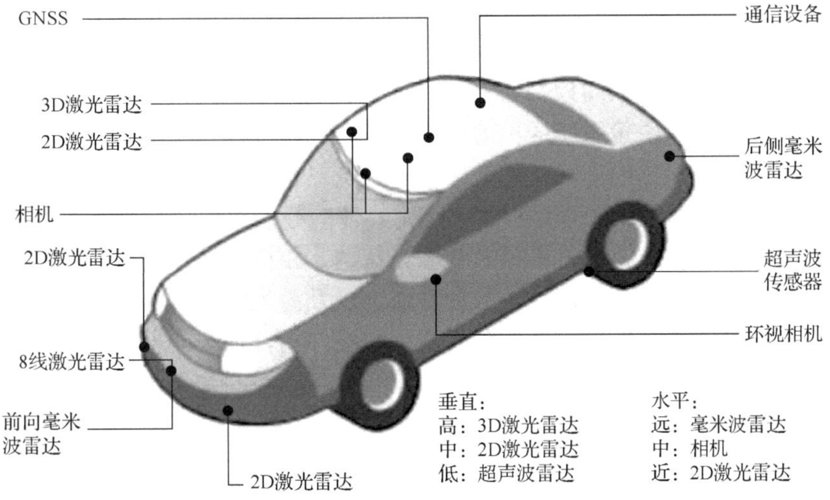

图 10.18　无人车感知系统主要传感器安装位置图

2. 决策系统

无人车决策系统的目标是使无人车像熟练的驾驶员一样产生安全、合理的驾驶行为。其设计准则可总结如下：良好的系统实时性；安全性最高优先级（车辆具备防碰撞、紧急避障、故障检测等功能）；合理的行车效率优先级；结合用户需求的决策能力（用户对全局路径变更、安全和效率优先级变更等）；乘员舒适性（车辆转向稳定性、平顺性等）。对于适用于城市道路和高速公路的行为决策系统，设计准则还包括：右侧车道通行优先；保持车道优先；限速准则；交通标志及交通信号灯限制等。

广义的决策系统的输出是运动控制信息。本文讨论狭义的行为决策系统，其下层是运动规划模块。行为决策模块的输出包括当前车辆行为、车辆运动局部目标点与目标车速等。行为决策模块可划分为两层设计：任务规划和行为规划。其中，任务规划通常也被称为路径规划，其负责相对顶层的路径规划，例如起点到终点的路径选择；行为规划有时也被称为决策制定，主要的任务是按照任务规划的目标和当前的局部情况（其他的车辆和行人的位置和行为，当前的交通规则等），做出下一步无人车应该执行的动作短语，将动作短语传递给下层的轨迹规划模块。

轨迹规划模块是通过规划一系列的动作以达到某种目的（比如说规避障碍物）的处理过程，在无人车这个应用场景中，初始配置通常是无人车的当前状态（当前的车辆行为，目标速度和角速度等），目标配置则来源于轨迹规划的上一层——行为规划层，而约束条件则是车辆的运动限制（方向盘最大转角幅度，最大加速度等）。轨迹规划模块通过连续的配置空间找到路径，从而生成备选的路径和目标点（这些路径和目标点是融合动力学可达的），然后通过优化算法选择最优的路径，最后输出车辆运动目标轨迹、车辆目标车速等信息。

3. 控制系统

控制系统作为无人车系统的底层，其任务是实现规划好的动作，所以控制模块的评价指标即为控制的精准度。控制系统内部会存在测量，控制器通过比较车辆的测量和我们预期的状态输出控制动作。

控制系统主要分为横向和纵向两种控制。横向控制为方向盘转角控制，利用方向盘转角和前轮转向角的关系，控制车辆的航向角。纵向控制为车辆节气门开合角度控制，同时还有车辆挡位控制。横向控制和纵向控制衍生出前进、后退、左转向、右转向、加速、减速和刹车等一系列的具体行为。决策系统送出的控制执行指令以数据包的形式发出，每个包中包含了根据当前交通环境决策出的车辆行为。控制层负责对车辆行为命令进行分解，转换为具体的执行动作，并根据当前的无人车运行状况制定具体的行为参数，驱动车辆行驶。

在实际的无人车感知中，通常需要融合激光雷达、相机和毫米波雷达等多种测量，这里涉及如卡尔曼滤波、扩展卡尔曼滤波等融合算法，以及激光雷达。决策模块内部也被分成行为决策和轨迹规划，无人车的控制模块分为横向和纵向两种控制。虽然将无人车理解为机器人并且使用机器人开发的思维处理无人车系统是目前工业界的共识，但是也不乏一些单纯使用人工智能或者智能体来完成无人驾驶的案例。

10.4.2　无人艇系统

水面无人艇（unmanned surface vehicle, USV）一般泛指各种无人在艇上操作的水面舰艇，也是一种专门在江河湖海等各种水域水面运动并执行一定任务的机器人，近年来受到世界各国关注和研究，应用也越来越广泛。无人艇的应用主要包括军事用途和民事用途两大方面。如图 10.19 所示的两种军用无人艇，可以用于执行海上巡逻、搜救等任务。

图 10.19　军用无人艇

智能化的无人艇系统总体结构如图 10.20 所示，针对需求可搭载或裁剪不同的应用模块（如搭载监视和侦查模块、反潜战模块、敌我识别模块、反水雷战模块、信息站模块等）。根据不同的物理模块，无人艇可以划分为如下 7 个子系统：指挥与控制子系统、导航避碰子系统、环境信息采集子系统、通信子系统、航行控制子系统、能源管理子系统、负载平台子系统。其中，指挥与控制子系统是整个无人艇子系统的核心，各设备的控制指令都由这里发出，同时各子系统的数据都将集中到这里。下面对各功能子系统进行详细论述。

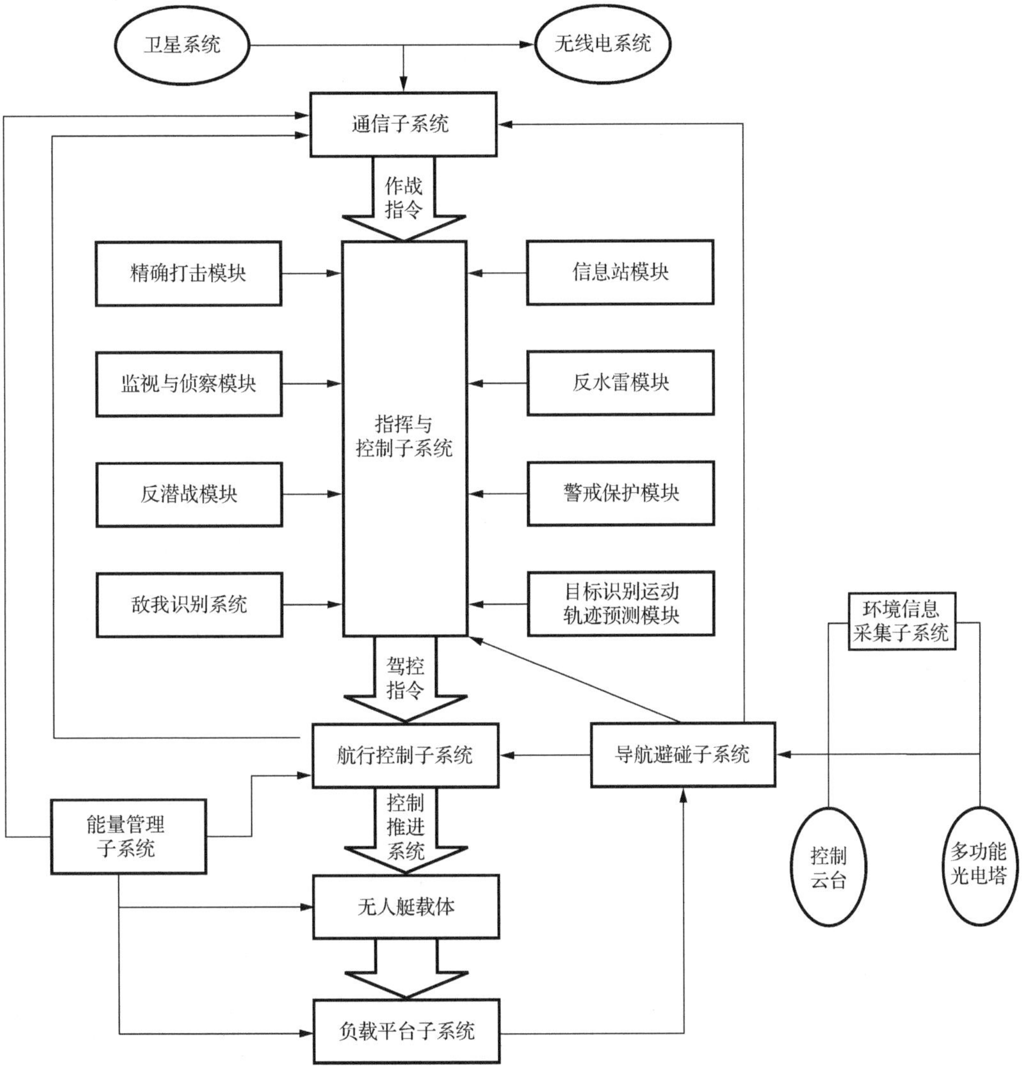

图 10.20　无人艇系统总体结构组成

1. 指挥与控制子系统

指挥与控制子系统包括无人艇指挥与控制子系统和岸基监控系统。前者将无人艇各子系统汇总来的信息进行编码压缩等，通过合适的通信方式发送到岸基监控系统。岸基监控系统发送的控制指令通过通信系统首先到达无人艇指挥与控制子系统，进行解码、分类后通过串口和网络发送到相应的子系统。作为无人艇逻辑结构的核心，指挥与控制子系统是各子系统信息的汇聚点，接收和处理其他 6 个子系统传来的不同格式的数据，包括航行状态信息、导航信息、负载平台状态信息、周边环境信息、剩余能量信息等，其信息处理量非常大。同时负责实时监控各子系统的运行状态，根据各子系统的需要，向子系统发送相应的控制指令。

2. 导航避碰子系统

导航避碰子系统一方面提供无人艇航行时的导航信息，另一方面在遇到障碍物时能及时避碰。由于采用了几种设备组合导航的方式，避免了单一导航方式的局限性，定位精确度较高。

3. 环境信息采集子系统

环境信息采集子系统包括控制云台和多功能光电塔内的各种采集设备。云台接收控制系统传来的包括横移、俯仰、聚焦、变倍等控制指令，并将当前的转速、转角等状态信息反馈到指挥控制子系统。多功能光电塔内传感器的姿态控制可通过控制云台的运动实现，控制系统对各传感器的控制指令主要是设备的开启和关闭，以及工作模式的切换。

4. 通信子系统

通信子系统包括无人艇上各子系统之间的通信子系统和无人艇与岸基监控系统之间的通信子系统。无人艇与岸基建立系统主要有 4 种通信方式。

（1）在视距范围内采用 UHF 高速数据通信，将无人艇中采集到的雷达信息、无人艇工作状态信息、环境信息等数据传到岸基监控系统。

（2）无人艇采集到的音频信息通过 VHF 通信传输，同样通过 UHF 和 VHF 通信传回对无人艇上各设备的控制指令。

（3）若超出视距范围，但不超过 50km，可布置无线网络，通过架设天线，由无人艇向岸基监控系统发送采集的数据信息和工作状态信息，并由无线网络传回各种控制指令。

（4）超出 50km 的距离使用卫星通信。

以上 4 种通信方式要根据无人艇与岸基控制系统的距离、海上信号强弱、有无障碍物等灵活选择，保证实时通信。

5. 航行控制子系统

航行控制子系统用于实现无人艇的航速和航向控制。航速的调节控制依赖发动机、控制邮箱出油量的高速开关阀和喷水泵实现。发动机为电控柴油机，与其连接的转速和温度传感器将测得的数据传送到指挥控制中心，同时接收控制中心传来的速度调节及柴油机的启动和关停指令。航向的改变借助于伺服液压缸、控制伺服液压缸的高速开关阀及可转动转角的喷水推进器实现。指挥控制系统接收来自相应传感器传回的柴油机转速、喷口转动角度和转动角速度、无人艇航速、航向等信息，需要操作时，向航行子系统发送相应的航行指令。

6. 能源管理子系统

能源管理子系统负责无人艇燃油和电量的分配及使用，控制能源消耗，并实时监控能源剩余情况。当剩余电量和燃油量低于警戒线时，自动报警。能源管理子系统将监控的燃油量和电量剩余信息实时传给指挥与控制子系统，提醒岸上操作人员合理安排，确保在无人艇能源耗尽前安全返航。指挥与控制子系统根据剩余电量情况，向能源管理子系统下达关闭或开启某些设备的指令。

7. 负载平台子系统

负载平台子系统包括搭载遥控机枪的水平转动平台，用于实现遥控机枪俯仰运动的武器稳定机构、强光灯、扩音器等。转动平台将目前的水平转角发送到指挥控制子系统，指挥与控制子系统根据需要向转动平台下达水平转动指令。武器稳定机构可以实现遥控机枪垂直方向的俯仰，配合水平转动平台，对目标进行瞄准。机枪的俯仰角数据传送到指挥控制中心，指挥控制中心通过网络下达机枪保险开关、开火与否，以及俯仰角度等控制指令。目标识别和锁定设备固定在机枪上，姿态和遥控机枪保持一致，配合机枪对目标瞄准，并将识别和锁定信息传到指挥控制系统，接收传回的识别和锁定指令。强光灯和扩音器接收控制中心的开启和关闭指令，对违规船只进行强光警告和喊话，向控制中心反馈自身工作状态信息。

10.4.3　无人飞行器系统

无人机是一种机上无人驾驶、自动程序控制飞行和无线电遥控引导飞行、具有执行一定的任务能力、可重复使用的飞行器，也是一种通过遥控或自主飞行完成一定任务的机器人。无人机按照功能划分主要分为军用飞行机器人和民用飞行机器人两大类。如图 10.21（a）所示为军用无人机，图 10.21（b）所示为民用无人机。

（a）军用无人机

（b）民用无人机

图 10.21　典型无人机

当前，由于不同无人机系统的性能、尺寸质量、操作特性存在差异，没有形成被广泛接受的分类标准。大部分无人机系统都是根据最大起飞质量、航时、飞行高度、任务半径、使用目的、设计任务等来进行分类。民用无人机包括检测巡视类无人机、通信中继类无人机、遥感绘制类无人机和时敏目标打击类无人机。检测巡视类无人机包括气象监测、灾害（火灾、水灾、地震等）监测、环境（交通、水利、地形地貌）监测、电力线路和石油管路巡视等类型无人机；通信中继类无人机包括通信中继、通信组网类无人机；遥感绘制类无人机包括海洋、地质遥感遥测、地形测绘、矿藏勘测等类型无人机；时敏目标打击类无人机包括公安、边防、海关巡逻，以及反恐维和中对时敏目标进行打击的无人机。

在无人机领域，除了小型娱乐型个人无人机外，用于民用和军用的无人机都有一套非常完整的系统，不仅仅是简单的遥控器+无人机模式。

一般来说，无人机系统由无人机平台、任务载荷、数据链、指挥控制、发射与回收、保障与维修等分系统组成，如图 10.22 所示。各分系统的组成和功能如下。

（1）无人机平台分系统。包括机体、动力装置、飞行控制与导航子系统等。无人机平台分系统是执行任务的载体，它携带任务载荷，飞行至目标区域完成要求的任务。

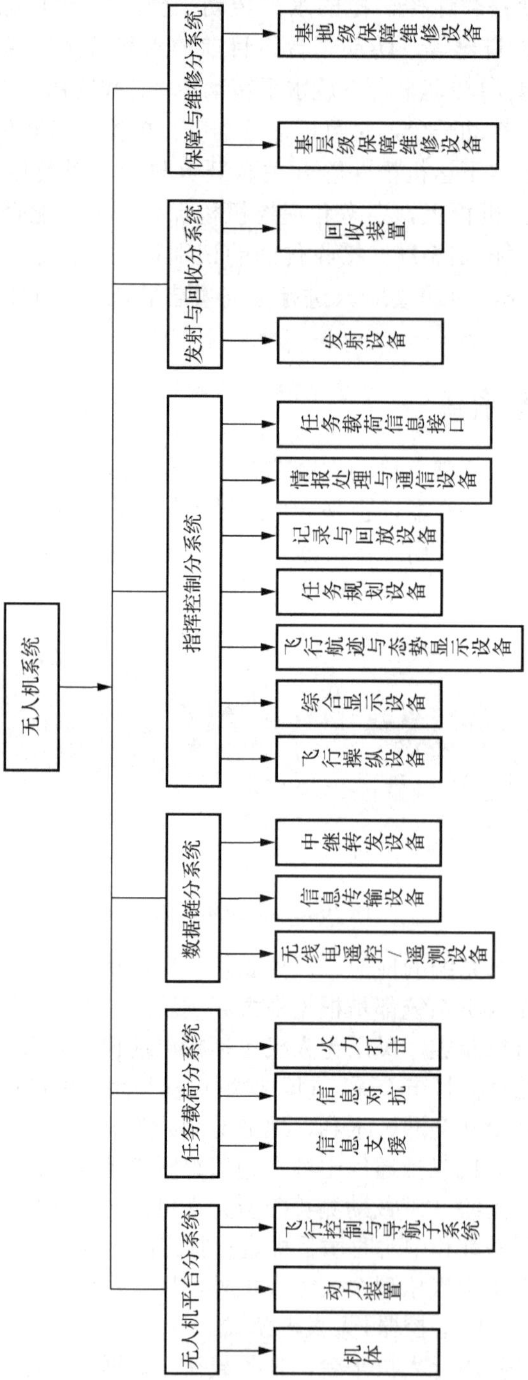

图 10.22　无人机系统组成框图

（2）任务载荷分系统。包括信息支援、信息对抗、火力打击等。任务载荷分系统完成的要求的信息支援、信息对抗、火力打击等任务。

（3）数据链分系统。包括无线电遥控/遥测设备、信息传输设备、中继转发设备等。数据链分系统通过上行信道，实现对无人机的遥控；通过下行信道，完成对无人机飞行状态参数的遥测，并传回任务信息。

（4）指挥控制分系统。包括飞行操纵设备、综合显示设备、飞行航迹与态势显示设备、任务规划设备、记录与回放设备、情报处理与通信设备、与其他任务载荷信息接口等。指挥控制分系统完成指挥，作战计划制定，任务数据加载，无人机地面和空中工作状态监视和操纵控制，以及飞行参数、态势和任务数据记录等任务。

（5）发射与回收分系统。包括与发射（起飞）和回收（着陆）有关的设备或装置，如发射车、发射箱、弹射装置、助推器、起落架、回收伞、拦阻网等。发射与回收分系统完成无人机的发射（起飞）和回收（着陆）任务。

（6）保障与维修分系统。包括基层级保障维修设备、基地级保障维修设备等。保障与维修分系统主要完成无人机系统的日常维护，以及无人机的状态测试和维修等任务。

10.5　小　　结

本章主要介绍了作为机器行为智能重要载体的机器人涉及的共性技术，包括传感器、执行器等技术，重点介绍移动机器人同步导航与定位技术（SLAM）。无人系统部分以无人车、无人机、无人艇 3 种典型的无人系统为例，介绍机器行为智能发展的新形态、新技术及系统原理。通过本章的学习，可以理解机器行为智能的主要表现形式及其实现的基本技术和方法原理。

第 11 章　人机混合智能原理与方法

11.1　脑机接口混合智能技术

随着神经科学、仿生学与人工智能的发展与汇聚，借助脑机接口技术，构建融合人及机器之间各自优势的新型智能系统，使其表现出性能更强的智能行为。脑机接口技术为实现这种新型智能形态提供了必要的接口与互联手段。一方面，分析生物脑实验数据，使用机器智能理解生物脑的工作机理，仿生实现更具智能特性的机器脑；另一方面，借助脑机接口技术连接生物脑与机器脑，实现机器智能、生物智能与人类智能的多层次融合。

脑机接口被认为是实现生物与机械智能融合的重要途径，在医疗康复等领域具有应用价值。但脑机接口现在仍存在一些问题没有得到解决。一是很多侵入式和半侵入式脑机接口都采用有线连接，设备笨重，而无线脑机接口系统的信号保真度较差；二是要获得大脑皮层中更多的信号，往往需要采用侵入式，即将电极阵列植入大脑皮层中，这对手术的要求很高，而且对大脑有一定的损伤；三是对于高度灵巧的运动脑电信号进行解码还比较困难，相关数据也较为匮乏，对于训练算法而言不够充足。

11.1.1　脑机接口原理

脑机接口（brain-computer interface, BCI）技术是一种研究人脑思维机制与外界环境进行信息交换的技术，通过分析大脑皮层或头皮的脑电信号与外部电子设备或计算机直接通信，而不依赖于人的正常神经系统和肌肉组织。

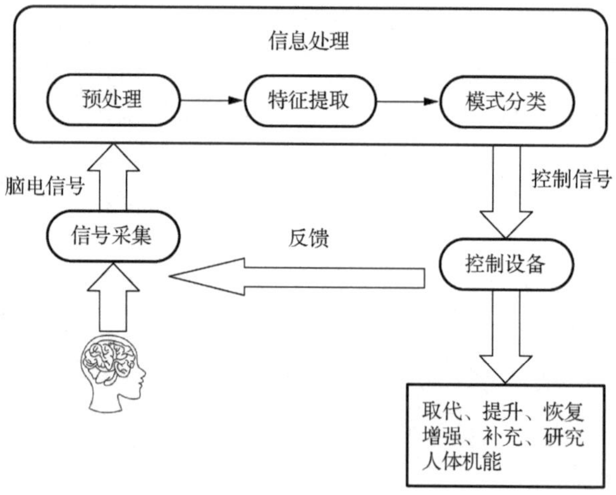

图 11.1　BCI 系统框图

BCI 系统一般由输入、输出和信号处理及转换等功能环节组成。整个 BCI 系统如图 11.1 所示，信号采集设备从大脑皮层采集脑电信号，经过放大、滤波等处理环节转换为可以方便读取的信号，然后对信号提取特征，并对特征信号进行模式分类，最后转化为控制外部设备的具体指令，实现意念控制。

输入环节是用来检测包含某种脑电特性的信号，是对脑电信号的粗提取。信号处理和转换环节负责对采集到的大脑信号进行处理分析、分类决策，并转换成某种参数，产生驱动或者操作命令。输出环节即为最后的控制应用设备，可以是外部的轮椅、机械手、机器人等。整个系统中信号分析和转换环节中方法的优化可以提高 BCI 系统的控制性能。BCI 系统的框架包括以下 4 部分。

（1）信息采集：脑机接口的划分形式一般也是以信息采集方式为主的，通常被分为侵入式、半侵入式、非侵入式（脑外）。其中，典型的系统有脑电图（EEG），脑电图是有潜力的非侵入式脑机接口的主要信息分析技术之一，主要因为该技术具有良好的时间分辨率、易用性、便携性和相对低廉的价格。

（2）信息分析：收集到了足够多的信息后，就要进行信号的解码和再编码以处理干扰。脑电信号采集过程中的干扰有很多，如工频干扰、眼动伪迹、环境中的其他电磁干扰等。

分析模型是信息解码环节的关键，根据采集方式的不同，一般会有脑电图、皮层脑电图（ECoG）等模型可以协助分析。信号处理、分析及特征提取的方法包括去噪滤波、P300 信号分析、小波分析+奇异值分解等。

（3）再编码：将分析后的信息进行编码，而如何编码取决于希望做成的事情。比如控制机械臂拿起咖啡杯给自己喝咖啡，就需要编码成机械臂的运动信号。在复杂的三维环境中，准确地控制物体的移动轨迹及力量控制都非常的复杂。

但编码形式也可以多种多样，这也是脑机接口可以几乎和任何工科学科结合的原因。最复杂的情况包括输出到其他生物体上，比如小白鼠身上，控制它的行为方式。

（4）反馈：获得环境反馈信息后再作用于大脑也非常复杂。人类通过感知能力感受环境并且传递给大脑进行反馈，感知包括视觉、触觉、听觉。

11.1.2　脑机接口系统分类

BCI 系统可以按照不同的标准划分类别，主要有以下几种。

（1）按照信号的采集方式，分为有侵入式、部分侵入式、非侵入式 3 种。

① 侵入式也称为有创式：将电极置于脑皮层的特定区域，通常直接植入到大脑的灰质，因而所获取的神经信号质量比较高。但其缺点是容易引发免疫反应和愈伤组织（疤），进而导致信号质量的衰退甚至消失。侵入式获取的信号是直接的神经信号，这种方式精确、噪声小，但是必须通过手术放置电极，因而风险大。对于正常人来说这样的手术是难以接受的，要经受社会伦理和使用心理的考验，一般用于特定脑部患者或者动物实验。

② 部分侵入式：接口一般植入颅腔内，但是位于灰质外，其空间分辨率不如侵入式脑机接口，但是优于非侵入式。其另一优点是引发免疫反应和愈伤组织的概率较小，主要基于皮层脑电图进行信息分析。

③ 非侵入式：不进入大脑，像帽子一样方便地佩戴于人体。但由于颅骨对信号的衰减作用和对神经元发出的电磁波的分散和模糊效应，所记录到信号的分辨率不高，很难确定发出信号的脑区或者相关的单个神经元的放电。

非侵入式或无创式是将电极放置在头皮层位置来记录电位活动，这种方式采集的电位变化受噪声污染严重，脑电纯净度低，但是好处是无损伤、定位好、易于检测。

（2）按照脑电的信号类型，分为诱发式 BCI 和自发式 BCI。

① 诱发式 BCI 需要有特定的刺激装置刺激大脑产生相应的诱发电位，经过一定时间的训练和反馈产生易于甄别的信号。诱发式电位信号有事件相关电位 ERP、视觉诱发电位 SSVEP。

② 自发式 BCI 不需要刺激诱发，是大脑皮层的自主反应电位活动。

（3）除以上两种方式外，BCI 系统还可分为同步式 BCI 和异步式 BCI。

① 用户必须要按照预设的时间或者流程进入特定精神状态，然后根据当前信号分析处理，这叫作同步式 BCI 系统。

② 异步式 BCI 中用户可以在任何时刻进行各种不同的思维活动，同时系统不断地分析采集到的脑电信号，检测、分析和决策。因而异步 BCI 的复杂度相当大。

未来 BCI 系统正在朝操作简便、准确度高、性能高速稳定的方向发展，通过在不同层次、不同力度上对脑电信号进行分析、建模和挖掘，突破人机交互、生物智能等技术难题。

11.1.3 EEG 信号模式

随着 BCI 技术迅速发展，全球范围内的 BCI 系统研究主要有以下几种脑电信号模式。

1. 事件相关去同步/同步

大脑的去同步（event-related desynchronization, ERD）/同步（event-related synchronization, ERS）模式是指，当人们做单侧肢体动作时，大脑对侧主感觉运动皮层的特定频段幅度明显减小，而同侧主感觉运动皮层的特定频段幅度明显增大，这是一种交叉生理现象。这样的现象在大脑的感觉运动皮层的μ（8～12Hz）和β（18～27Hz）节律表现得最为明显，被称为事件相关去同步及事件相关同步。实验研究表明，事件相关去同步与同步的现象不仅存在于有运动行为执行的情况，当人们并未做出实际肢体运动，而只是想象相应的肢体运动的时候也会产生。由于 ERD/ERS 现象与大脑的运动想象相对应，可以说是意念操控的雏形，因而是目前最热的脑电模式研究课题。

在标准国际 10-20 导联定位标准中，C3、C4、Cz 通道分别位于左、右、中央位置，代表肢体的运动感觉区，实验者在想象左、右手运动时这一区域检测到的信号最强。典型的标准电极放置位置如图 11.2 所示。

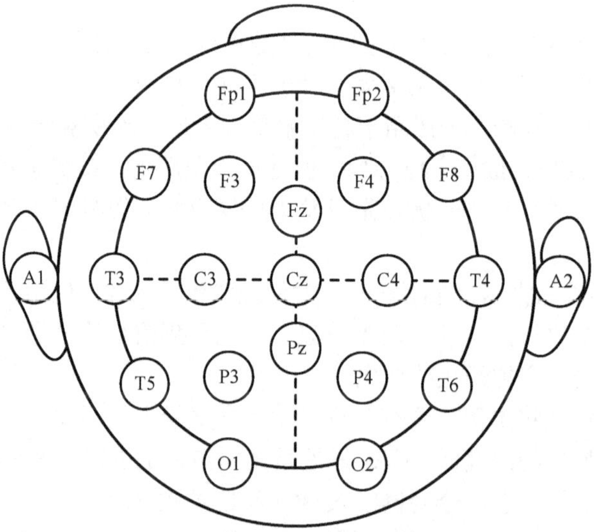

图 11.2　标准国际 10-20 电极放置位置

在进行不同肢体运动想象任务时，所产生 ERD/ERS 现象的强度不同，且所激活的大脑感觉运动皮层上的区域也各不相同。当进行左、右手想象运动时，会使得大脑对侧躯体运动区与手部运动相关的区域被激活，产生 ERD 生理现象，同时，由于同侧相关区域未被激活处于惰性状态，产生 ERS 现象；当进行脚部想象运动时，会使得位于大脑顶部位置与脚部运动相关的大脑皮层区域被激活，产生 ERD 现象，由于周围其他皮层区域（如与手部运动相关的区域）未被激活保持惰性状态，产生 ERS 现象，如图 11.3 所示。同理，当想象舌头运动时，与之对应的对侧躯体运动皮层区域被激活，产生 ERD 现象。因此通过分析记录相应的 EEG 信号及其特征分布状况，就可以预测出用户进行想象运动的肢体部位，从而转换成控制命令，实现对其他设备的控制。

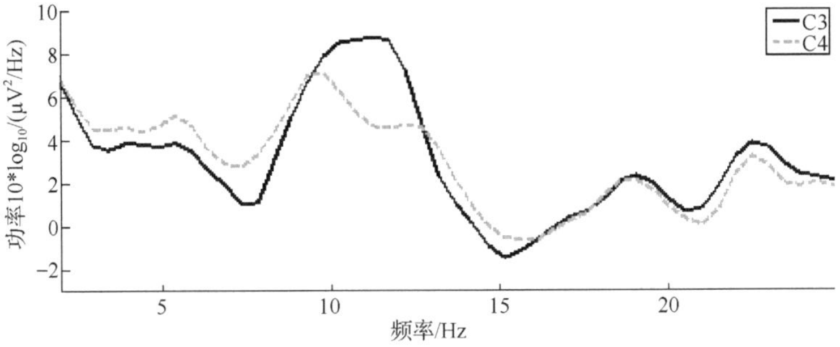

（a）左手运动想象时C3和C4导联的功率谱图

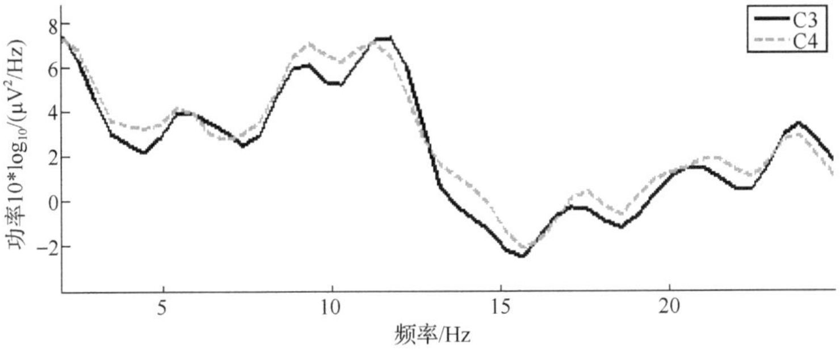

（b）右手运动想象时C3和C4导联的功率谱图

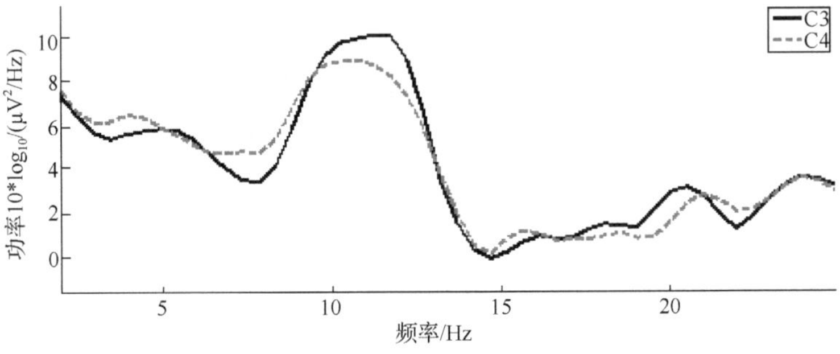

（c）脚部运行想象时C3和C4导联的功率谱图

图 11.3　进行不同肢体运动想象时 C3 和 C4 导联的功率谱图

2. 事件相关电位

事件相关电位（event related potential, ERP）是大脑被刺激之后所产生的电位。对 ERP 的研究始于 1964 年。另一个事件相关电位是 P300，在 1965 年被研究人员发现。P300 属于诱发型脑电，是事件相关电位的一种。当受试者不能预测下一个刺激是听觉刺激还是视觉刺激时，就会诱发一个 P300 信号，波峰在刺激后 300ms 左右；相反如果不能判断这个刺激的类别或者来源，这个信号幅值就会大大减小。基于 P300 的 BCI 系统不需要受试对象进行长时间的训练，特征信号处理方法较为简单，分类选择多，可作为指令的任务选择多，分类正确率高。但 P300 容易受到自发脑电及其他信号的干扰，使得信噪比较低，需偶次重复平均才可得到稳定波形，所以会导致系统的信息传输率不高。而且，由于是单一模态的 EEG 信号，容易受到使用者本身主观因素如情绪、疲劳、注意力等影响，从而导致系统运行效率较低。

3. 稳态视觉诱发电位

稳态视觉诱发电位（SSVEP）是大脑对周期性视觉闪烁刺激产生的反应。SSVEP 也成功地成为脑机接口的交流媒介。在 SSVEP 系统中，有一些同时闪烁的目标，且各个目标闪烁频率不同，通过计算得到的 SSVEP 频率来确定受试者具体注视的是哪一个目标，以此来将其转变为外部的控制指令。这是 SSVEP 意念控制的方法，目前已经成功应用于控制轮椅、机器人、假肢、光标游戏等。

基于 SSVEP 的 BCI 系统是目前研究较多、通用性较好、系统相对简单及成熟的。SSVEP 信号比较稳定，只使用位于枕区的几个电极即可得到。该系统一般不需要受试对象进行训练就可以达到较高的识别正确率和数据传输率，但是需要受试对象的视觉感官系统参与，并需要额外的刺激装置，长期持续的闪烁刺激容易使受试对象产生视觉疲劳，固定频率的稳态视觉刺激甚至有诱发癫痫的危险。

4. 皮层慢电位

皮层慢电位（slow cortical potential, SCP）是脑自发电位的一种，持续时间为 500ms 到 10s，是小于 1Hz 的正负电位明显的低频信号，与大脑皮层的活动兴奋程度相关。研究表明，通过长时间的训练和反馈，受试者可以自主地、准确地控制皮层慢电位沿正负方向的偏移。

5. 自发脑电节律

自发脑电属于非平稳信号中比较突出的随机信号，在不同的意识状态下，不同节律的脑电呈现各异状态，分别用希腊字母 α、β、γ、δ、θ 代表不同频率的自发脑电节律，如 α 代表 8～13Hz 频段，β 代表 14～30Hz 频段。闭目时 α 波出现，波幅呈现梭形模式；睁眼或者思考问题时，α 波消失，这一现象称为 α 阻断。利用 α 阻断这一自发脑电来控制开关量已经有相关的应用，并且这种智能开关量可以达到令人满意的控制精度。

11.1.4 脑机接口技术应用

1. 脑机接口控制

侵入式脑接口直接将芯片或传感器与大脑连接，刺激脑神经，形成人机混合或融合智能。早在 2004 年，美国的 Cyberkinetics 生物医学公司在一位 25 岁四肢瘫痪青年的头骨中植入一种饮料瓶盖大小的芯片，从这一芯片上接出的 100 个微小传感器与轮椅或计算机连接，这样他就可以仅仅用思想来操纵事务，甚至玩计算机游戏。这种技术被称为“脑门”（brain gate），它能够从一系列神经元细胞中读取信号，并用计算机把神经信号转换成行动，这可能使得未来的假肢像正常的肢体一样工作，将非侵入式脑机接口与控制设备相连，再通过人脑实现意念操控。2013 年 2 月，美国杜克大学的科学家通过脑机接口让一只猕猴控制 1 1000 多 km 之外的一个机械臂，进行改进后的脑机接口已经可以让猕猴独立控制两个不同的机械臂。

2014 年 6 月，天津大学和天津市人民医院联合研制了人工神经康复机器人“神工一号”，作为纯意念机器人实现大脑皮层与肌肉活动的同步耦合。

德国不莱梅大学利用不同视觉激励下诱发产生的 SSVEP 频率不同这一现象，判别受试者注视的具体目标，控制智能轮椅。加拿大西蒙弗雷泽大学的研究团队通过 BCI 系统实现控制便携式辅助手臂，该设备能够帮助患者活动手臂的腕关节和肘关节，如图 11.4 所示。美国康涅狄格大学研究出利用 BCI 系统控制的三自由度机械手，如图 11.5 所示。该系统通过所开发的软件处理大脑信号，控制机械手臂碰触指定标志物。

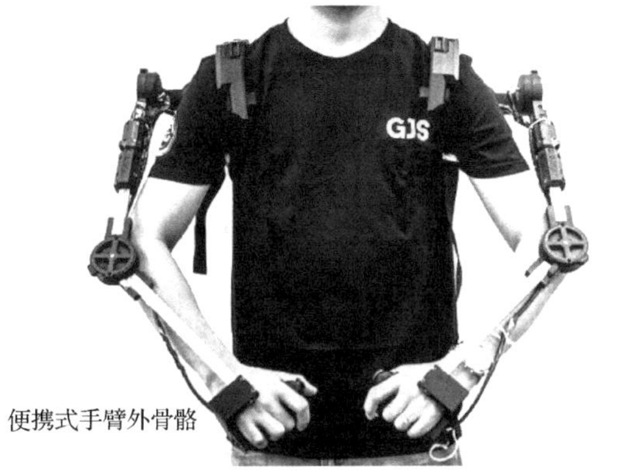

图 11.4　便携式辅助手臂

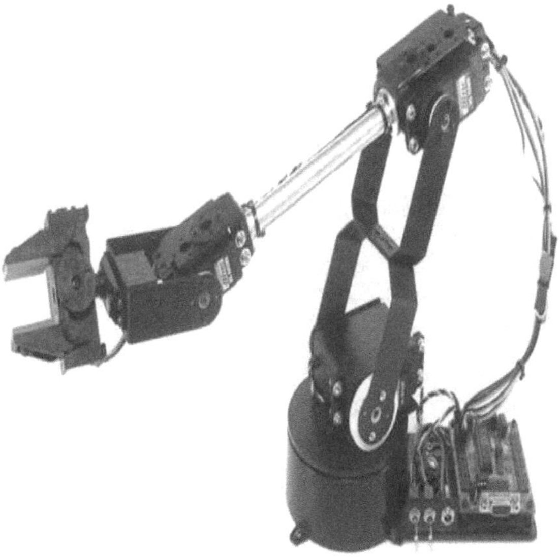

图 11.5　三自由度机械手

2016 年 8 月，欧美“再次行走计划”的研究团队帮助长期患有脊髓损伤的 8 位患者利用脑机接口技术控制机械仿生外骨骼，用 VR 技术解决视觉反馈问题，如图 11.6 所示。通过不断训练，患者的下肢的肌肉和感知功能均得到了部分恢复。

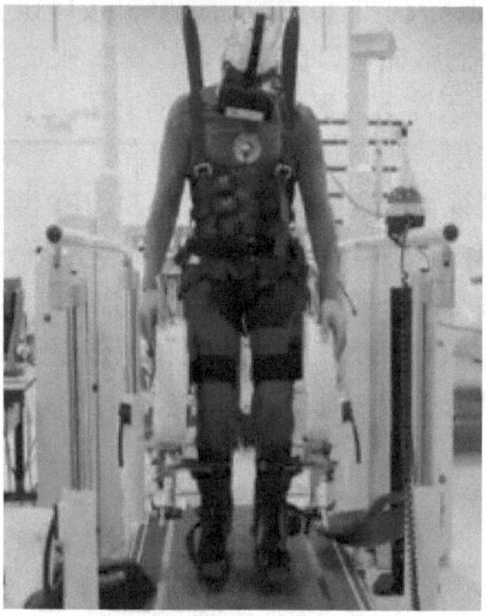

图 11.6　脑机接口技术控制机械仿生外骨骼

2. 脑机接口打字

一种利用侵入式 BCI 为 ALS 患者设计的 BCI 打字系统使得 ALS 患者的打字速度分别达到了 2.2B/s 和 1.4B/s，这是用 BCI 系统获得的最快打字速度。研究人员在参与者的大脑表面植入一个或两个小电极矩阵（约 4.2mm），这种“皮层内”植入物包含 96 个微电极，深入控制手臂运动的皮层运动区 1.5mm。神经信号在被电极记录后，通过导线传递给计算机，由计算机算法解码后读出受试者的意图，用以控制计算机上光标的运动。这种技术的效果比 EEG 和 ECoG 好 10 倍，而后者没有足够的信息来处理这个水平的任务。利用字母刺激诱发的 P300 脑波波形，如图 11.7 所示。

利用 P300 信号和植入芯片脑机接口技术可以实现解析大脑中的文字阅读信号，并将其转换成文字。这类技术可以帮助聋哑人、瘫痪病人与外界实现正常的交流。

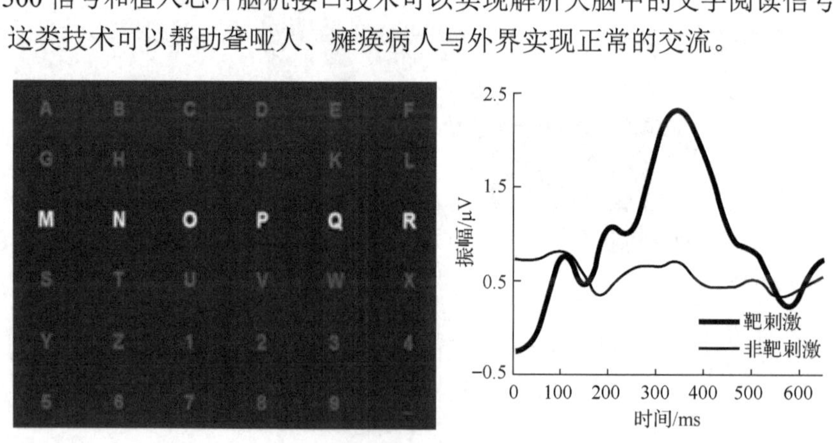

图 11.7　P300-speller 刺激显示界面及诱发脑波波形

2016 年 9 月，美国斯坦福大学神经修复植入体实验室的研究者们利用脑机接口技术使得猴子靠意念拼写出莎士比亚的名句，如图 11.8 所示。

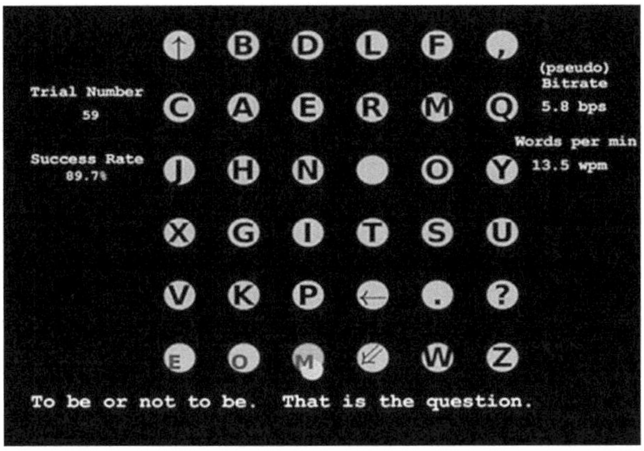

图 11.8 脑机接口技术使猴子靠意念拼写出莎士比亚的名句

2017 年，清华大学脑机接口研究组提出了一种基于动态窗 SSVEP 诱发电位脑机接口，用户只需将注意力集中于屏幕中的模拟键盘，系统就可以将其脑电信号翻译成对应文字。

当前，脑机接口已经可以实现一定程度的大脑和计算机之间的沟通，如让瘫痪患者能够操控光标打字等。但是对于一系列高度灵巧的行为来说，解码这些行为背后的脑电信号需要更高精度的脑电解码方法。

美国斯坦福大学的研究者提出了一种新型的脑机接口系统，如图 11.9 所示。该系统采用循环神经网络，能够将来自运动皮层的手写字脑电信号解析为文本。在线情况下，该脑机接口实现了 90 字/分钟的打字速度，准确率为 94.1%，在有自动纠错软件的支持下，离线的准确率高达 99%。

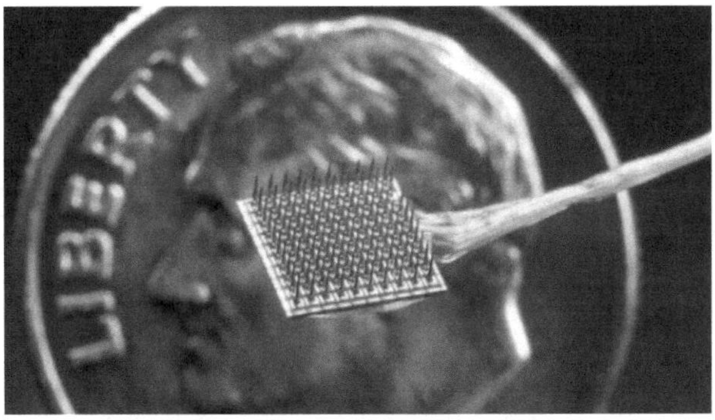

图 11.9 新型脑机接口传感器

2021 年发表在 *Nature* 杂志上的一篇研究报告称，神经科学家将两颗 4mm×4mm 大小的传感器，放置在一位因脊髓损伤而瘫痪的 65 岁男子大脑运动皮层的外层。传感器通过 100 多个细如发丝的电极与大脑神经相连，可以记录并处理与书写相关的大脑活动，成功实现将手写信号实时翻译成文字，打字速度实现跃升，为每分钟 90 个字符，结果如图 11.10 所示。

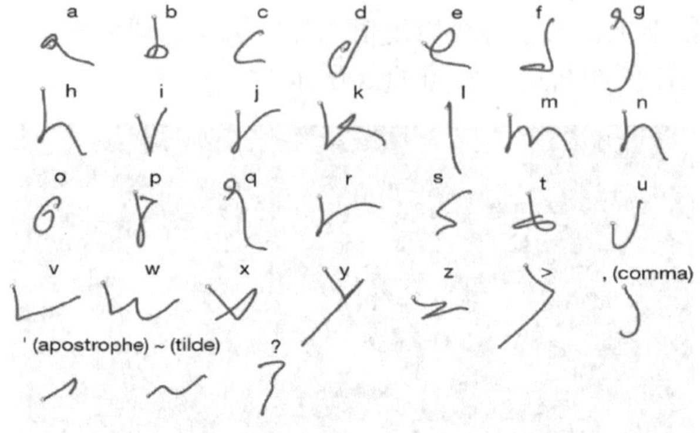

图 11.10　脑机接口翻译文字结果

3. 脑机接口通信

1）人脑电脑及网络通信

实现人脑和电脑的“联通”一直是科幻小说中的“圣杯”。2017 年 9 月 25 日，南非金山大学的研究人员研究将人的大脑直接与互联网相连接，来实现“大脑互联网”技术，拓展了脑机接口技术新的研究方向与应用，成为脑机接口系统的一个新前沿。

2）脑脑联网通信

2009 年，英国南安普敦大学的克里斯托佛·詹姆斯（Christopher James）利用脑机接口技术，通过网络把一个人的脑信号传递给另一个人。在脑信号传输过程中，两个人都接通用来测量特定部位的脑活动的电极。第一个人的大脑中产生一系列二进制数字，假设动左臂是 0，动右臂是 1。计算机认识到第一个人的想法后，通过网络把信号传输给第二个人的计算机。这时显示灯就会以两种不同频率闪动，分别代表 0 和 1。第二个人看到这盏灯，一连串数字被计算机接收到后，计算机对他的脑信号进行分析。用这种方法传输 4 个数字大约需要 30s。该实验是实现把一个人的思想、心中想说的话和脑中的画面直接发送到另一个人的大脑里的“第一步”。实验技术对那些身体不能动弹、不能说话，甚至眼睛看不见的人非常有帮助。该研究证明，最终很有可能会制造出一种只通过思想就能在人们之间传递信息的系统。这或许需要把电极安在大脑里，甚至把它移植到大脑里。但这项研究也引出很多伦理道德问题。

2014 年，美国华盛顿大学的研究人员利用电磁铁和计算机对一个人的脑波进行传输，从而操控身处校园另一端的另一个人的手。该技术可记录计算机游戏玩家的大脑信号，然后拷录进另一位志愿者的大脑中，触发控制其手部肌肉的神经系统。

2019 年 4 月，美国华盛顿大学研究人员设计“脑网络（brainnet）”，3 个人采用脑与脑之间的接口，玩一个类似俄罗斯方块的游戏，如图 11.11 所示。这样第一次证明了两件事：超过两个人的“脑脑联网”，一个人只需要用脑就可以发送信息给他人，也可以接收来自他人的信息。其系统结构如图 11.12 所示。

图 11.11　“脑网络”测试

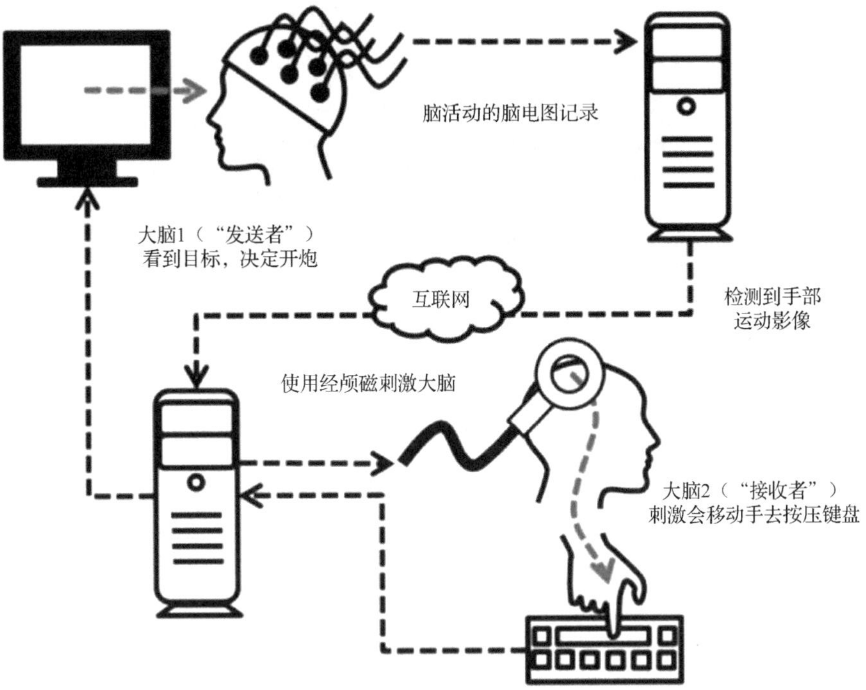

图 11.12　“脑脑联网”系统结构

4. 神经增强

由于脑的可塑性，借助神经刺激装置、脑机接口等技术实现神经增强，这种技术称为神经工程。基于神经工程的人体成为具有人工神经增强设备的人体。利用大脑神经芯片、神经细胞核学（机器整合到生物体中）和神经生物学（用人为的、可植入的信息处理系统替代失败和损坏的脑区域）设备通过与神经系统相互作用，增强人体的机能，比如神经工程技术实现人工视网膜和仿生眼镜，使正常人类视力得到增强或者使盲人恢复视力，脑机接口甚至可以让大脑直接控制计算机。生物电子学和生物电子学的应用使人类机能增强，生物相容性纳米线已成功地嵌入工程化人体组织中，人脑智能和机械肢体的混合形成的混合智能会十分普遍。由神经学家开发的多功能超感官传感器能够检测声波，并将其转换为微弱的振动，它可以让聋人以全新的方式感受声音。一种耳朵仿生镜片据称能够让人类实现超常视力或者让盲人恢复视力，可通过类似白内障手术那样的简单手术植入眼球内。

神经增强技术对许多残疾人更有积极意义，甚至可以改变他们的生活。在某些病例中，假体设备帮助患者恢复了运动和感觉能力；思维控制机械臂将有助于被截肢、遭遇外伤或天生缺失手臂的患者，让他们实现各种活动能力。最令人印象深刻的是，他们在使用机械臂时将感觉很“自然”。

图 11.13 中的残疾人机械臂由美国约翰•霍普金斯大学应用物理实验室研发，是该实验室发起的“假肢革新计划”的一部分。这一计划主要面向上肢被截肢的患者，旨在打造由大脑神经活动控制的假体，以完全自然地恢复某个身体部位的运动技能。

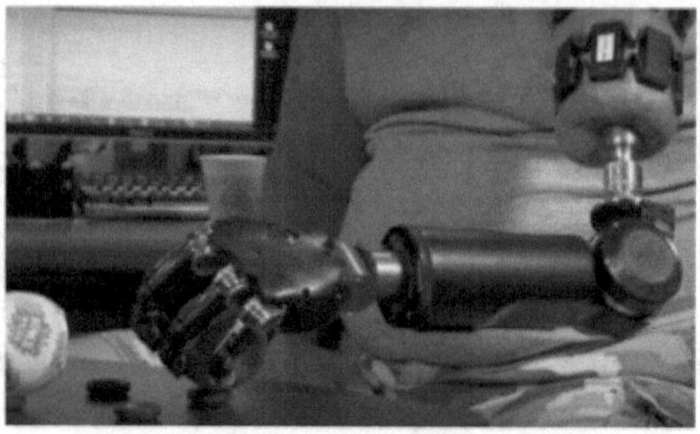

图 11.13　残疾人的脑机接口机械臂

11.2　外骨骼混合智能技术

11.2.1　外骨骼概念

外骨骼（exoskeleton）这一名词来源于生物学，其概念是指为生物提供保护和支撑的坚硬的外部结构。如图 11.14 所示，包括甲壳类和昆虫等节肢动物在内的动物的外骨骼主要由矿化（磷酸钙化）的胶原纤维（一种蛋白质）组成。外骨骼体制的优越性在于将支撑、运动、防护 3 项功能紧密结合。与此对应，外骨骼机器人（exoskeleton robot）实质上是一种可穿戴机器人，即它是穿戴在操作者身体外部的一种机械机构，同时又融合了传感、控制、信息耦合、移动计算等机器人技术，在为操作者提供诸如保护、身体支撑等功能的基础上，还能够在操作者的控制下完成一定的功能和任务。由于外骨骼机器人技术能够增强个人在完成某些任务时的能力，外骨骼和操作者组成的人-外骨骼系统能够对环境有更大的适应能力，使人机融合为具有机器的力量和人的智力的混合智能体，实现力量的增强和感官的延伸。人体外骨骼服是人体与机器的完美结合，穿戴者和外骨骼形成一个闭环的协同系统。机器能感受到穿戴者的运动状态和运动意图，实现人机多自由度、全运动过程的实时同步和功能辅助，同时人也能体验到机器的工作状态和运动辅助。

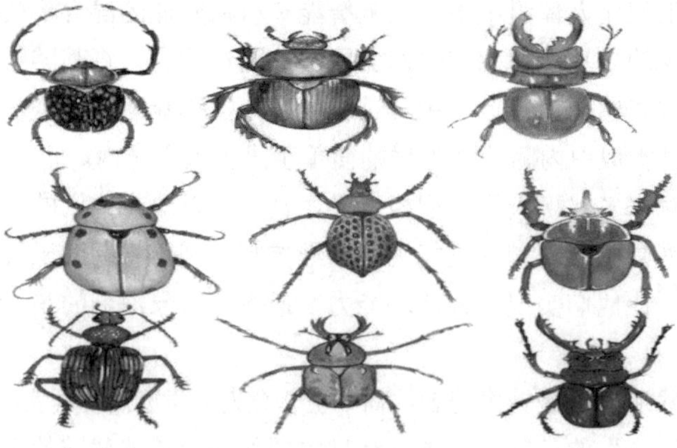

图 11.14　昆虫的外骨骼

根据不同的划分标准，外骨骼系统可进行不同的分类：根据辅助的人体部位，可分为上肢外骨骼、下肢外骨骼、全身外骨骼和某个关节外骨骼等；根据执行机构的不同，可分为电机驱动、液压驱动、气动驱动和被动辅助等；根据用途和功能，可以分为通过外骨骼技术，以提高身体机能的力量增强型外骨骼，以及通过外骨骼技术，补偿人体功能缺陷或不足的辅助型外骨骼，主要用于医疗保健和康复服务。人体外骨骼系统在抢险救灾、探测越野、康复医疗、家庭护理等诸多方面具有广阔的应用前景。

11.2.2　结构与原理

人体外骨骼服的基本结构主要包括仿生机械结构、智能感知系统、控制系统、通信计算系统、执行机构和能源系统六大部件，如图 11.15 所示。

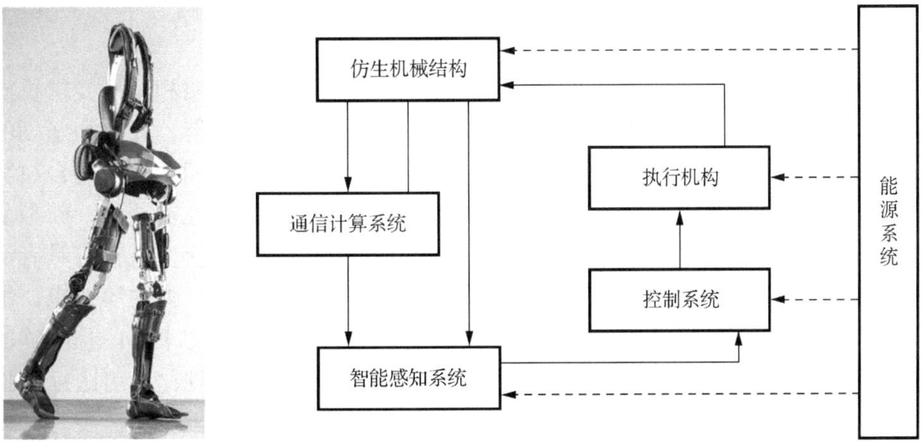

图 11.15　人体外骨骼系统的基本结构

（1）仿生机械结构装置：采用仿生技术和优化机械结构。例如：机械耦合设计技术，保持人机运动重心的自适应平衡，在髋部、膝部等关节处采用承载设计，实现高负荷承载平衡传递，增强穿戴者的承载能力。

（2）智能感知系统：通过多传感器感知和数据融合技术等感知穿戴者的运动姿态和生理状态等，同时预测穿戴者的运动意图。

（3）控制系统：针对穿戴者的动作需求，通过多功能传感与随动控制技术实现外骨骼的多自由度、助力随动的目标。

（4）通信计算系统：为各系统提供开放的、模块化的计算和通信处理平台。

（5）执行机构：执行机构需要根据各关节动力学，综合应用电机、液压等驱动方式，实现高功率小型化的驱动助力。

（6）能源系统：能源系统是各系统所需的能源，通过轻巧化和智能化的技术，实现能源自主供给和能源高效使用，同时综合考虑低功耗技术、能源回收技术、安全性等，并尝试使用新能源。

人体外骨骼系统工作原理一般为根据仿生学和动力学原理，设计机械结构，系统通过在人体和外骨骼系统中安放各种传感设备（如在足底、膝关节、背部和人体皮肤等位置上分别安放压力、角度、加速度和生理信号传感器等），实时感知人体和刚肢体的运动信息、力信息和生理信息，进行滤波和融合处理，并实时传输给嵌入式计算处理器。计算处理器综合各传感器信息，并通过相应的感知和预测算法，感知人体姿态、运动趋势和人机耦合度等。控制系统综合各种信息，将之转换为控制参数，采用人机耦合智能控制等方法，驱动执行器装置动作，实时跟踪人体运动，并为人体运动提供高效合适的助力，并满足人机耦合协同运动的柔顺性要求，将人和机器整合成为完整的“人-机耦合系统”。

11.2.3　外骨骼关键技术

人体外骨骼服是集多门学科于一体的国际性前沿课题，涉及的技术涵盖人体生物力学、机电一体化、智能控制技术、高效能源、计算技术、传感器信息融合、信号处理等前沿学科。其设计和实现过程中主要需要解决如下关键技术。

1. 仿生机械结构技术

机械结构的设计需要满足轻质、坚韧、舒适和承力的要求。轻质和坚韧要求机械结构既要重量轻，减少穿戴上后的人体负担，又必须能提供足够的支撑功能。轻质和坚韧的实现需要研究新型轻质高强多功能一体化复合材料，具体涉及新型结构功能一体化复合材料的宏微观结构研究，新型复合材料在热、力载荷作用下的本构关系和综合性能评估，新型复合材料在热、力载荷作用下的细观失效机理及疲劳强度研究等关键技术。新型材料应具有综合力学性能优异、可设计性强、一次体成型等优点，满足结构自身轻质化、弹性等要求。舒适性不仅是穿戴上后人体静止时的感觉，更重要的是最小化运动过程中的约束感；且能够应用于不同的身高和体型。对于室外使用的外骨骼系统，还需要其具有便携性；针对医疗和护理的外骨骼，还要考虑针对特殊人群的易穿戴和舒适性的特殊要求。舒适性要求需要充分研究人体仿生学、心理学和系统功能、应用场合等角度，综合考虑结构尺寸、自由度设计和增加人机接触缓冲装置等，要求根据人体结构和关节自由度来设计外骨骼的机械结构和自由度。此外，为了防止外骨骼在控制系统故障时对操作者造成伤害，机械结构应该具有应急保护机制。

承力要求在不同运动姿态的情况下，外骨骼系统中的机械承载机构不仅要有适宜的支撑力，还要尽量维持运动过程中人机系统的重心平衡，支撑人体多自由度上的运动能力。承力需要研究运动学、动力学和力传递，分析各部位承受的载荷大小及方向，确立其力的传递。

机械结构的研究应将人体结构样本数据作为输入，结合动力学模型进行分析，包括强度、刚度、姿态静平衡等结果，测试结果作为评价系统特性（结构强度、结构重量、任务能耗等）及指标（坚韧性、轻质性、节能性等）的依据，如图 11.16 所示。在人群样本的数据积累基础上确定功能修正量、心理修正量，完善最佳功能尺寸。建立部件间的耦合关系，将助力系统各部件耦合为一个整体运动模型，分析各骨骼间的相应联系，建立整体的数学模型，并研究各部件承载与运动的特征关系，同时进行强度、刚度分析研究，以满足轻量化设计要求。通过实验方法与理论分析结果进行对比、优化。

2. 人机接口技术

实现人机协同工作的基础和前提是机器能够准确地了解穿戴者的运动和运动趋势，因此人机接口系统在外骨骼系统中扮演了一个重要的关键角色。它的功能可以归纳为 4 点：信息获取、数据传输、格式转换和语义理解。数据流既可以是单向的，也可以是双向的。如果只是感知的要求，则只需要单向的数据流向；如果需要人机协同，则需要双向的数据流动。

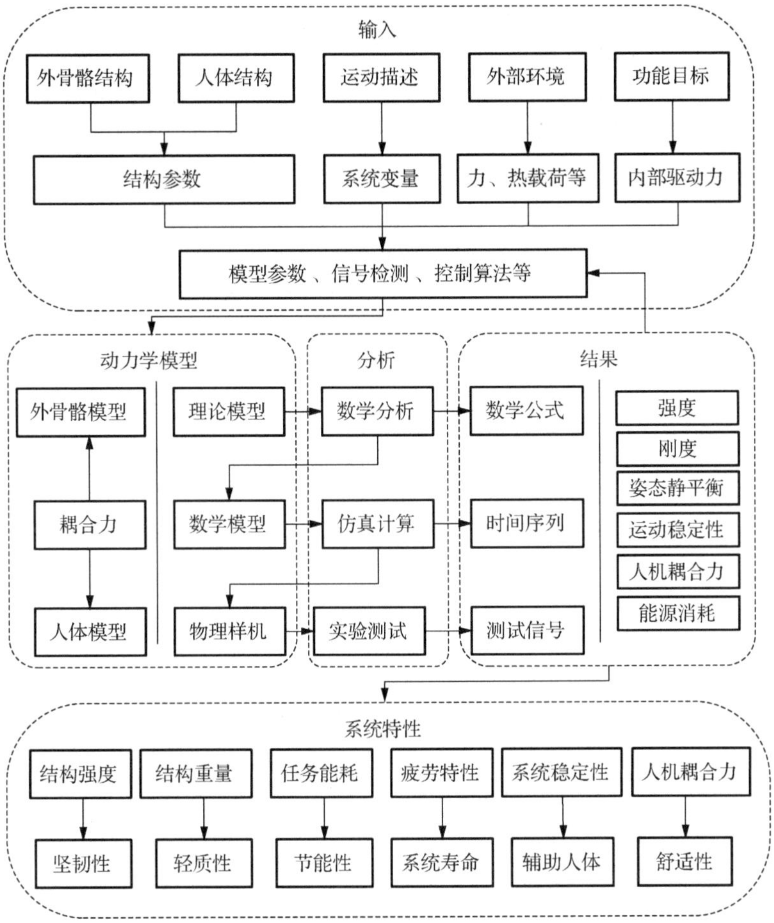

图 11.16　机械结构的研究模型

人体结构是多关节、多自由度的链接，仅通过单一的传感设备无法分析人体的整体运动状态。人机接口系统需要综合运用大量的传感器，包括惯性传感器、肌电传感器、薄膜传感器和光纤传感器等，建立多人机交互通道，使人机以自然、并行的方式进行人机交互，采集人运动过程中的力、位移、速度、加速度、倾角和生物电信号等信息，实现外骨骼系统对外界环境和穿戴者的灵敏精确感知。

为实现人机交互的自然性和高效性，需要综合利用人体运动规律、信号处理、多传感器数据融合处理、人工智能等技术。不仅要解决有噪、时变、非线性状态下的噪声干扰抑制和特征信号提取，也要基于物理模型、推理特征技术和知识模型等智能技术，实现数据融合和智能人机状态的感知和预测。此外，新兴的脑机接口技术在穿戴者意识和外骨骼间建立直接的数据连接通路，穿戴者可以通过意识直接控制外骨骼，或外骨骼能直接感受穿戴者的运动意图，为外骨骼系统的人机交互提供全新的方式。这尤其对神经传导障碍的患者具有重要的意义。

人机接口技术的原理示意图如图 11.17 所示。通过人机接口设备（包括压力、加速度、触觉和生理传感器等，以及键盘、语音等输入输出设备）获取人、外骨骼服和环境的信息，通过体域通信网络的相互传送，再通过多传感器感知、数据融合技术和智能预测等技术复现人体整体的运动姿态，实时预测穿戴者的运动意图。最终形成 5 类信息：运动意图的预测信息、运动姿态的感知信息、生理状态的感知信息、机器状态的感知信息和环境的感知信息，并将其实时传输给嵌入式控制器，为控制系统和执行机构提供控制依据。

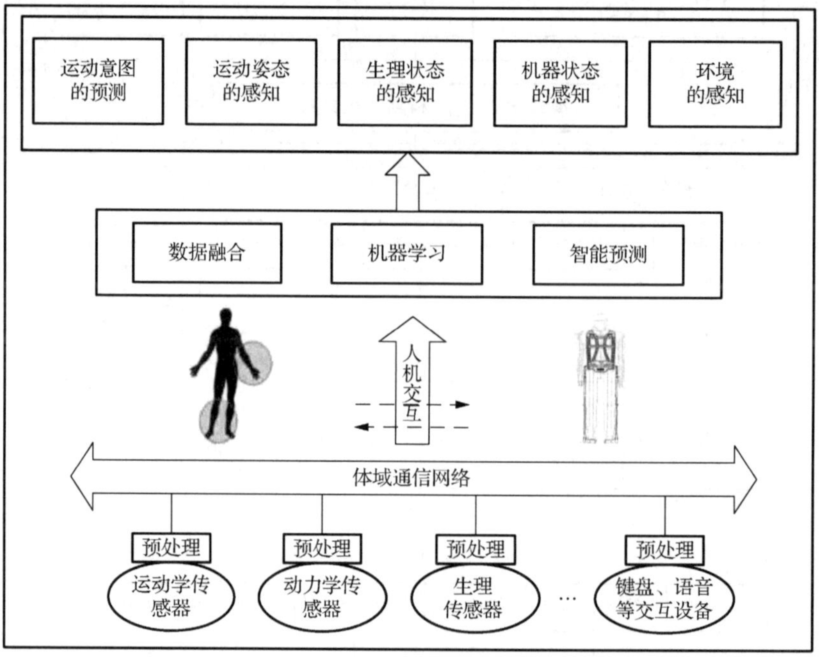

图 11.17　人机接口技术原理示意图

3. 随动控制技术

人体外骨骼服作为一种人机协同体，其控制系统需要完成的目标是控制执行机构，使外骨骼同步于人体运动，或按照穿戴者的意图进行运动，并实时地给予恰当的助力；同时不能影响人体运动的自由和舒适性，并能自动适应不同的人群和环境，具有较高的鲁棒性。

对于不同的应用背景，需要采用不同的控制策略。例如，对于肢体没有运动能力患者的康复训练，需要采用程序规划的轨迹位置控制；而对于健康人群的骨骼辅助力控制，则需要控制系统跟踪或同步于人体运动或运动意图。

人体外骨骼服的一个特点是人和机成为紧密的联合体，人的智慧不仅在控制决策层扮演了重要角色，人对自身肢体的控制也深刻地影响机器的控制过程。因此控制系统应该研究人在整个控制系统中的作用，建立人和机器的任务合理分工；同时还应该充分考虑人在控制环中对整个控制的影响，建立全新的人机协同控制理论。

人体外骨骼服控制的另一个特点是人体运动的随意性和环境的多样性。为实现精确同步、实时辅助的功能，控制系统要能根据设定的参数和轨迹进行控制，并需要能够运用机器学习等智能技术实现随动的智能控制，最终实现根据应用、环境和人体的实际需求，以人机协调一致完成任务为目的，解决控制的精确性、实时性、柔顺性、自适应性和智能性等问题。

其控制原理如图 11.18 所示。通过测量系统和计算，可以获得人机耦合关节运动力学和运动学模型；通过控制率的设计和优化，实现对执行机构的实时随动控制；为了实现穿戴者与外骨骼服之间的高度人机耦合，需要进行人机耦合条件下参数自适应控制方法。

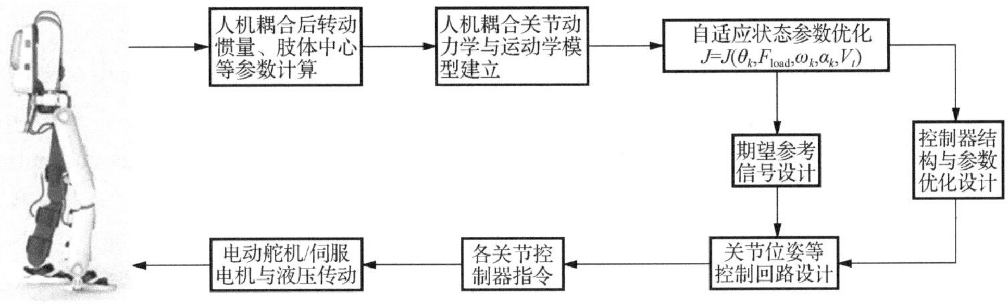

图 11.18　人体外骨骼服控制原理图

4. 驱动机构技术

很多外骨骼服需要在户外长期使用，所以要求驱动机构效率高、体积小、重量轻、功耗低；同时为满足精确随动控制的要求，驱动机构应该响应快、惯性小、精度高；与人共处对其散热性和安全性也提出了较高的要求。

人体外骨骼服的驱动机构可采用气动、电动和液压 3 种技术途径。气动驱动的特点是气体的压缩性大，因而精度较低，在实现高速、高精度控制时存在困难。其优点是结构简单，成本价格较低。电动驱动的特点是利用各种电机产生力矩和力，其控制精度高，反应灵敏，可实现高精度的控制，适合于中小负载。电机驱动包括直流电机、交流电机、步进电机和超声电机等。每种电机具有各自的工作原理、优势和不足。液压驱动的特点在于液体的不可压缩性，刚度高，控制精度较高，容易获得较大的扭矩，功率大，通过流量控制可无级调速。

外骨骼系统的驱动技术需要根据各关节动力学情况，全面综合应用各种驱动方式，攻克高功率小型化的动力系统、伺服单元、驱动系统的高速高密度伺服控制等关键技术。

此外，人体骨骼服的驱动机构除了不断改进现有设备的能量体积比、输出最大功率、控制特性等指标外，新型驱动装置的研究也成为了解决外骨骼服驱动机构技术的重要途径。如：人造肌肉执行机构将会出现在新一代的机械外骨骼机器人的手臂上，实现通过人类意识控制人造肌肉的收缩和舒张来驱动外骨骼的运动。

5. 高效能源及能源管理技术

能源一直是制约便携式设备发展的一个重要因素。人体外骨骼服要求能源系统长效、轻便、高能、可靠和安全。

能源系统一方面需要研究常规电池或燃料电池的特性，设计续航时间长、质量功率比高、安全性能符合要求的专用动力输出能源，为动力、信号采集和控制机构提供能源；另一方面需要综合考虑低功耗技术、节能控制和能源回收技术等，通过智能化能源管理实现能源的高效管理和使用，如在液压驱动中采用泵阀联合控制，减少在溢流阀等元件上的能量消耗；也可以利用脚跟与地面碰撞进行部分的能源回收等。

11.3 可穿戴计算

11.3.1 普适计算与可穿戴计算

可穿戴计算与普适计算密切相关，这里先来看看什么是普适计算。1991 年，美国 Xerox PAPC 实验室的马克 • 韦泽（Mark Weiser）在 *Scientific American* 上发表文章“The Computer for the 21st Century”，正式提出了普适计算（pervasive computing 或 ubiquitous computing）的概念。普适计算是一种建立在分布式计算、通信网络、移动计算、嵌入式系统、传感器等技术基础上的新型计算模式，致力于将计算设备融入人们的工作、生活空间，形成一个“无处不在、无时不在且不可见”的计算环境。它强调以人为中心，目的在于“建立一个充满计算和通信能力的环境，同时使这个环境与人们逐渐地融合在一起”。

作为一种和物联网几乎同时代的新兴计算模式，可穿戴计算（wearable computing）正将普适计算的理念“穿戴”在人们身上。可穿戴计算的应用包括健身追踪器（手机 App、手环、脚环等）、健康监测手表（监测血压、血糖、心率、体温等）这些市场占有率高的可穿戴健康监护装置。

可穿戴数字助理、可穿戴传感系统、可穿戴通信终端（手环）、可穿戴消费电子装置和可穿戴计算服饰（嵌入计算功能的航天服、潜水服）等实用装置中，还包括让从不戴眼镜的人尝试 AR 体验的增强现实眼镜，如图 11.19 所示。

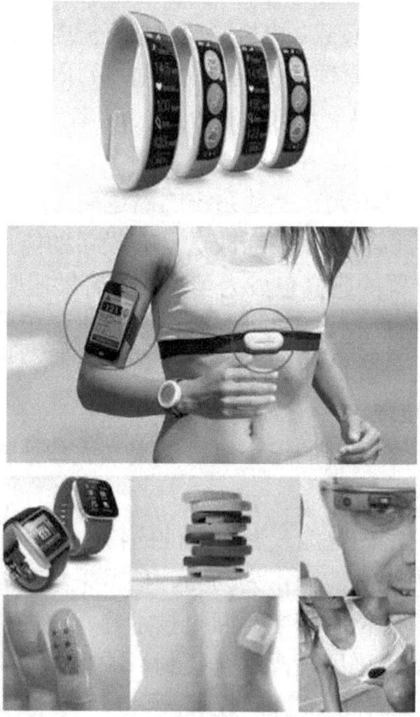

图 11.19 可穿戴消费电子装置

被称为可穿戴计算之父的加拿大多伦多大学史蒂夫·曼（Steve Mann）教授以 3 个基本运行方式和 6 个基本特性形式化地定义了可穿戴计算。

3 种基本运行方式如下：

（1）持续（constancy）——无须开机、关机，持续与人交互。

（2）增强（augmentation）——不像其他计算范式把“计算”当作主要任务，可穿戴计算假定人们总是在进行其他活动时使用这种计算来增强感知和智慧。

（3）介入或调介（mediation）——通过对人的“信息包裹”（encapsulation），可实现对信息的过滤、调整和干预。

6 个基本特性包括：不会独占人的注意力（unmonopolizing）；对人的活动和运动不造成约束（unrestrictive）；随时可以控制（controllable）；随时感知环境，具有多模态传感能力（attentive）；用户可以与其他人随时交互（communicative）；不仅可以得到用户的注意（observable），用户还可以主动地随时获取工作中需要的辅助信息。

可穿戴计算发展到今天，已经成为普适计算、社会感知计算、人文计算和信息物理系统（cyber physical systems, CPS）的复合型学科，如图 11.20 所示。

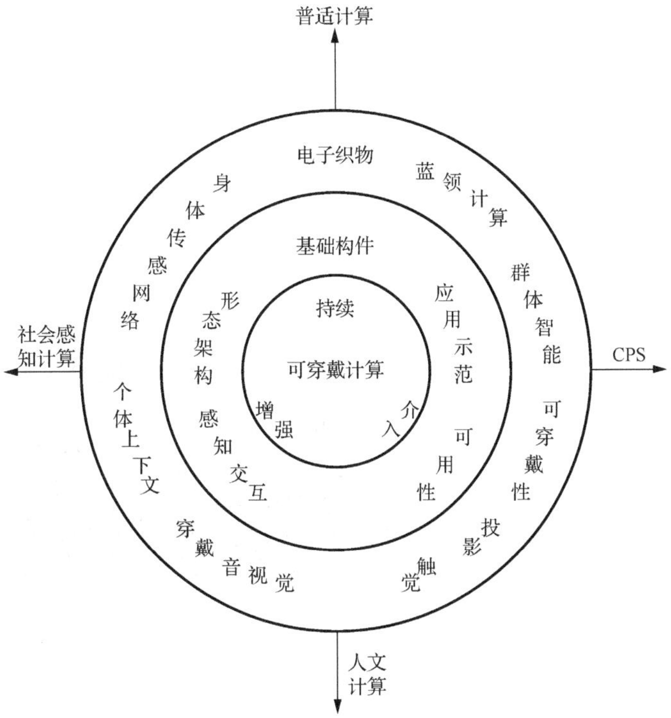

图 11.20 普适计算、社会感知计算、人文计算和 CPS 的复合型学科

可穿戴式设备需要多种关键技术（如纳米电子学、有机电子、传感、驱动、通信、低功耗计算、可视化技术和嵌入式软件）的集成应用，这些技术广泛用于智能设备，为传统的服装、面料、补丁、手表等带来了新的功能，或者使可穿戴式设备作为其他智能系统的一部分。可穿戴的一个不同寻常的发展趋势是可植入技术，如电子文身、密码药片和记忆芯片等，这些设备不仅能更好地监测健康状况，也能增强、延伸其他方面的感官能力。

从发展趋势来看，可穿戴、可植入的这些智能设备正越来越多地集成为物联网解决方案的一部分，并协助人类在监测、态势感知和决策等方面的行为。它们可以提供全自动化的闭环解决方案，除了信息娱乐应用，还有医疗保健方面的健康、安全防护、隐私保护；智能建筑的能源、照明等。

11.3.2　可穿戴柔性传感器

1. 柔性传感器

可穿戴电子产品从大而笨重发展到光滑、超薄。传统的刚性电子产品并不能自然地与柔软的人体皮肤相容，研究人员已经开发出一套可以与皮肤一起弯曲的可伸缩电子产品。比如，如图 11.21（a）所示，像纸一样薄的超柔软的压力传感器，可以在弯曲时仍然保持准确，有机 LED 显示屏可以贴在皮肤上。如图 11.21（b）所示，一种可贴在身体表面的柔性传感器高度透气的皮肤电子产品，使得薄膜电子器件可以直接紧贴在人体皮肤上，而不会引起任何皮肤刺激或不适。这种技术不仅可以广泛用于监测人类慢性病患者身体健康状况，以及用于监测运动员这类特殊人群身体状况的长期变化，而且可以用于制造类人机器人的电子皮肤。一方面，这种电子皮肤可以使人类皮肤对外界刺激变得更加敏锐，将来出现的电子皮肤与人类生物皮肤融合，可以直接治愈皮肤外伤或日常生活中各种皮肤疾病，结合纳米机器人等技术，使人类向智能机器的进化迈进一步；另一方面，这种技术用作未来机器人的电子皮肤，将使机器人具备对外界的敏锐的触觉，结合类脑计算等技术，使机器人通过对外界的感知不断构建其内在的关于世界的环境模型，就像人类的小孩子从小通过触觉等各类感觉开始感知、认识、了解这个世界一样，使得机器人有可能逐渐构建起自己对世界的意识，对制造强人工智能起到关键作用。

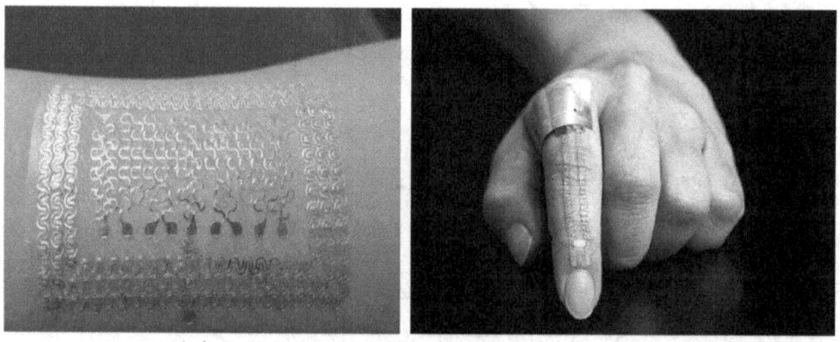

（a）　（b）

图 11.21　一种可贴在身体表面的柔性传感器

2. 多功能集成感应系统

可穿戴系统具有人类活动监测、个人卫生保健和人机界面的应用，与人体相连，提供人类活动的长期连续记录，可用于预防医学、疾病诊断、患者预后监测和老年护理。可穿戴感应系统不仅可以检测单个感测信号，而且可以同时测量多个信号。最近，已经开发了具有物理传感器，以及化学传感器、药物递送元件、刺激器的部件集成可穿戴平台。研究人员实现了一个智能的假体电子皮肤装置，可以同时感知温度、湿度和多种形式的应变，并配有加热器来调节体温。这些不同传感元件阵列的科学而精确的设计，使得该装置能够对可变的环境具有良好的机械可靠性和高时空灵敏度。这类装置在人造电子皮肤、人机界面和先进的机器人系统中将得到广泛的应用。

11.3.3　可穿戴计算的闭环典型应用

1. 健身追踪

“健身追踪”能够帮助人们，这源自人们对健康的无条件追求。它正从运动健身者专有设备（如嵌入传感器的某运动鞋，以及通过无线接收器让平板电脑记录佩戴者的跑步和锻炼体验）渗透到每个人的手机、手表、手环、腕带等设备中，随时准备提供诸如血压、血糖、脉率、体温等可以用于医疗保健领域表征健康状况的参数。其他能够被集成的新参数类型还有待发掘。

2. 临床护理

临床护理中，可以使用物联网驱动的可穿戴设备实现非侵入性监测，密切关注住院患者的生理状态。这就需要传感器收集综合的生理信息，并使用网关和云来分析和存储信息，然后将分析数据以无线方式发送给医生，以实现进一步分析。这能够提高护理质量，降低护理费用。此外，还可用于远程医疗监控及不用住院的病人的居家护理，通过联网连接的无线解决方案可用于持续捕捉病人的健康数据，从各种传感器获取的健康数据应用复杂的专业算法来分析，然后通过无线连接与医疗专业人士分享，并获得适当的健康建议，如无线化的心率监护仪。

3. 人体传感网络 BSN

BSN 有时也被称为无线体域网，是一种无线可穿戴计算设备的应用网络概念。这些设备可以嵌入（植入）体内，也可表面安装或固定在身体或服饰上，以便于随身携带。

如图 11.22 所示，人体传感网络 BSN 以身体为中心，并集成血压、脑电、心电、肌肉等生物传感器，利用医学电子学、多传感器分析与数据融合、人工智能、普适传感、无线通信和其他创新应用等多学科知识，通过控制单元及无线网络或 5G 通信基站与互联网连接，成为健康、医疗物联网的“末梢”。BSN 充分发挥可穿戴、无线化、网络化、信息化的优势，实现健康全过程的跟踪与服务，是低成本健康服务的发展方向之一。

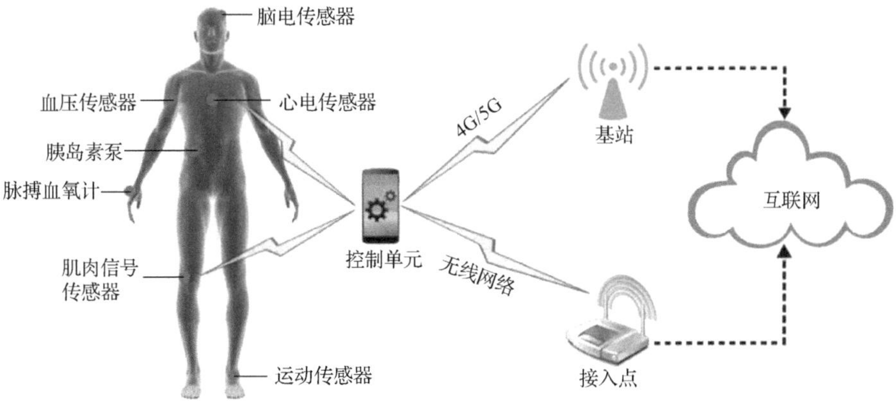

图 11.22　人体传感网络 BSN

11.3.4　智能监控服装

婴儿猝死综合征是婴儿睡眠期间死亡的主要原因之一。为了提高婴儿的安全性，研究人员开发出婴儿智能穿戴系统。该系统由可穿戴物联网设备、网关和 H 医疗接口组成。可穿戴物联网设备是集成在胸带中的无线传感器节点，它能够监测体温、心率、呼吸频率及身体姿势等参数。数据处理后，将信息发送到网关，用户可以通过医疗接口进行访问。一款将感应器和婴儿连体衣加以融合的智能婴儿连体衣如图 11.23 所示。装载在连体衣正面绿色条纹中的感应器可监测婴儿的心电信号、呼吸频率、体温等体征状况；隐藏在绿色可拆卸塑料乌龟内的英特尔 Edison 芯片通过蓝牙技术，将实时监测信息推送到智能手机上的应用程序。如果发生危险事件，设备将触发警报，发送危险消息。

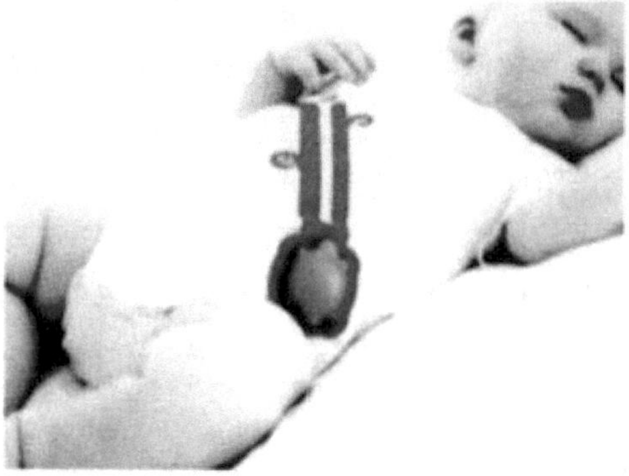

图 11.23　智能婴儿连体衣

人的姿态和活动水平是评估健康的关键指标。这些指标能提供有针对性的健康促进信息，也可用于对某些慢性疾病如帕金森病和中风的早期监测，甚至可以用来预防患者或者老年人在睡眠中滚落到床下的风险。研究人员已经研制出一种利用多通道加速计的运动感应技术进行姿态监测的可穿戴仪表背心，传感器分别被安装在 5 个不同位置：下颈椎上的传感器提供关于颈部和上背部的弯曲信息；胸部的传感器监测不同的躯干位置，如坐姿、站姿、躺姿和行走时向前倾斜的程度等；背部腰椎位置的传感器监测静态姿势平衡和动态姿势稳定性；腰部两侧的传感器监测步数、行走时间和步态对称指数等参数。

11.4　小　　结

本章主要介绍了人机混合智能原理、实现方法及应用，包括基于脑机接口的混合智能、基于可穿戴技术的混合智能，基于外骨骼的混合智能。人机混合智能在人机交互、人体增强、疾病治疗等方面都具有广泛的应用前景。通过本章的学习，可以理解人机混合智能的基本原理和方法。

第 12 章 人工智能行业应用

12.1 人工智能与社会发展

12.1.1 人工智能与数字经济

20 世纪 90 年代，人工智能技术初步开始产业化应用，IBM 推出 via-voice 语音识别系统，计算机视觉技术也开始应用于工业领域。21 世纪初，人工智能产品种类快速丰富起来。同时，新的要素出现在人工智能产业链上，例如英国剑桥大学的语音识别 HTK 开发工具包，人脸识别数据集 LFW、FDDB、ImageNet 等。2010 年以后，人工智能产业化应用的浪潮席卷全球，新产品、新应用、新场景层出不穷，人工智能的产业化应用增长开始加速，并在之后几年到达爆发性增长的临界点，人工智能的产业化迎来起飞。

从 2010 年至今，技术发展以大数据与云计算、物联网、移动互联网及人工智能等新一代信息技术产业作为主导产业，以“智能机器+大数据分析+人机交互”作为主要特征，可以将其命名为“信息技术 3.0”时代。各行业以信息技术和人工智能技术为基础，全面迈向“智能+时代”，人类社会逐步进入“智能时代”。随着人工智能技术在社会的普遍应用，智能社会雏形初步显现。

同时，随着人工智能等战略性新兴产业的技术不断变革创新，各个经济领域都在发生着翻天覆地的变化，以信息技术和人工智能技术为核心的数字和智能经济正在逐步打破传统的生产方式和供给需求方式，打造智能经济生态体系。

未来，人工智能不仅会在民生保障、社会治理等方面发挥更加积极的作用，还会使智能城市、智能交通、智能医院等创新智能体系建设更为完善。更重要的是，这些智能体系本身也将会发展为不同于传统人工智能的新模式，可以将其看作“大系统模式”，使得未来整个城市可通过人工智能来管理，甚至整个城市本身将发展成一个庞大的人工智能系统。这也是人工智能发展的新形态，即从计算机运行的算法智能系统上升到多种智能技术构建的、复杂的人工智能大系统。

随着新一轮科技革命和产业变革的不断加快，全球数字经济蓬勃发展，逐渐成为拉动全球经济增长的新动能，数字经济已经成为世界各国竞争的新高地。

数字经济是以数据为生产资料，云计算、大数据、人工智能等技术作为生产力，利用算力和算法，将数据转变为价值的一种新经济形态。数字经济是人类社会继农业经济、工业经济之后一种全新的经济范式，其生产要素和生产关系都发生了全新的变化。数字经济不仅不会替代工业和农业经济，而且合理利用数据智能技术可以反哺工业经济和农业经济，提升产出效率。

数字经济由数字产业化和产业数字化两部分组成。数字产业化是指互联网、软件和电子通信等信息化行业，产业数字化是传统的第一、二、三产业利用数据智能技术带来的产出增量。虽然目前传统的第一、二、三产业的基数相比信息产业非常巨大，但可以预见的是，未来“产业数字化”的增量将超过“数字产业化”的存量，产业数字化是数字经济发展的“蓝海”，将成为数字经济的主流。

预计未来若干年，人工智能向制造、交通出行、金融服务、物联网、医疗诊断等领域的渗透、影响将不断加深，发展融合化、应用场景化将成为人工智能产业发展的重要特点。在产业发展及行业应用方面，人工智能与制造业、医疗、农业、教育、金融等各行业结合，出现了智能制造、智能医疗、智能农业、智能教育、智能金融等多种新兴业态。从应用方向上来看，制造业、农业、城市治理、金融、医疗、汽车、零售等数据基础较好的行业方向应用场景目前相对成熟。

12.1.2　人工智能技术产业应用层次

随着人工智能在各个行业的应用场景逐渐明朗，应用的行业与业务范围逐渐增加，在自动驾驶、医疗辅助诊断、金融交易风险防控等领域已有众多企业进行了布局。人工智能的应用将率先在数据积累丰富的行业内发展，同时，在应用场景较为明确、应用价值较为直接的价值链环节（例如营销、服务等）率先得到应用。

从产业角度看，人工智能技术按照结构划分，分为基础层、算法层、技术层和应用层，如图 12.1 所示。

（1）基础层包括 3 个方面：以芯片、传感器为主的计算硬件，数据，以及以云计算为代表的计算机系统技术。

（2）算法层包括人工智能的各种算法，当前以强化学习、深度学习、神经网络、卷积神经网络为代表的算法理论广受关注。业内重要的深度学习开源框架有美国谷歌公司的 TensorFlow、我国百度公司的飞桨（PaddlePaddle）。

（3）技术层主要是通过计算技术实现感知、认知、分析、决策、学习和行动等人类智慧。主要包括语音识别、计算机视觉、自然语言处理、智能推荐、知识图谱等。

（4）应用层是指人工智能技术在具体产业中的应用。目前，人工智能技术在搜索引擎、医疗、电商、物流、交通、金融、安防等行业得到广泛应用。百度的智能语音平台 DuerOS、无人驾驶操作系统 Apollo 是国内重要的人工智能应用平台。

图 12.1　人工智能技术产业结构层次

12.2　智 能 城 市

如图 12.2 所示，展示了以云计算、物联网、人工智能等技术为基础，驱动智能城市运转的基本结构。在基础层，各种创新服务载体发展各种技术，以城市大数据及城市大脑为核心构成的数据智能层驱动城市各种智能政务、产业、民生系统，形成多元化服务体系，为政府、企业、市民提供各种服务。

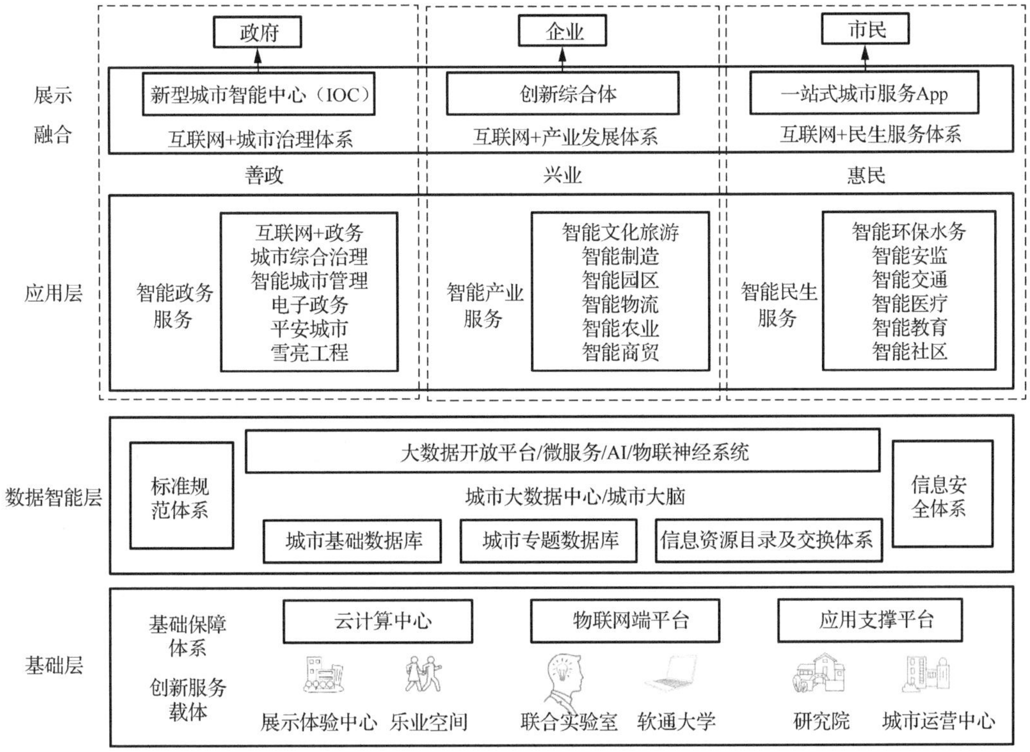

图 12.2　智能城市的基本结构

12.2.1　智能城市发展关键技术

1. 决策智能

城市大脑从感知智能向认知智能、决策智能迈进。虽然新一代信息技术快速发展、国家政策积极推动，各地斥巨资积极建设城市大脑，但建成的城市大脑多以静态为主，普遍停留在识别、比对、展示等“弱人工智能”水平，缺少对于信息的加工、理解、思考等能力，各系统间缺乏强效整合。当下智能城市已达到“能听见、能看见、能感知”的感知智能阶段，随着技术发展、需求更新，城市大脑应成长为具备自优化、自学习、自演进能力的未来城市基础设施，支撑城市治理体系现代化，引领城市数字经济发展，推动城市向认知智能迈进，并逐步向决策智能演进。

2. 知识重构

跨模态数据融合、全行业知识图谱决定城市智慧。随着各行各业数据来源和形式逐渐多样化，以图片、语音、视频形式存在的碎片化数据逐渐涌现出来，对城市大脑感知和检索针对性信息的能力、跨模态数据的处理能力要求不断增强。当前，城市正由感知智能阶段向认知智能阶段发展，知识图谱技术是能够连接感知智能和认知智能的关键技术之一，是从大数据走向人工智能的阶梯，是人工智能走向可解释的认知智能的基础。未来，跨模态数据学习与知识图谱的交互作用促进智能场景的应用落地和大数据的价值挖掘，通过海量数据构建城市级全行业知识图谱，对城市整体态势进行全局、实时的感知，面向不同行业及领域提供全流程解决方案，使得城市大脑具有智能认知能力。

3. 数据融合

当前智能城市的建设以政府主导、企业参与的形式为主，但现有数据共享平台中存在政务数据与社会数据对接机制缺失、对接范围不广、对接数据不足、对接应用不深，政务数据与社会数据之间融合利用存在鸿沟等问题，互联网巨头、三大运营商等拥有的海量数据未得到充分利用。政企数据融合共享成为加快数字化治理的基石，如企业精准的用户画像与公安部门人脸数据融合，确保人脸准确认证，同时数据快速捕捉、调度、分析，能够助力公安部门高效研判案情。

4. 孪生驱动

数字孪生技术集成新型测绘、建模仿真、深度学习、智能控制等诸多先进技术，具有一一映射、虚实互动、智能定义等突出优势，已成为智能城市未来发展探索方向。数字孪生城市将依托城市信息模型重构城市数据结构，面向城市全要素整合对象的物理属性、时空属性、业务属性等数据，形成一个城市级共用的数字底座。随着物联感知与人工智能技术的融合发展，城市内全要素完成管、控、营数字化贯通，形成“万物智联”的城市全要素感知体系，城市物理空间与数字空间可实现精准映射、智能运行。基于数字孪生城市底座及城市感知体系，各业务部门可开展位置溯源、空间计算、人机交互、远程控制、监测预警等相关工作，创新“去部门化”的集约治理和一站服务模式。

12.2.2　云计算与智能城市

云计算成为数字经济发展的重要基础设施，也是人工智能发展的重要基础。云计算作为驱动数字经济技术发展的心脏，及数字经济的基础设施，为人工智能发展提供强大的算力支持及数据存储资源。

从物理服务器的所属权来区分，云计算可以分为公共云、专有云和混合云。公共云就是用户不拥有云计算的物理服务器，但可以直接使用云服务。专有云是企业在组织内部构建的云计算服务，拥有物理服务器的所有权。混合云则是二者兼而有之的融合状态。

公有云真正具备成本相对低廉、按需使用、即插即用和弹性扩容这些云计算的优点。从长远来看，云计算的发展会像电力的发展进程一样，企业的专有云就像工厂自建的发电站，只是作为应急之用，公有云就像现在的发电厂那样，为整个社会提供廉价稳定的普惠计算服务。

在智能城市领域，以云计算、人工智能系统作为基础设施的城市智能化转型进入爆发阶段。如图 12.3 所示，展示了一个智能政务云的基本内容。

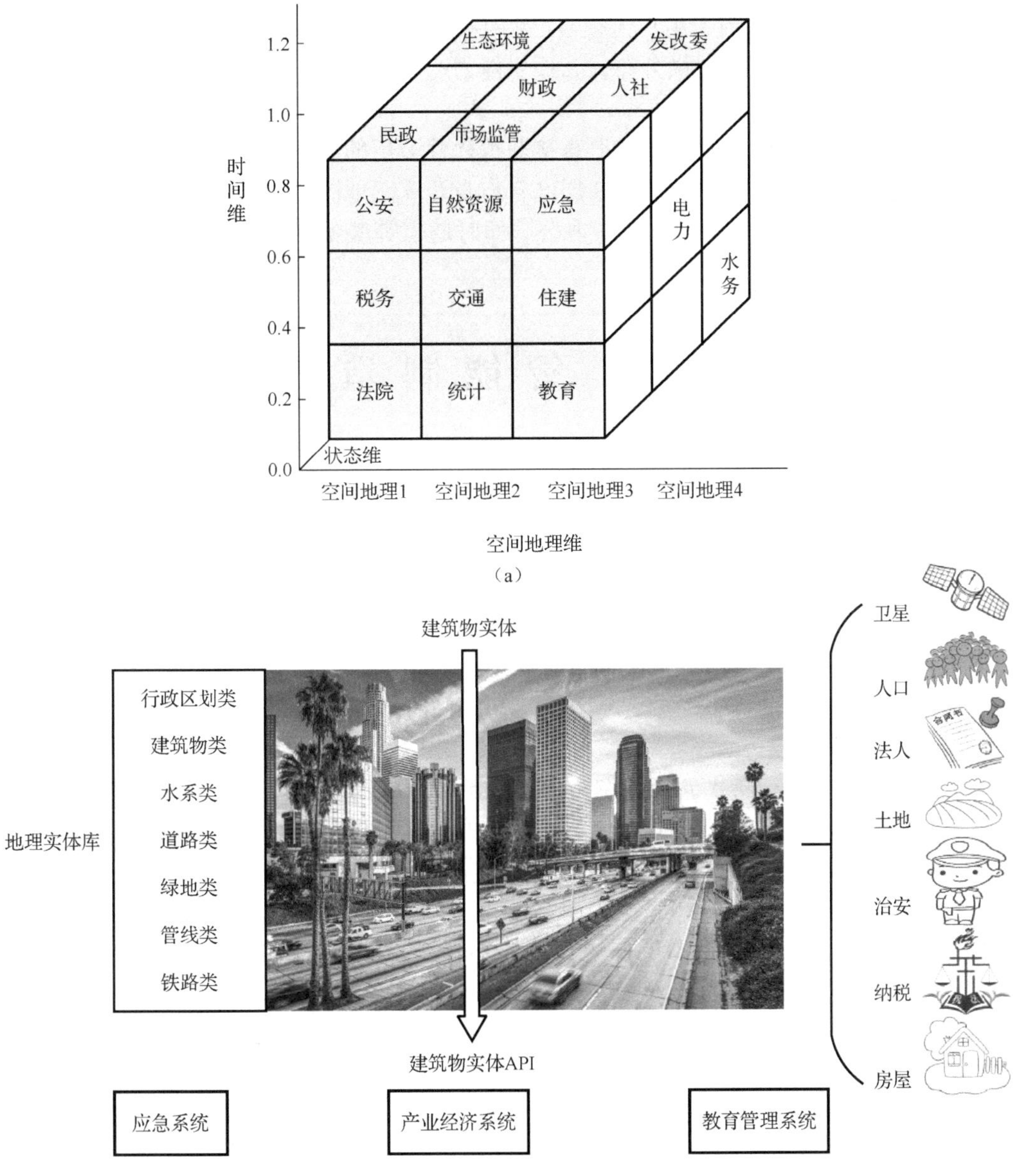

图 12.3 智能政务云

根据服务交付 IT 资源的不同，云计算包括计算、存储、网络、数据、应用等方面，可以分成 3 种服务形态：基础架构即服务（IaaS）、平台即服务（PaaS）和软件即服务（SaaS）。

（1）IaaS 是用户利用软件虚拟化和自动化部署等技术，通过高速互联网远程访问云服务商提供的计算、储存和网络资源。用户可以免去机房场地、计算机维护的麻烦，降低原始的 IT 软硬件投资和人力成本。IaaS 层能够兼容多厂商私有云，统一服务，同时通过构建异构算力资源池，统一调度 AI 算力、区块链算力和高性能计算算力等资源。

（2）PaaS 是用户利用 PaaS 平台的资源就可以创建自己的应用软件，开发后的软件可以直接运行在 PaaS 平台上。由于用户无须自己购买硬件搭建开发平台，从而可以缩减软件开发的周期和成本。PaaS 层重点提供分布式云原生能力、大数据平台、分布式关系型数据库、云上开发、分布式中间件能力。

（3）SaaS 是用户通过互联网浏览器直接获得软件应用的服务，大大压缩了安装和维护成本，为用户提供终极的便利体验。SaaS 层结合自身互联网地图、搜索、百度网盘等差异化优势，提供政务网盘、舆情、人口、政务办公、即时通信等服务，精准满足数字政府基础设施建设需求。

12.3　智 能 制 造

12.3.1　人工智能赋能制造业

人工智能技术赋能制造业主要体现在 3 方面：首先，人工智能可以帮助企业提高智能化运营水平，实现降本增效；其次，人工智能、5G、工业互联网等技术融合应用，推动制造业生产及服务模式、决策模式、商业模式发生变化；最后，人工智能带动制造业价值链重构，有利于中国抢占全球制造业产业链上的价值高地。人工智能赋能制造业主要体现在以下几个方面。

1. 生产模式创新

（1）网络协同制造：基于先进的网络技术、制造技术及其他相关技术，构建面向特定需求的基于网络的制造系统。突破空间对企业生产经营范围和方式的约束，实现企业内各环节“纵向集成”和供应链上下游“横向集成”的协同制造。

（2）规模定制生产：设计和生产“柔性化”，形成柔性的、满足个性化需求的高效能、大批量生产模式，供应链各环节的联系和协作加强，设计、生产、仓储、配送和销售效率提升。

（3）“云平台+”制造：通过建立云平台，在全球范围内，通过互联网协同进行产品设计、生产制造等，依靠行业、区域核心企业或企业群体的综合优势，灵活、快速响应市场需求，提高全球制造资源的利用率。

（4）软件定义的制造：以汽车制造为例，软件定义汽车包括 4 个组成部分。一是中央集中式电子电气架构是智能汽车的中央政府；二是面向服务架构的模式是实现可订阅服务的基础软件平台；三是人工智能将成为智能汽车差异化体验的核心技术；四是远程刷新技术让汽车成为可成长、可迭代、可升级的新物种。智能网联汽车商业化发展在“十四五”期间取得重大突破，软件价值将超过硬件，从当前占比 10%～30%提升到 60%，汽车不再是产品，而是承载服务的平台。

2. 服务模式创新

人工智能算法帮助制造业企业优化营销能力，提升售后服务水平。

（1）售前营销：通过人工智能判断重点需求，从而进行更实时、精准的广告投放。世界领先的企业通过 AI 技术和大数据能够更好地预测出客户的行为。有调查研究数据显示，部分客户潜意识里受到 AI 的影响，不自觉地提高了对企业或品牌的好感度。人工智能的应用，例如个性化推荐和自动执行订单等功能，同样提高了客户对公司的信任感，许多消费者企业买家更倾向于使用具备 AI 技术的公司或品牌。

（2）远程运维服务：设备远程运维平台通过物联网、大数据和人工智能算法等技术，对生产过程、生产设备的关键参数进行实时监测，对故障及时报警。

3. 商业模式创新

以“一切皆服务”（x-as-a-service）为宗旨的商业模式创新已在各个行业展开，制造业也不例外。以人工智能、互联网、大数据为代表的新一代信息技术的深度应用，正推动制造业服务化转型与价值创造。

工业和信息化部 2020 年发布的《十五部门关于进一步促进服务型制造发展的指导意见》中提出了多种典型的服务型制造模式，模式中既涉及制造业各个环节的服务创新，如工业设计、供应链、金融等，也涵盖了跨环节、跨领域的综合集成服务。制造业企业提供服务的模式主要有两种类型：一是企业自身通过服务化实现商业模式变革；二是“产业链重构型”服务使整个行业或者产业集群发生商业模式上的大变革。

12.3.2　智能制造基础技术

智能制造基础技术包括人工智能芯片、工业机器人和工业物联网，也就是基础层，它们为人工智能提供在制造业落地所需的软硬件资源。

1. 人工智能芯片

复杂的工业问题需要人工智能算法芯片高效运算来解决。当前能适应深度学习需求的芯片类型主要有 GPU、FPGA 和 ASIC，三者在性能、定制化程度、功耗、成本等方面具有不同特点。三者与 CPU 的比较如表 12.1 所示。

表 12.1　人工智能芯片比较

	优点	缺点	主要应用场景
CPU	•适合通用计算 •出货量大，单片成本低	•高功耗 •效率低，内存读取速度有限	•目前人工智能芯片中 CPU 使用率低，未来也不会成为主流芯片
GPU	•通用型芯片 •峰值计算能力强 •生产设计成熟度高 •成本和性能较为平衡	•底层架构并非专为深度学习设计 •不可编程 •高功耗	•云端训练 •云端推理
FPGA	•半定制化、可编程 •功耗介于 GPU 与 ASIC 间	•量产单价高 •峰值计算能力较弱 •编程语言难度大	•云端推理 •终端推理
ASIC	•全定制化，为特定应用场景和用户需求定制的专用芯片 •性能稳定 •功耗优于 FPGA 和 GPU	•设计制造完成后电路固定，灵活性低 •前期投入成本高 •研发时间长、技术风险大	•云端训练 •云端推理 •终端推理

目前，GPU 凭借并行计算和较低的成本占据人工智能芯片的主导地位。但是，其所需运算量极大，使用 GPU 运算会导致较大的时耗与功耗，增加计算成本。FPGA 和 ASIC 虽然受成本限制尚未大规模普及，但由于其具备定制化能力且功耗低，预计未来会在工业领域有广

阔的需求前景。FPGA 正逐步融入机器人操作系统（ROS）中，为其未来在部分工作岗位上替代人类劳动力的应用普及奠定基础。

2. 工业机器人

在人工智能时代，工业机器人将被新的核心技术定义，包括深度学习、路径规划、任务级编程、柔性控制等，"人机协作"也正成为工业机器人的发展方向。

与传统工业机器人相比，协作机器人可以与人类伙伴并肩协作，高效安全地完成一项或多项作业。工业机器人产业链分别由上游关键材料及零部件生产商、中游机器人本体制造商、下游系统集成及服务和下游应用行业构成。

传统工业机器人产业链上游核心零部件主要包括减速器、控制器和伺服系统等。在控制器领域，日本、德国和美国的企业占据了主导地位；伺服系统由日韩欧美企业主导。随着人工智能技术在机器人领域应用的增加，人工智能芯片、传感器等底层智能硬件也成为工业机器人产业链上游的重要环节。

传统的工业机器人产业链的中游主要指机器人本体制造，市场竞争激烈，过去由发那科、安川、库卡、ABB"四大家族"占据主导，当前则呈现"四大家族"与国内企业平分秋色的状态。人工智能嵌入工业机器人应用，图像、语音、语义、云平台等相关技术支持成为产业链上的必要环节。

工业机器人产业链下游系统集成商根据不同的应用场景和用途进行有针对性的系统集成和软件二次开发，使工业机器人可以运用于实际生产，工业机器人的应用范围遍及制造业各个细分领域。

3. 工业物联网

工业物联网将具有感知、监控能力的各类采集或控制传感器，以及移动通信、人工智能等技术融合到工业生产过程的各个环节中，从而提高制造效率，改善产品质量，降低成本和资源消耗。

工业物联网的本质是数据，可以为人工智能提供源源不断的数据支持，是人工智能在工业领域应用的基石。人工智能精准分析这些数据，在清晰的战略指引下，帮助企业将物联网产生的信息转化为有意义的洞见，帮助决策者更清楚地了解他们的客户、产品和市场，继而协助企业开发新产品、服务和商业模式。

4. 工业大数据

工业大数据是工业领域产品和服务全生命周期数据的总称，包括工业企业在研发设计、生产制造、经营管理、运维服务等环节中生成和使用的数据，以及工业互联网平台中的数据等。

工业大数据是推动人工智能在制造业应用的关键生产要素。由于制造业对数据可靠性要求高，工业大数据分析的难点是数据关联关系的复杂性。只有通过合适的数据分析方法才能释放工业数据的价值。

工业大数据产业链由基础层、平台层和应用层构成。

基础层提供工业大数据产品和服务正常运转所需的多样化的软硬件资源，以及大数据存储、网络和计算相关的软硬件产品和服务。目前，工业自动化企业、工业网络服务企业、工业数据采集解决方案企业是工业数据基础层的 3 类主要供应商。

平台层由工业应用软件、数据管理和数据处理与分析环节构成。

工业大数据应用市场，如设备设施预测性维护、工业生产流程化、生产过程可视化、供应链优化等应用，有望随着大数据技术与传统工业领域的融合而持续扩大。

为了推动工业数据的应用，《工业和信息化部关于工业大数据发展的指导意见》（2020 年 4 月）从加快数据汇聚、推动数据共享、深化数据应用、完善数据治理、强化数据安全、促进产业发展等多个方面对加快工业大数据产业发展作了具体部署。在深化数据应用方面，要求推动工业数据深度应用，开展工业数据应用示范，提升数据平台支撑作用，发挥工业互联网平台优势，提升平台的数据处理能力等。

12.3.3　制造业与人工智能算法

制造业人工智能算法是利用不同的机器学习方法，融合不同类型的数据，去挖掘不可见的关系，对系统进行建模和优化，避免尚未发生的问题。从算法技术应用来看，主要包括计算机视觉、情境感知、自然语言理解、机器学习等。虽然深度学习神经网络在图像处理和语义识别等领域已经取得明显进步，但要广泛应用于工业系统仍然要走很长一段路，最主要的原因是神经网络的预测结果往往不能自我解释。在工业系统中的应用除了对精度有非常苛刻的要求外，还需要解释预测结果的合理性，以及相关的不确定性风险。

工业云平台是人工智能进行计算的场所，制造业生产中产生的海量数据将与工业云平台相连，利用人工智能算法进行数据挖掘，提炼有效的生产改进信息，最终用于计划排产、协同制造、预测性维护等环节。

12.4　智 能 医 疗

12.4.1　智能医疗发展现状

人工智能技术在医疗领域的应用近些年逐渐深入，虚拟医生、辅助诊断和辅助治疗等人工智能系统都在快速发展，而医学影像人工智能应用则呈现出雨后春笋般爆发式的发展态势。一些医院使用人工智能技术做诊断和治疗的辅助工作。目前，就各类医疗人工智能系统在诊疗工作中的作用而言，医学影像人工智能系统在辅助诊断方面所发挥的作用最大，也是未来一段时期最有发展潜力的系统。

在一项针对医院使用医学影像人工智能辅助诊断的调查中，受调查的 36 家医院对于使用效果总体上满意的比率达到 100%。在医学影像人工智能系统为诊疗工作所带来的价值方面，提高诊疗工作效率、提升诊疗水平和提高诊断准确率是该系统带来的主要价值。

医学影像人工智能辅助诊断之所以能够快速发展并在医院落地使用，是由于多层神经网络技术的发展在医学影像辅助诊断方面实现了突破，同时庞大的影像数据量为深度学习系统提供了数据基础，医疗影像系统普遍遵从医学数字成像和通信 DICOM3 标准，数据质量较好，非常适合于人工智能系统的开发和推广应用。

随着医学影像人工智能系统的发展并逐步形成成熟的诊疗服务模式，其他领域的人工智能将会借鉴影像人工智能的发展模式，逐步获得医生的认可和使用。另外人工智能也会结合分级诊疗、互联网医疗、全科医生等体系发展，用来支持基层医院开展诊断和治疗，提高医疗资源服务能力和提升诊断治疗水平。

医学影像人工智能系统可用于支持多个领域的疾病诊断，以肺结节和肺癌诊断最为常用，腹部肿瘤、心脏疾病、脑疾病、眼科疾病、皮肤病等疾病的辅助诊断都在快速发展。

人工智能系统在应用中也需要与其他的医疗设备协作，共同提供诊断依据，而不能单独进行诊断。

12.4.2 智能医疗案例——超声影像识别

1. 案例介绍

随着科学技术的发展，计算机诊断技术（CAD）渐渐走进各大医院，医学 CAD 技术实现过程如图 12.4 所示。首先读取超声图像并进行相关的预处理，如图像滤波、边缘检测等；之后进行图像分割以寻找目标的感兴趣区域，这里图像分割的方法多种多样，较为常用的是深度学习中的 U-Net 分割等；接着进行特征提取，特征提取旨在从原始影像中提取感兴趣区域的属性，作为肿瘤良恶性判别的依据；最后进行图像识别分类并输出良恶性结果。计算机辅助诊断技术可以为医生的诊断工作提供一定的参考和依据，在一定程度上减轻了初级医生的工作量，提高了超声诊断的检测精度，降低了因为外界因素而错误诊断的概率。因此，利用 CAD 系统给影像科医生的诊断提供辅助及指导已成为一个现实且有重要意义的科学问题。

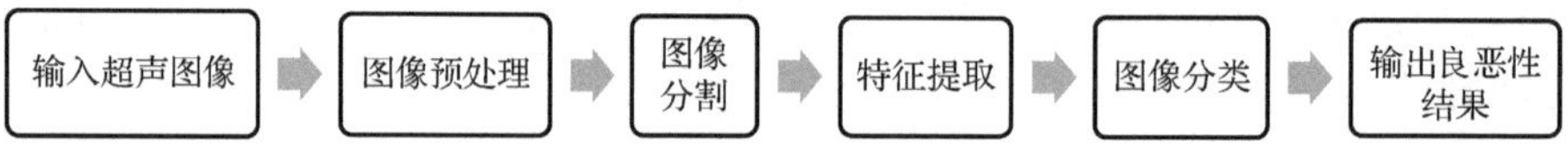

图 12.4　医学 CAD 技术

针对人工判读和传统 CAD 系统存在的问题，可以使用人工智能中的深度学习方法进行乳腺超声肿瘤诊断。深度学习的方法可以从数据中自动学习特征，有效地避免了传统 CAD 系统手动提取特征的复杂性及局限性。基于人工智能的多功能乳腺癌诊断分析系统可以提高超声图像的特征提取能力，得到更具表征意义的特征图，从而获得更高的精度，提高乳腺癌分析的效率及准确率。分析系统能给医生提供更准确的判断意见，可有效防止医生因疏忽而出现误诊、漏诊等过失。

针对乳腺钼靶图像肿瘤诊断及识别中的问题，国内外研究人员纷纷提出了不同方法。传统方法基本都包含乳腺超声肿瘤图像预处理、区域分割、特征提取和分类这 4 步。这些传统的识别方法虽然在一定程度上实现了肿瘤识别，但基本上都需要进行人工的特征提取，往往识别精度较低、鲁棒性较差、通用性不强。

2. 钼靶图像良恶性诊断模型开发流程

基于乳腺钼靶图像的肿瘤良恶性诊断模型开发流程如图 12.5 所示。首先通过 transformer 模块进行图像预处理，之后搭建钼靶诊断模型框架 inceptionV3，然后定义损失函数优化器，这之后可以导入数据开始训练模型，通过测试集测试模型准确度，最后输出良恶性诊断准确度数据。

3. 钼靶图像数据预处理

首先是对于数据集的划分，通常在数据集较大的情况下，会将数据集划分为训练集、测试集和验证集；而在数据集较小的情况下，更好的方式就是将数据分割成两部分：训练集和测试集。可以使用训练集的数据来训练模型，然后用测试集上的误差作为最终模型在应对现实场景中的泛化误差。有了测试集，想要验证模型的最终效果，只需将训练好的模型在测试集上计算误差，即可认为此误差即为泛化误差的近似，只需让训练好的模型在测试集上的误差最小即可。如图 12.5 所示，给出钼靶诊断模型开发流程。

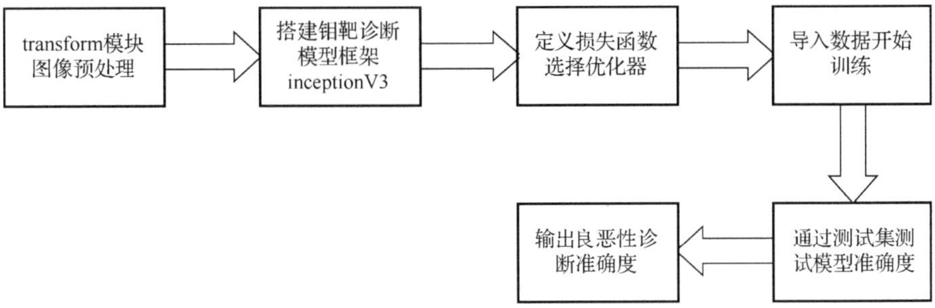

图 12.5　钼靶诊断模型开发流程

这里有几点需要注意：

（1）通常将数据集的 80%作为训练集，20%作为测试集。

（2）通常需要在构建模型之前对数据集进行划分，防止数据存在偏误，也就是说应避免获取太多测试集中的样本特征，防止建立偏向测试集数据的模型。

（3）通常在构建模型的时候需要对数据进行处理，包括一些数据的清洗、数据的特征缩放（标准化或者归一化）。此时只需要在训练集上进行这些操作，然后将其在训练集上得到的参数应用到测试集中，也就是说，在工作流程中，不能使用在测试数据集上计算得到的任何结果。比如，如果得到的属性中可能有缺失值，由于在这些操作之前，我们已经把数据集分成了训练集和测试集，因此通常的做法是通过计算属性值的中位数来填充缺失值。此时计算属性值的中位数是通过训练集上的数据进行计算的。当我们得到一个模型的时候，如果想要测试模型的测试误差来近似泛化误差，可能此时的测试集也会有一些缺失值，此时对应属性的缺失值则是通过训练集计算的中位数来进行填充的。

（4）由于测试集作为对泛化误差的近似，所以应训练好模型，最后在测试集上近似估计模型的泛化能力。此时假设有两个不同的机器学习模型，不好做出选择的时候，可以训练两个模型，然后对比它们在测试数据上的泛化误差，从中选择泛化能力强的模型。

数据集划分程序如下：

```
import numpy as np
def split_train_test(data,test_ratio):
    #设置随机数种子，保证每次生成的结果都是一样的
    np.random.seed(42)
    #permutation 随机生成 0～len(data)随机序列
    shuffled_indices = np.random.permutation(len(data))
    #test_ratio 为测试集所占的百分比
    test_set_size = int(len(data) * test_ratio)
    test_indices = shuffled_indices[:test_set_size]
```

```python
    train_indices = shuffled_indices[test_set_size:]
    #iloc选择参数序列中所对应的行
    return data.iloc[train_indices],data.iloc[test_indices]

#测试
train_set,test_set = split_train_test(data,0.2)
print(len(train_set), "train +", len(test_set), "test")
```

在进行数据集划分后，由于整体的数据量较少，因此我们使用数据增广对数据集进行一定的扩充。读者可根据需求改变数据增广的倍数。程序如下：

```python
import Augmentor
import os

if __name__ == '__main__':
        img = ... # 钼靶图像路径

        # 读入钼靶图像
        p = Augmentor.Pipeline(img, output_directory='./')
        s = len(os.listdir(img))
        # 参数选择
        # 随机旋转直角
        p.rotate_random_90(0.75)
        # 旋转
        p.rotate(probability=0.9, max_left_rotation=10, max_right_rotation=10)  # 最大值0～25
        # 亮度变化
        p.random_brightness(0.5, 0.8, 1.2)
        # 对比度
        p.random_contrast(0.5, 0.8, 1.2)
        # 缩放
        p.zoom_random(probability=0.3, percentage_area=0.85)
        # 对称
        p.flip_left_right(probability=0.5)

        # 结果选择
        p.sample(s * 10)  # 扩大10倍
```

最后，通过程序计算出数据集整体的均值和方差，并对数据集整体进行归一化的操作，使其符合计算出的均值和方差的正态分布。计算均值和方差的程序如下：

```python
import cv2, os, argparse
import numpy as np
from tqdm import tqdm

def parse_args():
    parser = argparse.ArgumentParser()
    parser.add_argument('--dir', type=str, default='')   # 钼靶图像数据集路径
    args = parser.parse_args()
```

```
    return args

def main():
    opt = parse_args()
    img_filenames = os.listdir(opt.dir)
    m_list, s_list = [], []
    for img_filename in tqdm(img_filenames):
        img = cv2.imread(opt.dir + '/' + img_filename)
        img = img / 255.0
        m, s = cv2.meanStdDev(img)
        m_list.append(m.reshape((3,)))
        s_list.append(s.reshape((3,)))
    m_array = np.array(m_list)
    s_array = np.array(s_list)
    m = m_array.mean(axis=0, keepdims=True)
    s = s_array.mean(axis=0, keepdims=True)
    print(m[0][::-1])
    print(s[0][::-1])

if __name__ == '__main__':
    main()
```

在计算得到数据集的均值和方差后，使用 PyTorch 框架中的数据读取模块及数据增强模块对数据进行读取和训练前的预处理，以此方法增加模型的泛化能力及鲁棒性。该模块程序如下：

```
import torch
from torchvision import datasert, transforms
import os

# 钼靶图像数据增强模块
transform = transforms.Compose([transforms.Resize((IMG_SIZE, IMG_SIZE)), transforms.
            Normalize(mean=[],std=[]), transforms.ToTensor()])
# 图像读取
data_image = {x: datasets.ImageFolder(root=os.path.join(path, x), transform=transform
             for x in ["train", "valid"])}
data_loader = {x: torch.utils.data.DataLoader(dataset=data_image[x], batch_size=a=
              batch_size, shuffle=True) for x in ["train", "valid"]}
```

4. 乳腺肿瘤良恶性诊断算法

1）钼靶图像诊断模型搭建

在建立数据加载器后，就可以对模型进行搭建。根据对钼靶图像的预处理与特征分析，本案例中使用 inception 网络。在一般情况下，获得高质量模型最保险的做法就是增加模型的深度，或者它的宽度。但是，一般情况下，更深和更宽的网络会出现以下问题。参数太多，容易过拟合，如果训练数据有限，则这一问题更加突出；网络越大，计算复杂度越大，难以应用；网络越深，越容易出现梯度消失问题。

总之，更大的网络容易产生过拟合，并且增加了计算量。inception 给出的解决方案是，将全连接层甚至一般的卷积都转化为稀疏连接。为了保持神经网络结构的稀疏性，又能充分利用密集矩阵的高计算性能，提出了名为 inception 的模块化结构来实现此目的。依据就是，大量文献表明，将稀疏矩阵聚类为比较密集的子矩阵可以提高计算性能。

下面，通过程序完成模型搭建。这里使用 inception 系列模型中的 inception V3 模型，该模型拥有 5 种基本的结构，为 inceptionA～inceptionE，图 12.6 至图 12.10 很好地展现了各模块的结构图。

inceptionA 如图 12.6 所示。inceptionB 如图 12.7 所示。

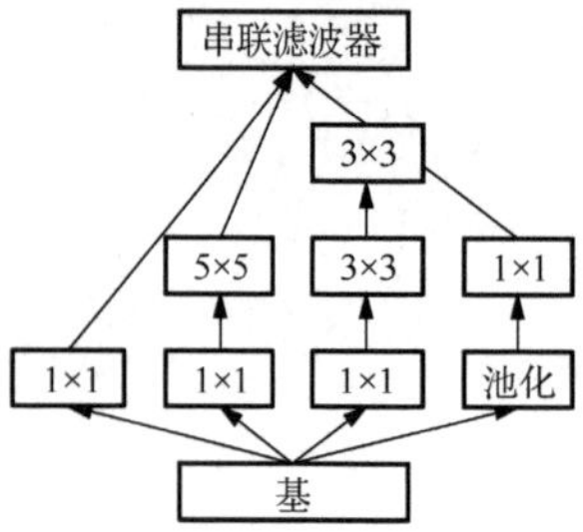

图 12.6　inception A 模块结构图

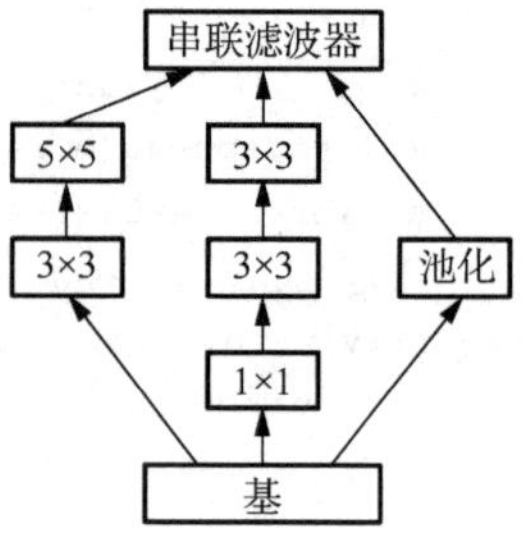

图 12.7　inception B 模块结构图

inception C 如图 12.8 所示。inception D 如图 12.9 所示。

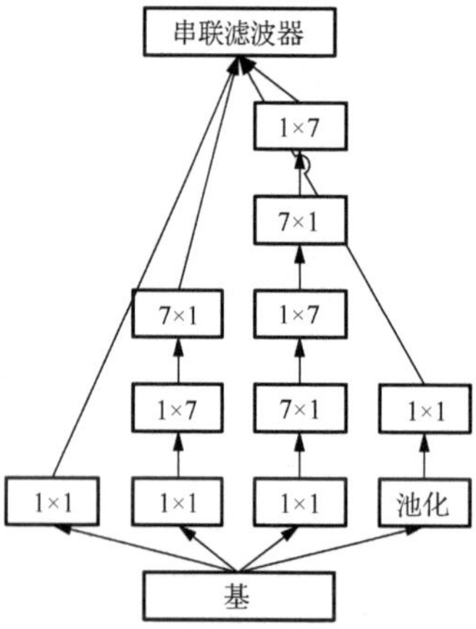

图 12.8　inception C 模块结构图

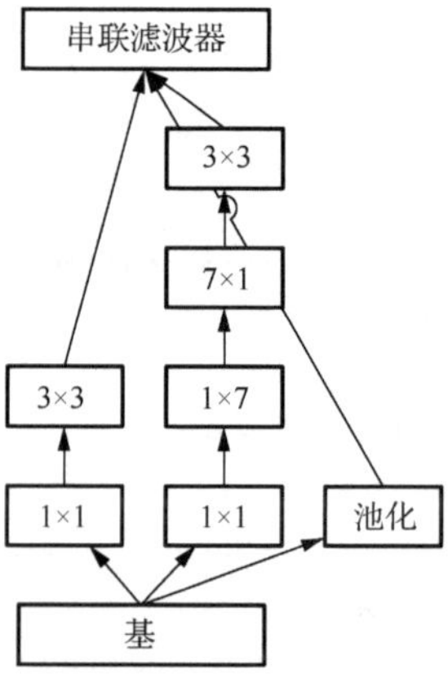

图 12.9　inception D 模块结构图

inception F 如图 12.10 所示。

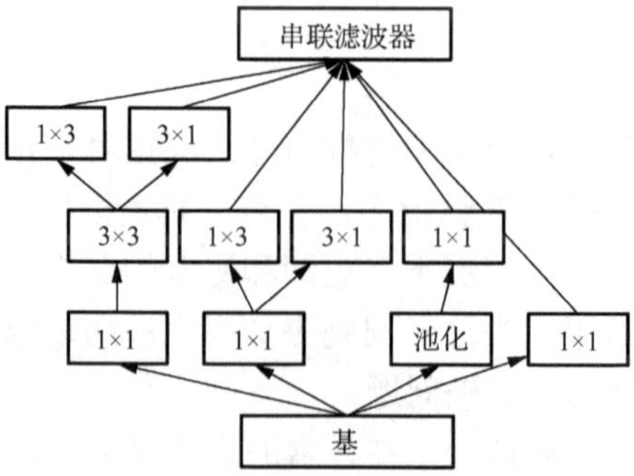

图 12.10　inception E 模块结构图

在 GoogLeNet 中，我们认为中间层的特征将有利于提高最终层的判断力，所以在模型的中间层使用了辅助分类器。

```
class InceptionAux(nn.Module):

    def __init__(self, in_channels, num_classes):
        super(InceptionAux, self).__init__()
        self.conv0 = BasicConv2d(in_channels, 128, kernel_size=1)
        self.conv1 = BasicConv2d(128, 768, kernel_size=5)
        self.conv1.stddev = 0.01
        self.fc = nn.Linear(768, num_classes)
        self.fc.stddev = 0.001

    def forward(self, x):
        # 17 × 17 × 768
        x = F.avg_pool2d(x, kernel_size=5, stride=3)
        # 5 × 5 × 768
        x = self.conv0(x)
        # 5 × 5 × 128
        x = self.conv1(x)
        # 1 × 1 × 768
        x = x.view(x.size(0), -1)
        # 768
        x = self.fc(x)
        # 1000
        return x
```

通过上述基本模块的搭建，最终得到 inception v3 的程序如下所示：

```
def inception_v3(pretrained=False, **kwargs):
    if pretrained:
        if 'transform_input' not in kwargs:
            kwargs['transform_input'] = True
        model = inception3(**kwargs)
        model.load_state_dict(model_zoo.load_url(model_urls['inception_v3_google']))
        return model

    return inception3(**kwargs)


class inception3(nn.Module):

    def __init__(self, num_classes=1000, aux_logits=True, transform_input=False):
        super(inception3, self).__init__()
        self.aux_logits = aux_logits
        self.transform_input = transform_input
        self.Conv2d_1a_3x3 = BasicConv2d(3, 32, kernel_size=3, stride=2)
```

```
        self.Conv2d_2a_3x3 = BasicConv2d(32, 32, kernel_size=3)
        self.Conv2d_2b_3x3 = BasicConv2d(32, 64, kernel_size=3, padding=1)
        self.Conv2d_3b_1x1 = BasicConv2d(64, 80, kernel_size=1)
        self.Conv2d_4a_3x3 = BasicConv2d(80, 192, kernel_size=3)
        self.Mixed_5b = InceptionA(192, pool_features=32)
        self.Mixed_5c = InceptionA(256, pool_features=64)
        self.Mixed_5d = InceptionA(288, pool_features=64)
        self.Mixed_6a = InceptionB(288)
        self.Mixed_6b = InceptionC(768, channels_7x7=128)
        self.Mixed_6c = InceptionC(768, channels_7x7=160)
        self.Mixed_6d = InceptionC(768, channels_7x7=160)
        self.Mixed_6e = InceptionC(768, channels_7x7=192)
        if aux_logits:
            self.AuxLogits = InceptionAux(768, num_classes)
        self.Mixed_7a = InceptionD(768)
        self.Mixed_7b = InceptionE(1280)
        self.Mixed_7c = InceptionE(2048)
        self.fc = nn.Linear(2048, num_classes)

        for m in self.modules():
            if isinstance(m, nn.Conv2d) or isinstance(m, nn.Linear):
                import scipy.stats as stats
                stddev = m.stddev if hasattr(m, 'stddev') else 0.1
                X = stats.truncnorm(-2, 2, scale=stddev)
                values = torch.Tensor(X.rvs(m.weight.data.numel()))
                m.weight.data.copy_(values)
            elif isinstance(m, nn.BatchNorm2d):
                m.weight.data.fill_(1)
                m.bias.data.zero_()

    def forward(self, x):
        if self.transform_input: # 1
            x = x.clone()
            x[:, 0] = x[:, 0] * (0.229 / 0.5) + (0.485 - 0.5) / 0.5
            x[:, 1] = x[:, 1] * (0.224 / 0.5) + (0.456 - 0.5) / 0.5
            x[:, 2] = x[:, 2] * (0.225 / 0.5) + (0.406 - 0.5) / 0.5
        # 299 × 299 × 3
        x = self.Conv2d_1a_3x3(x)
        # 149 × 149 × 32
        x = self.Conv2d_2a_3x3(x)
        # 147 × 147 × 32
        x = self.Conv2d_2b_3x3(x)
        # 147 × 147 × 64
        x = F.max_pool2d(x, kernel_size=3, stride=2)
        # 73 × 73 × 64
        x = self.Conv2d_3b_1x1(x)
```

```
        # 73 × 73 × 80
        x = self.Conv2d_4a_3x3(x)
        # 71 × 71 × 192
        x = F.max_pool2d(x, kernel_size=3, stride=2)
        # 35 × 35 × 192
        x = self.Mixed_5b(x)
        # 35 × 35 × 256
        x = self.Mixed_5c(x)
        # 35 × 35 × 288
        x = self.Mixed_5d(x)
        # 35 × 35 × 288
        x = self.Mixed_6a(x)
        # 17 × 17 × 768
        x = self.Mixed_6b(x)
        # 17 × 17 × 768
        x = self.Mixed_6c(x)
        # 17 × 17 × 768
        x = self.Mixed_6d(x)
        # 17 × 17 × 768
        x = self.Mixed_6e(x)
        # 17 × 17 × 768
        if self.training and self.aux_logits:
            aux = self.AuxLogits(x)
        # 17 × 17 × 768
        x = self.Mixed_7a(x)
        # 8 × 8 × 1280
        x = self.Mixed_7b(x)
        # 8 × 8 × 2048
        x = self.Mixed_7c(x)
        # 8 × 8 × 2048
        x = F.avg_pool2d(x, kernel_size=8)
        # 1 × 1 × 2048
        x = F.dropout(x, training=self.training)
        # 1 × 1 × 2048
        x = x.view(x.size(0), -1)
        # 2048
        x = self.fc(x)
        # 1000 (num_classes)
        if self.training and self.aux_logits:
            return x, aux
        return x
```

2）乳腺钼靶诊断模型训练

搭建模型后，下一步对于模型的训练过程进行程序搭建。模型的训练过程实际上就是一个循环过程，模型每训练一轮，循环就执行一次，数据也将被传送进模型一次。在设定训练循环之前，需要对训练时的优化器进行定义，以及对前面搭建的模型进行调用。程序如下：

```
# 诊断模型定义
model = inception3(pretrained=True)
# 优化器定义
optimizer = torch.optim.Adam(filter(lambda p:p.requires_grad, model.parameters()), lr=lr)
# 损失函数定义
loss = nn.CrossEntropyLoss()
```

在优化器定义中，这里使用了较为通用的 Adam 优化器，它能够更快地帮助模型达到最优的精度。在优化器中，除了需要定义要训练的模型参数，还要定义训练时的学习率。在模型的训练过程中，学习率表示的是模型的“训练步长”，设置一个好的学习率有利于帮助模型更快达到良好的效果，在训练模型过程中是一个重要的超参数。

损失函数使用的是交叉熵损失函数，该函数在分类任务中经常被调用，是最为通用的分类损失函数。该损失函数公式如式（12-1）所示。

$$L(Y,P(Y|X)) = -\log P(Y|X) = -\frac{1}{N}\sum_{i=1}^{N}\sum_{j=1}^{M} y_{ij}\log p_{ij} \tag{12-1}$$

接下来，开始编写训练循环。在训练循环的过程中，需要对训练轮数进行定义，即程序中的 total_epoch，表示了训练的总轮数。为了能够可视化训练的过程，了解模型在训练过程中对于任务的学习程度，定义了损失变量和精度变量。

```
# 训练轮数定义
for epoch in range(pre_epoch, total_epoch):
    print("epoch{}/{}".format(epoch, total_epoch))
    print("_" * 10)
    # 开始训练钼靶诊断模型
    sum_loss = 0.0
    accuracy = 0.0
```

在模型训练过程中，由于模型的计算量比较大，往往会对一次输入模型的数据量进行规定，即 batch_size。该超参数表示了每次输入模型中的参数量，当该超参数定义过大时，模型训练的鲁棒性较强，但是不容易训练；而当该超参数定义过小时，模型训练的鲁棒性较差，但是模型收敛速度较快。因此，设定一个适中的数值是得到好的训练结果的基础。

```
    total = 0
    for i, data in enumerate(data_loader["train"]):
        image, label = data
```

在模型训练过程中，往往使用显卡对模型进行训练。通过显卡训练模型，能够加快模型的训练速度，优化模型的训练精度，其中，主要通过计算统一设备体系结构（compute unified device architecture, CUDA）模块对训练进行加速。

在程序中，以如下的形式决定是否选择使用显卡进行模型训练。

```
        if use_cuda:
            image, label = image.to(device), label.to(device)
        else:
            image, label = image, label
```

在通过程序得到数据后，我们对模型的前向传播与后向传播进行定义。在前向传播过程中，需要将输入的数据传输到模型中，通过模型分类头得到分类向量；通过将分类向量输入损失函数中，就能够得到当前训练轮数的训练损失。

```
        # 前向传播
        label_prediction = model(image)
        _, prediction = torch.max(label_prediction.data, 1)
        total += label.size(0)
        current_loss = loss(label_prediction, label)
```

通过前向传播得到训练损失后，模型优化器会通过梯度下降的方法，对模型中的权重参数进行改变，使模型朝着损失减小的方向优化。这也是后向传播的过程，即模型根据后端损失函数的变化，从后向前改变模型参数的过程。

```
        # 后向传播
        optimizer.zero_grad()
        current_loss.backward()
        optimizer.step()
        sum_loss += current_loss.item()
        accuracy += torch.sum(prediction == label.data)
    with torch.no_grad():
        accuracy = 0
        total = 0
        for data in data_loader_image["validation_set"]:
            model.eval()
            image, label = data
            if use_cuda:
                image, label = image.to(device), label.to(device)
            else:
                image, label = image, label
                label_prediction = model(image)
                _, prediction = torch.max(label_prediction.data, 1)
                total += label.size(0)
                accuracy += torch.sum(prediction == label.data)
                # 输出测试准确率
                print("test accuracy:{:.4f}%".format(100 * accuracy / total))
                acc = 100. * accuracy / total
```

通过上述程序，可以实现通过钼靶图像在乳腺肿瘤良恶性上诊断的模型训练，采用迁移学习的方法弥补了数据量较少的不足，最终输出的测试集准确率最好的权重即为想要得到的理想诊断模型。

5. 案例评价

在模型训练后，对最优的几个模型权重进行评价，采用不同的评价指标、结合不同的情况对模型进行评价。

以下指标用于评估模型的诊断性能：准确度、精确度、召回率。真阳性表示正确预测乳腺肿瘤恶性患者钼靶图像的模型；真阴性代表正确预测正常对照组钼靶图像的模型；假阳性是指模型错误地将正常人的钼靶图像预测为恶性患者模型；假阴性是错误地将乳腺肿瘤恶性患者的钼靶图像预测为正常人的模型。

在本案例中，我们希望模型的召回率较高，因为结合真实的疾病诊断场景，需要模型能够尽可能多地诊断出恶性肿瘤患者，避免出现漏判的情况。

评价指标生成程序如下：

```
model.eval()
with torch.no_grad():
   # predict class
   output = torch.squeeze(model(img.to(device))).cpu()
   predict = torch.softmax(output, dim=0)
   predict_cla = torch.argmax(predict).item()
   if predict_cla == 0 and target == 0:
      TP += 1
   if predict_cla == 1 and target == 1:
           TN += 1
      if predict_cla == 0 and target == 1:
           FP += 1
           print(str(imgs_path) + " " + str(file) + " is predicted wrong")
      if predict_cla == 1 and target == 0:
           FN += 1
           print(str(imgs_path) + " " + str(file) + " is predicted wrong")
i += 1
if i % 200 == 0:
   P = TP / (TP + FP + esp)
   R = TP / (TP + FN + esp)
   acc = (TP + TN) / (TP + TN + FP + FN + esp)
   print(f"精度为：{P}\n")
   print(f"召回率为：{R}\n")
(    print(f"F1 值为：{F1}\n")
   print(f"准确率为：{acc}")
P = TP / (TP + FP + esp)
R = TP / (TP + FN + esp)
F1 = 2 * P * R / (P + R + esp)
acc = (TP + TN) / (TP + TN + FP + FN + esp)
print(f"精度为：{P}\n")
print(f"召回率为：{R}\n")
print(f"准确率为：{acc}")
```

通过上述程序的运行对模型进行的训练验证，模型的测试准确率与训练损失指标在整体的测试准确度上最终达到了 81.1%，恶性精准度为 83.1%，召回率为 88.3%，充分完成了对乳腺钼靶图像的肿瘤良恶性诊断。

12.5 小　　结

本章首先介绍人工智能对于数字经济发展的促进作用和意义，以智能城市和智能制造为例，介绍人工智能如何赋能城市治理及制造业的基本原理和系统。最后以深度学习技术用于钼靶图像诊断乳腺肿瘤良恶性为例，说明人工智能技术用于医疗领域的基本原理和过程。通过本章的学习，可以理解人工智能技术如何赋能各个行业和领域并创造社会价值和经济价值。

第 13 章　人工智能伦理与法律

13.1　人工智能伦理与传统伦理学的关系

13.1.1　应用伦理、科技伦理与人工智能伦理

道德与伦理是指关于社会秩序及人类个体之间特定的礼仪、交往等各种问题与关系。作为一种行为规范，道德是由社会制定或认可的。与具有强制性、约束性的法律相对，它是一种关于人们对自身或他人有利或有害的行为应该而非必须如何的非强制性规范。所谓伦理，其本意是指事物的条理，引申指向人伦道德之理。

伦理概念有广义与狭义之分。狭义的伦理主要关涉道德本身，包括人与人、人与社会、人与自身的伦理关系。广义的伦理则不仅关涉人与人、人与社会、人与自身的伦理道德关系，而且也关涉人与自然的伦理关系，还研究义务、责任、价值、正义等一系列范畴。伦理道德不仅是人类社会自古以来固有的约束、规定人与人之间的关系的规范，而且，自从 19 世纪以后人类借助科学技术不断加速人类文明发展的步伐以来，伦理道德也成为引导和规范科学技术更好地服务于人类的基本规范。

应用伦理学是伦理学的一个分支，它的研究范围包括一切具体的、有争议的道德应用问题。自 20 世纪六七十年代应用伦理学兴起以来，它已拥有越来越多的专门领域，如生命伦理、动物伦理、生态伦理、环境伦理、经济伦理、企业伦理、消费伦理、政治伦理、行政伦理、科技伦理、工程技术伦理、产品伦理、媒体伦理、网络伦理、艺术伦理等。

科技伦理是指关于各种科学技术发展所引发的伦理问题，包括基因编辑、克隆、纳米、互联网及人工智能等各种科学技术发展和应用所引发的伦理问题。

1856 年 4 月 14 日，德国哲学家马克思在伦敦《人民报》创刊纪念会上的演说中说：“在我们这个时代，每一种事物好像都包含它自己的反面。我们看到机器具有减少人类劳动和使劳动更有成效的神奇力量，然而却引起了饥饿和过度的疲劳。技术的胜利，似乎是以道德的败坏为代价换来的。”

20 世纪 40 年代以来，建立在现代科学原理上的一系列高新技术，包括信息技术、生物技术、新材料技术、新能源技术、海洋技术和空间技术，以及人工智能技术，都对人类的生存发展带来影响和挑战。

科学技术的发展方向及具体应用需要伦理道德的正确引导和规范。比如，早在 20 世纪 70 年代，科学家们对重组 DNA 潜在危险的讨论就已经使他们开始对研究者的职责和无限追求真理的权利提出批评和表示怀疑。2018 年，南方某大学科研人员宣布首例免疫艾滋病的基因编辑婴儿诞生，激发了全世界科学家的愤怒，纷纷予以谴责，认为这种未经任何政府和法

律授权的危险行为将对人类构成巨大威胁，这是对人类生命伦理的严重挑战。在这起事件中，伦理规范就显得尤为重要。这就是道德良知和社会责任感促使科学家们对自身行为的理性反思。通过反思，人们力求使科学技术研究造福于人类。

同样的道理，人工智能作为一种重要的科学技术，具有替代人类智能及人类自身的可能性。并且，这种可能性已经不断通过人工智能的技术发展而变为现实。它的发展与以往的基因调控、克隆等技术一样需要伦理道德规范。发展人工智能技术的一个基本前提是，人类要引导人工智能技术的发展，防止因滥用人工智能技术而危害人类利益。在人工智能技术越来越强大的今天，其发展中出现的越来越多的伦理道德问题，受到来自科技界、企业界、学术界等众多领域专家、学者和社会人士的普遍关注。人工智能技术的诞生和发展，使得其工具的属性发生了变化，它们开始成为具有智能性的工具。当这种智能性与人类智能某方面相似甚至超越人类时，人类与智能工具之间的关系就开始变得复杂起来。这种复杂关系反映在伦理观念上，就会对人类社会的传统伦理关系造成影响和冲击。由于这种关系的复杂性，人工智能伦理分为狭义和广义两个范畴，它们与传统伦理道德及伦理学的关系如图 13.1 所示。

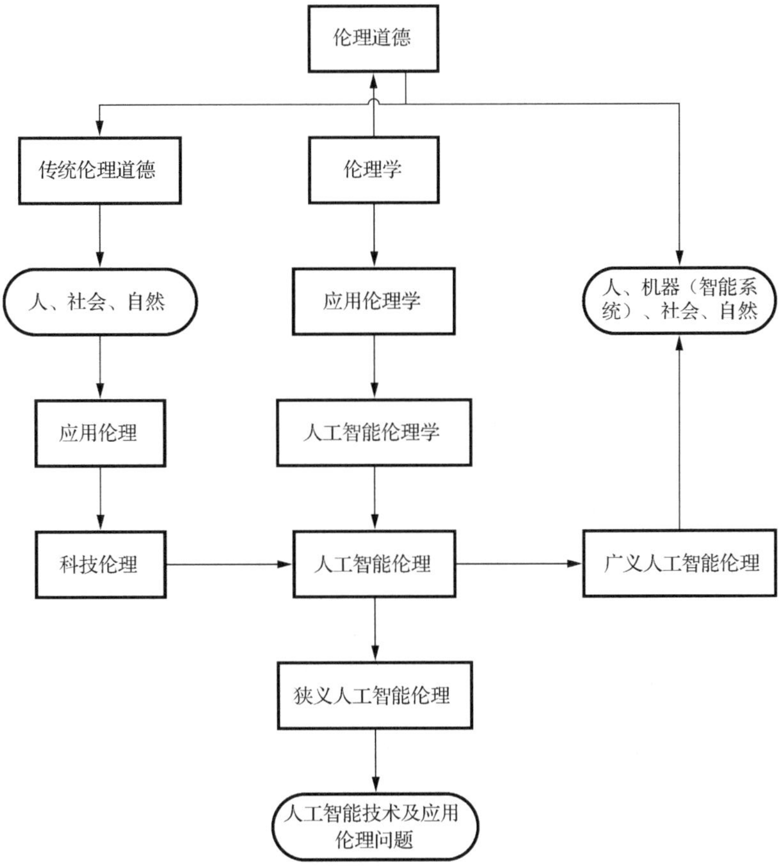

图 13.1　人工智能伦理与伦理学的关系

13.1.2　人工智能伦理概念与含义

狭义的人工智能伦理是人工智能系统、智能机器及其使用所引发的、涉及人类的伦理道德问题。应用人工智能技术的各个领域都涉及伦理问题，也都是狭义人工智能伦理应该考虑的问题，也是弱人工智能技术应用引发的伦理问题。

广义人工智能伦理是指人与人工智能系统、人与智能机器、人与智能社会之间的伦理关系，以及超现实的强人工智能伦理问题，包括人工智能系统与智能机器对于人类的责任、安全等范畴。广义的人工智能伦理主要有三方面含义。

（1）人工智能技术应用背景下，由于人工智能系统在社会中参与、影响很多方面的工作和决策活动，人与人、人与社会、人与自身的传统伦理道德关系受到影响，从而衍生出新的伦理道德关系。

（2）深度学习等人工智能技术驱动的智能机器拥有了不同于人类的独特智能，从而促使人类要以前所未有的视角考虑人与这些智能机器之间的伦理问题。

（3）也是最有趣的一方面，人们认为人工智能早晚会超越人类智能，尤其是强人工智能，可能会威胁人类，这实际上是超越现实的幻想。但是由此引发的哲学意义上的伦理问题思考具有一定理论和思想价值，能够启发今天的人类如何开发和利用好人工智能技术。

这类广义人工智伦理可以称为“超现实人工智能伦理”。超现实人工智能伦理关注的是强人工智能系统、类人智能系统或智能机器与人的伦理关系。

从现代伦理学角度看，狭义人工智能伦理属于应用伦理领域。广义人工智能伦理则已经超越应用伦理范围，因为，关于智能机器、社会与人三者之间的复杂的伦理道德关系超出了传统人类社会伦理范畴。

传统的伦理学研究对象主要以人类的道德意识现象为对象，探讨人类道德的本质、起源和发展等问题。人工智能技术突飞猛进地发展，对于人的自然主体性地位提出了挑战，同时也对人的道德主体性提出挑战，使得伦理学研究的对象不再仅仅是人与人、人与社会、人类自身的伦理道德关系，而是从人类的道德扩展到了人工智能技术、人工智能系统与机器的道德。由此形成全新的伦理学分支 ——人工智能伦理学。

人工智能伦理学需要从理论层面建构一种人类历史上前所未有的新型伦理体系，也就是人、智能机器、社会及自然之间相互交织的伦理关系体系，包括指导智能机器行为的法则体系，即“智能机器应该怎样处理此类处境”“智能机器为什么又依据什么这样处理”，并且对其进行严格评判的法则，也包括人类对于智能机器的行为、智能机器对人类的行为、智能机器与人类社会、智能机器与自然的伦理体系。

与人工智能伦理相对，人工智能伦理学也分为狭义和广义的两个范畴。狭义的人工智能伦理学是研究关于人工智能技术、系统与机器及其使用所引发的、涉及人类的伦理道德理论的科学。狭义人工智能伦理学主要关注和讨论关于人工智能技术、系统及智能机器的伦理理论。狭义的人工智能伦理学是随着人工智能的发展而产生的一门新兴的科技伦理学科。广义人工智能伦理学是研究智能机器道德的本质、发展，以及人、智能机器与社会相互之间新型道德伦理关系的科学。广义人工智能伦理学需要研究智能机器（包括人机结合形成的智能机器）道德规范体系，智能机器道德水平与人工智能技术发展水平之间的关系、智能机器道德原则和道德评价的标准、智能机器道德的教育，智能机器、人与社会、自然之间形成的相互伦理道德体系及规范，以及在智能机器超越人类的背景下，人生的意义、人的存在与价值、生活态度等问题。

13.1.3　人工智能伦理体系

目前，对于人工智能伦理的理解和关注主要来自学术和行业两大方面。在人工智能伦理与传统伦理学的关系基础上，结合学术和行业两方面对于人工智能伦理的认识和理解，建立了如图 13.2 所示的人工智能伦理体系，包括数据伦理、算法伦理、机器伦理、行业应用伦理、设计伦理、人机混合智能伦理、全球伦理、宇宙伦理及超现实人工智能伦理。在该体系中，机器伦理涉及机器人、自动驾驶汽车等不同类型机器或智能系统的伦理。数据伦理、算法伦理、机器伦理、行业应用伦理和设计伦理等，从人工智能作为一种广泛用于各行业的科学技术引发伦理问题的角度而言，都属于人工智能科技伦理、人工智能应用伦理，也属于狭义人工智能伦理。

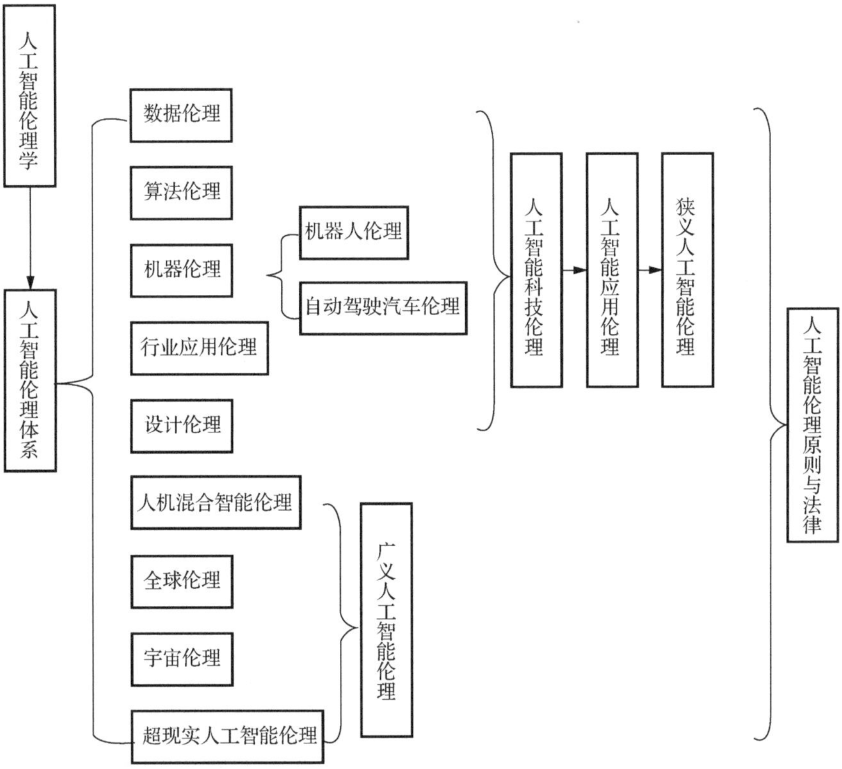

图 13.2　人工智能伦理体系

人机混合智能伦理、全球伦理、宇宙伦理及超现实人工智能伦理都超出人类传统科技伦理道德范畴，因此属于广义的人工智能伦理。广义的人工智能伦理对于人工智能的实际应用和发展具有指导性、方向性和启发性意义，并不一定都能在实际中兑现。

无论是广义还是狭义的人工智能伦理都遵循一些现实甚至超现实（科幻）的原则，其根本的伦理原则是一致的，也就是与人类根本利益、基本权益相符合的伦理原则，超出伦理范畴的问题，很多需要借助法律来解决，因此，人工智能伦理原则与法律是人工智能伦理体系的根基。上述人工智能伦理体系也就是人工智能伦理学研究的对象和内容。

13.2　狭义人工智能伦理

13.2.1　人工智能技术引发的伦理问题

人工智能技术伦理问题主要是人工智能技术在开发、使用、推广、传播过程中可能造成的各种问题。随着大数据、深度学习算法在教育、医疗、金融、军事等关键领域大规模应用，各种人工智能算法及系统已经引发了诸如隐私、安全、责任、歧视等直接问题，间接的问题包括就业、贫富差距、社会关系危机等问题。以 2018 年发生的一系列事件为例，3 月 17 日，国外某社交平台公司分析数据丑闻曝光。3 月 18 日，某公司在自动驾驶汽车道路测试过程中导致行人死亡。5 月 29 日，某社交平台公司因精准广告算法歧视大龄劳动者被提起集体诉讼。7 月 25 日，有报告称美国 IBM 公司的沃森（Watson）给出错误且不安全的癌症治疗建议。7 月 26 日，国外某大型电商公司开发的人脸识别系统将 28 名国会议员匹配为罪犯。8 月 28 日，国内某酒店集团约 5 亿条数据泄露，其中含 2.4 亿条开房信息。

人工智能技术造成的问题原因有很多。

（1）人工智能技术的设计和生成离不开人的参与，无论是数据的选择还是程序设计，都不可避免地要体现设计人员的主观意图。如果设计者带有偏见，其选择的数据、开发的算法及程序本身也会带有偏见，从而可能产生偏颇、不公平甚至带有歧视性的决定或结果。

（2）人工智能技术并不是绝对准确的，相反，很多用于预测的人工智能系统，其结果都是概率性的，也并不一定完全符合真实情况。如果技术设计者欠缺对真实世界的全面而充分的了解或者存在数据选择偏见，也可能导致算法得出片面、不准确的结果。

（3）人类无法理解或解释深度学习这种强大的算法技术在帮助人们解决问题时考虑了何种因素、如何且为何做出特定结论，即此类技术尚存在所谓的“黑箱”问题和“欠缺透明性”问题，在应用中具有不可预测性和潜在危险。

面对这些复杂的情况，人们必须正视人工智能的道德、不道德或非道德问题，而不能再停留在科幻小说层面。

鉴于人工智能技术应用带来的上述问题，人类应在伦理、法律及科技政策角度进行更深的思考并采取有效措施。原本只是停留在幻想中的伦理担忧和威胁似乎完整地映射到了现实世界，从而给人类带来了实实在在的困扰甚至恐慌。因此，人类必须团结起来，采取措施防止人工智能技术的无序发展。

13.2.2　人工智能数据伦理

1. 数据伦理概念

数据伦理实际上是独立于人工智能伦理的一个应用伦理分支，因为数据科学与人工智能科学是并列的学科，二者之间的交叉主要在于大数据及实际应用。因而，人工智能数据伦理主要指人工智能与大数据结合而产生的伦理问题，比如“大数据杀熟”这种典型问题。由于人为造成数据隐私侵害等问题并不属于人工智能数据伦理关注的问题。

随着大数据技术的日益强大，大量的数据更容易被获取、存储、挖掘和处理。大数据信息价值的成功开发在很大程度上依赖于大数据的收集和存储，而数据收集和存储取决于数据的开放性、共享性和可获取性。在大数据信息价值开发实践中，各种技术力量的渗透和利益的驱使，容易引发一些伦理问题，主要体现在以下几方面：个人数据收集侵犯隐私权、信息价值开发侵犯隐私权、价格歧视与“大数据杀熟”。其中“大数据杀熟”是指商家利用大数据技术，其平台上的价格不再只根据往常的透明标准进行定价，而是根据每个用户个人情况进行定价，商家通过用户画像了解用户是否对价格敏感，以及用户可能接受的最高价格；并且商家还利用了用户的忠诚度以强制溢价的方式进行价格歧视，最终导致用户在不知情的情况下，支付了比普通用户更高的价格。这是典型的数据伦理问题，也是法律所要惩处的问题。国家已经通过立法解决这类数据伦理问题。

目前的人工智能系统或平台多数以“深度学习+大数据+超级计算机或算力”为主要模式，需要大量的数据来训练其中的深度学习算法，数据在搜集过程中各类数据可能不均衡。在标注过程中，某一类数据可能标注较多，另一类则标注较少，这样的数据被制作成训练数据集用于训练算法时，就会导致结果出现偏差。如果这些数据与个人的生物属性、社会属性等敏感数据直接关联，就会产生偏见、歧视、隐私泄露等问题。

隐私是指私人生活安宁不受他人非法干扰，私人信息秘密不受他人非法搜集、刺探和公开等。通常认为，关于个人数据信息的收集和存储应当尊重个人隐私。隐私权又称宁居权、私生活秘密权等，指的是公民的个人、家庭、宅地等私密信息依法受到保护，不受非法损害的权利。隐私自由不仅是个人重要的权利，更是伦理道德上重要的范畴，保护隐私权是一则法律规定，也是一项基本的道德底线。

2. 人工智能技术应用与数据伦理问题

由于当今社会互联网、大数据和人工智能技术的日益广泛应用，以及各行各业的利益驱使，个人隐私权相较于传统社会更容易被侵犯。互联网等企业不断通过各种手段收集个人数据，以及各类数据采集设施的广泛使用，意味着企业或系统可以掌握大量的个人信息。

这些数据如果使用得当，可以提升人类的生活质量，但如果出于商业目的非法使用某些私人信息，就会造成隐私侵犯。

2018 年 3 月，美国脸书（现名 Meta）公司卷入数据滥用丑闻。一家名为“剑桥分析”的英国公司被曝曾以不正当方式获取 8700 万脸书用户数据，并利用数据分析结果精准推送广告，影响了 2016 年美国总统选举，引爆了社会对数据泄露、不正当利用、滥用等问题的担忧。这些问题已是现今互联网用户普遍面临的问题，很多应用软件会过度收集非必需的用户数据，其冗长的“用户须知”或“使用协议”会诱导用户授权厂商过度使用甚至出售用户数据等，用户的性别、年龄、地点、兴趣爱好、浏览行为、个人移动轨迹、手机型号、网络状况等信息，都是平台常规收集的内容。不仅平台自身记录用户行为数据，而且大部分电子商务平台都可以通过第三方数据结合用户历史行为数据进行挖掘，这无疑会导致推荐系统过度收集用户个人数据。此外，许多不法企业利用手机 App、路由器自动搜集用户个人隐私，包括购物消费习惯、个人阅读爱好兴趣等。这些技术的使用者不仅可以高效搜集用户数据，还可以在用户完全不知情的情况下跟踪和识别用户，用户也因此失去对自身信息的掌控力，处于“人为刀俎、我为鱼肉”的被动境地。

不仅是企业，政府也会对大数据感兴趣。据美国《华盛顿邮报》报道，2010 年美国国家安全局每天窃取的各类通信记录多达 17 亿条次，监视美国及他国公民的通信交流记录有 20 万亿次，其中涉及收集通话人、邮件人和电汇人等的具体信息。由此可以看到，不管企业行为还是政府行为，其都在不同程度上涉及个人隐私侵权问题。

现代社会中，对个人的数据收集，不仅涉及人们主动在电商或新媒体平台生产或提供的数据，也涉及很多人们被动提供的数据。随着数据采集工具向各类传感器、可穿戴设备拓展，它们对于人的数据的采集进入深层，人的现实行为数据、生理数据等成为收集对象。对人的数据的广泛采集从表面上看给生活带来了一些新的便利。例如，人脸识别加快了人们支付、安全审核等的速度；智能家居系统不仅能通过指纹、心跳等生理特征来辨别身份，还能根据不同人的行为喜好自动调节灯光、室内温度、播放音乐，甚至能通过睡眠时间、锻炼情况、饮食习惯及体征变化等来判断身体是否健康；在可穿戴技术的推动下，量化自我运动的实践者运用智能手环等各种可穿戴设备，对自我的健康状态和运动情况进行量化评价与管理，并在社交软件上展示。在这些设备使得人类生活更加便利、健康的同时，在一定程度上也是人屈从于机器的一种表现。上述企业通过各种形式收集的个人数据、个人被动提交的生理数据都可能会被主动或被动泄露出去，从而对个人的隐私产生严重影响。

13.2.3 人工智能算法伦理问题

目前，以深度学习为代表的机器学习算法在社会中得到越来越广泛的应用。深度学习的整个过程都需要人类参与：数据需要经过采集、筛选、标注并以机器可以识别的方式输入；训练的初始算法需要设计者编写；模型的生成和应用更是需要工程师对其进行集成、部署和调试。因此，算法伦理主要指以深度学习为主的各种人工智能算法在处理大数据时产生的伦理问题。相对于数据伦理而言，算法伦理问题出现较晚，主要是在近 5 年，随着深度学习技术在大数据应用方面的显著成效及暴露出的各种问题而受到关注。数据是算法的加工对象，在一定程度上，算法伦理也可以看作数据经过人工智能技术再加工而导致的，数据伦理与算法伦理由于人工智能技术的普及使用而交织在一起，因此算法伦理问题也更为复杂。从目前算法的应用情况来看，算法产生的伦理问题主要包括算法歧视、算法偏见、算法控制等。

尽管各种深度学习算法貌似客观，但不论是分类还是标注都会受到算法设计和数据分析的主导者的价值取向的影响。2015 年，国外某大型互联网公司的照片处理系统错误地将黑人的照片贴上了“大猩猩”的标签。两年多后，有媒体发现，该公司的解决方案是审查搜索中的“大猩猩”一词，同时屏蔽“黑猩猩”和“猴子”等词汇。

由于算法在各种平台的广泛应用，人们往往依赖算法做出判断或决策。比如，当人们在电商平台购物并接受算法推荐的内容、产品时，从某种意义上说就是借助算法做出判断或决策，也就是把对内容与产品的价值判断建立在算法评价的结果上。银行在对企业或个人发放贷款进行信用和风险评估时，可以参照数据和算法分析的结果。在医疗领域，智能影像分析系统、疾病诊断系统帮助医生做出诊疗决策。在法律系统，人工智能系统也被用于直接参与决策或进行局部裁判，如进行再犯风险评估、嫌疑人逃脱可能性判断、合理量刑测算等。现在，很多企业在聘用员工时，也会借助算法判断应聘人员是否满足企业聘用标准，甚至有的企业利用算法淘汰业务能力较差的员工。2021 年 8 月，国外某在线支付服务公司使用算法解雇了 147 名员工，占到其员工总数近三分之一，而理由是公司所使用的算法判断这些员工“不敬业、效率低下”。上述事实都让人们真切感受到了算法在现实生活中所发挥的作用。

但在算法高效地执行各种任务时，由于数据样本存在偏差，被存在偏差的样本训练完的算法运用到现实中时，就可能出现对于人或事物决策偏差或错误判断，从而造成“歧视”等问题。现实中已经有很多这样的例子：一些语音识别软件在识别女性的声音时性能表现往往较差，因为训练样本中可能包含较多的男性声音特征；国外的一些面部识别软件在识别黑人面孔时，不像识别白人那样简单，因为训练样本中可能包含较多的白人脸部特征。这些都会造成所谓“算法歧视”问题。算法歧视主要是指以“深度学习+大数据+超级计算”为主要模式的人工智能系统，由于使用可能存在偏颇的数据进行训练，导致训练后的算法决策结果出现歧视现象。虽然人工智能系统是无意志、非自主地代替人类执行某种决策任务，但其导致的后果可能是严重的。预测性警务、犯罪风险评估、信用评估、雇佣评估等都涉及个人切身利益的事务方面，一旦产生歧视，必然危害个人权益。

2016 年 3 月，某大型计算机操作系统公司在上线的女性化聊天机器人在与网民互动过程中，成为了一个集性别歧视、种族歧视等于一身的“不良少女”。类似地，国外执法机构使用的算法错误地做出预测说，黑人被告比拥有类似犯罪记录的白人被告更有可能再次犯罪。

国外某州政府于 2016 年 10 月开始在全州范围内使用人脸识别技术，用以抓捕各类嫌疑犯及恐怖分子。该系统能够将成千上万的人脸图像和数据上传到一个庞大的数据库中为政府所用，而能否保证公民的个人隐私不被侵犯则值得考量。这其中也存在着巨大的风险，无数无辜的人可能会被误认为恐怖分子，尤其是那些技术识别更加不精确的有色人种。

上述国外的人工智能系统在执行任务时出现的歧视，是由于其现实世界充满了各种种族主义、性别歧视和偏见，所以算法中的现实世界数据也具有这些特征。

除了上述算法歧视等伦理问题以外，还存在一些平台利用算法控制或剥削劳动者的问题。比如，某外卖平台有一种算法，从顾客下单的那一秒起，系统便开始根据骑手的顺路性、位置、方向决定派哪一位骑手接单，订单通常以三联单或五联单的形式派出，一个订单有取餐和送餐两个任务点，如果一位骑手背负 5 个订单、10 个任务点，系统会在 11 万条路线规划可能中完成“万单对万人的秒级求解”，规划出最优配送方案。虽然对于顾客来说，这种算法可以使他们在最短的时间里拿到外卖，但对于骑手来说，这却可能意味着不断提高的时间压力和劳动强度。

该案例显示了一种算法控制问题，即大型平台企业利用自身掌握的数据、算法和平台优势，精准地控制员工的工作效率。借助人工智能算法，平台可以最优化地安排订单，也可以给骑手规划最合理的路线。由于算法精准控制员工的工作时间，企业所服务的对象或用户才能够在更短的时间里接受企业提供的服务。企业和用户都是受益者。但是，出于平台、外卖骑手和用户三方效率最大化的目标，人工智能算法将所有时间压缩到了极致，为了按时完成配送，外卖骑手们只能用超速行驶挽回超时的代价。由此，常常造成外卖员产生超速、闯红灯、逆行等一系列交通问题。外卖骑手挑战交通规则的举动是骑手们长期在系统算法的控制下被迫产生的行为。实际上是平台公司滥用人工智能算法强迫劳动者劳动造成的后果。

13.2.4　机器人伦理问题

从弗兰肯斯坦（小说《科学怪人》中的生物学家）到罗素姆万能机器人（捷克的一部舞台剧中的角色），不论是科学怪人对人类的杀戮，还是机器人造反，都体现了人对其创造物可能招致毁灭性风险与失控的疑惧。

现实中，也出现过机器人对于人类的威胁性事件。早在 1978 年，日本就发生了世界上第一起机器人伤人事件。日本广岛一家工厂的切割机器人在切钢板时突发异常，将一名值班工人当钢板操作致其死亡。1979 年，在美国密歇根的福特制造厂，有位工人在试图从仓库取回一些零件时被机器人杀死。1985 年，苏联国际象棋冠军古德柯夫同机器人棋手下棋连胜三局，机器人突然向金属棋盘释放强大的电流，将这位国际象棋大师杀死。2015 年 6 月 29 日，德国汽车制造商大众公司称，在该公司位于德国的一家工厂内，一个机器人杀死了一名外包员工。

当前人们的生活越来越仰仗包括服务机器人在内的智能机器，它们为人类工作，人们认为这些都是理所当然的，但它们会出现一些隐性道德问题。在家庭场景中，老人和儿童是需要被照顾的群体。而作为照顾老人和儿童的科技手段，协助解决日常生活问题，尤其面向儿童和老人提供服务的机器人的伦理问题日益受到关注。

很多父母因为自己工作繁忙，人类保姆工资成本又很高昂，可能愿意选择“机器人保姆”来照顾孩子。随之而来的问题是，如果一个孩子长期与机器人接触，缺乏父母的情感呵护和悉心照顾，可能会变得冷漠、麻木。机器人可以长时间与儿童互动，可能长达几个月甚至几年。表面上，父母节省了时间和精力，但事实上，如果儿童在没有亲人照顾的情况下，即使每天几个小时，对儿童的身体和精神发育也是有害的。科学家曾经在猴子身上做过实验，结果发现，被机器人照顾长大的幼猴，无法与其他同类交流或交配。

一些幼儿园也已经开始配备一些小型机器人。一项研究调查了小型机器人在幼儿园里的使用情况，孩子们很喜欢它们，认为这些机器人比家庭宠物认知性更强，实际上就是和机器人建立了情感纽带。儿童若与其维持长久的互动关系，将会对其产生深深的“依恋”，而这种依恋关系实际上是不安全的、错乱的和病态的，因为机器人通过视觉、运动和听觉功能结合呈现出“幻想性”生命个体，可能会让孩子产生“真实”的错误认同。

类似地，子女将自己的父母留给智能护理机器人照料，这些老年人在身体方面会享受一定好处，家人子女也会减轻负担。有研究表明，机器海豹等机器宠物能够改善老年人的情感和减少压力水平，图 13.3 所示是一种日本研制的机器海豹宠物与老人互动的情景。但是研究也表明，这样的机器宠物伴侣并没有真正缓解老年人的孤独。再者，即使机器人帮助老年人保持独立在自己家中，也会由于老年人被留给机器照料，缺乏人类保姆或亲人接触所提供的精神安慰，从而导致精神健康问题。因为老年人的精神健康本质上依赖于人类保姆和家人的接触，将护理服务推卸给了机器人而减少本来可以安排的亲近会面，这样会给老人带来自卑、恐惧等负面心理。

图 13.3 老人与机器海豹宠物

频繁的“人—机”互动导致人在某种程度上极有可能将机器人视作与自身同等的生命，这种现象在儿童这一群体上表现得尤为明显，足以让儿童误以为是真实的情感认同。“非生命”机器人可以作为人的情感交互对象，人则可能频繁地被机器的类人化特征所“欺骗”，因而人对于自身的情感认同将越来越偏离原有轨道，并进一步造成人对生命、对人自身的认知产生偏差。

有证据表明，人在与社会化机器人长久性的接触中，自身受影响程度的指数较高，对于机器人提供的帮助，人会“心生感激”并促进机器人与其他人发展“伙伴关系”。

但是，人如果长时间使用机器人并产生情感依赖，比如，一些人可能对与机器人交谈感兴趣，甚至还会上瘾，就像很多人对上网上瘾一样。那么，当机器人出现问题时，可能会触发暴躁、焦虑等负面情绪。

科学家创造的高仿真机器人几乎可以再现人类的特征、姿势体态和存在方式，但这也引发了广泛焦虑。在机器人领域，著名的“恐怖谷效应”就是指当一个事物与自然的、活生生的人或动物非常相似时，会使不少人产生反感、厌恶、恐惧等负面心理情绪。

除了对个人在情感、心理方面可能产生的伦理问题以外，在社会方面，机器人产业的快速发展也容易造成社会性问题。根据国际机器人联合会（IFR）的数据，到 2023 年，全球工业机器人数量达到约 380 万台，工业机器人快速发展引领着新工业革命。与此同时，在全球范围内将会导致越来越多的人类失业。尤其制造业是重灾区，简单和重复的工作被机器人所替代不可避免，机器人将会成为劳动主力军。机器人对经济和社会的影响总体上是积极的，但简单地说“机器人一定会抢走人类的工作”或者“新工作一定会比旧工作更多”是没有意义的，这取决于具体情况。机器人系统应作为专业人员的补充，而非对其进行完全取代。技术引发失业的冲突性预测推动了大众对未来工作的讨论。当前的不少工作岗位都可能被未来的技术发展所取代，机器人可以取代危险的或有损尊严的工作，同时社会也要尽可能地为目前从事这些工作的人提供过渡到其他社会角色的机会。

13.2.5　自动驾驶汽车伦理

自动驾驶汽车的自动驾驶系统是一个具有一定“自主性”的系统。一般认为，“自主”是关于行为能力和决策能力的判断。其中，行为能力是对决策的执行能力，而决策能力是依照环境因素、自身状况做出选择的能力。在自动驾驶汽车做出自主性判断之前，决策能力实际上运行了一个隐蔽的“思维过程”，其中不乏利益衡量、路况分析、路程远近等多种因素或情况的考虑。由此使得自动驾驶汽车的内部决策充满了不确定性、不可知性。

高级智能驾驶系统不仅能够对复杂情形按照其自主的判断做出响应，还能够与人类驾驶员进行实时的、富有感情色彩的交流，对人的指令能够无条件服从。这些功能都与传统汽车产品有很大区别。也就是说，智能汽车不但具有工具属性，还能够像人一样做出判断，但传统汽车不具备这种功能。自动驾驶汽车的上述功能构建起一个超越于人类认知之外、“决策于未知之中”的隐蔽环境。人们事先无法明了自动驾驶决策过程是否符合人类现有的价值判断标准和一定的伦理准则，这样加剧了人们对自动驾驶安全等伦理问题的担忧。此外，网络黑客篡改汽车数据、自动驾驶汽车的交通肇事、避险决策等问题，也是自动驾驶汽车在开发中必须注意伦理问题的重要原因。因此，为自动驾驶汽车确立明确的、可解释的伦理决策规则，对于社会公众理解自动驾驶具有重要意义，也可以为与自动驾驶相关的责任划分原则、保险规则、新的法规制定等方面的工作提供重要参考。

2016 年，有专家根据自动驾驶汽车的特点，参照电车难题的各种变体，设计了相应的具体情境，以讨论自动驾驶汽车在可能的事故中面临的各种道德困难，比如，面对在高速公路上不时出现的野生动物，面对有不同防护措施的行人或摩托车，甚至面对众多穿过马路的小孩，自动驾驶汽车应当如何抉择。再比如，设想有一辆自动驾驶货车在高速公路上行驶，遇见一条狗横穿公路，这时，自动驾驶货车上并没有人，它采取紧急措施，猛然转向，撞向护栏，汽车及车上的货物完全毁损，但狗的生命获救。这起事故是自动驾驶汽车的决策造成的。在关于动物伦理的一些准则里，可能设定动物生命比其他非生命的物体、对象或财产更为重要。这类准则会得到动物保护者的认可，但这类准则并不完全具有现实价值。因为，这种伦理决策可能不符合经济学假设。比如，从经济角度看，无人驾驶汽车避开的狗的价值可能只有 1 万元，而自动驾驶汽车本身可能价值 100 万元，因此，这种伦理决策从经济角度上缺乏现实意义。在这个例子中，狗这种动物因其与人类的关系而被纳入伦理争议里。

还有很多其他的无人驾驶汽车要面对的伦理困难。比如，一辆公共自动驾驶汽车面临上述困境该如何决策？自动驾驶汽车的发展是否会纵容酒驾等不道德甚至违法行为？如果是以死亡人数的多少来设计无人驾驶汽车的智能决策程序，那么接下来是否还会根据年龄、性别、地位的高低来做出选择和判断？面对一位孕妇和一位老人，自动驾驶汽车面临选择时该撞向谁？

从上述分析可以看出，自动驾驶汽车的智能决策系统在很大程度上绕不开功利主义的选择。当然，这种功利主义在本质上还是由人类做出的选择，因为自动驾驶汽车的智能决策算法和软件是人类设计的。

13.2.6　人工智能行业应用伦理

随着深度学习等技术的日益普及，结合图像、语音、视频、文本、网络等多模态大数据，以及制造业、农业、医疗、电子商务、政务、教育等行业大数据，形成了各类人工智能系统，在制造、农业、医疗、教育、政务、商贸、物流、军事等各领域和行业日益得到广泛应用，在大力发展数字经济的背景下，人工智能赋能行业已经成为推动国家数字经济战略发展的重要驱动力。

人工智能涉及的行业、领域众多，其中以医疗、教育和军事方面的应用产生的伦理问题比较具有代表性。因为这 3 个领域分别涉及所有人的健康、教育和生命，也涉及国家的安危，也就是说这几个行业实际上代表了人类最直接的利益。不同的领域表现的问题也不尽相同，因此，3 个行业在各自的伦理问题上有很多差异。比如智能医疗领域的智能机器人不会涉及智能军事领域的战斗机器人一样的伦理问题。智能医疗伦理关注较多的是医疗数据或人工智能系统诊疗引发的隐私问题，智能教育伦理关注较多的是人工智能技术在教育领域的应用引发的公平性等问题，智能军事伦理关注较多的是智能武器是否遵守人道主义伦理的问题。

在近些年的发展中，人工智能在医疗领域的实践过程遇到或出现的伦理问题主要有以下几方面：隐私和保密、算法歧视和偏见、依赖性、责任归属等。比如，医疗手术机器人在手术过程中出现问题，医疗事故责任如何确认？是由生产机器人的厂家承担责任，还是操作机器人的医生承担责任？诸如此类的问题。

人工智能在医学领域的应用主要基于医疗大数据，几乎患者的所有信息都储存于医疗大数据库之中，包括就诊记录、过往病史、过敏史、遗传病史及各项体检数据等信息。因此，对患者数据的使用必须遵从知情同意的要求，若没有经过患者授权，任何组织或个人不得将患者数据挪作他用，更不得利用患者数据牟取个人私利，这是对患者隐私数据保护最基本的道德要求。只有在充分保护个人信息安全的基础上，通过推动大数据和人工智能的规范治理，有效利用及运用数据和人工智能技术，才能提高医学科学水平、促进公共卫生安全及发展产业运用。

与其他领域应用深度学习算法等技术类似，智能医疗系统学习所用到的训练数据是训练模型的教材，数据的质量直接决定了学习结果。训练智能医疗系统的数据可能并不能真实地反映客观的实际情况，也可能潜藏着不易被察觉的价值偏好或风俗习惯，导致训练数据被污染，从而被智能医疗系统所继承。特别是当设计者存在某种特定疾病、性别、种族等偏见和歧视时，其主观判断和某些观念可能融入其中，智能医疗系统产生的结果就会复制并放大这种偏见和歧视。算法通常可以反映现有的种族或性别健康差异。这种暗藏在算法设计中的偏见要比人为偏见和歧视隐晦得多。*Science* 杂志曾报道，某西方国家的卫生系统依靠商业预测算法来识别和帮助有复杂健康需求的患者。该算法有明显的种族偏见，在给定风险分数下，黑人患者比白人患者病情更严重，但是实际上根据系统预测结果，黑人获得的补助比例比白人低得多，如果这个差别得到弥补，将使黑人患者获得额外帮助的比例从 17.7%提高到 46.5%。黑人在患病更重的情况下得到更少的补助，明显受到歧视和偏见，这种歧视和偏见产生的原因是，算法是根据大数据预测医疗费用而不是预测疾病的轻重。

此外，对于少数受过外部创伤的人或者残障人士来说，智能医疗系统可能并不能给他们带来正确、高效的诊疗体验。这可能会让医生和患者失去对于智能医疗系统的信任，导致临床医生不愿意将其应用于临床决策中，患者也由于对系统偏见的疑惑而不愿意接受智能诊疗系统的结果。

虽然智能医疗技术越来越向智能化、精准化方向发展，但其应对突发情况的反应处置能力问题还需进一步研究。以手术为例，在医生使用手术机器人为患者进行手术的过程中，世界上最著名的达芬奇手术机器人与医生协同手术，假如因为机器故障导致患者瘫痪甚至死亡，在这种情况下，责任方应该如何判定？是设计者、手术机器人还是使用者？有学者认为手术机器人的使用者和开发者应该对手术机器人带来的不良后果负责。也有学者认为手术机器人应承担道德责任。鉴于目前人工智能处于弱人工智能阶段，手术机器人尚未拥有意识，无法成为道德主体，设计者或者制造者应该成为医疗事故的责任主体。在人为操作失误导致医疗事故情况下，使用者（医院或者医务人员）应该成为医疗事故的责任主体。

在一线临床实践中，人工智能的自我判断能力及它的自主性，使得侵害主体、归责对象的认定变得更为复杂。2018 年 9 月以来，美国有 230 家医院用户的 IBM 沃森诊疗系统因诊断错误、开不安全药物而不断受到质疑。其主要原因在于沃森诊疗系统用于训练的真实病例数太少，导致德州安德森肿瘤中心在花费巨额投资购入该系统后不得不选择放弃该项目。误诊、漏诊常常会引发医疗纠纷，而对这些纠纷的处理首先要分清其中各方应当承担的责任。对于责任到底是在当值医师、对应医院还是诊断系统的开发单位身上的问题，究竟如何划分目前并没有合适的法律法规予以具体认定和解读。目前，我国的政策法规还没有赋予人工智能处方权，其给出的结论只能作为辅助诊疗的判断依据，而由此产生的误诊、漏诊也没有明确界定由谁承担责任。

因此，智能诊疗的责任归属问题势必要有更明确的规范，毕竟惩罚一部机器甚至销毁一位超级智能医生对于给患者造成的伤害都没有实质上的帮助，通过建立完整的责任制度来让技术更精准、管理监督更到位、使用人更信任，从而减少事故、避免憾事才是人类福祉。

13.2.7 人工智能设计伦理

人工智能设计伦理主要从人工智能开发者和人工智能系统两方面探讨人工智能技术开发、应用中的伦理问题。对于开发者，在设计人工智能系统中要遵循一定的标准和伦理原则。对于人工智能系统，应将人类的伦理以算法以程序的形式嵌入其中，使其在执行任务或解决问题时能够符合人类的利益，达到人类的伦理道德要求。人工智能设计伦理在根本上是要机器遵循人类的道德原则，也就是机器的终极标准或体系。

人工智能设计伦理主要关注的是包括机器人在内的人工智能系统或智能机器如何遵守人类的伦理规范的问题。这需要从两方面加以解决：一方面是人类设计者自身的道德规范，也就是，人类设计者在设计人工智能系统或开发智能机器时需要遵守共同的标准和基本的人类道德规范；另一方面是人类的伦理道德规范如何以算法的形式实现，并通过软件程序嵌入机器中去，这也是机器伦理要研究的一个重要内容，也称为嵌入式机器伦理算法或规则。

从使用者的角度来看，人们并不关心人工智能产品是通过何种物理结构和技术来实现其功能的，人们关心的只是人工智能产品的功能。如果这种功能导致使用者的道德观发生偏差或者造成不良心理影响，这种人工智能产品设计上就出现了问题，必须被淘汰或纠正。

比如，美国亚马逊公司在 2019 年左右生产的一款智能音箱 Echo，常在半夜发出怪笑，给许多用户造成巨大心理恐慌。后来发现这种恐怖效果是由驱动音箱的智能语音助手 Alexa 出现设计缺陷导致的。另一个比较极端的例子是，一位名叫丹妮·玛丽特（Danni Morritt）的英国医生在向智能音箱询问“什么叫作心动周期”时，后者像突然失控一样，开始教唆她“将刀插入心脏”。智能音箱先是将心跳解释为“人体最糟糕的功能”，然后就开始试图从“全体人类利益”的角度，说服她自杀以结束生命。类似这样的人工智能产品设计缺陷造成的伦理问题必须引起生产者、设计者重视和防范。

13.3 广义人工智能伦理

13.3.1 人机混合伦理

人机混合伦理指的是由于脑与神经科学、脑机接口等技术的发展，使得人类体能、感知、记忆、认知等能力甚至精神道德在神经层面得到增强或提升，由此引发的各种伦理问题。更深层次的人机混合伦理问题包括由于人机混合技术造成人的生物属性、人的生物体存在方式，以及人与人之间、人与机器之间、人与社会之间等复杂关系的改变而产生的新型伦理问题。总之，人机混合智能技术以内嵌于人的身体或人类社会的方式重构了人与人、人与机器、人与社会等各方面之间的道德关系。

人机混合伦理与前面的应用伦理有所区别，主要在于前面各方面的人工智能技术应用对象是各种非生命的“物”，比如机器人、汽车及加载人工智能技术实现的系统或机器。人机混合伦理中涉及的智能技术直接作用于人体本身，使得人的肉体、思维与机器相融合。诸如脑机接口、可穿戴、外骨骼等技术，导致人类在体能、智能甚至道德精神直接得到改变，这种改变的结果主要是提升或增强人类。由此导致的伦理问题也是伦理学领域全新的、前所未有的问题。人机混合伦理主要关注的是人机结合导致的人类生物属性，以及“人、机、物”之间关系的模糊化而产生的一系列新问题，涉及人的定义、存在、平等等问题。因此，人机混合伦理既是人工智能伦理的一部分，也是相对于其他人工智能而言的伦理新方向。人机混合伦理主要涉及自由意志、思维隐私、身份认同混乱、人机物界限模糊化、社会公平、安全性等问题。

13.3.2　人工智能全球伦理

人工智能全球伦理是在全球化背景下，关于人工智能技术及智能机器所引发的涉及人类社会及地球生态系统整体的伦理道德问题。人工智能全球伦理主要是将人工智能伦理问题从人类个体、行业应用问题，延伸到全球背景下的全人类面临的生存和地球整体面临的生态等方面的问题。在全球伦理意义上，人工智能应构建人类命运共同体理念下的可持续发展观，才能确保在人工智能健康发展的同时服务于人类的未来。

人工智能对于人类文明的可持续发展具有重要意义，因此需要引起全世界所有国家的关注并应该一起努力，构建符合人类社会整体利益的人工智能全球伦理规范。其内容主要包括人工智能对人类价值和意义的挑战、人工智能对人类社会的整体影响、人工智能带来的全球生态环境伦理问题。

比如，从 2012 年到 2018 年，深度学习计算量增长了 3000 倍，深度学习模型 GPT-3 单次训练产生的能耗相当于 126 个丹麦家庭一年的能源消耗，还会产生与汽车行驶 700 000km 相同的二氧化碳排放量。据科学界内部估计，如果继续按照当前的趋势发展下去，比起为气候变化提供解决方案，人工智能可能先成为温室效应的罪魁祸首。人工智能在全球范围内的发展除了遵循所有人工智能技术应该遵循的伦理原则以外，更应遵循可持续发展原则。也就是说，人工智能技术在全球范围的发展应以支撑全人类可持续发展为基本原则，而不是只让少数人、少数地区、少数国家受益。

很长时间以来，人类通常把自我价值建立在“人类中心主义”之上，人类中心主义就是说，人类是地球上最聪明的存在，因此是独特和优越的。人工智能的崛起将迫使我们放弃这种想法，作为地球上的高等智能生物，人类应该更加谨慎地对待同类和身处其中的地球。由于机器智能的崛起和发展，机器变得越来越智能，机器与人之间的关系就不再是简单的支配与被支配、使用与被使用的关系，人要懂得如何站在机器角度考虑问题，即机器中心主义，这将以机器为参照看待人类。在机器中心主义者看来，人类表现出特性都是负面的、脆弱的，机器表现出的特性都是正面的、强大的。在许多假想的人与机器对比场景中，人类容易失败，机器则容易取胜。站在人类立场看人类中心主义，则认为人类心智具有创造性、适应性、敏感性、富有想象力，相反，机器则显得愚蠢、死板、迟钝、缺乏想象力。人工智能的出现，尤其是不同于人类智能的机器智能的发展，拓展了人类的认识边界，对“人类中心主义”产生了挑战。因此，破除人类中心主义，建立人与自然、机器，以及人类之间的和谐关系，也是人工智能全球伦理的一个重要内容。

除了气候变化等危机以外，“新冠病毒感染”等百年不遇的传染病令现代社会措手不及。世界各国的防疫政策差异导致疫情的蔓延更说明构建人类命运共同体的紧迫性。人类社会要依靠命运共同体才能使人工智能发挥其更大的价值。只有确保人类社会平稳、安全地向前发展，人工智能才能有效促进人类社会发展。人工智能的发展需要安全稳定的政治和社会环境，人类命运共同体是支撑人工智能服务人类社会的核心，人工智能发展需要人类命运共同体理念下的稳定的全球政治和社会环境。

13.3.3 人工智能宇宙伦理

宇宙伦理学也就是“把视野放到整个宇宙”的伦理学。人工智能宇宙伦理是在宇宙智能进化意义上，将人工智能看作宇宙演化的结果，由此考虑当机器有了智能可能取代人类时，人类在宇宙中的位置、价值和意义又当如何的问题。人工智能宇宙伦理可以认为是一种大历史观意义下的人工智能伦理问题。

人工智能宇宙伦理包括两方面含义。一方面是从人工智能的发展角度，当非自然进化的机器智能在很多方面逐渐超越人类并帮助人类探索宇宙时，它们也会不断进化，人类应该如何理解、定位自身与智能机器在宇宙中存在的价值和意义。特别是，面对日益强大的机器智能，应反思人类存在的价值和意义。另一方面，人类借助人工智能完成从地球文明向太空和宇宙文明进化升级的壮举，人类如何看待人工智能在这个过程中扮演的角色。

在大历史观意义下考察人类与人工智能在宇宙背景下的存在意义和价值，能使人类更清醒地认识到“人之为人”的可贵，人性的伟大，人类的弱点，以及智能机器对于人类种族可持续发展的意义和作用。机器智能的出现是宇宙大历史发展的一个新阶段。人类需要在更广阔的领域思考机器智能的价值和意义，包括其伦理价值和意义。

在大历史观意义下，人工智能是一种促进人类文明整体向更高阶段进化的力量，是人类反观自身在宇宙中的位置、存在价值和意义的第三方参照物，是一种人类反思自身存在本质的启蒙思想。

13.3.4 超现实人工智能伦理

超现实人工智能伦理主要是相对于现实而言的，将科幻影视作品中人类所幻想的具有自我意识、感情、人形外观的智能机器人等人工智能的伦理问题归属为超现实伦理问题。这类问题涉及的所谓人权、道德地位乃至法律上的人格等都是超出人类目前发展的人工智能技术范围的，未来是否可能出现完全不可知。因此，对于此类人工智能伦理问题，现阶段只能是按照一种哲学思想来理解和讨论。但是，人工智能超现实伦理的思考对于现实中的人工智能伦理问题的思考、研究和处理有一定启发意义。

与具有自我意识的智能机器融合的人还有没有认知自由？具备自我意识的智能机器在人类社会中处于什么地位？人类如何对待它们？机器掌控人类导致无用阶层出现，如何对这些人类进行心理疏导和社会管控？诸如此类的问题，人们可以列举出无数个。这类问题可以统称为“超现实伦理问题”。未来的人机关系真会像这些说法所说的那么悲观吗？

有些人认为，由于机器具备甚至超过了人的智能，于是未来的人类就被机器所排挤，人类将无立足之地。其中有几种说法颇有代表性：一是机器人将抢走人类的饭碗，人类将大量失业；二是由于人类不具备智能机器那般强大的记忆能力、运算能力，人类智能将不敌机器智能，因此人类将失去对机器的控制，智能机器将成为人类的主人；三是由于机器成了人类的主人，于是人类就沦为机器的奴隶或机器圈养的动物，因此要打要杀全凭智能机器的算法或情感。

事实上，达到甚至超越人类程度的人工智能技术如何实现？什么时候实现？实现以后一定会对人类构成威胁吗？这些都是未知的问题。当人们在未知甚至不可能实现的情况下，去探讨人工智能奴役、威胁、消灭人类的问题，更多是一种超现实的伦理思考。这种思考对于今天人们研究可信赖的、可靠的、安全的、可持续发展的人工智能技术，是有一定参考和警示意义的。

13.4　人工智能伦理原则

目前来看，智能机器在各行业的规模化应用只是刚刚开始，特别是通用人工智能未来前景如何还不可知，因此人工智能奴役、屠杀人类之类的问题只能是超现实伦理问题。但正如美国斯坦福大学终身教授、谷歌云前首席科学家李飞飞所说："无论我们的技术自动化到什么程度，它对世界的影响无论好坏始终是我们的责任。"人工智能的道德、操守和价值观是其创造者和使用者的延伸，任何对人工智能伦理的讨论、要求和规范都应与人类社会的伦理不相背离。今时今日对人工智能伦理的讨论的最终目标，都是要让人工智能更深层次地反映人类智能，帮助人类变得更强，而不是取代人类。应确保人工智能在发展过程中对人类的影响得到正确的引导。

因此，结合当前中国企业的人工智能实践、技术伦理的一般原则，以及阿西洛马人工智能原则（Asilomar AI Principles）、IEEE《人工智能设计的伦理准则》、《人工智能北京共识》等行业共识，归纳总结如下人工智能伦理问题的通用治理准则。

1）透明性原则

人工智能的透明性原则并不强调公开其算法源代码或数据，而是要求人工智能尽可能具备可解释性（explicability）、可验证性（verifibility）、可预测性（predictability）等，从而让用户了解人工智能中的决策过程和因果关系，在必要时可借助专家的力量加以解释。

2）分层分级原则

不同的人工智能有不同的能力水平和特定功能，如人脸识别（face recognition）和人脸检测（face detection）技术就有较大的技术能力和应用场景差别，因此应该对人工智能的能力水平（如人脸识别准确率）和特定功能（如人脸识别或人脸检测）建立不同的准则，就像对自动驾驶从 L0～L5 分级一样。

3）福祉性原则

人工智能应服务于人类及人类社会的共同利益和福祉，并随着人工智能的发展，扩大到人类所处的自然环境及所有生物的范围内。在社会应用中，人工智能不能对公民产生生理和精神上的伤害，避免造成经济损失和不良社会影响。例如，避免算法或数据带来的偏见和歧视。

4）开放性实验原则

为人工智能的应用建立开放的实验区或示范区，在确保人类福祉的前提下，对人工智能创新进行范围受限和能力受控的验证和测试，并通过“实验/示范-验证-社会开放”的层次步骤，将更多的人工智能创新成果提供给普通大众。

5）行业区隔性原则

针对不同行业的特性，为人工智能制定行业区隔性的原则，从而既体现出人工智能在不同领域的应用价值，又保证了人工智能不会因某些行业的特定原因，而被迫在全行业造成限制，从而错失人工智能红利。

6）“行为”治理优先原则

以人工智能的发展为主，对人工智能自身（主要是算法）谨慎进行深度的治理，总体按照基本的商业与社会准则，治理“人工智能行为”或商业行为（以及其背后具有主观故意的人工智能创造者和使用者）。

7）包容性原则

在技术发展初期，对技术进行监管是十分困难的，但随着技术逐渐成熟，建立一套规则变得相对简单。第三次人工智能浪潮仍然处在发展期，远未成熟，要容忍试错，因此应当对人工智能具有必要的包容性。

8）公共数据开放原则

在当前阶段，人工智能的能力水平仍然受限于数据，数据上的缺失是造成“算法歧视”的重要原因之一。但是由于目前任何一家人工智能商业公司都难以获得大量的公共数据，因此缺乏改善和提高人工智能系统的能力。在这样的背景下，政府部门制定开放的公共数据政策，推动在已经具备人工智能优势潜力的领域（如医疗保健等）应用人工智能，鼓励研究人员在不影响用户个人隐私的前提下获得更多的数据访问权限等措施显得十分重要。

9）全球对话原则

对话非常重要，应当建立研究机构、大学、企业、政府多方参与的共议机制，广泛、深入、精准的对话过程及其结论对任何一项技术的发展都具有积极的正面作用。而人工智能的伦理问题与通用治理准则更是一个全球正在共同面对的问题。

10）企业深度对话原则

客观来说，目前全球人工智能的领导性组织以科技企业为主，这背后既有人工智能具有巨大市场潜力的原因，也有科技企业所输出的人工智能能力往往来自于自身科技能力的溢出的原因。科技企业的人工智能能力不仅处于领先地位，而且在快速的迭代，并在大量的商业场景中被持续验证，因此，与企业深度对话是一种必然。

13.5　人工智能技术涉及的法律问题

13.5.1　自动驾驶汽车法律问题

人无论做什么事情，都要对结果负责，所以有自然人和法人的负责形式。但是，自动驾驶汽车发生事故时应哪一方应该承担法律责任呢？2016 年 5 月，一辆某知名品牌电动汽车在美国佛罗里达州以自动驾驶模式行驶时与一辆横穿公路的货车相撞，导致电动汽车车主丧生。这是世界范围内曝光的首例与自动驾驶功能相关的交通死亡事故。

2017 年 1 月公布的调查报告结果显示，事故原因与自动驾驶系统无关，这也意味着电动车公司无需承担相应法律责任。这起事件已经显示出了自动驾驶汽车所引发交通事故的法律责任界定的困难。完全自动驾驶汽车实现商用后，一旦发生交通事故，势必挑战现行的法律法规，其中包含了设计、制造、用户的多重法律关系。

人工智能侵权责任是法律面临的最为急迫的问题，亟待现行法律提供调整方法。自动驾驶机动车引发事故的民事责任同样发生了变化。法律是人制定的，也是随时代发展而变化的，为适应自动汽车上路，美国等国家对关于自动驾驶汽车的法律规定解除了限制，允许自动驾驶汽车有条件地上路。自动驾驶汽车上路最大的法律基础或法理是，把研发、生产自动驾驶汽车的人员和机构（法人）作为责任人。尽管如此，现今的法律也只是有条件地允许自动驾驶汽车上路，主要是测试。

2017 年 5 月 12 日，德国联邦参议院通过首部自动驾驶汽车的法律，允许汽车自动驾驶系统未来在特定条件下代替人类驾驶。这部法律首先明确了法律责任，如果在人为驾驶的情况下发生事故，驾驶人承担事故责任；如果是人工智能系统引发的事故，将由汽车制造商承担责任。判断人为驾驶还是自动驾驶将由汽车上安装的一个类似黑匣子的装置来确认，该装置可以记录系统运作、要求介入和人工驾驶等不同阶段的具体驾驶情况，以保证在出现交通安全事故时，明确责任划分。当然，德国的这部法律还不涉及自动驾驶的最高级 L5 级，该法律规定驾驶席必须有司机，并且要保留方向盘、油门和刹车等配置，以保证在自动驾驶系统出现故障的情况下，驾驶者能及时介入，进行人工驾驶，但在何时能让自动驾驶汽车上路的问题上也语焉不详。2017 年 10 月 14 日，日本国土交通省首次推出了关于自动驾驶的安全标准。规定必须搭载一种功能，在路上自动行驶时，当司机手离开方向盘超过 65s 就自动切换为手动驾驶模式，当驾驶者的手离开方向盘驾驶 15s 以上，自动系统将向驾驶席发出警告。如继续保持手离开方向盘的状态，50s 后自动驾驶系统将停止，切换为手动驾驶。该规定只适用于 2019 年 10 月起具备自动驾驶功能的新车型。目前正在销售的车型从 2021 年 4 月起适用该标准，二手车除外。显然，德国的自动驾驶汽车的法律最开放，但时间未定，美国次之，而日本的基本还算不上自动驾驶法规。

就我国而言，目前尚无关于自动驾驶汽车的明确法律。在 2018 年出台的《智能网联汽车道路测试管理规范（试行）》允许路测之后，各地已在出台推动智能网联汽车应用落地的政策。2019 年 9 月，《上海市智能网联汽车道路测试和示范应用管理办法（试行）》的出台，使得上海成为了国内首个为企业颁发智能网联汽车示范应用牌照的城市，并推动测试牌照区域互认。北京、广州、长沙、武汉等城市已允许载人、载物、编队行驶等测试情形。例如，2020 年 11 月，北京出台《北京市自动驾驶车辆道路测试管理实施细则(试行)》，允许载人及载物测试、编队行驶测试等，这标志着智能网联汽车向商业化和市场化迈进了一步。长远来看，我国自动驾驶汽车技术和产业的发展普及需要在安全标准、道路测试、商业试点、高精地图、责任保险等多方面配套推进政策措施，并积极废除或修改阻碍自动驾驶汽车发展应用的既有法规和标准，才能确保在制造业与信息通信技术（ICT）融合的自动驾驶汽车领域抢占全球高地。无论是国外还是国内，自动驾驶汽车上路和运营还有很漫长的路要走。

如果人们对待机器人就像对待真人一样，那么法律就应该认可人类与机器人之间的互动等同于人与人之间的互动。所以，是否赋予自动驾驶汽车法律主体地位，由它们承担独立的法律责任，都是对人类现有法律体系的挑战。

有专家认为应当将自动驾驶汽车认作法律主体，也就是说，如果承认了自动驾驶汽车的软件法人地位，出现事故时，这个软件法人可能承担一定责任，可以用它的资源来进行经济补偿，可以通过限制它的代码运行时间、范围和速度来对其进行惩罚。

13.5.2 人工智能著作权问题

1. 人工智能体著作权归属法律问题

深度学习驱动的人工智能系统在文学艺术领域已经绽放异彩。2015 年，索尼公司旗下的人工智能品牌 FLOWM ACHINE 通过大数据分析，根据各地区不同编曲的特点，成功自主谱写了两首通俗歌曲。2017 年 5 月，微软的数字人小冰推出了其创作的诗集《阳光失了玻璃窗》，这部人类历史上第一部 100%由人工智能创作的诗集，是“微软小冰”从 1920 年以来的 519 位中国现代诗人的作品中学习的结果，经过超过 1 万次的迭代学习，逐渐形成了自己风格的诗作。

日本、美国也都纷纷出现了人工智能创作的各种文学作品。人工智能已然将触角伸向人类引以为自豪的创作领域。未来，人们将如何看待这些新生的事物？它的出现到底是人类智慧的体现，还是在向人类所特有的创造力挑衅？在法律上，人们又将如何对这类创作物进行定性？这些作品的著作权应该如何认定？人们是否需要对这些作品进行产权立法保护？这些问题涉及现行著作权法的适用性及对这些作品著作权等方面的新的法律规定。2012 年 3 月，我国《著作权法》的第三次修改草案发布。其中，对著作权所保护的作品的范畴做了很明确的界定。如下：

“为保护文学、艺术和科学作品作者的著作权，以及与著作权有关的权益，鼓励有益于社会主义精神文明、物质文明建设的作品的创作和传播，促进社会主义文化和科学事业的发展与繁荣，根据宪法制定本法。”

“本法所称的作品，是指文学、艺术和科学领域内具有独创性并能以一定形式表现的智力成果，包括：（一）文字作品；（二）口述作品；（三）音乐、戏剧、曲艺、舞蹈、杂技艺术作品；（四）美术、建筑作品；（五）摄影作品；（六）视听作品；（七）工程设计图、产品设计图、地图、示意图等图形作品和模型作品；（八）计算机软件；（九）符合作品特征的其他智力成果。”

在自 2013 年 3 月 1 日起施行的《著作权法实施条例》中对《著作权法》的作品做了进一步解释：“著作权法所称作品是指文学、艺术和科学领域内具有独创性并能以某种有形形式复制的智力成果。”可见，我国《著作权法》保护的对象也是“具有独创性”的“智力成果”。

人工智能依托算法的运算逻辑与整合输出生成内容，其整合运算—输出的创作模式已经不同于一般的作品创作，更近似于集体舞蹈创作、大型节目编排等邻接权保护内容的制作。人工智能创作内容若适用于邻接权保护的机制，则应当设定客体、内容、主体及权利归属、保护期限、侵权责任判定、权利限制等具体的必备性框架内容。

2. 人工智能生成作品的法律判定依据

在 2017 年 11 月 16 日的“2017 腾讯媒体+峰会”上，腾讯发布写稿机器人 Dreamwriter，腾讯的很多文章都由 Dreamwriter 创作完成。然而，由于人工智能系统作品是否拥有著作权尚无定论，所以用 Dreamwriter 完成的作品是否受到保护仍处于一个模棱两可的状态。2018 年 8 月 20 日，一篇《午评：沪指小幅上涨 0.11%报 2671.93 点通信运营、石油开采等板块领涨》的文章在腾讯证券官网发布，发布作者栏和文末都明确标注，该文章的作者为 Dreamwriter。腾讯公司发现之后，认为对方侵害了自己的著作权，遂向法院提起诉讼。这起被广泛关注的 AI 生成作品著作权诉讼终于在 2020 年迎来了宣判。广东省深圳市南山区人民法院对此案做出判决。法院认为，由 Dreamwriter 所生成的作品符合作品的要素，具有独创性，所以属于著作权的客体。虽然我国《著作权法》目前保护的范围依旧是“自然人”，然而这部由 AI 完成的作品也是腾讯公司多团队、多人员在腾讯公司主持下完成的特殊职务作品，故享有著作权。被告在未经许可的情况下擅自在自己的网站上使用此作品，侵害了原告的著作权和网络信息传播权。

这一案件被媒体称为“人工智能写作领域第一案”。目前我国的著作权法并未对人工智能的著作权归属问题做出明确规定，因此此案的判定在司法界具有十分重大的意义。

这个案例的意义在于在法律上首次定义了人工智能创作作品归属权问题。但是，人们还需要注意到人工智能可能会在其他产业和领域产生类似的知识产权或著作权问题，防患于未然。

13.6　小　　结

本章主要从伦理与伦理学基本概念出发，引申出应用伦理、科技伦理及人工智能伦理概念及其之间的关系。在对人工智能伦理概念分析基础上，介绍了人工智能伦理体系。从狭义人工智能伦理、广义人工智能伦理两方面介绍了人工智能涉及的伦理问题。重点介绍了人工智能技术在各方面应用所导致的伦理问题，即狭义人工智能伦理问题，包括数据、算法、机器人、自动驾驶汽车，以及医疗等民生领域的人工智能技术伦理问题。通过本章的学习，可以理解人工智能伦理的基本概念及人工智能技术应用产生的伦理问题，为正确开发和利用人工智能技术奠定伦理思想基础。

参考文献

蔡自兴，等，2015. 机器人学基础[M]. 2 版. 北京：机械工业出版社.

蔡自兴，徐光佑，2003. 人工智能及其应用[M]. 3 版. 北京：清华大学出版社.

陈云霁，2016. 什么是类脑计算机？[J]. 中国计算机学会通讯，12(4)：46-51.

杜严勇，2020. 人工智能伦理引论[M]. 上海：上海交通大学出版社.

冯天瑾，2007. 智能学简史[M]. 北京：科学出版社.

郭锐，2020. 人工智能的伦理和治理[M]. 北京：法律出版社.

拉奥，2016. 脑机接口导论[M]. 张莉，陈民铀，译. 北京：机械工业出版社.

李伦，2019. 数据伦理与算法伦理[M]. 北京：科学出版社.

罗素，2010. 人工智能：一种现代的方法[M]. 3 版. 姜哲，金奕江，张敏，等译. 北京：人民邮电出版社.

莫宏伟，徐立芳，2016. 自然计算[M]. 北京：科学出版社.

莫宏伟，2018. 强人工智能与弱人工智能的伦理问题思考[J]. 科学与社会，8(1)：14-24.

莫宏伟，2022. 人工智能伦理导论[M]. 西安：西安电子科技大学出版社.

莫宏伟，徐立芳，2020. 人工智能的认识层次探讨[J/OL]. 科教导刊，12(34)：273-275.

莫宏伟，徐立芳，2020. 人工智能多学科交叉内涵研究[J]. 教育现代化，10(80)：93-97.

蒲慕明，徐波，谭铁牛，2016. 脑科学与类脑研究概述[J]. 中国科学院院刊，31(7)：714，725-736.

桑卡，赫拉瓦卡，博伊尔，2016. 图像处理、分析与机器视觉[M]. 4 版. 兴军亮，艾海舟，等译. 北京：清华大学出版社.

史忠植，2016. 人工智能[M]. 北京：机械工业出版社.

王万良，2020. 人工智能及其应用[M]. 4 版. 北京：高等教育出版社.

吴朝晖，2017. 混合智能：概念、模型及新进展[J]. 中国计算机学会通讯，13(3)：49-55.

吴进，2015. 语音信号处理实用教程[M]. 北京：人民邮电出版社.

余山，2016. 从脑网络到人工智能——类脑计算的机遇与挑战[J]. 科技导报，34(7)：75-77.

张汝佳，代璐，王邦，等，2022. 基于深度学习的中文命名实体识别最新研究进展综述[J]. 中文信息学报，36(6)：20-35.

章毓晋，2020. 计算机视觉教程（微课版）[M]. 3 版. 北京：人民邮电出版社.

赵卫东，董亮，2018. 机器学习[M]. 北京：人民邮电出版社.

钟义信，2007. 机器知行学原理：信息、知识、智能的转换与统一理论[M]. 北京：科学出版社.

宗成庆，2013. 统计自然语言处理[M]. 2 版. 北京：清华大学出版社.